U0821018

普通高等教育“十四五”规划教材

农业机械化概论

（非农机类专业用）

高连兴　刘俊峰　郑德聪　主编

中国农业大学出版社
·北京·

内 容 简 介

本教材根据高等院校农学、园艺、植保、林学、草业、农经等非农机类专业最新修订的教学计划而编写，是普通高等教育“十二五”规划教材。内容包括农机总论、农用动力机械、耕种与田间管理机械、收获与加工机械、园林园艺机械等五大部分，主要介绍农业机械化及其意义、发展现状与趋势、特点与评价等；内燃机、拖拉机和电动机等常用动力机械；土壤耕作、播种、育苗移栽、植保、排灌等机械；谷物和蔬菜田间收获机械，农产品加工机械等；园艺园林常用机械与设备。

教材内容深浅得当、篇幅适中、通俗易懂，并有一定选择性，适应农学、园艺、植保、林学、草业、农经等各非农机类专业教学。

图书在版编目(CIP)数据

农业机械化概论/高连兴，刘俊峰，郑德聪主编. —北京：中国农业大学出版社，2011.12(2023.1 重印)

ISBN 978-7-5655-0186-9

Ⅰ.①农…　Ⅱ.①高…②刘…③郑…　Ⅲ.①农业机械化-概论　Ⅳ.①S23

中国版本图书馆 CIP 数据核字(2011)第 000278 号

书　　名　农业机械化概论
作　　者　高连兴　刘俊峰　郑德聪　主编

策划编辑　张秀环　　**责任编辑**　周　娜
封面设计　郑　川　　**责任校对**　陈　莹　王晓凤
出版发行　中国农业大学出版社
社　　址　北京市海淀区圆明园西路 2 号　　**邮政编码**　100193
电　　话　发行部 010-62731190，2620　　读者服务部 010-62732336
编辑部 010-62732617，2618　　出　版　部 010-62733440
网　　址　http://www.cau.edu.cn/caup　　**E-mail** cbsszs @ cau.edu.cn
经　　销　新华书店
印　　刷　北京时代华都印刷有限公司
版　　次　2011 年 12 月第 1 版　　2023 年 1 月第 5 次印刷
规　　格　787×1092　　16 开本　　18.25 印张　　450 千字
定　　价　48.00 元

编 写 人 员

主　编　高连兴（沈阳农业大学）
刘俊峰（河北农业大学）
郑德聪（山西农业大学）

副主编　何凤宇（沈阳农业大学）
弋晓康（塔里木大学）
毕晓伟（内蒙古民族大学）

编　者　（按编写章节顺序排序）
高连兴（沈阳农业大学）
李心平（河南科技大学）
弋晓康（塔里木大学）
杨德旭（沈阳农业大学）
冯晓静（河北农业大学）
李汝莘（山东农业大学）
宋玉秋（沈阳农业大学）
杨然兵（青岛农业大学）
何凤宇（沈阳农业大学）
林　静（沈阳农业大学）
王瑞丽（沈阳农业大学）
田　耘（吉林农业大学）
郑德聪（山西农业大学）
毕晓伟（内蒙古民族大学）
刘俊峰（河北农业大学）

前　言

本教材是根据“高等学校本科教学质量与教学改革工程”精神，针对高等院校农学、园艺、农经等非农机类专业最新教学计划，结合教学改革研究成果而编写的普通高等教育“十二五”规划教材。

为做好教材编写工作，由沈阳农业大学主持召开了多所院校参加的农学类专业农机课程教学改革与经验交流会，交流了农业机械化概论课程教学经验与教学成果，深入探讨了本课程在农学、园艺、农经等非农机类专业教学中的地位与作用。通过交流，与会专家一致认为应该结合各专业人才培养定位与目标，进一步明确了农业机械概论课程教学目的与教学目标，拓宽专业口径并针对农学类专业特点适当调整教学内容、加强教材建设。

本教材内容包括农业机械化总论、农业动力机械、田间作业机械、谷物收获与干燥机械和园艺机械，与传统教材内容相比，进行了以下调整：

1. 增加并突出了农业机械化基本概念、国内外农业机械化发展概况、农业机械化评价、农业机械化发展规律与特点等，主要目的是使学生从宏观上更多地了解国内外农业机械化的现状、农业机械化在现代农业发展中作用与作用原理、农业机械化发展的特点等宏观情况，以便对农业机械化与现代农业的关系及其发展动态有比较客观、合理的认识。

2. 在深入、具体地介绍典型农业机械一般构造、原理和性能的基础上，重点转向农机作业要求与工作原理、实现机械作业的基本流程、农机与农艺结合，较好地处理了教学内容的广度和深度。

本教材由高连兴、刘俊峰、郑德聪主编，何凤宇、弋晓康、毕晓伟任副主编。编写具体分工如下：

高连兴编写第一章，李心平编写第二章，弋晓康编写第三章，杨德旭编写第四章，冯晓静编写第五章，李汝莘编写第六章，宋玉秋编写第七章，杨然兵编写第八章，何凤宇编写第九章，林静编写第十章，王瑞丽编写第十一章，田耘编写第十二章、郑德聪编写第十三章，毕晓伟编写第十四章，刘俊峰编写第十五章。

在教材立项和组织编写过程中，得到了中国农业大学出版社、沈阳农业大学教务处和兄弟院校同行专家的大力支持；同时参考了大量相关文献、引用了许多前人的有益成果；沈阳农业大学硕士研究生张文、李飞和杜鑫同学在教材书稿处理上做了大量工作。在此，一并表示诚挚的谢意！

农业机械化、农业技术日新月异，内容多而广泛。由于编者水平有限，以及课程教学时数和教材篇幅的限制，尽管我们付出了很大努力，但书中难免存在缺点、错误和各种不足之处，恳请读者批评指正。

编　者

2010 年 10 月

目　　录

第一章 概 述

农业生产工具的发明与应用，促进了农业生产的发展和人类文明的进步。简单石器和手工木器的出现、木制和铁器农具的发明、电动机和拖拉机的发明应用，都是农业生产发生巨大变化的重要标志。新的育种方法和作物品种，新型农药、化肥与农膜等新型农业生产材料，新的栽培技术与灌溉技术及农机工业的发展，使农业生产效率、经营方式与经营规模、农产品的产量与质量、农业资源的利用等都发生了巨大的变化。农业机械化程度成为由传统农业向现代化农业转变的重要衡量标准之一。

2003 年，美国工程院历时半年，与 37 家美国专业工程师协会一起评出的 20 世纪对人类社会生活影响最大的 20 项工程技术成就，其中农业机械化列在第七位。20 世纪世界人口从 16 亿增加到 60 亿，如果农业没有实现机械化，则很难养活这么多的人口；从事农业的人口比例急剧下降，使更多人从事其他重要工作；实现农业生产与农村生活的文明。这一评价基于近百年来农业机械化技术在农业生产中广泛应用所引发的巨大变化：

(1)农业机械化使农业生产方式和农民生活方式发生了根本性变革；

(2)农业机械化使农业生产效率、效益和生产能力大幅度提高；

(3)农业机械化促进农村社会文明的不断进步；

(4)农业机械化对世界农业发展和食物安全的巨大贡献。

上述评价客观地反映出农业机械化在人类社会发展、农村工业化和农业现代化进程中的重要地位和作用。

第一节 农业机械化含义

在农业生产和日常生活中，人们经常提到农业机械化、农业机械化工程、农业机械和农业机械化技术等各种关于农机的一些概念。那么，这些与农机相关的概念是否相同、它们之间又是什么关系呢？下面我们将具体加以阐述。

一、农业机械化

什么叫农业机械化是一直在讨论的一个问题。农业机械化定义曾经有各种不同的提法，其中最有代表性的概念分为两种流派，即“过程说”与“技术说”。前者强调农业机械化是一种过程，如农业机械化是“用机器进行农业生产活动的过程”，农业机械化是“包括种植业、养殖业、加工业，贯穿产前、产中和产后服务的全过程”，农业机械化是“运用各种动力机械和配套作业机具替代人、畜力和传统农具进行农业机械化生产的过程”；后者强调农业机械化是一种技术，如农业机械化是“农业机器的设计、制造、鉴定、推广、适用、维护、管理各环节的总称”，农业机械化是“农业机械设计、制造与应用的技术”等。应该说上述提法阐述了农业机械化的不同特征、不同方面，有助于说明不同问题，如前者更强调农业机械化是一个过程，不仅仅包括种植业，还有养殖业、加工业等，农业机械化不局限在某一方面或仅仅强调农业生产的产中环节，也要注意农业生产的产前、产后各环节；后者更强调农业机械的设计、加工技术等。但是，这些作为现代农业机械化的定义，似乎还不够准确、科学。

目前，人们通常所讲的“农业机械化”实际上是指农业机械设计、制造和应用于农业生产的“工程技术”，即“农业机械化工程”，其重点强调农业机械的设计、制造技术和在农业生产中应用的水平，是一项涉及并满足农业生产、农艺要求的机械设计、制造和应用的综合性工程技术。

从农业机械化定义可以看出，其含义包括三个方面：农业机械的产品设计、制造水平；农业机械与农艺适应水平；农业机械的应用水平（或称为应用程度）。

二、农业机械

农业机械是农业机械化的核心内容，也是农业机械化的物化技术形态。广义上讲，农业机械是农业生产中使用的各类机器和农具的总称。由于现代农业生产包含了种植业、养殖业、加工业、运输业等多种行业和产前、产中、产后等多个环节，所以说，农业机械是一个涉及领域广泛、涉及面宽、内容繁多的机械大家族。农业生产应用的机械分为专用的农业机械和通用农业机械。专用的农业机械是指专门为农业生产而设计、生产的各类机械、机器，如农用拖拉机、深松机、中耕机、播种机、移栽机、喷雾机、联合收获机等；通用机械是指农业生产与其他行业都可以使用的机械，如内燃机、电动机、汽车、水泵等。

根据农业机械功能的不同，农业机械分为动力机械和作业机械（即农机具）两大类。动力机械如内燃机、拖拉机、电动机等为作业机械提供动力；作业机械如播种机、深松机、脱粒机、水泵等直接完成农业生产中的各项作业。多数的动力机械与农业机械通过一定的方式联结起来，形成作业机组，方能进行移动性作业，如耕地机组、播种机组等；有些动力机械与作业机械是通过一定的传动方式固定安装，进行固定性作业，如排灌机组、脱粒机组等；也有些作业机械与动力机械设计制造成为一个整体，如联合收获机等。

按作业种类不同，农业机械可大致分为农田基本建设机械、耕播机械、排灌机械、植物保护机械、运输机械、收获机械、农产品加工机械、林业机械、牧业机械、渔业机械和农用航空机械等。农业机械是生产工具，是农业生产力进步的产物。随着人类对生产规模的扩大和提高生产效率的需求，生产工具必将不断地得到发展和完善。人力、畜力劳动逐步被农业机械所替代，这是一种必然趋势。农业机械拥有量是农业生产力水平的重要标志，但不是衡量农业生产力水平的唯一标准。从一定意义上说，农业机械在农业生产中的应用水平和发挥的效能更能准确地反映农业生产力水平。

三、农业机械化评价

评价农业机械的构成、数量、状况与农业机械化程度，即为农业机械化水平。评价农业机械化生产的社会经济效果，对分析农业机械化发展现状、存在问题，正确把握农业机械化发展方向，合理制定农业机械化乃至农村经济发展方针与政策，提高农业机械化与现代农业水平，具有重要意义。

农业机械化评价指标分为直接指标与间接指标。直接指标即以农业机械的构成、数量、状况与农业机械化程度即农业机械化水平等为中心的评价指标，也是农业机械化统计常用的指标，如农业机械的总动力、数量、作业量、农机新技术推广情况和农机社会化服务与经营情况等;间接指标是反映农业机械化对农村经济、现代农业的社会经济效果指标,如农业劳动生产率、农村劳动力转移情况或农业劳动力结构等。这里主要介绍经常涉及的农业机械化评价指标。

(一)农业机械的数量

1. 农业机械总动力 是指直接用于农、林、牧、副、渔业生产的机械动力的总和,包括机械动力、电力和其他动力,以 kW 为计算单位。

2. 农业机械拥有量 是指一定期限(如季末、年末)农业机械的实有台数或动力数。此项实有台数,包括正在使用、需要修复和贮存备用的。农业机械拥有量包括农、林、牧、副、渔业生产的各种动力机械与作业机械。在统计报表中,农业机械拥有量既有总动力数量,又有各类别的统计;既有数量统计,又有价值统计(农业机械原值和净值)。从这项统计可以了解农业机械的投入和发展情况。

(二)农业机械作业量

农业机械种类多,其完成的作业项目也多,例如一台拖拉机可以组成不同作业的机组,负担多种作业,各种作业有不同计量单位,如农田耕作以公顷为计量单位,运输按吨公里为计量单位。在农田作业方面可分犁、耙、播、收等作业。拖拉机各种不同的作业量需要累加计算。由于作业量单位不统一,不能简单地相加,而是选择标准作业量"标准公顷",即在地势平坦、土壤阻力中等的熟地上,用带小前铧的复式犁耕地,耕深 20～22 cm 的 1 公顷地为"标准公顷",将其他各项作业量折合成"标准公顷"来统一进行计算。

(三)农业机械化程度

农业机械化程度即农业机械化水平,是分析与评价农业机械应用程度、衡量农机管理工作好坏的重要综合指标。农业机械化程度包括农、林、牧、副、渔五个生产部门的主要作业的机械化程度。

根据农机作业内容、作物种类或区域的不同,农业机械化程度分为某种作业的机械化水平即单一作业的机械化水平(如耕地机械化水平、播种机械化水平、机械收获水平等)、某种作物的机械化水平(如水稻机械化水平、玉米机械化水平、棉花机械化水平等或主要作物机械化水平等)和综合农业机械化水平(如国家或某地区综合农业机械化水平)。

1. 主要作业机械化水平 某种作业机械化水平主要表明在该作业的机械技术水平与应用水平。由于农业生产过程中的机械化作业环节很多,因此这种单项作业机械化水平指标较多。

(1)耕地机械化水平 耕地机械化程度用当年实际机耕面积占总耕地面积的百分比来表示,但必须注意,当年实际机耕面积,不能重复计算。

(2)播种机械化水平 指当年机械化播种面积占实际播种面积的百分比。

(3)移栽机械化水平 指某种作物采用机械移栽的面积占实际种植面积的百分比。

例如,2007 年底,小麦机播和机收水平分别达到 80.9%和 76.2%;水稻播栽、收获机械化水平分别达到 11%和 44%;玉米机播和机收水平达到 50.5%和 6.8%;大豆收获机械化水平达到 31.8%。

2. 主要作物生产机械化水平 一种作物的生产包含多个作业环节,该作物生产的机械化水平就是指该作物整个生产过程的作业量中机械化作业所占的比重。由此可见，要综合了解某一种作物的机械化水平，就要计算该种作物在整个生产过程中的平均机械化程度。计算某种作物的机械化程度，其办法有两种：一是将各项主要作业全部折合成标准公顷数，然后计算机械作业量在总作业量中所占比重；二是将各主要环节的机械化水平进行加权平均。例如，2007 年底全国耕种收综合机械化水平达到 41%。1997—2006 年全国小麦、水稻和玉米生产机械化水平变化情况见表 1-1。

表 1-1　1997—2006 年全国小麦、水稻和玉米生产机械化水平变化情况　%

年份	小麦		水稻		玉米	
	机播水平	机收水平	机播水平	机收水平	机播水平	机收水平
1997	63.26	54.78	3.70	7.25	36.19	
1998	66.83	58.72	3.96	10.09	38.58	
1999	68.65	63.81	4.51	12.16	42.55	
2000	69.35	66.89	5.11	15.44	45.94	1.69
2001	72.90	69.72	5.62	18.02	45.43	1.63
2002	72.99	69.89	6.10	20.60	46.64	1.74
2003	74.08	72.79	6.00	23.40	46.85	1.89
2004	80.90	76.20	6.30	27.30	47.78	2.50
2005	79.54	76.14	7.14	33.50	52.69	3.11
2006	79.57	78.32	9.00	38.80	58.72	4.73

第二节　农业机械化发展概况

一、我国农业机械化发展概况

（一）我国农业机械化的三个发展阶段

新中国成立以来，党和国家一直把实现农业机械化作为建设社会主义现代化农业的一个重要战略目标，投入了大量的人力、财力和物力，取得了很大的成就。回顾我国农业机械化的发展过程与成就，农业机械化事业从兴办国营机械化农场和拖拉机站开始，不断探索，不断发展。我国农业机械化的发展，大体上可分行政推动、机制转换和市场导向三个阶段。

1. 行政推动阶段(1949—1980 年)　在高度集中的计划经济体制下，农业机械实行国家、集体投资，国家、集体所有，国家、集体经营，不允许个人所有的政策。农业机械的生产计划由国家下达，产品由国家统一调拨，农机产品价格和农机化服务价格由国家统一制订。国家通过行政命令和各种优惠政策，推动农业机械化事业发展。但是，机械化发展的同时农业劳动力没有减少，极大地影响了农民参与机械化的积极性。

2. 机制转换阶段(1981—1994 年)　随着经济体制改革的不断深入，市场在农业机械化发展中的作用逐渐增强。国家用于农业机械化的直接投入逐步减少，对农机工业的计划管制日益放松，允许农民自主购买和使用农业机械。以家庭联产承包为主的责任制全面展开，农业机械多种经营形式并存。小型农机发展迅速，大中型农机增长缓慢。

3. 市场经济发展阶段(1995 年至今) 农业机械的生产、农机化服务实行市场化，农机实现法规化管理，加大了农机科研和技术推广力度，农业机械配备结构得到了改善。农业机械的投资主体是农民，国家对农机化基本上不再实行行政干预，而是根据国家的整体利益，通过制定倾向性优惠政策，引导农机化发展。主要表现在：颁布实施了“农业机械化促进法”；推行以企业为主体的农机科研产业化；政府引导、实现了农机跨区作业。购机补贴的实施，极大地调动了农民购买农机的积极性，推动了农业生产与销售全面升温。农村经济体制改革推动了中国农机体制和主体的变化。

(二)我国农业机械化发展现状

农业机械化是农业生产力中最重要、最具有活力的要素，其历来是衡量农业发展水平、反映农业现代化进程的重要标志。改革开放以来，我国国民经济得到了较快发展，2003 年人均 GDP 突破了 1 000 美元大关，标志着我国进入了工业化发展的中期阶段。在党的十六届四中全会上，胡锦涛总书记提出了“两个趋向”的重要论断：即“在工业化初期，农业支持工业，是一个普遍的趋向；在工业化达到相当程度后，工业反哺农业、城市支持农村，也是一个普遍的趋向。我国现在总体上已到了以工促农、以城带乡的发展阶段。”标志着我国开始进入工业支持农业、统筹城乡发展、加快农业现代化和农村小康建设的新阶段，农业机械装备量及作业量大幅度增加。

目前我国耕地面积约 1.22 亿 hm^2，农作物总播种面积约 1.57 亿 hm^2，农业耕、种、收综合机械化水平已经跨过 40%的门槛，农业机械化已经从初级阶段跨入中级阶段，农业机械化发展呈现出以下良好态势。

1. 农机装备水平快速增长，农业机械化作业水平稳步提高 截止到 2007 年底，全国耕种收综合机械化水平达到 41%，比 2006 年底的 35.7%提高了 5.3%；小麦机播和机收水平分别达到 80.9%和 76.2%；水稻播栽、收获机械化水平分别达到 11%和 44%；玉米机播和机收水平达到 50.5%和 6.8%；大豆收获机械化水平达到 31.8%；棉花、甘蔗、油菜等主要经济作物及牧草机械化的试验示范也取得新的进展。

2. 主要作物生产机械化技术渐趋成熟 小麦生产机械化技术成熟；长期制约水稻种植和收获两个关键环节技术取得突破性进展；玉米收获机械化技术基本突破；农机产品初步满足主要粮食作物生产全程机械化的需要；保护性耕作技术促进了旱作地区农业可持续发展；牧草种子收获与产后处理、高效施药等关键技术和机具研究开发取得了重大突破；油菜、甘蔗、棉花等经济作物关键机械化技术研究已经起步；区域特色农机化进一步发展。

3. 农业机械化创新发展机制已经形成 以农民为主体的多元化投入和多种服务合作模式蓬勃兴起的发展格局；农机服务社会化、市场化雏形基本形成；跨区作业成为农机社会化服务品牌；小麦跨区机收的社会化服务模式正向水稻插秧、收获，玉米和马铃薯收获延伸；一定程度上解决了家庭承包经营与机械化作业之间的适应性问题，走出了一条有中国特色的农业机械化发展道路；初步形成了机械化与信息化相结合，良种与良法相配套，农机与农艺相适应的运行体制。

4. 农业机械化进入了依法促进阶段 2004 年《农业机械化促进法》颁布实施；2004 年中央

一号文件开辟了国家财政扶持农业机械化发展的新渠道;2005 年中央和地方财政继续加大补贴力度;形成了依法促进农机化发展的强大推动力和政策引导力。

二、国外农业机械化发展概况

(一)发达国家农业机械化的贡献

20 世纪以来,世界农业发生了巨大变化,农业单产有了几倍十几倍的提高,一个农业劳动力向社会提供的农畜产品除了满足家庭的需要外,还可满足社会几十人的生活需要并为社会提供了更多工业原料。在这重大变化中,除了采用农畜良种、合理施用化肥及良好灌溉技术外,使用机械替代人力、畜力进行农业生产,是大幅度提高农业劳动生产率的最重要的原因。农业机械化的稳定发展促进了农业与畜牧业的发展,并为工业和第三产业的发展提供了大量的劳动力。农业机械化水平和效益高低已成为衡量各国农业现代化水平的重要标志。20 世纪 40 年代,美国率先实现了粮食生产机械化。其他经济发达国家如加拿大、澳大利亚、英、法、德、意、日、荷兰等也都在 60 年代至 70 年代相继实现了粮食等作物的生产机械化。

与此同时,美国在棉花生产方面从种植、机械收获及机采棉的清理与加工方面全部实现了机械化。

90 年代以来,美、加、澳大利亚、英、法、德、意大利、日本等经济发达国家的粮食作物、经济作物从种植到收获也都实现了全过程高度机械化。畜牧业实现了机械化、工厂化饲养。农业劳力占全国总劳力的比重降到 2%～8%。

大部分发展中国家如中国、印度、菲律宾、南美等一些国家,也在加快本国的农业机械化步伐,积极采用拖拉机配套农业机械进行耕整地、播种、收割、机械排灌、手动与机动植保机械防治病虫害、机械脱粒等作业。但总体看来机械化水平还较低,只相当于美国及其他经济发达国家 50 年代至 60 年代初的水平。

前苏联在 80 年代,农业机械化水平也比较高,粮食作物、甜菜、亚麻等主要农作物从种植到收获,畜牧业的集约化养殖都已实现机械化,但马铃薯收获机械化仅 47%～51%,棉花收获机械化 45%左右。90 年代,苏联解体后,由于农业经营体制的变化、土地经营规模的缩小、经济不景气等原因,农业机械化水平有所下降。

(二)发达国家农业机械化现状

国外农业装备的水平和特点,主要以经济发达的美、日、德、法、英、意大利、澳大利亚、荷兰、以色列等为代表。这些国家在农业生产、农作物种植、土地经营规模、农民经济收入、社会化服务体系、自然条件以及使用的农业装备和机械化水平等方面具有一定典型性。下面分别予以介绍。

1. 美国农业机械化　美国是世界上农业最发达、技术最先进的国家之一。高度发达的资本主义商品生产,促使美国在 20 世纪 40 年代领先世纪各国最早实现了粮食生产机械化。60 年代后期,粮食生产机械化水平迅速提高,达到了从土地耕翻、整地、播种、田间管理、收获、干燥全过程机械化;70 年代初完成了棉花、甜菜等经济作物从种植到收获各个环节的全面机械化。当前依然在种植业、工厂化畜禽饲养、设施农业、农产品加工等方面保持着世界先进水平。高度机械化水平,科学有效的管理,大大提高了农业劳动生产率。1987 年美国农业劳动力人均产值达到了55 300美元，是当时其他发达国家的4倍，居世界第一位。农业机械化有力地促进了美国农业的快速发展，也使美国成为世界上第一农产品出口大国。

美国约翰·迪尔公司、凯斯·万国公司、福特公司等大型跨国农机公司生产的农业机械生产率高，性能先进，标准化、系列化、通用化程度高，制造质量好，使用可靠，方便、舒适性好，为世界先进水平。在本国和世界使用广泛，深受用户欢迎。

为了保护农业生态环境，实现农业的可持续发展，最有效地利用和节约农业资源，提高农业劳动生产率和农产品商品率，保持农业在国际上的竞争力，美国特别重视农业的发展和农业的现代化。美国工业如机械、化肥、航空航天等为农业提供了大量农业机械、化肥、农用飞机等先进生产资料和装备，使农业几十年以来一直成为主要出口产业。美国高度重视农业保护性耕作技术与机械的推广和使用。经过长期努力，目前实施保护性耕作(按作物残茬覆盖量达到30%为标准计算)的比重，大豆已达到30%～40%、玉米25%。实际上地表作物残茬覆盖量小于30%而接近标准的土地耕作面积远大于上述数据。为了适应农业保护性耕作技术的需要，美国约翰·迪尔公司、凯斯·万国公司等农机厂商，已向农业提供了大量保护性耕作用的少耕、免耕农业机械。

近几年，美国在谷物联合收割机、喷雾机、播种机等农业装备上开始采用卫星全球定位系统、监控作业等高新技术。农业出现了向精准农业方向发展的趋势。

2. 澳大利亚农业机械化　澳大利亚是一个人少地多的国家，农牧业发达，也是世界上重要的农产品出口国。澳大利亚的重要农作物为小麦、甘蔗，其次是大麦、燕麦、棉花、水稻、牧草等。澳大利亚的小麦、水稻、大麦、燕麦、牧草等作物早在1970年左右就实现了生产机械化，至今保持着高度机械化水平。甘蔗是澳大利亚的主要农作物，甘蔗从农田建设、耕整地、种植、田间管理、收获运输、装卸等各环节都使用机械作业，每个农业劳力年均生产甘蔗4 000 t。澳大利亚的甘蔗机械化程度超过90%，其中甘蔗收获机械化程度达99.9%。甘蔗收获主要采用切段式收获，甘蔗段用大型拖车、重型汽车和火车运往糖厂；植保采用飞机喷施农药和除莠剂，用大型喷灌机灌溉。

澳大利亚牧业发达，全国有农牧场17.8万个，其中农牧结合的2.7万个，纯牧业8.4万个，全国耕地4.68×10^{7} hm^{2}，草地4.25×10^{7} hm^{2}。牧草和小麦轮作，围栏放牧，通过草场改良增加载畜量。牧草从种植到收获全部使用机械。牧草播种采用圆盘开沟播种机、免耕播种机，用机动喷雾机和农用飞机喷农药、除草剂；牧草收获采用收割、搂草、压扁、打捆联合收获机，也有部分使用割草机、滚轮搂草机、压捆机进行分段作业的地区。

澳大利亚农业机械化的特点是：机械化程度高，广泛采用大功率轮式拖拉机配带宽幅、联合作业机组进行作业，如配套施肥播种机宽达21 m。

3. 加拿大农业机械化　加拿大是一个人少地多、农牧并重的发达国家。其种植业和畜牧业的产值大致相等，加拿大主要农作物为小麦、玉米、马铃薯，畜牧业以肉牛、羊、猪为主。加拿大每一个农业劳动力年均生产的农畜产品，粮食高于1×10^{5} kg，肉类高于4 000 kg，牛奶高于1.6×10^{4} kg。这么高的农业劳动生产率是与粮食生产及禽畜饲养高度机械化分不开的。加拿大农业机械的特点是粮食生产和畜类生产机械与设备配套成套性强，田间作业机械从拖拉机到农机具及自走式联合收割机大部分为大功率、宽幅、高效机具。这和美国的农业机械化基本相似。

加拿大在农业上采用夏季休闲水土保持耕作与冬季积雪管理的机械化作业。其耕作技术正向保护性耕作技术方向发展。适应耕作技术的变化，近年来普遍推行双列圆盘犁和偏置式圆盘犁耕作。在作物生长过程中使用双翼铲中耕机、翻转式中耕机或双翼杆式中耕除草机防治杂草并增施肥料。与美国的免耕法不同的是，加拿大每隔六年左右都将土壤深耕一次。深耕大多采用有壁犁，该犁既可翻动表层土壤又可疏松犁底层。休闲地耕作常用圆盘耙或弹齿耙，有的地块则用联合作业机进行一次性覆盖镇压。

加拿大的大草原地区采用积雪融化措施来补充旱地土壤水分。积雪的机械化管理主要是用联合收割机形成不同茬高、用开沟犁开出积雪沟，用来将冬季降雪积存，防止大风刮出农田。春季根据需要用农用飞机或机引机械喷洒草木灰，将积雪融化，使土壤畜水增墒。

加拿大的农业机械化水平与美国北部地区相近，皆属高水平大规模机械化生产。

4. 法国农业机械化　法国农业发达，为世界粮食出口大国之一，农业机械化水平高，小麦、玉米等谷物生产、畜禽饲养均已实现了全过程机械化。粮食作物从整地、播种、中耕、病虫害防治、收获、运输、加工、储存等环节均有相适用的农业机械。法国在作物育种机械和葡萄园机械方面较发达。作物育种从种床准备、播种、田间管理、收获及收获后清选、分级、包装、包衣等有一整套机械供应，特别是种子加工厂，各种设备配套齐全，自动化程度也较高。法国的葡萄园机械，从拖拉机到配套的栽植、剪枝、整形、施肥、施药、采收、包装、运输都有相适应的机械，机械化作业达到了世界先进水平。葡萄采收机械每年生产量较大，也有较多出口。

法国的农机企业主要有雷诺公司、麦赛·福格森公司、萨朗约翰·迪尔柴油机厂、于阿尔犁业联合公司、圣迪洛埃拖拉机厂、史陶普手扶拖拉机厂、布朗排灌机械厂以及生产各种喷雾机、喷粉机的埃伏拉特公司等。其中如拖拉机、柴油机、联合收割机、铧式犁、葡萄园机械、大型喷雾喷粉机等皆为法国重要农机出口产品。

5. 英国农业机械化　英国的种植业和畜牧业均较发达，种植业以小麦、大麦、甜菜、马铃薯为主，畜物业中牧草种植与青饲种业也较多。种植业从种到收均已实现全过程的高度机械化。农业劳动力约占全国总劳动力的 3%，平均每个农业劳力年生产谷物 38 t、肉类 4 t。畜牧业中肉牛、奶牛饲养也已高度机械化。如奶牛场从牛的供料、供水、清烘、挤奶及牛奶收集、贮存、运输等各环节均为机械化作业。奶牛场的奶牛饲养实现了计算机单头统计挤奶量与按单独饲料配方供料。英国的农业机械制造业较发达，农业装备以种植业和畜牧机械为主，除满足本国需要外还大量出口。农机企业以小企业为主，以麦赛·福格林公司等大型跨国企业为主的几个大型农机企业的产值占农机总产值的 66%。麦赛·福格森公司在英企业的主要产品有发动机、拖拉机、农业机械等，该公司的轮式拖拉机系列从 14.9 kW 到 186.6 kW，在基本型基础上变型有四轮驱动、葡萄园与果园、山地、高地隙、自走底盘、前悬拄、中间悬挂等类专用拖拉机；泼金斯发动机为世界著名的产品。福格林公司生产的中马力轮式拖拉机有 240 多种配套农机具，其中有 43 种犁、37 种耙、17 种施肥机、16 种种植机械、20 种田间管理机械、10 种收获机械、16 种牧草收获机械、16 种农田建设机械、31 种运输机械；还配有水泵、圆盘锯、压缩机等其他农用品，系列、规格齐全，药箱容量从 24 L 到 3 000 L。该厂生产的喷头寿命高，较一般铜质喷头提高寿命 3 倍；还有适应地形起伏的喷杆自动平衡机构，灵敏的防滴装置是该厂专利；产品远销欧、美及亚洲等地。利斯特公司的机动剪羊毛机、气动剪羊毛机、电动剪羊毛机产品质量高、寿命长，为国际名牌产品。

英国重视 74.6 kW 以上拖拉机的生产，也注意发展与拖拉机配套的各种复式或联合作业机械。奶牛、肉牛饲养和挤奶等机械品种也较齐全。

6. 德国农业机械化　德国耕地面积 1 197 万 hm^2，农业人口约占全总人口 7.6%，农业就业人数约 200 万人。农业以畜牧业为主、农牧结合。农场较小，次于法国和美国。农业机械化水平也很高，农业和畜牧业均已实现机械作业。

德国的农机工业也很发达，每年的出口量约占农业机械的 50%，出口额占西欧各国前列。农机产品制造水平高，农机企业对市场需求反映及时，适应能力强，因此在世界上占有较高份额。大型农机企业主要有约翰·迪尔公司、凯斯·万国公司、福特公司和麦赛·福格森公司等跨国公司，主要农机产品有：拖拉机系列、农业机械系列。德国道依茨联合公司的发动机、拖拉机、农业机械；芬特公司的拖拉机、自走底盘、农业机械；克拉斯机器制造公司的联合收割机均较有名。克拉斯机器制造公司为欧洲三大收割机公司之一，年产量 2 000 多台。除谷物联合收割机外，该公司的青饲收获机、牧草捡拾压捆机等也较有名。

除上述企业外，大型企业还有原东德的前进农机联合企业。主要农机产品有 E512、R514、E516、R517 及 E524 系列谷物联合收割机和青饲料联合收割机系列；该企业还生产马铃薯联合收割机、挖掘分离装载机、各种挤奶设备、谷物与牧草种子清选分级与贮存机械，试验室用种子分级机，磁选与风选机、烘干设备等。

7. 意大利农业机械化　意大利是一个以山区丘陵为主的国家，平原面积约 7×10^6 hm^2，全国耕地面积约 9.1×10^6 hm^2，土地较分散，大农场较少，30 hm^2 以上的农场仅占农场总数的 2.74%，全国农场平均规模为 7 hm^2，农业劳动力约占全国总人口的 3.5%，农业产值占国民总产值的 5%。主要农作物为小麦、大麦、玉米、水稻。水稻年总产量约 1.3×10^6 t，为欧洲主要产稻国。

意大利的农作物生产特别是水稻从土地耕整到种植、除草、收获等 20 世纪 70 年代就已实现全部机械化作业，其他小麦、大麦、玉米等均在此前实现了机械化。90 年代机械化达到了很高水平。

意大利是欧洲主要葡萄生产园，种植面积在 1×10^6 hm^2 以上。葡萄生产从挖沟、种植、灌溉、剪枝、病虫害防治、施肥到采摘已实现了全部机械化。葡萄园用的高地隙自走底盘拖拉机除满足本国需要外，还出口到法国、美国等国家。

除了种植业外，意大利的养猪、奶牛和家禽饲养也全部实现了机械化与工厂化饲养，并已实现高度机械化。

意大利的主要农机企业和主要产品有：菲亚特集团纽荷兰公司生产的“FIATAGRI”系列拖拉机，功率从 12.5 kW 到 176.5 kW；牌号为“FORD”的拖拉机有 10 个系列，功率从9.2 kW 到 194 kW；牌号为“NEWHOLLAND”的联合收割机有 15 个型号，功率为88.2～220.6 kW；牌号为“FIATAGRI”的联合收割机也有 15 个型号，功率从 88.2 kW 到205.9 kW。该公司联合收割机的市场占有率在北美达 15%，在西欧达 26%。其他如打捆机、青饲收获机、葡萄收获机等农业机械在北美市场占有率也达 30%～40%。

意大利的拖拉机企业还有 SAME 公司，年产近百种型号拖拉机，功率从 22 kW 到 125 kW，产量达 4 万台。其中 50%以上供出口。该公司的拖拉机配有 8 大系列农机具，有犁、耙、播种机、打捆机、挂车等，也可用于水田、旱地、葡萄园和园艺作业。此外还有专用果园和葡萄园的履带式拖拉机。

8. 日本农业机械化　日本是一个工业高度发达、农业也很发达的国家。人口密度大，耕地面积少，全国人均耕地只有 0.044 hm^2，按农业人口计算人均占有耕地仅 0.274 hm^2。日本的主要农作物是水稻，播种面积约 2×10^6 hm²，产值占种植业的 47%。田间作业从耕整地、插秧、植保、收获等全部实现了机械化。1996 年，日本的水稻联合收割机收获达到了机收的 85%。水稻育秧、插秧、半喂入联合收获机械居世界领先水平。能在水稻育秧、移栽方面很快实现机械化，有赖于其高度重视农艺和农机的有机结合和高度发达的工业所提供的高质量设备。

除水稻生产外，奶牛饲养、肉牛和养鸡、养猪业也都实现了集约化与机械化。设施农业如日光温室也很发达，温室内温度、湿度、通风等自动控制，花卉、蔬菜等广泛采用温室栽培，室内小型作业机械齐全，机械化程度也较高。日本对渔业非常重视，在大力发展远洋捕捞与加工的同时，特别重视开发和利用沿海水域资源。两次实行"沿海渔业构造改善事业计划"，1976—1982 年共投资 2 000 亿日元，设置渔礁、建造养殖和保护沿海渔场，这些措施有力地保护了近海渔场和沿海渔业资源，使沿海渔产品和远洋捕捞业得到同步发展，在海洋渔业方面居世界前列。

日本农业的特点是水稻生产全过程机械化水平高，产品质量好，对小规模经营适应力强，此外，每公顷农用地拖拉机功率比美国、英国、法国等高度机械化国家投入多。

日本的农机生产企业有近千家，但小企业多，农业机械主要生产供应集中在久保田、洋马、井关、三菱四大农机公司。久保田和洋马等公司生产水稻育秧机械、拖拉机、插秧机、植保机械、水稻收获、脱粒、干燥、运输等各类农业机械。如久保田生产的 SR- 331KH 温室育苗播种设备、KS- 560C/84C 育苗器、SPA65 型高速插秧机、S1- 6HD 两轮步行式插秧机及 PRO481 半喂入水稻联合收割机和洋马农机公司的轮式拖拉机系列、GP6 乘坐式插秧机、AP600 步行式插秧机、机动喷雾机、CA160、CA215、CA355 半喂入联合收割机及 CA600、CA700、CA1200 自走式全喂入联合收割机。此外，洋马公司还成批生产 1 行与 2 行割捆机和自走式脱粒机，也生产成套干燥与碾米、计量、检查设备。洋马公司还特为中国开发了 Ce-1 人民号联合收割机。井关公司的拖拉机、育秧设备、水稻插秧机、半喂入联合收割机和收获后加工设备如烘干机、碾米机、计量分选机也较齐全。此外还生产蔬菜栽培用机械，如自动育苗播种装置、蔬菜插秧机、自动嫁接装置和乘坐式田间管理机等。这些都代表了日本现代农业装备水平。

9. 以色列农业机械化　以色列是一个干旱少雨、水资源严重缺乏的国家。为了充分利用水资源，国家大力发展节水灌溉技术与设备，以较少的水来保证作物的丰产和生活与工业用水的需要。喷、滴灌面积占总灌溉面积的 70%。

以色列的节水灌溉设备主要有大型喷灌机、微喷灌、滴灌系统及设备。以计算机控制的喷灌、滴灌系统可根据作物生长发育期需水和土壤墒情自动地适时适量灌溉，同时还可以辅助施液肥和施农药防治病虫害，最大限度地降低水蒸发和浪费，极大地提高了水、肥料、农药等资源的综合利用率。这些节水灌溉设备广泛地用于花卉、蔬菜的温室种植和果树灌溉中。

以色列的温室很发达，温室的主要作物为蔬菜和花卉，是世界主要花卉与蔬菜出口国之一。日光温室业也很发达，日光温室所用热镀锌管构架，透光覆盖材料聚乙烯与聚氯乙烯薄膜、聚碳酸酯透光板、温室环境控制系统、通风系统、遮阳网、生长架等均有相关企业生产，除满足本国需要还出口到美国等国家。

10. 韩国农业机械化　20 世纪 60 年代以来，韩国从一个落后的农业国发展成为一个新兴的工业化强国，成为"亚洲四小龙"之一。韩国经济的高速增长，促进了国家工业化和城市化进程，但由于推行"重工轻农"政策，产业结构失衡，给农业、农村和农民带来了不少问题：使农村劳动力不断流向城市，导致了农业的相对萎缩；1977 年末，户均耕地面积仅有 0.95 hm²，比起美国、丹麦、英国、荷兰等西方发达国家相差很大，而且耕地比较分散、地块较小；从1972年开始的粮食危机和1973年开始的石油危机以及国际资源价格的冲击，挫伤了农民的生产积极性，造成了粮价的下跌和粮食自给率的逐年下降，农业生产处于停滞状态，加深了农民的相对贫困化。农业人口流失、农村劳动力不足，1978年韩国农业人口为1 153万人，占总人口的35.2%。在农业机械化尚处于初期发展阶段的情况下，农业劳动力，特别是青壮年劳动力大量流向城市，引起农业人口日趋老年化、妇女化，影响农业和农村的发展。

70年代以后，韩国农村开始发生变化，农业劳动力短缺，机械工业也随之发展起来，生产大批农机具。在这种情况下，韩国掀起农业机械化运动，大量普及耕耘机、喷雾器、抽水机等农业机械。但是70年代的韩国农业机械化，只不过是补偿劳动力不足的手段，尚未达到降低农业生产费用和提高农业劳动生产率的手段。为了解决上述问题，韩国于1978年12月5日颁布了《农业机械化促进法》，通过法律形式将农业与农业机械化优惠政策加以实施，加大了农业和农业机械化的支持力度，促进了农业机械化发展，巩固了农业的基础地位，使其成为继日本之后率先实现农业机械化的国家，仅用30年时间赶上了日本的农机化水平，成为农业发达国家。

三、农业机械化的社会经济效果对比

农业机械化带来的社会经济效益即农业机械化在现代农业结构调整与发展中的作用见表1-2、表1-3。

表1-2　世界各国主要年份农业人口比重统计(1990—2000年)　%

国家(地区)	1990	1997	1998	1999	2000
世界总计	46.4	43.6	43.2	42.8	42.4
亚洲	58.9	54.5	54.0	53.4	52.9
中国	71.9	68.2	67.7	67.1	66.6
印度	58.2	55.1	54.6	54.1	53.7
以色列	4.1	3.1	2.9	2.8	2.7
日本	7.0	4.6	4.4	4.1	3.9
韩国	16.1	10.6	10.0	9.3	8.8
马来西亚	26.0	19.9	19.2	18.4	17.7
菲律宾	45.6	41.2	40.6	40.0	39.3
新加坡	0.4	0.2	0.2	0.2	0.1
泰国	56.9	51.4	50.6	49.8	49.0
北美洲	13.0	11.4	11.2	11.0	10.8
加拿大	3.7	2.8	2.7	2.6	2.6
墨西哥	30.3	25.5	24.8	24.2	23.6
美国	3.0	2.4	2.4	2.3	2.2
阿根廷	12.4	11.3	11.2	11.1	10.1
巴西	23.0	18.3	17.6	17.1	16.5

续表 1-2

国家(地区)	1990	1997	1998	1999	2000
欧洲	10.2	9.4	9.1	8.8	8.5
法国	5.5	3.9	3.7	3.5	3.4
德国	4.0	2.9	2.8	2.6	2.5
意大利	8.6	6.2	5.9	5.6	5.3
荷兰	4.6	3.7	3.6	3.5	3.4
波兰	25.1	21.0	20.5	20.0	20.4
俄罗斯	22.1	16.0	15.3	14.6	13.9
罗马尼亚		11.4	11.1	10.8	10.5
西班牙	11.8	8.5	8.1	7.7	7.3
英国	2.2	1.9	1.9	1.8	1.8
乌克兰		17.5	17.0	16.4	15.9
南斯拉夫		22.6	21.7	20.8	19.9
大洋洲	20.6	20.1	20.0	20.0	19.9
澳大利亚	5.5	4.8	4.7	4.7	4.6
新西兰	10.1	9.2	9.0	8.9	8.8

注:摘编自《国际统计年鉴 2002》。

表 1-3　世界各国 1990 年和 2000 年劳动生产率统计　　美元/人

国家(地区)	全员劳动生产率		制造业劳动生产率	
	1990	2000	1980—1984	1995—1999
中国	528	1 427	3 061	2 885
中国香港	25 761	45 234	7 886	32 611
印度	879	1 014	2 108	3 118
以色列	28 582	40 852	23 459	35 526
日本	47 593	70 933	34 456	92 582
韩国	12 867	18 923	11 617	40 916
马来西亚	6 173	9 320	8 454	12 661
菲律宾	1 805	2 345	5 266	10 781
新加坡	23 538	46 216	16 442	40 674
泰国	2 692	3 317	11 072	19 946
土耳其	6 203	6 386	13 994	32 961
埃及	2 355	4 046	3 691	5 976
加拿大	38 955	41 604	36 903	60 712
墨西哥	8 566	14 238	17 448	25 931

续表 1-3

国家(地区)	全员劳动生产率		制造业劳动生产率	
	1990	2000	1980—1984	1995—1999
美国	45 761	67 975	47 276	81 353
阿根廷	11 585	19 000	33 694	37 480
巴西	7 102	7 471	43 232	61 595
捷克共和国	6 395	8 798	5 782	5 094
法国	49 232	48 439	26 751	61 019
德国	42 364	45 819	34 945	79 616
意大利	45 245	41 740	24 580	50 760
荷兰	42 807	49 277	27 491	56 801
波兰	3 148	7 935	6 242	7 637
罗马尼亚	3 597	3 418		3 482
西班牙	32 448	32 027	18 936	47 016
英国	34 551	47 292	24 716	55 060
澳大利亚	36 466	39 846	27 801	57 857
新西兰	26 030	26 022	16 835	32 723

注:摘编自《国际统计年鉴 2002》。

第三节 农业机械化的重要性

农业机械化作为农业生物高新技术研究成果得以有效实施和推广的关键载体,对于提高粮食综合生产能力,保障国家粮食安全,促进农业产业结构调整,加快农业劳动力的转移,逐步发展农业规模经营,发展农村经济,增加农民收入,加快现代农业建设进程,提高农产品市场竞争力都具有重要的作用。农业机械化水平的高低,是农业现代化水平的重要标志。

一、农业机械化是现代农业的重要物质基础

纵观发达国家建设现代农业和实现农业现代化的历程,虽然各国在建设现代农业的道路和技术路线的选择上有所不同,但都无一例外地先实现农业机械化,进而实现农业现代化。在传统农业向现代农业发展的历史阶段,农业机械是农业生产要素中影响现代农业进程的关键因素,并且农业机械化水平是实现农业现代化和形成农业竞争力的核心能力,农业机械化水平的高低决定着农业现代化的进程和农业竞争力的强弱。农业发展过程实践告诉人们,任何先进的农艺措施在最终获得与其配套的机械技术实施之前,都不会形成巨大的生产力,也不会在大规模应用中显示其生产高效的特性。所有农业技术带来的高产高效无不与机械化有关,农业机械是农业生产的重要工具,是提高农业生产力的重要因素。发展农业机械化实质上是一场生产工具的技术革命。农业机械装备突破了人力、畜力所能承担的农业生产规模的限制,机械作业实施了人工所不能达到的现代科学农艺要求,改善了农业生产条件,提高了农业劳动生

产率和生产力水平，为农场规模扩大、农产品品质提高、形成专业化和商品化生产提供了可能。

二、农业机械化是现代农业的重要标志

生产发展需要农业机械化提供硬件支撑。农业机械是实施和推广先进农业科技的载体，是建设现代农业的物质基础。农业机械的广泛应用，将有助于改变农业的自然属性和弱质特征，极大地提高农业资源的开发利用水平和农业综合生产力。衡量农业现代化水平的主要指标是农业劳动生产率，而农业机械化是提高农业劳动生产率的主要手段。综观世界各国经验，农业机械化是农业现代化的先导环节，而且国际上通常把农业机械化水平和效益的高低作为农业现代化水平的主要标志。

三、农业机械化是农业实现可持续发展的有力保证

推进农业现代化，还要求合理配置和综合利用农业资源，不断改善和增强农业生产基础设施和基本条件，这就需要农机化的支持。在大规模农田水利基本建设中，机械化施工可加快工程进度，保证工程质量，降低工程投资。通过大型机械进行土壤改良，坡改梯、深耕深松及水利工程建设，可改善农业生产条件，减少水土流失；通过实施农作物秸秆机械化还田、秸秆气化等综合利用措施和化肥机械化深施技术，可减少秸秆焚烧和化肥流失对水、土壤和空气的污染，增加土壤有机质；通过旱作农业综合开发、节水灌溉等机械化技术，可实现水资源的合理利用，充分发挥水资源效益；通过机械化灌溉，可减少干旱给农民带来的损失，确保稳产增收。所有这些，都是农业生态建设和可持续发展的有力保证。

四、农业机械化是促进农业增效和农民增收的重要手段

加快现代农业建设的进程也就是农业机械化的过程，是农业生产要素中农业机械增多、农业劳动力减少的过程，也是农民收入提高、工农差距和城乡差距缩小、农工贸协调发展的过程。农业和农村经济结构调整是增加农民收入、推进农业现代化发展的有效措施，而结构调整需要农业机械化的支撑才能完成。一方面，结构调整中的传统产业必须由农业机械来改造，才能大幅度地增加农产品附加值，提高农业效益，使农产品加工、贮运、包装等大批农机化新技术得到广泛应用。另一方面，结构调整必须要求大量运用先进的农业科学技术，这就需要农业机械发挥载体作用，使各类农业技术及时转化为现实生产力和经济效益。因此，农业机械化与农业劳动力向非农产业转移、农民收入和生活水平提高有密切关系。

农业劳动力占全社会从业人员的比例和农民收入，是衡量农业现代化程度、社会进步、产业结构和贫富状况的重要指标。已经实现农业机械化、现代化的发达国家，现代农业生产不仅能用很少的人力生产保障社会需求的、丰富多样的农产品，保障人民生活质量提高和食物安全，还可转移出很多的农业劳动力从事二、三产业的生产经营，创造出更多的社会财富，使世界经济更加繁荣，人民生活进一步改善。

五、农业机械化过程是现代农业建设的重要内容

从各国推进农业机械化的内容和实现农业现代化的形式看，尽管各国选择了不同的发展模式和途径，但共同点都要解决农业机械化问题。可以说，农业机械化是农业现代化的重要内容。由于农业机械化是对传统农业改造的技术进步过程，农业机械化投入是农业生产方式除

旧布新或推陈出新的过程。根据现代经济增长理论，农业机械化投资会引致知识的积累，农业机械投入与知识积累形成一种有形投入与内生增长相结合的复合资本品，其又将加快技术进步的进程，技术进步又可以提高农业机械化投资的效益，使农业经济系统出现增长的良性循环，从而推进现代农业建设和农业现代化进程，促进长期经济增长，提高竞争力。

第四节 我国农业机械化特点与要求

一、我国农业机械化特点

农业机械化是为农业服务的，农业机械化的特点首先是由农业生产特点决定的，不同的生产特点形成对农业机械化不同的要求。我国农业机械化的特点概括起来有以下特点。

(1)人多地少，粮食紧张，农业机械化必须同时提高劳动生产率和土地生产率。

(2)土地经营规模、作业地块偏小，与使用机械作业相矛盾，农业机械化要有适当组织形式。

(3)幅员辽阔，社会和自然条件差异大，要因地制宜地发展机械化。

(4)资源相对缺乏，经济力量薄弱，必须实行节水、节能、保护地力的机械化。

目前我国人均不足 0.1 hm^2 耕地，而且呈严重的锐减趋势，中低产田占有很大比重，粮食总产量一直徘徊在 5×10^8 t 水平，2009 年实现了历史最高产量 5.287×10^8 t，其粮食自给率约保持在 95%。事实上，我国至今还是一个粮食进口国家，许多省粮食生产不足。由于人口的不断增长和人均消费的上升、畜牧业的快速发展以及加工原料用粮的旺盛需求，粮食自给压力越来越大、矛盾还会更突出。在耕地面积锐减的情况下生产更多的粮食，提高单产是关键。事实证明：农业机械化不仅仅提高了劳动生产率，而且通过高效的适时作业、中低产田改造、提高复种指数、抵御自然灾害和实施其他各种增产农艺技术(如铺膜种植技术、化肥深施技术、茎秆还田技术、幼苗移栽技术等)等，提高作物产量、降低粮食损失，从而提高了土地生产率。

发达国家农业机械化成功经验表明：越富裕的国家农业劳力比重越低、农业机械化程度越高。这是因为土地的产出是有限的，通过提高劳动生产率、向非农产业转移农业劳力，方能使农民的收入增加。农业机械化是农业生产稳定和劳动力转移的重要保证，没有农业机械化就不可能实现农村劳动力的转移。然而，我国人均耕地少、户营规模小，这种情况与使用机械作业形成矛盾，因此必须通过适当的农业机械化组织形式实现我国特色的农业机械化。

为了缓解矛盾，不少地区摸索出"统一耕作，分散管理"："机器村营，土地户营，双层经营，代耕服务"，以及经济发达城市郊区组织的"乡村集体农场"、"农业车间"、"专业承包"等多种模式，实行规模经营。对有些专业性很强的作业，如收获作业，还组织了跨地区的流动麦收，每年出动成千上万台联合收获机跨省作业，利用作物成熟的时差，延长收获机作业时间，取得了良好的生产效益和经济效益。

预计未来的机械化经营模式，将不是如世界上许多国家那样的家庭农场为主的模式，而是以乡村集体农场和专业代耕、专业播种、专业收获为主的模式，以达到机械化作业需求的规模。由于提高复种指数和抢农时的要求，以及机器集体经营、多机组同时作业条件的存在，我国一年多熟的地区在耕作方法上出现了与国外普遍采用的"分段作业法"不同的"流水作业法"，并导致了在机器作业系统理论、方法和模型上与国外的重大区别。

二、我国农业机械化发展道路

改革开放30年来,我国农业机械化产业适应农村经济体制的深刻变化,在改革中前进,在创新中发展。探索出一条"农民为主,政府扶持,市场引导,社会服务,共同利用,提高效益"为主要特征的中国特色农业机械化发展道路。

我国地域辽阔,土地、气候类型多种多样;广大地区人口稠密,人均耕地仅0.1 hm^2,为世界人均耕地的27%;人均地表水资源2 700 m^3,不足世界人均的1/4。随着人口的增加,土地和水资源不足的矛盾还将加剧;存在着土地相对稀缺与农村劳动力过剩;田块小、分散经营、生产规模小,难以实现专业化、规模化生产;农村人均投入水平较低、地域间差别大等不利于农业机械化发展的因素,决定了中国农业机械化道路将有别于其他国家。我国的农业机械化发展完全效仿国外发展模式的条件并不具备,依葫芦画瓢也许只会事倍功半。

我国有长期的农耕历史,几千年精耕细作的传统,积累了丰富的农艺经验,农业生产达到了较高的水平。这种建立在人力、畜力基础上的传统农业,劳动生产率低,农民收入微薄,抵御自然灾害能力弱,不利于推广新技术,不能适应国家工业化发展和人民生活水平提高的要求。传统农业需要技术改造,需要实现机械化。但是面对广阔的国土和复杂的自然条件,大量劳力需要转移,要克服土地细碎的格局,难度大,进展将很慢,这些都将在不同程度上影响我国农业机械化的发展。

中国的农业机械化的发展,要针对中国的实际情况,制定具有中国特色的农机化发展道路。总体来讲,要做到七个坚持,即坚持以科学发展观统领农业机械化工作全局;坚持服务"三农"的根本宗旨;坚持"因地制宜、经济有效、保障安全、保护环境"的发展原则;坚持重点突破、协调推进的发展战略;坚持不断推动科技创新和普及应用;坚持大力推进农机社会化服务;坚持依法推进、依法监管。具体做法上应注意以下几点。

(1)因地制宜,分类指导。坚持以市场为导向,根据各地自然、经济等条件,有选择地发展具有各自特色的农业机械化。经济条件较好的地区,着力发展大中型农业机械,如大中型拖拉机、高性能水稻插秧机、自走式稻麦联合收割机等,优化农机装备结构;经济条件较差的山区和丘陵地区,着力发展适宜的中小型农业机械;油菜、薯类及烤烟集中种植区,着力发展经济作物生产机械;养殖业发达地区,大力发展养殖业机械等。

(2)提高土地产出率和劳动生产率。我国人多地少,农产品特别是粮食的供给紧张,提高农业单产至关重要。机械化必须在保证土地产出率的前提下,提高劳动生产率。因此,我国发展农业机械化与世界上许多国家发展农业机械化的目标不同,必须要在保证提高土地产出率的前提下,提高劳动生产率,从而才能保证国家粮食安全和进一步增加农民收入。

(3)发展服务型农业机械作业模式。该模式应符合市场经济规律要求,遵照我国资源的现实状况,使农机使用者获取相应的经济回报的同时,又能在整体规模上支撑中国农业的持续、稳定发展。从目前农村实际看,由于作业面积限制,农机的自买自用成本要高于"代耕",而租用农机还不现实,农机租赁市场发育水平远未达到理想的程度。因此,我国农机化经营形式,与世界上许多农业机械化发达国家不同,主要是双层经营形式,即农户承包经营土地、乡村农机站或农机专业户等经营农业机械,为农户提供有偿的机械作业服务。为此,各级农机管理部门,应承担农户与农机户之间的桥梁作用,建立专业化经营、社会化服务的农机经营服务作业方式,有效地协调小地块与大机器、小农经营与大生产之间的矛盾,推进农机化服务产业化,解决一家一户想办而办不好的事情，提高机械作业效率，促进机械化农业的发展。

(4)推进农机服务产业化。就是根据社会主义市场经济发展的要求，以市场为导向，以提高经济效益为中心，以资源开发为基础，对农业机械的科研、开发、推广、销售、培训、维修等实行一体化经营，实现对农业机械要素多层次、多形式、多元化的优化配合目标；实现小生产与大市场的对接，按照市场需求调整和优化产业结构，改造传统产业，实现农机作业转化增值，促进农机作业效益大幅度提高和农村社会主义市场经济的持续、健康发展。可以说，我国的农业机械化将逐渐脱离狭义机械化的概念，向更深、更广的含义发展，农业机械化已从简单的农业机械生产过程，拓展到更广泛的农村经济、文化与现代化的组织管理，及农业机具的生产、销售、培训与服务，形成一个以市场为引导的特色农机化产业。

(5)走资源节约、环境友好型农机化发展道路。我国是一个人口众多、资源相对不足、生态先天脆弱的发展中国家。多年来，通过大力实施以节水、节肥、节药、节种、节油“五节”为主要内容的农机化节本增效技术，有力地推动了农业资源的有效保护和合理利用，节约了资源。随着建设节约型社会的不断深入，需要进一步节约水资源和农业生产资料，降低农业生产成本。大力推广应用节能型耕作、播种、施肥、植保、收获及运输的农业机械，积极推广机械化秸秆还田、秸秆青贮、秸秆饲料加工等技术，发展秸秆经济，综合利用资源，推动生态环境的保护和农业农村循环经济的发展，推动我国农业机械化尽快走上科技含量高、经济效益好、资源消耗低、环境污染少的发展道路，促进节约型农业的迅速发展。同时，通过改进农业机械性能，鼓励农民使用高性能节能机械作业，减少不必要的资源浪费，不断提高农机化节能水平。

三、农业机械性能要求

(一)农业机械特点

(1)农业机械的工作对象如种子、作物、土壤、肥料、农药等物料的物理机械性能比较复杂，作业质量和效果又直接影响作物的收成；农业生产的周期较长，每个作业环节的失误将造成不可挽回的损失。因此，农业机械首先必须具有良好的工作性能，能适应各种物料的特性，满足各项作业的农业技术要求，保证农业增产丰收。农业机械必须和农艺紧密结合，并随农艺的发展而发展。

(2)农业生产过程包括许多不同的作业环节，同时各地自然条件、作物种类和种植制度等又有较大的差异，这就决定了农业机械的多样性和区域性。农业机械必须因地制宜。能满足不同地区、不同作物和不同作业的要求，有很好的适应性。

(3)农业生产季节性强，有些作业的季节很短，有的甚至只有几天的时间，因而农业机械的使用也具有很强的季节性，必须工作可靠，有较高的生产率，并能适应作业季节的气候条件。

(4)农业机械大多在野外工作，工作环境和条件较差，因而农业机械应具有较高的强度和刚度，有较好的耐磨、防腐、抗振等性能，有良好的操纵性能，有必要的安全防护设施。

(5)农业机械的使用对象是农民，不像工业工人那样有较细的专业分工和固定的岗位，而是要在农业生产的不同环节，使用各种不同的机械进行各种不同的作业，因而农业机械的使用维护应尽可能简单方便。

(6)农业机械面广量大，农机产品必须经济实用，并尽量提高综合利用程度。农业机械的发展必须与农村经济的发展、农业经营的规模以及农村科学技术水平和使用管理水平相适应，必须在提高经济效益的前提下，有选择地逐步发展。

（二）农业机械的性能

农业机械是农业机械化的核心内容与技术主题。实现农业机械的“高效、优质、低耗、安全”作业、充分发挥农业机械在农业生产中的作用，其必须具备良好性能。农业机械性能主要包括农业生产作业的适用性、安全性和可靠性。其中生产适用性又包含农艺适应性、作业经济性、操作轻便性等。

第二章　内 燃 机

◆学习目标

通过本章的学习，重点掌握内燃机的基本构成、工作过程、基本术语和曲柄连杆机构与配气机构的组成及工作原理；熟悉柴油机、汽油机燃油供给系统的组成及工作原理；了解点火系、润滑系、冷却系、启动系的功用、主要部件构造及工作原理。

内燃机是一种热力发动机，是将燃料在汽缸内燃烧时产生的热能转化为机械能的一种动力机械。由于其具有热效率高、功率范围宽、单位输出功率的质量轻、体积小、移动方便等优点，所以在工业、农业、交通等很多行业中得到了广泛应用。内燃机的种类较多，农业上常用的内燃机主要是柴油机和汽油机。

第一节　内燃机种类及工作原理

一、内燃机种类及型号

内燃机的结构形式很多，可按不同的分类方法进行分类。

(1)按使用燃料的不同可分为柴油机、汽油机、液化石油气机、天然气机等。

(2)按完成工作循环活塞所走的行程数的不同可分为四行程内燃机和二行程内燃机。

(3)按冷却方式的不同可分为水冷式和风冷式。

(4)按发动机汽缸数的不同可分为单缸内燃机和多缸内燃机。

(5)按进气方式的不同可分为增压式和非增压式。

(6)按汽缸排列形式的不同可分为直列式、卧式和V型等。

为了便于内燃机的生产管理和使用，每种内燃机都有各自的型号，一般由阿拉伯数字和汉语拼音字母组成，其表示方法如下：

例如：165F表示单缸、四行程、缸径65 mm、风冷式柴油机。1E40F表示单缸、二行程、缸径40 mm、风冷式汽油机。X4105表示四缸、四行程、缸径105 mm、水冷式柴油机(这里X表示系列代号)。12V135ZG表示12缸、V型排列、四行程、缸径135 mm、水冷、增压、工程机械用柴油机。LR6105T8表示洛阳拖拉机厂与英国Rieardo公司合作制造的六缸、四行程、缸径为105 mm、水冷却、拖拉机用、第8次变型柴油机。

二、内燃机基本术语

以单缸四行程内燃机为例，一般由汽缸、汽缸盖、活塞、连杆、曲轴及气门等部件组成。如图2-1所示，活塞在圆筒形汽缸内做上下往复运动，并通过连杆与曲轴相连。活塞向下运动时，可以推动曲轴旋转；反之，转动曲轴也可使活塞上下运动。

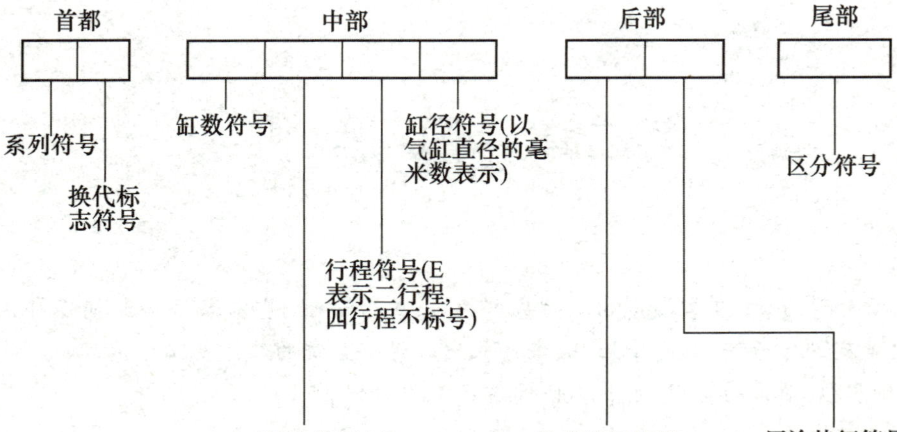

气缸排列形式符号

符号	含义
无符号	直列及单缸卧式
V	V型
P	平卧式

结构特征符号

符号	结构特征
无符号	水冷
F	风冷
N	凝气冷却
S	十字头式
Z	增压

用途特征符号

符号	用途
无符号	通用型
T	拖拉机
M	摩托车
G	工程机械
Q	汽车用

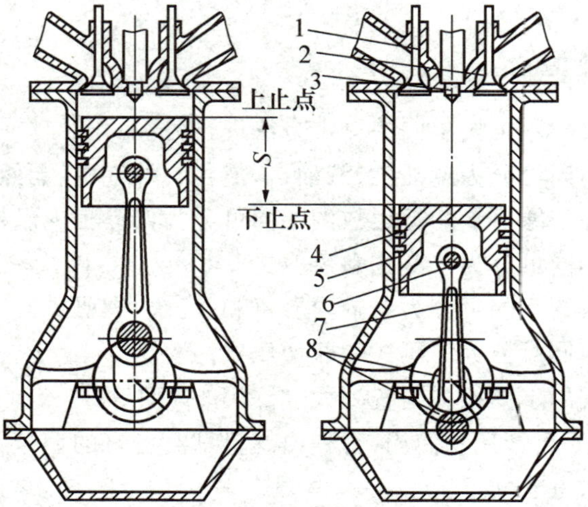

图 2-1　内燃机工作简图

1. 进气门　2. 排气门　3. 喷油器　4. 汽缸　5. 活塞　6. 活塞销　7. 连杆　8. 曲轴

(一)活塞止点与行程

活塞处于最高(离曲轴中心最远)的位置叫上止点,处于最低(离曲轴中心最近)的位置叫下止点。上、下止点之间的距离称为活塞行程。活塞每经过一个行程,其相应的曲轴转角为180°(半圈),活塞行程等于曲轴回转半径的2倍。

(二)汽缸容积

活塞处于上止点时,活塞顶与汽缸盖之间的空间称为燃烧室,其容积称为燃烧室容积,用

符号 V_c 表示。活塞从上止点移动到下止点所扫过的空间容积称为汽缸工作容积，用符号 V_h 表示。活塞处于下止点时，活塞顶部以上的全部汽缸容积称为汽缸总容积，用符号 V_a 表示，它等于燃烧室容积与汽缸工作容积之和，即

$$V_a = V_c + V_h$$

汽缸工作容积也称为排量。多缸内燃机的排量为各缸排量的总和，用符号 V_H 表示。若汽缸直径为 D、活塞行程为 S(D 和 S 的单位：mm)、汽缸数为 i，则：

$$V_H = \frac{\pi}{4} i \cdot D^2 \cdot S \times 10^{-6}\,(\mathrm{L})$$

(三)压缩比

汽缸总容积与燃烧室容积之比称为压缩比，用 ε 表示：

$$\varepsilon = \frac{V_a}{V_c} = \frac{V_c + V_h}{V_c} = 1 + \frac{V_h}{V_c}$$

压缩比表示气体在汽缸中被压缩的程度。压缩比越大，表示气体在汽缸中被压缩的程度越大，压缩终了时气体的压力和温度就越高。柴油机压缩比一般为 16～20；汽油机的压缩比一般为 6～10。

内燃机工作时要经历进气、压缩、作功、排气四个过程。每完成这四个过程一次叫一个工作循环。根据完成一个工作循环活塞所经过的行程数，可将内燃机分为四行程和二行程两种。

三、四行程内燃机工作原理

曲轴旋转两圈，活塞经过四个行程、完成一个工作循环的内燃机称为四行程内燃机。

(一)单缸四行程柴油机的工作原理

柴油机的基本工作原理是：首先将新鲜空气吸入汽缸并压缩，使温度升高，接着将柴油以雾状喷入被压缩的高温空气中，柴油随即着火燃烧放出热量，使气体急剧膨胀，在汽缸内产生很大的压力。此压力推动活塞向下运动，并通过连杆带动曲轴旋转，将柴油燃烧时放出的热能转换为机械能。最后，将燃烧过的废气排出汽缸。其工作过程如图 2-2 所示。

1. 进气行程　如图 2-2a 所示，曲轴旋转第一个半圈，经过连杆带动活塞从上止点向下止点运动，使汽缸内产生真空吸力。此时进气门打开(排气门关闭)，新鲜空气被吸入汽缸。进气行程终了时，进气门关闭，此时汽缸内压力为 0.08～0.095 MPa，温度为 300～340 K。

2. 压缩行程　如图 2-2b 所示，曲轴旋转第二个半圈，带动活塞从下止点向上止点运动。此时进、排气门都关闭，汽缸内的气体受到压缩，温度和压力不断升高。压缩终了时汽缸内压力达 3～5 MPa，温度高达 750～950 K。

3. 作功行程　如图 2-2c 所示，在压缩行程临近终了，喷油器将高压柴油以雾状喷入汽缸，与被压缩的高温空气混合成可燃混合气，自行着火燃烧，放出大量热量。此时进、排气门仍都关闭，汽缸中温度高达1 900～2 300 K、压力高达 6～9 MPa。高温、高压气体推动活塞向下运动，通过连杆带动曲轴旋转第三个半圈。此为热能转化为机械能的行程，因而称为作功行程。当活塞到达下止点时，作功行程结束。缸内温度降至1 000～1 400 K，压力降至0.2～0.4 MPa。

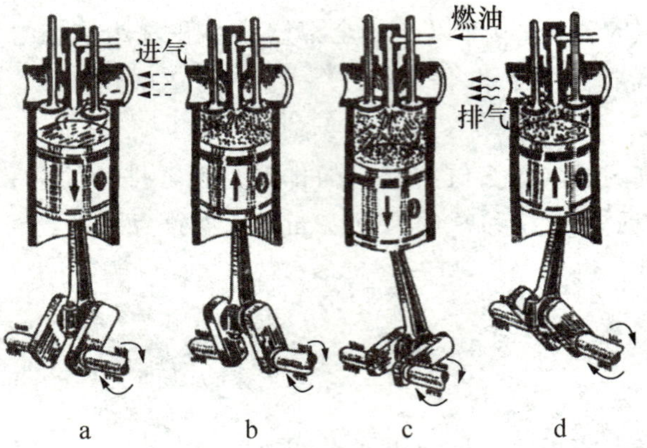

图 2-2　单缸四行程柴油机的工作过程

a. 进气　b. 压缩　c. 作功　d. 排气

4. 排气行程　如图 2-2d 所示，曲轴旋转第四个半圈，带动活塞从下止点向上运动。此时排气门打开，进气门关闭，燃烧后的废气随活塞上移被排出汽缸之外。排气终了时，缸内温度为 700～900 K、压力为 0.1～0.12 MPa。

排气行程结束后，活塞完成四个行程，柴油机完成了一个工作循环，接着，上述过程又重复进行，使柴油机连续不断地运转，对外输出机械能。

（二）单缸四行程汽油机的工作过程

四行程汽油机也是曲轴旋转两周、活塞经过四个行程，完成进气、压缩、作功、排气一个工作循环。与柴油机不同的是：

1. 进气行程　吸入汽缸的不是新鲜空气而是汽油和空气的可燃混合气。进气终了时，汽缸内的压力比柴油机稍低，为 0.078～0.088 MPa；而温度比柴油机略高，为 370～400 K。

2. 压缩行程　压缩的是可燃混合气，因其压缩比比柴油机小，因此，压缩终了时的温度和压力都比柴油机低，一般温度为 600～700 K，压力为 0.68～1.47 MPa。

3. 作功行程　在压缩接近终了时，安装在汽缸盖上的火花塞产生电火花，点燃被压缩的可燃混合气，混合气迅速燃烧，汽缸内温度和压力急剧上升，最高压力可达 3～5 MPa，温度可达 2 200～2 700 K。与柴油机一样，此高温、高压气体推动活塞向下运动，使曲轴旋转，实现热能向机械能的转化。作功行程终了时，压力降至 0.3～0.5 MPa，温度为1 200～1 500 K。

4. 排气行程　燃烧后的废气随活塞上移而排出。排气终了时，汽缸内压力为 0.1～0.12 MPa、温度为 800～1 100 K。

（三）多缸四行程内燃机的工作原理

多缸内燃机具有两个或两个以上的汽缸，各缸的作功行程以相同的时间间隔交替进行，可使曲轴较均匀地旋转，并可采用较小飞轮。在拖拉机上普遍采用四缸内燃机，曲轴每转两圈，四个缸按工作顺序轮流作功一次，各缸依次完成一个工作循环。其工作顺序有 1-3-4-2 和 1-2-4-3 两种，其中以 1-3-4-2 居多，各缸的工作情况见表 2-1。

表 2-1 四缸四行程内燃机的工作顺序(1—3—4—2)

曲轴转角	各缸工作情况			
	第一缸	第二缸	第三缸	第四缸
0°～180°	进气	压缩	排气	作功
180°～360°	压缩	作功	进气	排气
360°～540°	作功	排气	压缩	进气
540°～720°	排气	进气	作功	压缩

四、二行程汽油机的工作原理

曲轴旋转一周、活塞经过两个行程完成进气、压缩、作功、排气一个工作循环的内燃机称为二行程内燃机。

图 2-3 所示为二行程汽油机采用气孔、曲轴箱换气的工作原理图。这种二行程汽油机没有进、排气门，而在汽缸壁上设有三种气孔：进气孔、排气孔和换气孔。进气孔与化油器相连，排气孔与排气管相接。曲轴箱是密闭的。其工作过程如下：

第一行程(图 2-3a)：活塞从下止点向上止点移动，先后关闭换气孔和排气孔，并压缩已经进入汽缸内的混合气。由于活塞上移，使密闭的曲轴箱容积不断加大、气压降低。当活塞下边缘将进气孔打开时，在大气压力作用下，可燃混合气被吸入曲轴箱内。第一行程在活塞上部完成了压缩过程、在活塞下部完成了预进气过程。

第二行程(图 2-3b、c)：在压缩临近上止点时，汽缸盖上的火花塞产生电火花，点燃混合气。混合气急剧燃烧和膨胀，推动活塞向下移动作功，同时曲轴箱内的可燃混合气被压缩。当作功行程接近终了时(一般活塞下行至 2/3 行程)，排气孔打开，具有一定压力的废气很快经排气孔冲出机体外。活塞再下移，换气孔也被打开，曲轴箱内被压缩的可燃混合气经换气孔进入汽缸，同时驱逐汽缸内的废气继续排出。因此，第二行程是作功、排气和进气行程，至此完成一个工作循环。

当活塞越过下止点后上行时，下一循环的第一行程又重新开始，如此的循环往复，使汽油机不停运转，输出机械能。

二行程内燃机与四行程内燃机相比，二行程内燃机结构简单、重量轻、尺寸小。由于曲轴旋转一圈就做一次功，因此当排量、转速和压缩比相同时，理论上二行程比四行程内燃机的功率大 1 倍。然而，由于二行程内燃机作功的有效行程短，所以实际功率只为四行程内燃机的 1.5～1.6 倍。同时，废气不易排尽，残余废气量较大，热效率较低，因此，经济性较差。在要求小型轻便的农业机械上，如背负式植保机械，常用二行程汽油机当作动力，而在拖拉机上，二行程汽油机只被用作大功率柴油机的启动机。

五、内燃机总体构成

内燃机是由多个机构和系统组成的复杂机器，即使同一类型的内燃机，具体构造也是多种多样。但就其总体而言，其主要由曲柄连杆机构、配气机构、燃料供给系统、润滑系统、冷却系统、点火系统、启动系统等组成。

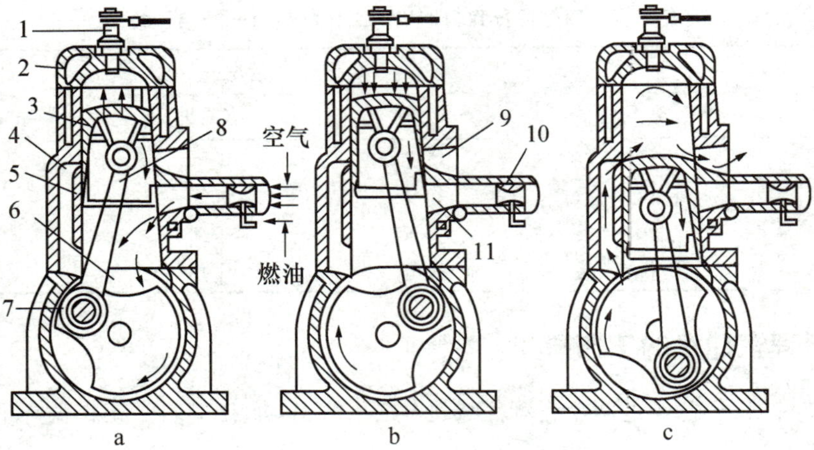

图 2-3　二行程汽油机工作简图

1. 火花塞　2. 缸盖　3. 活塞　4. 换气孔　5. 缸体　6. 曲轴箱
7. 曲轴　8. 连杆　9. 排气孔　10. 化油器　11. 进气孔

(一)柴油机构成及特点

柴油机通常由两大机构四大系统等构成。如图 2-4 所示为黄河 JN1181C13 型汽车用 6135Q 型立式 6 缸四行程压燃式水冷柴油机。

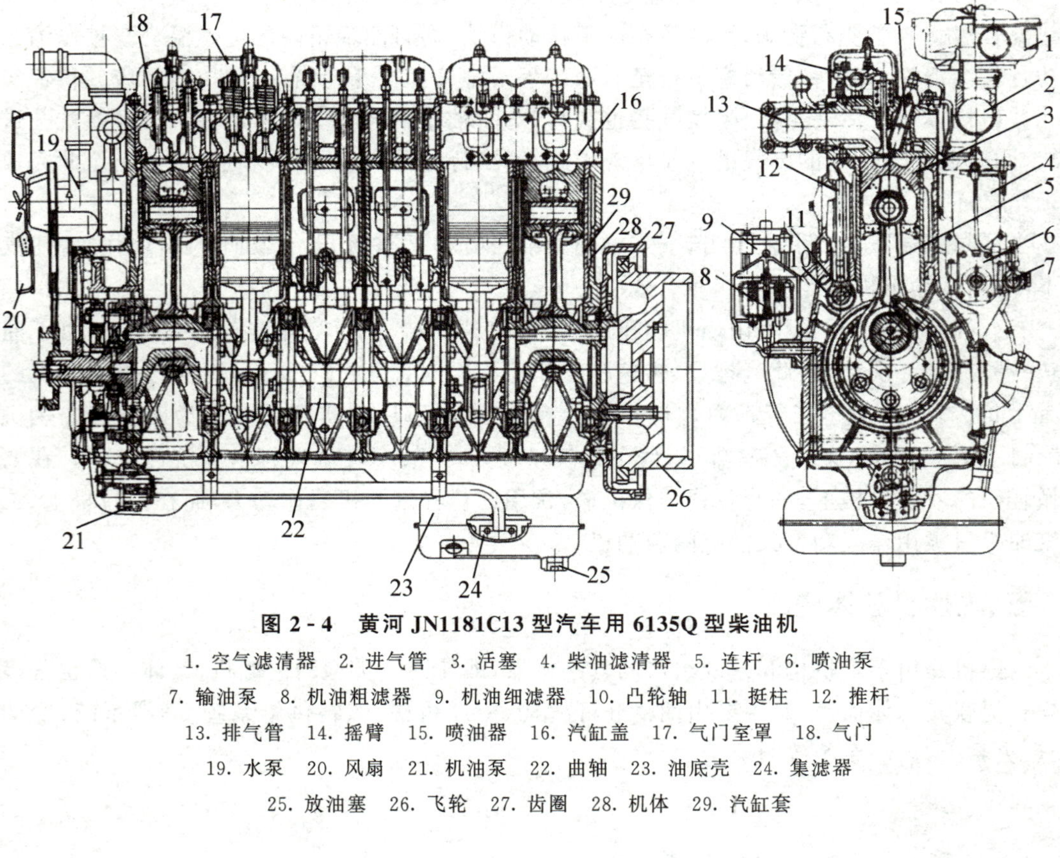

图 2-4　黄河 JN1181C13 型汽车用 6135Q 型柴油机

1. 空气滤清器　2. 进气管　3. 活塞　4. 柴油滤清器　5. 连杆　6. 喷油泵
7. 输油泵　8. 机油粗滤器　9. 机油细滤器　10. 凸轮轴　11. 挺柱　12. 推杆
13. 排气管　14. 摇臂　15. 喷油器　16. 汽缸盖　17. 气门室罩　18. 气门
19. 水泵　20. 风扇　21. 机油泵　22. 曲轴　23. 油底壳　24. 集滤器
25. 放油塞　26. 飞轮　27. 齿圈　28. 机体　29. 汽缸套

1. 曲柄连杆机构　曲柄连杆机构主要由活塞组、连杆组、曲轴飞轮组等组成。它是柴油机运动和动力传递的核心，即在完成一个工作循环的过程中，通过连杆实现活塞在汽缸中的往复运动与曲轴旋转运动的有机联系，将活塞的推力转变为曲轴的转矩，达到动力输出的最终目的。

与曲柄连杆机构直接相关的机体、汽缸套、汽缸盖和油底壳等构件，还是整台柴油机所有机构和系统的支承。

2. 配气机构　配气机构主要由气门组、气门传动组和气门驱动组等组成。它严格按照柴油机既定工作循环的要求，通过气门的"早开迟闭"，将干净的新鲜空气尽可能多地适时充入汽缸，并及时将废气从汽缸中排出。

与配气机构直接相关的还有设置在汽缸盖内的进气道和排气道及与它们联结的进气歧管和排气歧管；空气滤清器和消声灭火器等构件。增压式柴油机还专门设置了利用废气带动涡轮的增压器。

3. 燃料供给系统　燃料供给系统主要有低压油路和高压油路两部分。低压油路依次由燃油箱、柴油滤清器、输油泵和低压油管等组成；高压油路依次由喷油泵、高压油管和喷油器等组成。它们根据柴油机工作循环的需要和工作负荷的变化，将清洁的高压柴油定时、定量地供给喷油器，喷油器又使柴油以雾状喷入燃烧室，继而与汽缸内的压缩空气混合并燃烧。

4. 润滑系统　润滑系统一般由机油泵、机油滤清器、限压阀、润滑油道、机油冷却器和油底壳等组成。其功用是将润滑油压送到相对运动零件的摩擦表面，达到减少摩擦阻力，减轻零件磨损，清洗运动零件表面磨屑和冷却、减振、防锈、密封等综合效果。

5. 冷却系统　冷却系统主要由水泵、节温器、散热器、循环水套、分水管、风扇及机油散热器等组成。它使受热零件多余热量得以散发，保证柴油机工作温度不致过高或过低。

6. 启动系统　启动系统因启动方式不同使其组成各异。利用电动机启动时，包括蓄电池、电启动机、传动装置和启动按钮等；利用辅助发动机启动时，包括启动发动机、传动机构和操纵机构等。为了有利于启动，多数柴油机上还设有减压机构和预热装置。

（二）汽油机构成及特点

汽油机通常由两大机构五大系统等构成。图 2 - 5 所示奥拓 368 型立式 3 缸四行程水冷式汽油机。

其曲柄连杆机构、配气机构、润滑系统、冷却系统和启动系统的构成与柴油机类似，这里不再赘述。但是汽油机燃料供给系统与柴油机差别较大，且汽油机还设有点火系统。

1. 燃料供给系统　传统的燃料供给系统主要由汽油箱、汽油泵、滤清器、化油器、空气滤清器、进气歧管、排气歧管和消声灭火器等组成。它根据汽油机工作循环的需要和工作负荷的变化，将清洁的汽油和空气适时、适量混合成浓度合适的混合气并充入汽缸燃烧。

现代汽油机的燃料供给系统主要由汽油供给系统，空气供给系统和电子控制系统等组成。其中，汽油供给系统包括汽油箱、电动汽油泵、汽油滤清器、汽油压力调节器、喷油器、冷启动喷油器和汽油压力缓冲器等；空气供给系统包括空气滤清器、空气流量计或进气压力传感器、节气门和怠速空气阀等；电子控制系统包括电控单元、各类传感器和执行装置等。正是基于此类电子控制燃油喷射装置的应用，显著提高了汽油机的动力性和经济性，并大大降低了废气中的有害排放物。此外，汽油喷射燃油供给系统还具有结构紧凑、可靠性高、耗电量少、响应性好、

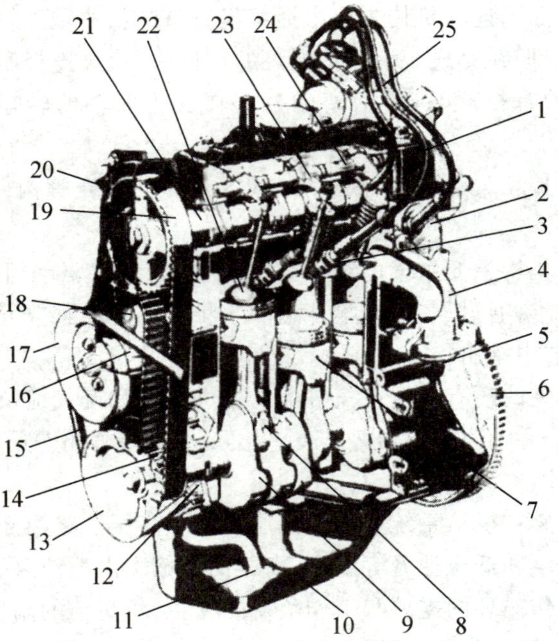

图 2-5　奥拓 368 型汽油机

1. 汽缸盖罩　2. 汽缸盖　3. 火花塞　4. 排气歧管　5. 汽缸体　6. 飞轮　7. 活塞　8. 连杆　9. 曲轴　10. 油底壳　11. 机油集滤器　12. 机油泵　13. 曲轴带轮　14. 定时带轮　15. 发电机传动带　16. 水泵　17. 水泵带轮　18. 张紧轮　19. 定时传动带　20. 凸轮轴带轮　21. 凸轮轴　22. 气门　23. 气门摇臂　24. 气门摇臂轴　25. 分电器

成本低廉等优点，它已成功地取代了化油器式燃油供给系统，并逐步得以广泛应用。

2. 点火系统　柴油机汽缸内燃油燃烧前最高温度可达 773～973 K(500～700℃)，大大超过柴油的自燃温度 473～673 K(200～400℃)。所以柴油喷入汽缸后，能够在很短的时间内与空气混合并自行着火燃烧。汽油机可燃混合气燃烧前缸内温度为 573～673 K(300～400℃)，低于汽油的自燃温度，不能自行着火燃烧。因而，在汽油机上专门设置了点火系统，其功用是按各缸点火顺序和一定的点火提前角，及时供给火花塞足够的高压电，使其两电极间产生足够强烈的电火花，保证顺利点燃混合气并膨胀作功。

(三)柴油机与汽油机的比较

汽油机是以汽油为燃料的内燃机。它不仅广泛地用于汽车上，在农业生产中也广泛应用，特别是小功率的汽油机。由于汽油机压缩比小，启动容易，一些大功率拖拉机上的柴油机常采用汽油机作为启动机。同时，有些农业机械直接用它作为动力，如插秧机、弥雾喷粉机、抽水机等。许多园林机械也用汽油机作为动力。

与柴油机相比，汽油机除增加了点火系以及燃油供给系特殊外，其余部分的构造与柴油机完全相同。

汽油机的压缩比小(为 6～10)，工作平稳；混合气靠电火花强制点火燃烧，因此启动容易；汽油机结构简单，重量轻，制造成本低。但汽油机耗油率较高，因此使用成本较高。另外，因它在结构上设有电点火装置，故工作故障较多。

汽油机和柴油机在工作原理上根本的区别主要有以下两点。

1. 混合气的形成方式不同　柴油机混合气的形成是在汽缸内部进行的，而汽油机的混合气是在汽缸外部准备完毕，进气时被吸入汽缸。

2. 混合气着火方式不同　柴油机混合气靠压燃着火，所以叫压燃式发动机；汽油机混合气由电火花强制点火，因此叫点燃式发动机。

第二节　曲柄连杆机构与机体零件

一、曲柄连杆机构

曲柄连杆机构主要由活塞组、连杆组、曲轴飞轮组等组成。其功用是将燃料燃烧时放出的热能转换为机械能。

(一)活塞组

活塞组包括活塞、活塞环和活塞销(图 2-6)。

活塞是一个圆筒形部件，安装在汽缸内，它的顶部与汽缸、汽缸盖共同组成燃烧室，周期性地承受汽缸内燃烧气体的压力并通过活塞销将力传递给连杆，以推动曲轴旋转。活塞是在高温、高压、高速的条件下进行工作的，所以要求它必须具有足够的强度和刚度，另外要耐磨、重量轻、密封性好。一般由铝合金制成，分为顶部、防漏部和裙部三个部分(图 2-7)。

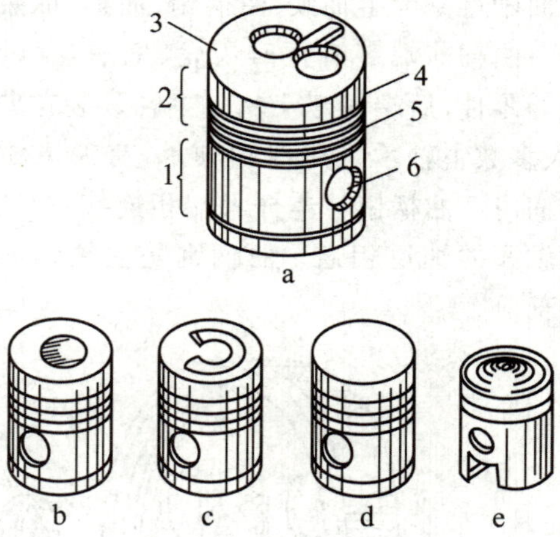

图 2-6　活塞的结构及活塞顶形状

a,b,c. 凹顶　d. 平顶　e. 凸顶

1. 裙部　2. 防漏部　3. 顶部　4. 气环槽　5. 油环槽　6. 活塞销孔

活塞环包括气环和油环两种。这两种环都是具有一定弹性的开口圆环。气环主要起密封和传热作用，而油环则主要起布油和刮油作用。为使活塞环受热后有膨胀的余地，当装入气缸后，在接口处及沿环槽高度的方向都留有一定的间隙，称为端间隙和边间隙。端间隙一般为 0.25～0.8 mm，而边间隙则为 0.04～0.15 mm。使用中，当间隙超过规定值后，应更换新的活塞环。一般柴油机有 3～4 道气环、1～2 道油环。安装时，各环的开口应互相错开，并应避开活塞销座孔的位置，以提高密封性。

活塞销的作用是连接活塞和连杆小头，并将活塞承受的气体压力传给连杆。在柴油机上普遍采用“浮式”安装方法，即活塞销在销座孔和连杆小头铜套内均可转动，仅在两端活塞销座孔处有弹性卡簧，以防止活塞销轴向窜动。

(二)连杆组

连杆组包括连杆、连杆螺栓和连杆轴承(图 2-7)。连杆组的功用是连接活塞和曲轴，将活塞承受的力传给曲轴，并将活塞的往复运动变为曲轴的旋转运动。

连杆主要由连杆小头、杆身和连杆大头三部分组成。连杆小头孔内压有耐磨的青铜衬套，套内开有润滑用的油孔和油道，以保证活塞销与衬套之间的润滑。杆身制成工字形断面以增加强度。其内部有油道，能将连杆大头内的润滑油引至小头润滑。为便于安装，连杆大头一般做成可分开的，用连杆螺栓加以固定。为减少曲轴的磨损，在连杆大头内装有连杆轴瓦。与连杆大头一样，连杆瓦也分成两半。安装时，靠其定位唇卡在大头相应位置的凹槽中，以防止工作中连杆轴承转动或轴向移动。靠油道将润滑油压送到它的工作表面进行润滑。

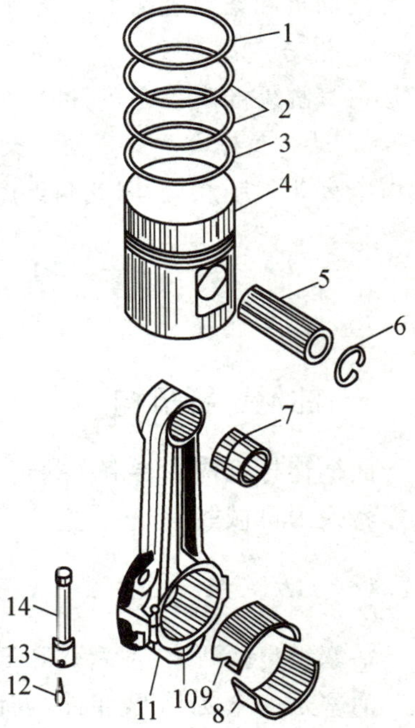

图 2-7　活塞连杆组

1、2. 气环　3. 油环　4. 活塞　5. 活塞销　6. 活塞销挡圈　7. 连杆小头铜套　8、9. 连杆轴瓦　10. 连杆盖　11. 连杆体　12. 开口销　13. 连杆螺母　14. 连杆螺栓

（三）曲轴飞轮组（图 2-8）

曲轴的功用是把活塞的往复运动变为旋转运动，并把连杆传来的切向力转变为扭矩，以对外输出功率和驱动各辅助系统。

曲轴可分为主轴颈、曲柄销、曲柄、曲轴前端和后端五部分。曲轴前端装有正时齿轮、甩油盘、风扇皮带轮和起动爪等零件，后端固定飞轮。主轴颈装在曲轴箱的主轴承里，大多数主轴承采用滑动轴承，有油道输送压力润滑油进行润滑。曲柄销与连杆大端相连接，在曲柄销上有油道与主轴颈的油道相通。曲柄则是主轴颈和曲柄销之间的连接部分。

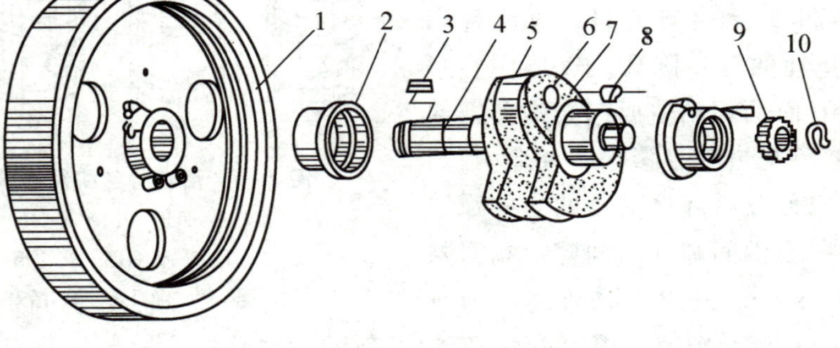

图 2-8　单缸柴油机的曲轴飞轮组

1. 飞轮　2. 主轴承　3. 键　4. 主轴颈　5. 曲柄销　6. 离心净化室　7. 曲柄　8. 螺塞　9. 曲轴正时齿轮　10. 挡圈

飞轮的功用是贮藏和释放能量，帮助曲柄连杆机构越过上、下止点以完成辅助行程，使曲轴旋转均匀，此外还能帮助克服短时间的超负荷。

飞轮是一个铸铁圆盘，用螺栓固定在曲轴后端的接盘上，由于飞轮上刻有表示活塞在汽缸中特定位置的记号，所以曲轴和飞轮的连接必须严格定位，一般都采用定位销，也有采用将两个飞轮螺栓颈部滚花或加工成不对称的螺孔进行定位。飞轮的边缘上一般都镶有齿圈，其作用是在启动时由启动机小齿轮带动旋转。

二、机体零件

机体零件主要包括机体、汽缸套、汽缸盖及汽缸垫等。

机体为内燃机的骨架，在机体内外安装着内燃机所有主要的零部件和附件。它由汽缸体、曲轴箱及油底壳等组成(图 2-9)。

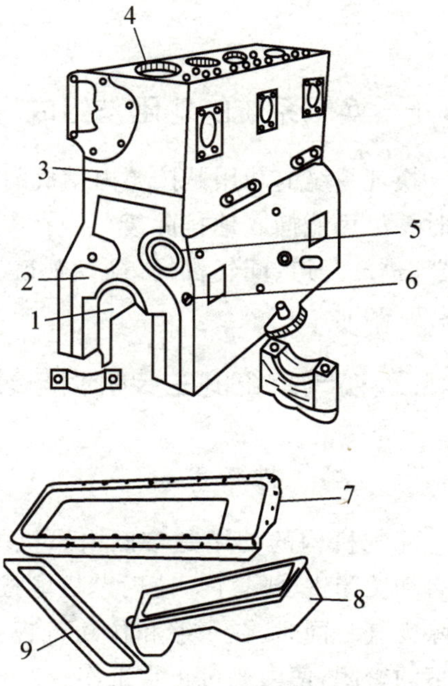

图 2-9　机体

1. 主轴承座　2. 上曲轴箱　3. 汽缸体　4. 汽缸套安装孔　5. 凸轮轴轴孔　6. 主油道　7. 安装座　8. 油底壳　9. 垫

机体承受着燃烧气体的压力、往复运动惯性力、旋转运动惯性力、螺栓预紧力等，受力情况十分复杂。要求机体应有足够的强度和刚度，以保证各主要运动件之间的正确的安装位置。

汽缸套是燃烧室的组成部分，活塞在其间作往复运动。汽缸以汽缸套的形式与机体分开，其目的是降低机体成本，而且缸套磨损后可以更换，不必将整个机体报废。根据汽缸套外表面是否直接与冷却水接触，可将其分为湿式和干式两种。

汽缸盖用以密封汽缸，构成燃烧室。缸盖上安装喷油器或火花塞、进排气门以及布置进排气道和冷却水通道。汽缸盖结构形状非常复杂，温度分布很不均匀。为此，要求缸盖应具有足够的强度和刚度，另外，冷却可靠，进、排气道的流通阻力要小(图 2-10)。汽缸垫多采用金属-石棉缸垫，安装在缸盖与机体之间，其功用是保证汽缸盖与机体接触面的密封，防止漏水、漏气。

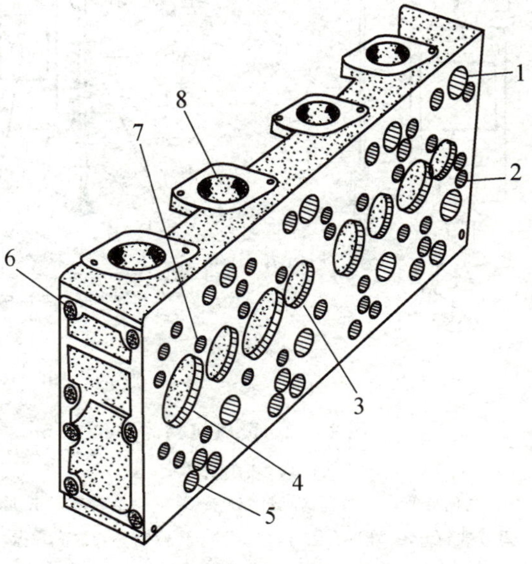

图 2-10　汽缸盖

1. 挺柱孔　2. 缸盖螺栓孔　3. 排气门座圈孔　4. 进气门座圈孔　5. 冷却水孔　6. 冷却水出水道　7. 喷油器孔　8. 进气道

第三节　换气系统

一、换气系统的功用与组成

换气系统的功用是按照内燃机的工作循环。准时地供给新鲜充量(空气或可燃混合气),及时并尽可能彻底地排除废气。换气系统主要由空气滤清器、进气管道、配气机构、排气管道、消音灭火器等组成(图2-11)。

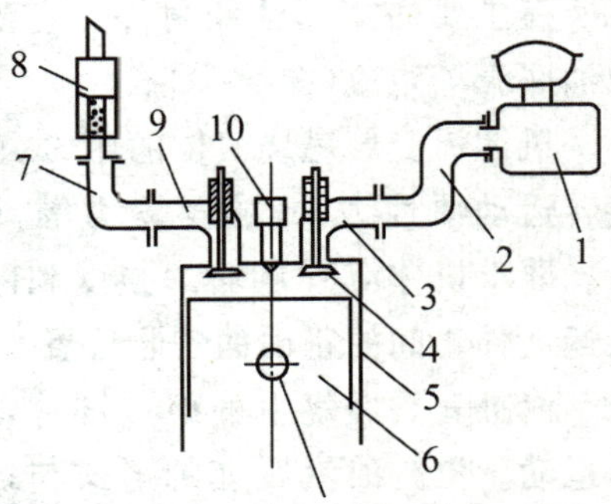

图2-11　换气系统

1. 空气滤清器　2. 进气管　3. 进气歧管　4. 气门式配气机构　5. 汽缸　6. 活塞　7. 排气管　8. 消音灭火器　9. 排气歧管　10. 喷油器

二、换气系统的主要机构与装置

(一)配气机构

配气机构的功用是按照内燃机的工作过程,适时地开启和关闭进、排气门,使内燃机能按时吸入新鲜气量和排除废气。同时,在压缩和作功行程中关闭气门,保证燃烧室的密闭,使内燃机正常工作。

如图2-12所示,顶置式配气机构由气门组和气门传动组两部分组成。气门组包括气门、气门座、气门导管及气门弹簧等;气门传动组包括正时齿轮、凸轮轴、挺柱、推杆及摇臂(侧置式配气机构可省去推杆及摇臂)等。气门在气门导管中运动,在气门弹簧的作用下压紧在气门座上起密封作用。当传动组中凸轮轴上的凸轮向上转动时,就会顶推挺柱,通过推杆、调整螺钉把力传给摇臂,使摇

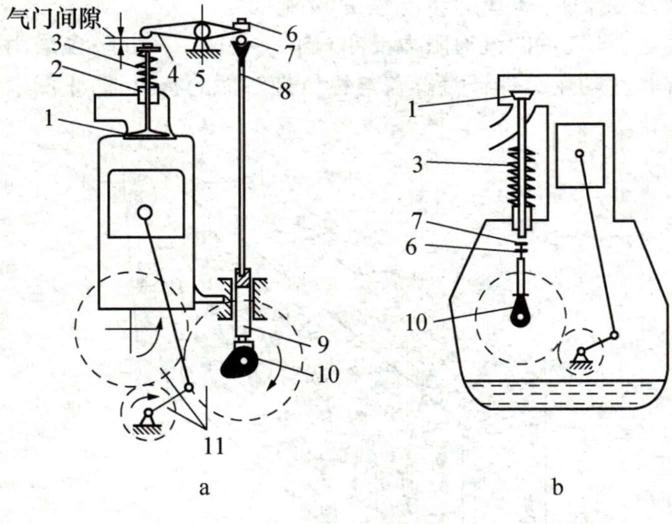

图2-12　配气机构

a. 顶置式　b. 侧置式

1. 气门　2. 气门导管　3. 气门弹簧　4. 摇臂　5. 摇臂轴　6. 固定螺母　7. 调节螺钉　8. 推杆　9. 挺柱　10. 凸轮轴　11. 正时齿轮

臂转动从而压下气门实现换气过程。

在气门完全处于关闭状态时，摇臂端头平面与气门杆尾端平面之间（顶置式配气机构）或调节螺钉端平面与气门杆尾端平面之间（侧置式配气机构）保留一定的间隙，称为气门间隙，防止气门等零件因受热膨胀而使汽缸漏气。各种机型的气门间隙值略有不同，一般为 0.1～0.4 mm。在工作中，由于配气机构各零件的磨损、调整螺钉松动等原因，会引起气门间隙的变化。所以，调整好的气门间隙在使用一段时间后还要重新进行调整。

（二）减压机构

柴油机的压缩比较大。为了在预热、启动和保养时便于转动曲轴，在柴油机上一般都设有减压机构。

减压机构有多种型式，常用的有两种：一是抬升配气机构中的挺柱，使进气门或排气门不受配气凸轮的控制而保持开启状态，如 4125A 型柴油机。二是直接压下摇臂端头，如 4115T 型柴油机。后者应用较为广泛。

减压机构的减压值（减压机构起作用时的气门开启高度）应适当。过大，会造成气门与活塞相撞；过小，减压效果差。工作中，由于配气机构的磨损，会引起减压值的变化，所以必须定期对减压机构进行检查或调整。减压机构的调整通常是在气门间隙调整后进行。

（三）空气滤清器及消音灭火器

空气滤清器的功用是清除流向汽缸中的空气所含的灰尘杂质，以减少汽缸、活塞和活塞环等零件的磨损。由于空气滤清器的存在才使得有关零件的使用寿命得以成倍地提高，所以对于空气滤清器来说，其应具有滤清能力强、流通阻力小、使用时间长等特点。

图 2-13 所示为 4125A 型柴油机上使用的三级过滤湿式滤清器。

工作时，由于汽缸内的真空吸力，空气以高速顺导流板进入，产生高速旋转运动，较大的尘土被甩在集尘罩上，然后落入集尘杯内。经过这种惯性过滤的空气，沿吸气管往下冲击油碗中的油面，并急剧改变方向向上流动，一部分尘土被黏附在油面上。再向上通过溅有机油的金属滤芯 2、3，细小的尘土又被黏附在滤芯上。经过这 3 次过滤后，清洁的空气才进入汽缸。

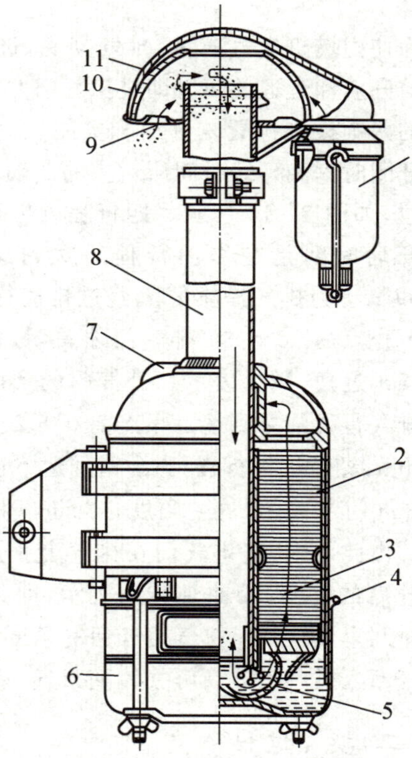

图 2-13 4125A 柴油机空气滤清器

1. 集尘杯 2. 上滤芯 3. 下滤芯 4. 托盘总成 5. 油碗 6. 底壳 7. 清洁空气出口 8. 吸气管 9. 导流板 10. 外壳 11. 集尘罩

有些柴油机上采用干式滤清器。这种滤清器在工作时，首先也是利用惯性将空气中较大的尘粒甩出并沉积在积尘杯内，经过初步过滤的空气再通过用微孔滤纸制成的纸质滤芯，使细小灰尘被阻留在滤芯表面，进入滤芯内腔的清洁空气才能进入汽缸。

消音灭火器的功用是减小汽缸中燃烧废气排出时的噪声、消除火花。其工作原理是引导废气通过消音灭火器的孔眼，反复改变气流方向，并通过收缩和扩大相结合的流通断面消耗废气的能量，使气流膨胀、减速、降温，从而使噪声减弱、火花消除。

三、内燃机换气过程

内燃机的每个实际循环结束必须用新鲜空气或可燃混合气重新充入汽缸取代燃料燃烧后的废气。前一循环的排气过程和后一循环的进气过程互相衔接并有一定重叠，它们进行的特点又较相似，所以合称为换气过程。

换气过程的任务是将汽缸内废气尽量排净，使新鲜气体尽量充满汽缸。排气愈彻底，进气才能愈充分，有利于以后燃烧过程的进行。因此，换气过程的完善程度，将直接影响发动机的动力性和经济性。

(一)配气相位

为使内燃机进气充足、排气彻底，进、排气门大多提前开启和延迟关闭。即进排气门并非在活塞运动时的两个极限位置才开启和关闭。进、排气门的实际开闭时刻和延续时间所对应的曲轴转角称为配气相位，如图 2-14 所示。四行程内燃机排气门的实际开启时间是在作功行程活塞到达下止点前 30°～60°，称为排气提前角 γ，经过排气行程，当活塞到达上止点后 10°～30°排气门才关闭，这个角度称为排气延迟角，用 δ 表示。进气门的实际开启时间是在排气行程活塞到达上止点前 0°～20°，称为进气提前角 α，经过进气行程，当活塞到达下止点后20°～60°，进气门才关闭，这个角度称为进气延迟角，用 β 表示。由此可知，进排气门在排气上止点附近有一同时开启的时间，用曲轴转角表示，即为 $\alpha+\delta$。在这段时间里，由于进、排气门开启的角度均不大，在汽缸压力和高速排气流的惯性作用下，不致使废气窜入进气道或新鲜气体随废气一同排出。

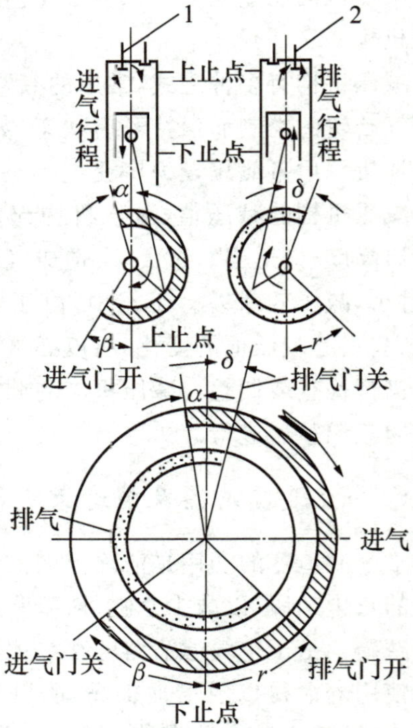

图 2-14 配气相位图

1. 进气门　2. 排气门

(二)换气过程

作功膨胀后期汽缸内气体压力在 294 kPa 以上。这时排气门提前开启，利用废气压力向缸外排气，直到汽缸内气体压力接近于大气压力，这个时期称为自由排气阶段。这一阶段中，排出的废气量最多，约占一半以上。在汽缸压力达到大气压以后，缸内废气靠活塞强制排出，即强制排气阶段。这一阶段一直持续到活塞到达上止点，此后利用气体流动惯性继续排气直到排气门关闭为止，这个阶段为惯性排气阶段。排气门关闭时，汽缸内仍有残余废气，汽缸内气体压力略高于环境压力。

进气门在排气行程活塞到达上止点前提前开启，这是和排气门叠开的阶段，此时汽缸压力高于大气压力。进气管内新鲜气体的吸入要待进气行程活塞下行到一定程度，汽缸压力低于进气管内压力之后才能进行。随着活塞的不断下行，汽缸内的真空度越来越大，进气管内气体的流动速度也在逐渐增加，进入汽缸的气体也越来越多。当活塞越过下止点而上行时，由于进气门延迟关闭，气体可在惯性作用下继续充入汽缸直到进气门关闭为止。由于受进气系统阻力的影响，进气终了的汽缸压力总是低于环境压力。

第四节 柴油机燃油供给系

一、柴油及燃油供给系功用

柴油是在 260～350℃ 的温度范围内从石油中提炼出来的碳氢化合物，含碳 87%、氢 12.6%和氧 0.4%。其使用性能指标主要是着火性、蒸发性、黏度和凝点。柴油按其所含重馏分的多少分为重柴油和轻柴油两类，现代车用柴油机都使用轻柴油。按照轻柴油的凝点可将其分为 10、0、－10、－20、－35 等五个牌号，其代号分别为 RCZ-10、RC-0、RC-10，RC-20 和 RC-35。例如 RC-10 号柴油其凝点为－10℃，即该号柴油在－10℃时开始失去流动性。选用柴油时应根据各地当时的气温来决定选择哪种牌号，原则上要求柴油的凝点低于当时的气温 5～10℃。

与汽油相比，柴油的黏度较大，不易蒸发，混合气不能在汽缸外面直接形成，而只能利用专门的喷油设备将柴油提高压力后喷入汽缸与空气相混合。所以，柴油机燃油供给系的功用是：根据柴油机工作的要求，将具有一定压力的、干净的适量柴油，在适当的时间，以良好的雾化质量喷入燃烧室，并使它与空气迅速而良好地混合和燃烧。

二、燃油供给系的组成与工作原理

柴油机的燃油供给系一般由燃油箱、柴油滤清器（包括粗滤器和细滤器）、输油泵、喷油泵、喷油器、调速器及高、低压油管等组成（图 2-15）。

燃油箱内的柴油由输油泵吸出，并压至滤清器过滤后送入喷油泵。再由喷油泵增压后经高压油管送到喷油器而喷入燃烧室。从喷油器泄出的柴油，经回油管流回燃油箱。由于输油泵的供油量大大超过喷油泵的泵油量，多余的柴油便经过单向回油阀和油管回到输油泵，有的柴油机回油则直接流回燃油箱。

三、燃油供给系的主要部件

（一）柴油滤清器

柴油滤清器的作用是使柴油中的机械杂质和水分得到过滤，以保证输油泵、喷油泵和喷油器的正常工作。

柴油机上一般装有粗、细两个滤清器，有的在油箱出口处还设置沉淀杯，以达到多级过滤，确保柴油的清洁。

粗滤器多采用金属带缝隙式的，如图 2-16 所示。它的滤芯由黄铜带绕在波纹筒上构成。黄铜带每隔 3.6 cm 便有一个高为 0.04～0.09 mm 的微小凸起。绕在波纹筒上后，相邻两带

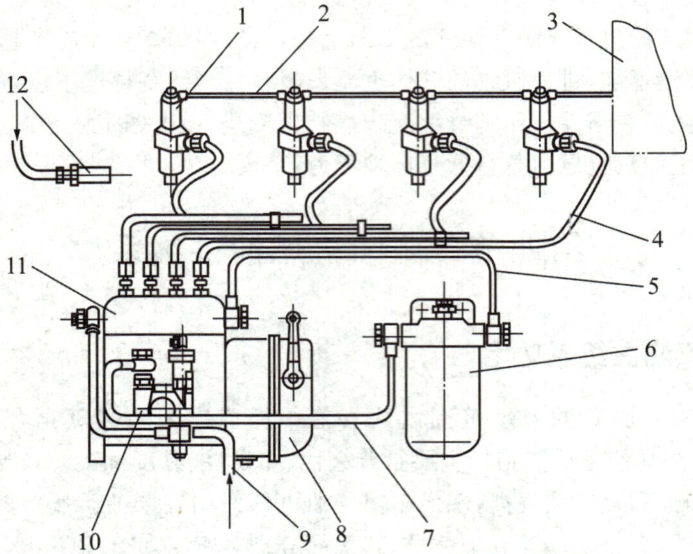

图 2-15　柴油机燃油供给系统简图

1. 喷油器　2. 回油管　3. 燃油箱　4. 高压油管　5. 喷油泵进油管　6. 燃油滤清器　7. 滤清器进油管　8. 调速器　9. 输油泵进油管　10. 输油泵　11. 喷油泵　12. 预热塞

之间便形成了 0.04～0.09 mm 的缝隙，使用这种滤芯可将大于此缝隙的杂质滤下。

细滤器多采用纸质滤芯式（图 2-17）。这种滤芯内部有许多小孔的中心管，中心管外面是折叠的专用滤纸，上下两端用盖板将其胶合密封。这种滤芯所用的专用滤纸经酚醛树脂处理后具有良好的抗水性能，应用较广泛。

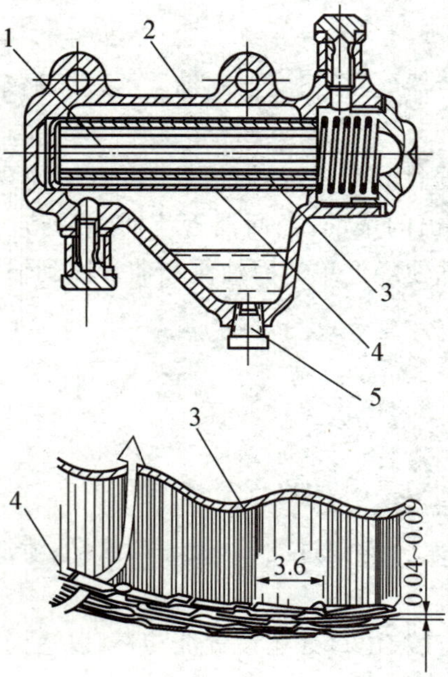

图 2-16　金属带缝隙式滤清器

1. 金属带缝隙式滤芯　2. 外壳　3. 波纹筒　4. 黄铜带　5. 放油螺塞

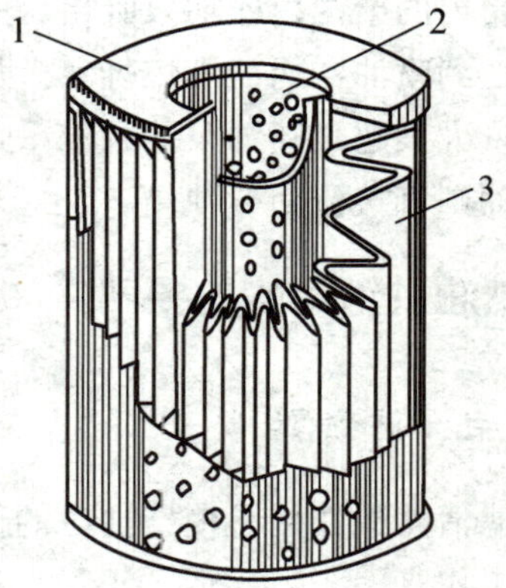

图 2-17　纸质滤芯

1. 盖板　2. 圆筒　3. 滤纸

(二)输油泵

输油泵的功用是将柴油从油箱中吸出,并适当增压以克服管路和滤清器的阻力,保证连续不断地向喷油泵输送足够数量的燃油。

常用的输油泵有活塞式、膜片式两种。活塞式输油泵的工作原理如图 2-18 所示。输油泵常与喷油泵组装在一起,由喷油泵凸轮轴上的偏心轮推动活塞运动。

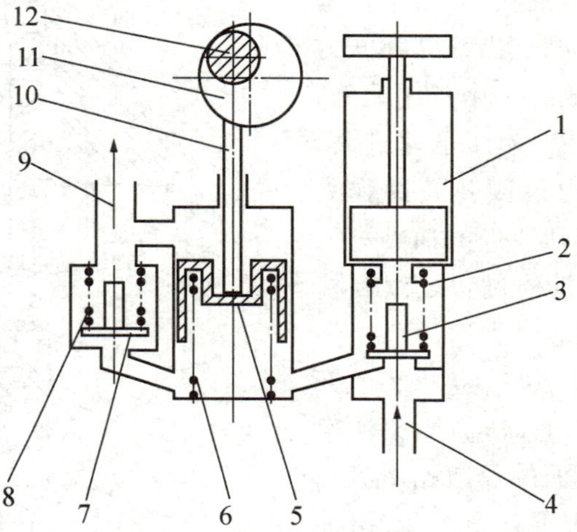

图 2-18 活塞式输油泵

1. 手压泵 2. 弹簧 3. 进油阀 4. 进油管接头 5. 活塞
6. 活塞弹簧 7. 出油阀 8. 弹簧 9. 出油管接头
10. 顶杆 11. 偏心轮 12. 喷油泵凸轮轴

当活塞向下运动时,活塞前腔的容积变小,后腔的容积变大。前腔内的柴油受压缩,压力升高顶开出油阀,柴油被压送到活塞后腔。当偏心轮的凸起部分越过后,在活塞弹簧的作用下,活塞向上运动,此时后腔容积变小,油压增加,出油阀关闭。具有一定压力的柴油被输送到细滤器,此时活塞前腔容积变大,进油阀被吸开,由油箱来的油进入活塞前腔,至此活塞完成了一次进油和一次压油的过程。

膜片式输油泵是靠偏心轮顶动膜片运动,由于膜片前腔容积的变化而输出具有一定压力的柴油。

(三)喷油泵

喷油泵又称高压油泵或燃油泵。其主要功用是将经过滤清的柴油由低压变成高压,并按柴油机的工作要求,定时、定量地将柴油输送到喷油器,喷入燃烧室。

喷油泵的种类较多,现在常用的有柱塞泵和转子分配泵两种。其中以柱塞泵应用最多。柱塞泵又有单体泵(用于单缸柴油机)和多缸泵(用于多缸柴油机)之分。

柱塞泵主要由柱塞和柱塞套(合称柱塞偶件)、柱塞弹簧、弹簧座、出油阀和出油阀座(合称出油阀偶件)、出油阀弹簧、喷油泵凸轮轴、滚轮-挺柱体总成等组成(图 2-19)。

柱塞泵的工作过程可分为进油、供油和终止供油三个阶段(图 2-20)。

进油阶段(图 2-20a):当凸轮的凸起转过最高位置后,在柱塞弹簧的作用下,柱塞向下运动。柱塞套上的进、回油孔被打开，柴油自低压油道经两个油孔同时进入柱塞上端的套筒内。进油过程一直延续到柱塞运动到下止点时为止。

供油阶段(图 2-20b)：凸轮继续转动，凸轮的凸起顶起滚轮挺柱体，推动柱塞向上运动至柱塞顶端面封闭进、回油孔后，由于柱塞偶件的精密配合以及出油阀在出油阀弹簧力的作用下关闭，柱塞上方成为一个密闭油腔，柱塞继续上行，柴油被压缩，油压迅速升高。当油压升高到足以克服出油阀弹簧的弹力时，出油阀被推开，高压柴油便经出油阀进入高压油管，送至喷油器。供油过程延续到柱塞斜槽边与回油孔开始相通时为止。

终止供油阶段(图 2-20c)：当柱塞上升到柱塞斜槽边与回油孔相通时，高压柴油经柱塞头部的轴向孔以及下面的径向孔回流到低压油道。柱塞上方的油压急剧下降，出油阀在弹簧力的作用下迅速下落，切断油路，供油终止。同时由于出油阀减压环带的作用，使高压油管内的油压立即减小，防止喷油器喷油终了时有滴油现象。在柱塞继续上行到上止点的行程中，柱塞上部的柴油继续流回低压油道。出油阀偶件的作用就是使喷油泵供油开始和结束都能迅速干脆。

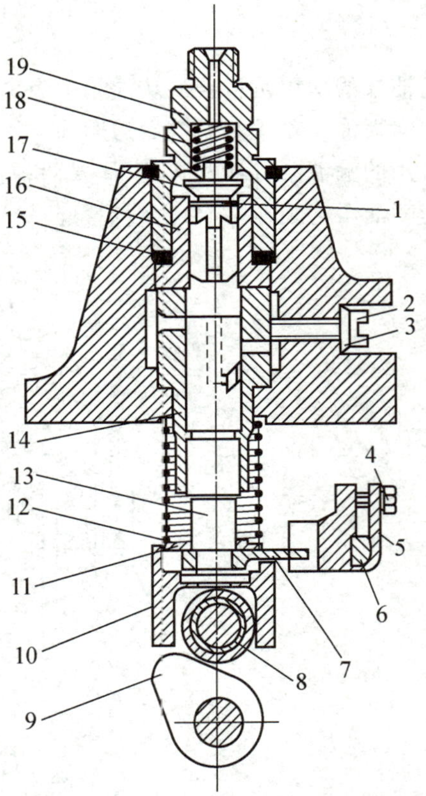

图 2-19 柱塞式喷油泵

1. 减压环带 2. 定位螺钉 3. 垫片 4. 夹紧螺钉 5. 调节叉 6. 供油拉杆 7. 调节臂 8. 滚轮 9. 凸轮 10. 滚轮体 11. 弹簧座 12. 柱塞弹簧 13. 柱塞 14. 柱塞套 15. 垫片 16. 出油阀座 17. 出油阀 18. 出油阀弹簧 19. 出油阀紧座

由上述可知，柱塞从下止点到上止点的总行程 l(图 2-20d)即凸轮的行程是不变的，而柱塞开始供油到终止供油的实际供油行程 a 则取决于柱塞顶端面至回油孔所对斜槽边的距离。当转动柱塞改变斜槽边与回油孔的相对位置时，供油的实际行程 a 将会改变，a 越大、供油量越多。因此转动柱塞即可以调节供油量。

(四)喷油器

喷油器又称喷油嘴，其功用是将喷油泵送来的高压柴油按一定压力(12～18 MPa)，以细雾状喷入燃烧室。目前柴油机上多采用闭式喷油器，这种喷油器在不工作时，其内腔与燃烧室不相通。闭式喷油器按其结构，可分为轴针式和孔式两种。轴针式的特点是在针阀的前端有一段圆柱体或一段锥体，称为轴针；不喷油时，轴针的一部分伸出针阀体的喷孔外。孔式喷油器的针阀前端细长，没有轴针，不喷油时针阀不伸出针阀体外。

轴针式喷油器的构造及工作原理见图 2-21。它主要由喷油器体、针阀和针阀体(合称喷油嘴偶件)、顶杆、弹簧、调整螺钉等组成(图 2-21a)。

当喷油泵供油时，高压柴油从油管接头处通过喷油器体上的油道进入下部环形油槽(图

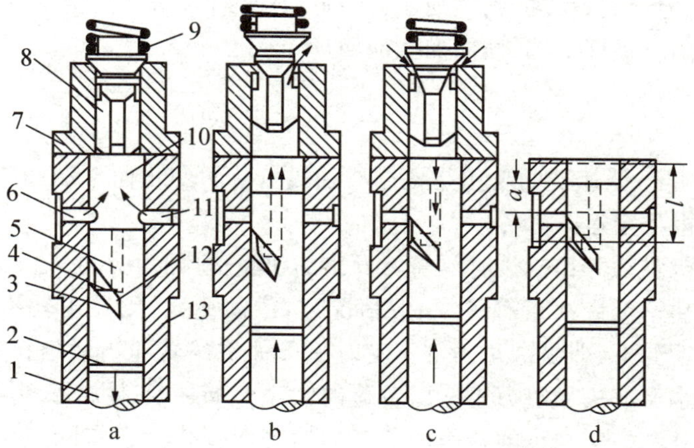

图 2-20　柱塞泵工作过程

a. 进油　b. 供油　c. 终止供油　d. 柱塞行程 l 和供油行程 a

1. 柱塞　2. 润滑油槽　3. 斜槽空腔　4. 径向孔　5. 轴向孔　6. 回油孔　7. 出油阀座　8. 出油阀　9. 出油阀弹簧　10. 柱塞上腔　11. 进油孔　12. 斜槽边　13. 柱塞套

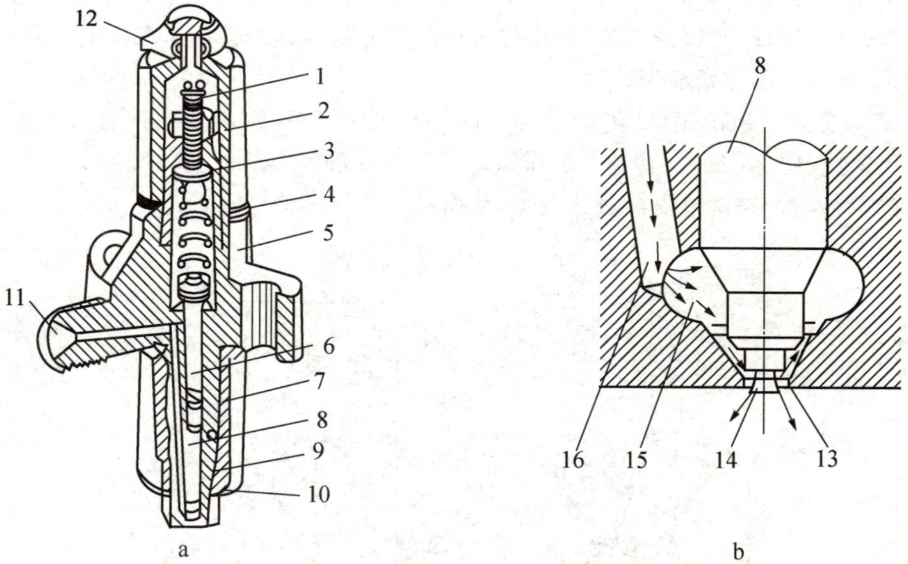

图 2-21　轴针式喷油器

a. 构造图　b. 喷油器工作图

1. 调节螺钉　2. 固紧螺母　3. 弹簧罩壳　4. 垫片　5. 喷油器体　6. 顶杆　7. 紧帽　8. 针阀　9. 针阀体　10. 密封垫圈　11. 高压油管接头　12. 回油管接头　13. 喷孔　14. 倒锥体　15. 环形油槽　16. 斜油道

2-21b)，高压柴油对针阀的锥面产生向上的推力。当此推力足以克服调压弹簧的弹力时，针阀便向上抬起，高压柴油即从轴针与喷孔之间的缝隙处喷入燃烧室。由于喷孔较小而油压较高，柴油呈雾状喷出。当喷油泵的柱塞斜槽边与回油孔相通时，油压迅速下降，调压弹簧使针阀迅速下落，关闭喷孔，喷油终止。

喷油器的喷油压力是由调压弹簧的预紧力决定的，可通过调整螺钉来改变。顺时针拧进螺钉压紧弹簧时，压力升高；反之，则喷油压力降低。喷油器工作时，会有少量柴油通过针阀与针阀体之间的间隙漏入顶杆上部，经回油孔流回油箱。

(五)调速器

1. 调速器的功用　调速器的功用是根据柴油机负荷的变化而自动调节供油量，使柴油机在规定的转速范围内稳定运转。

负荷是指柴油机驱动工作机械时所需要发出的扭矩值(即阻力矩值)。

柴油机输出的功率与供油量有关，一般情况下，供油量大，则输出功率也大；反之，则小。在输出功率不变的情况下(即供油量固定不变时)，柴油机的转速与输出扭矩值成反比。而柴油机输出扭矩的大小又取决于阻力矩值即负荷的大小。如果负荷加大，则柴油机的转速就将下降；反之，则转速升高。柴油机的转速随负荷的改变而变化。在实际工作中，负荷是经常变化的，如果柴油机总是处在由于负荷的改变而使其转速经常变化的情况下工作，不仅生产率低、作业质量差，而且，严重时会因负荷增加过大，柴油机因转速急剧下降而熄火；也可因负荷减少过多，转速急剧上升而"飞车"，引起机件损坏。因此，柴油机必须安装调速器，使柴油机的转速能保持稳定，不因负荷的改变而有较大的变化。

2. 调速器的基本构造和工作原理　农用柴油机上普遍采用机械式调速器。这种调速器主要由感应元件(钢球、飞锤或飞块)和执行机构两部分组成。按其调速范围的不同可分为：单程调速器、全程调速器和两极调速器。

3. 全程调速器一般由钢球、传动盘、推力盘、调速弹簧、弹簧座、限制螺钉、操纵手柄以及供油拉杆等组成(图 2-22)。其基本工作原理是靠钢球旋转时所产生的离心力与调速弹簧的弹力之间的平衡与否来调节供油量的大小，从而维持柴油机的稳定转速。

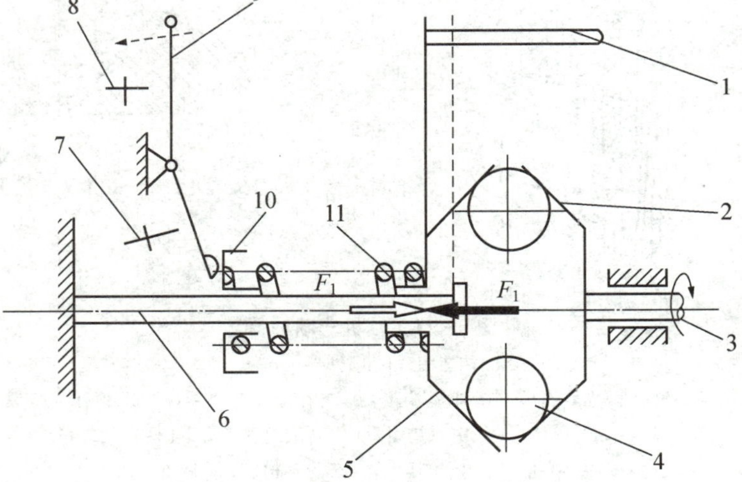

图 2-22　全程调速器简图

1. 供油拉杆　2. 传动盘　3. 喷油泵凸轮轴　4. 钢球　5. 推力盘　6. 支承轴
7. 怠速限制螺钉　8. 高速限制螺钉　9. 操纵杆　10. 弹簧座　11. 调速弹簧

当操纵手柄保持在某一位置时，弹簧的预紧力不变，也即决定了调速器在该情况下所控制的供油量，柴油机在相应的转速下稳定运转，此时钢球的离心力沿轴向的分力与弹簧预紧力平衡。如果因负荷增加而使曲轴转速降低时，钢球旋转的离心力也会相应减小，它与弹簧预紧力之间的平衡遭到破坏。在两种力的压力差的作用下，推力盘将带着供油拉杆向右移动，加大供油量。由于供油量的加大，曲轴转速得以回升，钢球离心力又逐渐增大，直到与弹簧预紧力重新获得平衡时为止。反之，当曲轴转速因负荷减小而升高时，由于钢球所产生的离心力大于弹簧预紧力而使供油量减小，使曲轴转速下降，直到两力重新达到平衡时为止。因此，当操纵手柄位置不变时，调速器能根据负荷变化而相应地加大或减小供油量，使柴油机在操纵手柄该位置所决定的转速下稳定运转。

当负荷稳定不变而操纵人员想改变柴油机转速时，只需改变操纵手柄的位置，增大或减小调速弹簧的预紧力，破坏原来转速下弹簧预紧力和钢球离心力之间的平衡关系，使推力盘带着供油拉杆左右移动，改变供油量，即可实现柴油机转速的变化。

第五节 润滑系

一、润滑系的功用与润滑方式

润滑系的功用是向各摩擦表面提供干净的润滑油，以减少摩擦损失和零件的磨损；通过润滑油的循环，还可冷却和净化摩擦表面；润滑油膜附着在零件表面，能防止氧化和腐蚀，同时还能起到密封作用。

内燃机的润滑方式主要有两种：一是压力润滑，二是非压力润滑。压力润滑是利用机油泵将机油提高压力后送到需要润滑的摩擦表面进行润滑。非压力润滑是利用运动零件飞溅起来的润滑油滴或油雾，散落在摩擦表面或经汇集后从油孔流到摩擦表面进行润滑。

润滑系所使用的介质是机油，其最主要的性能指标是黏度，通常用运动黏度来表示，按其在100℃时运动黏度的大小可分为多种牌号。如汽油机润滑油有SC、SD、SE、SF、SG、SH等6个级别；柴油机润滑油有CC、CD、CD-Ⅱ、CE、CF-4等5个级别。级别号越靠后，机油的使用性能越好，适用于新机型或强化程度高的内燃机。每一级别又有若干种单一黏度等级和多黏度等级的润滑油牌号。

由于不同种类和牌号的机油的润滑性能不同，所以在实际使用中，必须根据具体条件选用合适的机油。如工作条件、机械负荷、热负荷、内燃机强化程度、环境温度等。

二、润滑系的组成与工作原理

图2-23为润滑油路简图。润滑系主要由油底壳、集滤器、机油泵、机油滤清器、机油压力表等组成。

当内燃机工作时，机油泵将机油从油底壳经带滤网的集滤器沿油管吸出，提高压力后再将油压到机油滤清器。经过滤清的机油进入主油道，然后再分送至主轴承、连杆轴承、凸轮轴各轴承等摩擦表面进行润滑。进入连杆轴承中的润滑油，经杆身油道进入连杆小端内以润滑衬套和活塞销，然后这部分润滑油直接喷到缸壁上润滑缸套和活塞。

另外，进入凸轮轴轴承中的机油，一部分经机体与缸盖中的油道向上流到摇臂轴中心孔内，再经摇臂轴的径向孔进入各摇臂衬套，然后有一部分机油沿摇臂上的油道流出，滴落在配气机构其他零件表面上。主油道中还有一部分机油流至正时齿轮室，润滑各正时齿轮。

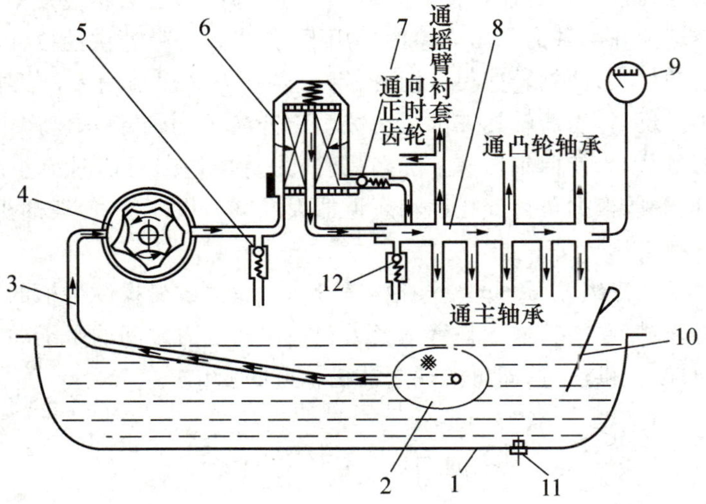

图 2-23　润滑系统

1. 油底壳　2. 集滤器　3. 吸油管道　4. 机油泵　5. 限压阀　6. 机油滤清器　7. 旁通阀　8. 主油道　9. 机油压力表　10. 机油标尺　11. 放油螺塞　12. 回油阀

为使润滑系统能正常工作，在油路中还设有限压阀和旁通阀（安全阀）。限压阀用来控制机油泵的出油压力，保证向主油道供给一定压力的机油，多余的机油流回油底壳，防止主油道压力过高。旁通阀与滤清器并联，当机油滤芯堵塞时，机油能不经滤清器而从旁通阀直接进入主油道，保证零件摩擦表面得到必要的润滑。

三、润滑系的主要部件

（一）机油泵

机油泵的功用是提高机油压力和保证足够的循环油量。通常有齿轮式和转子式两种。

齿轮泵是利用装在壳体内的一对齿轮的旋转运动，使得进油腔处因齿轮脱离啮合，容积变大，产生真空吸力，机油便经集滤器被吸入齿轮与壳体间，并随齿轮的旋转沿齿轮边缘被带到出油腔内。由于齿轮在出油腔内进入啮合时容积变小、油压升高，因而以一定压力将机油压送出去（图 2-24）。

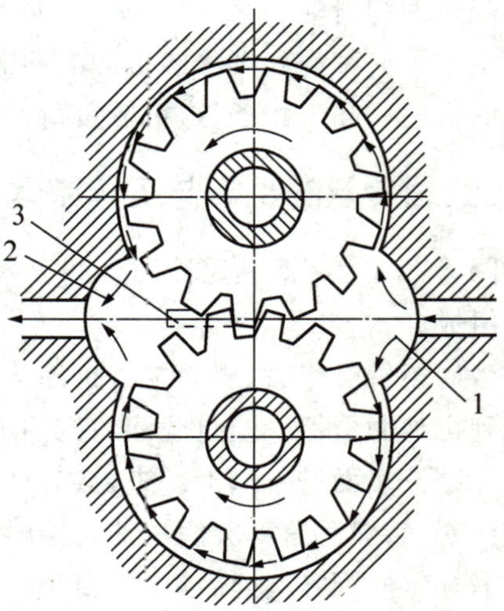

图 2-24　齿轮式机油泵

1. 进油腔　2. 出油腔　3. 卸压槽

转子泵由内、外转子和壳体组成。内转子有 4 个凸齿，外转子有 5 个凹齿，内外转子偏心安装。

内转子被驱动作旋转运动并带动外转子同向转动。无论转子转到任何角度，内、外转子各齿形之间总有接触点并分隔成五个腔。进油道一侧的空腔由于转子脱离啮合，容积增大，产生真空度，机油被吸入并被带到出油道一侧。此后，转子进入啮合，油腔容积减小，机油压力升高，并从齿间被挤出，增压后的机油从出油道送出(图 2 - 25)。

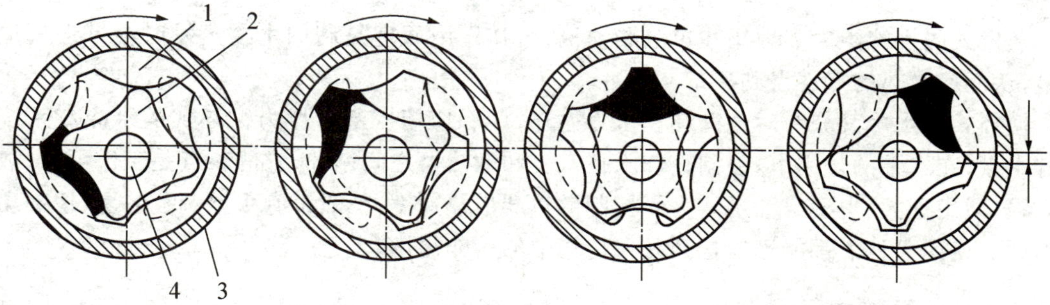

图 2 - 25 转子式机油泵

1. 外转子 2. 内转子 3. 壳体 4. 泵轴

(二)机油滤清器

机油滤清器的功用是滤去机油中的金属磨屑和机械杂质、减少零件磨损并防止油道堵塞。

在润滑系中一般装有几个不同滤清能力的滤清器——集滤器、粗滤器和细滤器。

集滤器是一个用金属丝编织成的滤网，装在油底壳内机油泵吸口处，用以阻止较大的机械杂质进入机油泵。

粗滤器用以滤去机油中较大的杂质，串联在机油泵与主油道之间。滤芯用金属片缝隙式或金属带缝隙式的。当机油通过滤芯时，靠缝隙把机械杂质阻挡在滤芯外面，只有洁净的机油能通过滤芯进入主油道。

细滤器多采用离心式的，其内部有一转子，转子底部沿圆周方向开有两个方向相反的喷孔。当具有一定压力的机油进入转子内腔后会从两个喷孔喷出，转子在反作用力的作用下绕转子轴高速旋转(5 000 r/min)，在转子内的机油中，比重大于机油的各种杂质，在离心力的作用下被甩向四周，沉积在转子内壁上。清洁的机油从喷孔喷出并流回油底壳。

滤清器在使用一定时期后会逐渐脏污，影响润滑系统的正常工作，所以要定期清洗或更换滤芯。同时还应按说明书规定，定期更换机油和清洗油道。另外，柴油机工作时，应经常注意油压是否正常，如果油压为零，必须立即停止工作，进行检查。

第六节 冷 却 系

一、冷却系的功用与组成

内燃机工作时，汽缸内气体温度可高达1 800～2 000℃。与高温气体接触的零件强烈受热，温度也会升得很高，致使强度下降，正常配合破坏并使机油变质，所以必须设置冷却系统，对受热零件进行冷却。冷却系的功用是及时带走高温零件吸收的热量，使柴油机在最适宜的温度下工作。

冷却的方式有风冷和水冷两种。风冷是用高速流动的空气直接冷却受热零件表面；水冷是用水吸收高温零件的热量，然后再散发到大气中。

目前,大多数柴油机的冷却系采用的都是水冷,常用的水冷却方式有蒸发式和循环式两种。

蒸发式的水冷绝大多数用在单缸柴油机上,其作用原理是利用水在蒸发时会带走大量的热量,从而使受热的零件得到冷却。

循环式的水冷又分为对流循环和压力循环,后者应用广泛。压力循环式的水冷却系统中装有水泵,在水泵的作用下,强制冷却水在水套和散热器之间循环,它的特点是工作可靠、散热能力强,适用于大、中型柴油机。为了控制散热器散热速度,一般设有水温调节装置,使发动机在不同的使用条件下都能迅速达到并保持正常的工作温度。

二、冷却系的主要机件

压力循环的水冷却系统主要由散热器(水箱)、风扇、水泵、水温调节装置等组成(图2-26)。

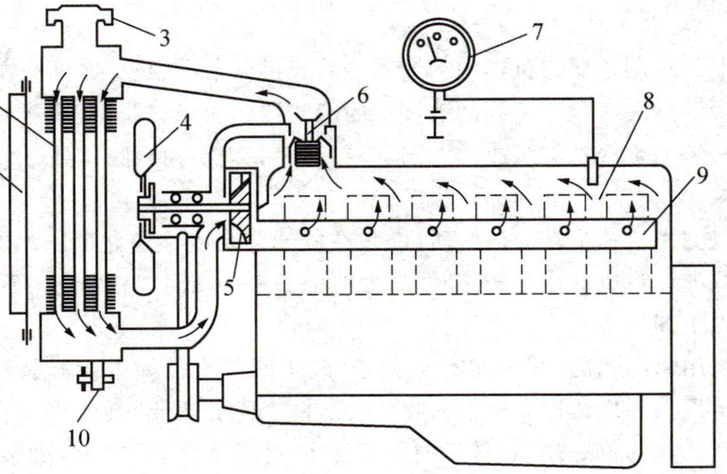

图 2-26 发动机强制循环式水冷系示意图

1. 百叶窗 2. 散热器 3. 水箱盖 4. 风扇 5. 水泵 6. 节温器 7. 水温表 8. 水套 9. 分水管 10. 放水阀

散热器的功用是将从水套吸热后的冷却水所携带的热量散入大气,从而降低冷却水的温度。它由上水箱、散热器芯和下水箱组成。散热器芯是由导热良好的铜料制成的许多小管。小管周围还镶有多层散热薄片,上下水箱靠这些小管相连通,形成散热器整体。上水箱有加水口,口上装有水箱盖。下水箱底部有放水开关,冬季柴油机工作结束后,要将水箱及水套中的水放净,防止机体冻裂。

风扇与水泵一般安装在同一根轴上,由曲轴皮带轮驱动。风扇的作用是产生强大的气流吹到散热器芯上,以增强冷却水的散热作用。水泵的作用是使冷却水以一定的压力加速循环流动,一般采用离心式水泵。在工作中应定期检查和调整风扇皮带松紧度,以保持冷却水最适宜的水温(85～95℃)。

节温器的作用是自动调节进入散热器的水量,以调节冷却强度。节温器一般安装在缸盖出水管与上水箱相连的通道内,有液体式和蜡式两种。液体式节温器在其由薄铜皮制成的皱纹筒内装入低沸点的液态乙醚,然后密封,在皱纹筒上端固定着阀门,当水温超过70℃时,乙醚由液态变成气态使皱纹筒伸长，将阀门打开使冷却水进入散热器中进行冷却。进入散热器中水的流量越多，冷却强度也越大。蜡式节温器的作用原理与液体式的相似，只是其内部的填充剂为石蜡和白蜡的混合物。

第七节 启动系

一、发动机的启动方法

内燃机启动时必须克服各运动部件的摩擦阻力、机件加速运动的惯性力和压缩新鲜充量的阻力，所以在起始阶段必须借助外力帮助曲轴旋转。曲轴在外力作用下开始转动过渡到能自动维持稳定运转的过程，称为启动。

柴油机和汽油机在启动时所需要的最低转速是不同的，汽油机为 50～70 r/min，而柴油机则需要 100～300 r/min。

根据内燃机的用途、功率大小、结构型式和使用燃料的不同，采用的启动方法也不同。常用的启动方法有：人力启动、电起动机启动、柴油机用汽油机启动、柴油机用汽油启动和压缩空气启动。人力启动只适用于小功率单缸内燃机，每次启动时间不应超过 30 s。压缩空气启动适用于大、中功率的柴油机（缸径大于 150 mm）。柴油机用汽油启动只是在一些老式机型如 2125A 上使用，现已被淘汰。应用最广泛的是电动机启动。

二、电动机启动的啮合驱动机构

电启动机启动方便可靠，重量轻，体积小，有足够的启动功率和适宜的启动转速，且具有重复启动能力，因而被广泛应用在拖拉机、汽车上。目前，汽车、拖拉机的发动机普遍采用串激直流电动机（其磁场绕组与电枢绕组串联）作为启动机。其电磁式啮合驱动机构如图 2-27 所示。

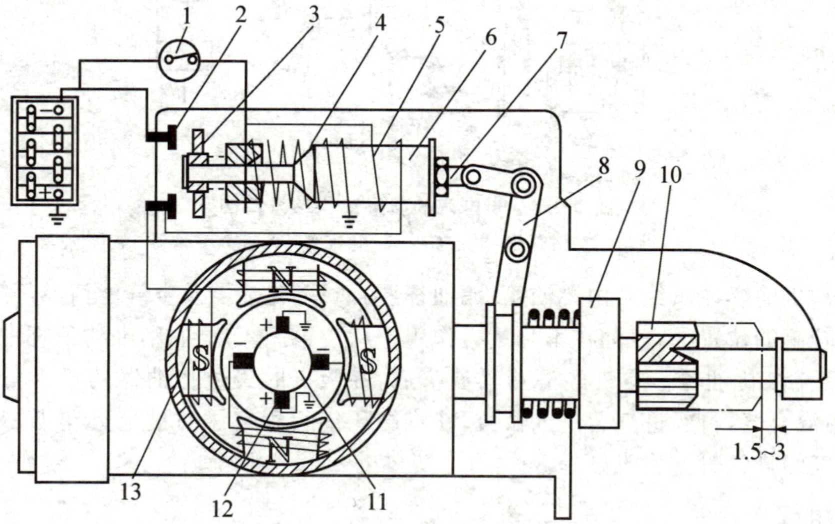

图 2-27 电磁式啮合机构

1. 启动开关 2. 定触点 3. 动触桥 4. 保持线圈 5. 吸拉线圈 6. 铁芯 7. 拉杆 8. 传动叉 9. 单向离合器 10. 驱动齿轮 11. 电枢 12. 电刷 13. 磁极

启动时，接通启动开关，由于吸拉线圈和保持线圈通电后产生的电磁吸力吸动铁芯左移，带动传动叉使单向离合器的驱动齿轮与飞轮齿圈啮合。此时，电枢绕组和激磁绕组均已通电，但因吸拉线圈串在电路中，电流较小，故电动机转动慢，使驱动齿轮与飞轮齿圈的啮合较柔和。

铁芯继续左移，使动触桥与定触点接触，此时吸拉线圈被短路，保持线圈仍通电流，其电磁吸力保持动触桥与定触点闭合，蓄电池直接接通电动机而开始工作。由于进入电动机中的电流增大了，所以电动机转速升高，带动飞轮齿圈高速旋转，直至将主机启动着火。

启动结束后，断开启动开关，切断电源，保持线圈磁力消失，铁芯在回位弹簧作用下复位，电动机停止工作。

电动机每次连续工作不应超过 5～15 s。如果一次不能启动，最少应停歇半分钟后再使用，否则将使线圈发热以至烧坏。

第八节　汽油机燃油供给系

一、汽油机燃油供给系的功用及组成

燃油供给系的功能用是将汽油与空气混合成可燃混合气，并按汽油机的工作需要向汽缸中供给一定浓度和数量的混合气。图 2－28 是小型汽油机燃油供给系简图。

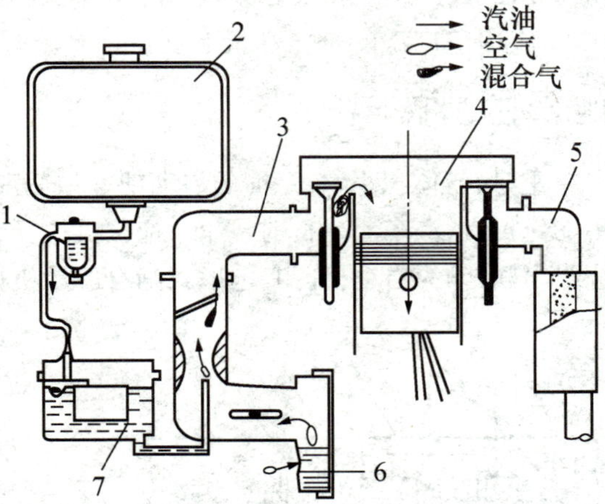

图 2－28　小型汽油机燃油供给系简图

1. 滤油杯　2. 油箱　3. 进气管　4. 汽缸　5. 排气管　6. 空气滤清器　7. 化油器

小型汽油机的燃油供给系由燃油箱、滤油杯、输油管、化油器及空气滤清器等零部件组成。燃油箱装在较高的位置上，汽油在本身重力作用下从油箱流入滤油杯，在滤油杯中分离出水分和杂质，然后流入化油器。空气经滤清器滤清后，在吸气时经过化油器的喉管与汽油初步混合，形成可燃混合气，再经进气管进入汽缸，在汽缸压缩行程终了时被电火花点燃，燃烧作功，燃烧后的废气经排气管排出汽缸外。

二、化油器

（一）简单化油器的工作原理

简单化油器通常由浮子、浮子室、主量孔、主喷管和喉管组成（图 2－29）。当汽油机工作

时，活塞下行，使汽缸中产生真空度，空气经滤清器进入化油器。当空气流经喉管时，由于喉管通道较狭窄，空气流速突然加快，使主喷管上方的压力下降。由于浮子室与大气相通，这样浮子室内的压力高于主喷管处的压力。在这个压力差的作用下，汽油从浮子室内源源不断地被吸出，从主喷管喷出，并立即被高速气流吹成雾状而汽化，与空气混合成混合气，经进气管进入汽缸。

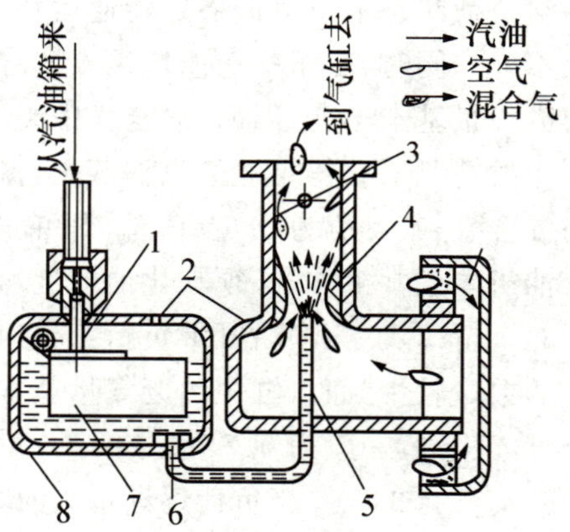

图 2-29 简单化油器示意图

1. 针阀 2. 通气孔 3. 节气门 4. 喉管 5. 主喷管 6. 主量孔 7. 浮子 8. 浮子室

主喷管喷出汽油的数量由浮子室油面高度和主量孔控制。当浮子室内油面上升到一定高度时，浮子将针阀顶起堵住进油口，汽油不再进入浮子室；当汽油机工作时，油面下降，浮子和针阀跟着下落，将进油口打开，汽油继续流入，直到油面上升到原来高度为止。所以，浮子室内经常保持一定的油面高度。主量孔一般单独做成一件，以便能取下更换，其中小孔的尺寸和形状制造非常精确，应注意保护。

混合气的成分由节气门(油门)控制。节气门开度小，喉管处的压力差小，从主喷管中喷出的汽油少，因而形成较稀混合气；节气门开度增大，喉管处的空气流速加快，喉管处的压力差增大，从主喷管中喷出的汽油量增加，因而混合气较浓。

(二)汽油机对化油器的要求

混合气的浓度用空气与汽油的质量比即空燃比 R 来表示，有时也用过量空气系数 α 来表示，即燃烧 1 kg 燃油实际消耗的空气量与理论上所需空气量之比。汽油机各种不同的工作状态要求使用不同浓度的混合气。表 2-2 列出了汽油机各种不同的工作状况时对混合气浓度的要求。

表 2-2 汽油机各种工作状况对混合气浓度的要求

汽油机工况	空气与汽油的质量比 R(α 值)
启动工况	8∶1(α=0.53)
怠速工况	11.5∶1(α=0.77)
正常转速	15∶1(α=1)
满负荷工况	12.5∶1(α=0.83)
加速工况	9∶1(α=0.6)

1. *启动工况* 由于机体温度低，汽油不易蒸发。同时，由于启动时曲轴转速很低，空气流经化油器喉管的速度低，不能使汽油很好地雾化，大部分汽油呈油粒状态附在进气管壁上，少量蒸发出来的汽油蒸气随空气进入汽缸。这种浓度很稀的混合气无法点燃，要求化油器供给更多的汽油，使蒸发出来的汽油蒸气与空气混合成能达到着火浓度的混合气，保证汽油机启动。但简单化油器仅靠喉管处的真空度来吸油，因为启动时空气流速低，喉管处真空度很小，从主喷管中喷出的汽油也很少，可见，简单化油器的性能与汽油机启动时的要求刚好相反。

2. *怠速工况* 汽油机在怠速工况时，节气门开度很小，流入汽缸的混合气量也很少，汽油机在空负荷状态下以最低稳定转速运转。由于转速较低，空气在化油器喉管内流速不大，汽油雾化不好。同时，由于每次循环进入汽缸中的新鲜混合气数量很少，而前一循环残留在燃烧室内的废气量基本不变，因而，混合气中废气比例很高，使混合气不易着火燃烧。为了在汽油雾化不良的情况下获得足够的汽油蒸气，保证汽油机稳定运转，要求在怠速时，应供给汽油机较浓的混合气，其 α 值为 0.6～0.8。简单化油器也不能满足汽油机怠速工况的要求。因而，要使汽油机能正常工作，必须在化油器上增加怠速供油系统。

3. 负荷工况　汽油机带负荷工作时，在小负荷工况下，每次工作循环进入汽缸的新鲜混合气的数量较少，而汽缸中的废气量基本不变，使混合气被冲淡，燃烧速度慢。因此，仍需较浓混合气，其 α 值一般为 0.7～0.9。

4. 变负荷工况　当负荷逐渐增大时，汽油机转速升高，节气门的开度逐渐增大，有利于汽油雾化，混合气燃烧完全。因此，只需稍稀混合气就能满足要求，此时混合气的 α 值约为 1；简单化油器在负荷由小变大时，由于喉管处空气流速逐渐增加，其真空度也逐渐增大，使主喷管喷出的汽油增加，混合气变浓，这与汽油机的要求恰好相反。

通过以上分析，可以看出：简单化油器在汽油机启动、怠速工况时，所供给的混合气太稀，使汽油机无法启动和怠速运转；在负荷逐渐增大时供给的混合气太浓，经济性差。

（三）实际化油器的辅助供油装置

由于简单化油器无法满足汽油机各种工况下对混合气的要求，因而实际应用的化油器都是在简单化油器结构的基础上添加一些辅助装置而成的。

1. 启动装置　简单化油器无法满足汽油机启动时需要加浓混合气的要求。因此，在所有化油器上都设置有一个启动加浓装置即阻风门，以使化油器在汽油机启动时能供给更多的汽油（图 2-30）。

阻风门安装在化油器的进气端。汽油机启动时，先适当关闭阻风门，这时由于阻风门前气体受阻而不能较多地流入化油器喉管，所以当汽油机运转时，阻风门后形成较大真空度，汽油便从主喷管大量喷出，使混合气变浓。汽油机启动后，应逐渐打开阻风门，以免混合气过浓。

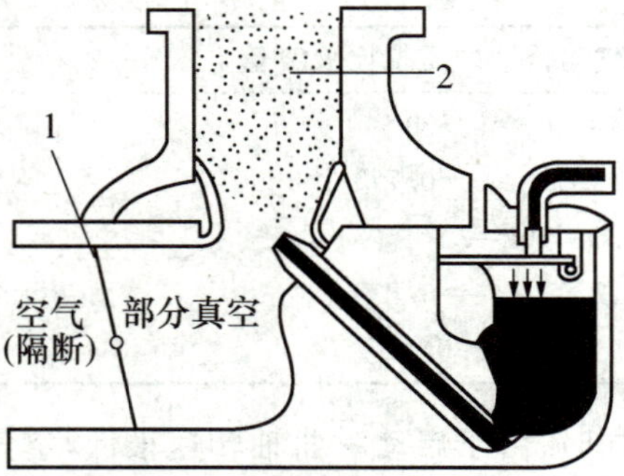

图 2-30　阻风门系统

1. 阻风门　2. 混合气

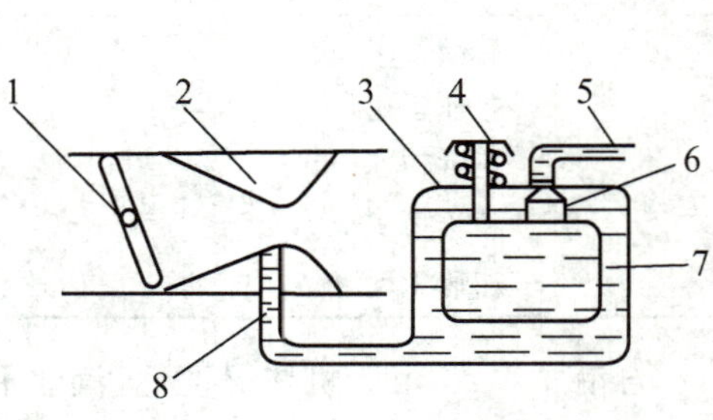

图 2-31　启动加浓按钮

1. 节气门　2. 喉管　3. 浮子室　4. 加浓按钮　5. 进油口　6. 针阀　7. 浮子　8. 主喷管

另外，有些化油器在化油器盖上装有一个启动加浓按钮。启动汽油机前，先按下启动加浓按钮，使进油道打开，有额外的汽油流入浮子室，使浮子室内油面升高，使供油量增加，以满足启动时加浓混合气的需要，如图 2-31 所示。

2. 怠速装置 为满足怠速时加浓混合气的需要，在化油器上还附有怠速加浓装置。一般是在化油器上开设怠速喷孔和怠速空气量孔，如图 2-32 所示。

怠速喷孔开在节气门后方。汽油机怠速运转时，节气门几乎处于关闭状态，喉管处气流速度缓慢，真空度很小，汽油无法从主喷管喷出。但此时节气门后面产生一定的真空度，汽油便从怠速喷孔中喷出。为了使汽油更好地雾化，还在化油器内设有怠速空气量孔，空气从怠速空气量孔进入怠速喷孔，使从怠速喷孔中喷出的汽油预先和空气混合成为一种泡沫状油液，汽油更容易汽化，并与从节气门边缘狭缝中流过的高速空气混合，形成良好的混合气进入汽缸。

3. 负荷调整系统 为使汽油机在正常负荷下工作时汽油能充分燃烧，必须供给稍稀的混合气。为此，化油器上一般都设有负荷调整装置即空气补偿装置(图 2-33)。空气补偿装置由空气油井和在主喷管上的上、下泡沫孔组成。在空气油井的上端设有空气量孔，空气量孔一端与大气相通，另一端通过空气油井与主喷管相连。汽油机工作时，空气从空气量孔进入主喷孔，使主喷管处的汽油泡沫化，更易汽化。同时，由于汽油中渗入了空气，使主喷管的真空度降低，抑制了主喷管的喷油作用，使喷油量减少。汽油机负荷越大，节气门开度也越大，从空气量孔中进入主喷管的空气越多，主喷管处的真空度降低越多，因而，对主喷管喷油的抑制作用越大，降低了喷油量，满足了汽油机的实际需要。

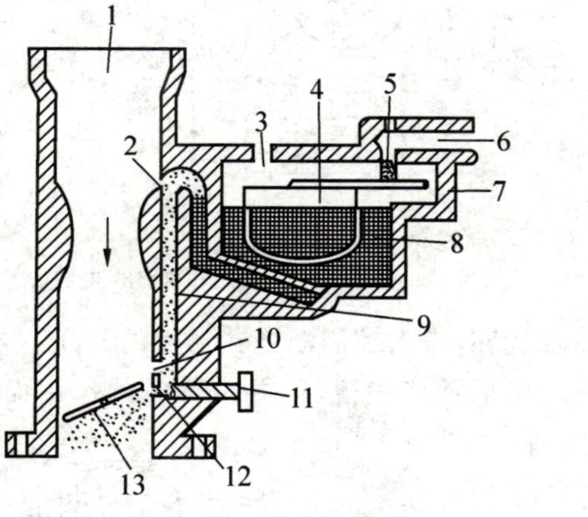

图 2-32 怠速装置

1. 进气口 2. 怠速空气量孔 3. 浮子室通气孔 4. 浮子 5. 针阀 6. 进油口 7. 化油器盖 8. 浮子室 9. 怠速油道 10. 过渡喷孔 11. 怠速调节螺钉 12. 怠速喷孔 13. 节气门

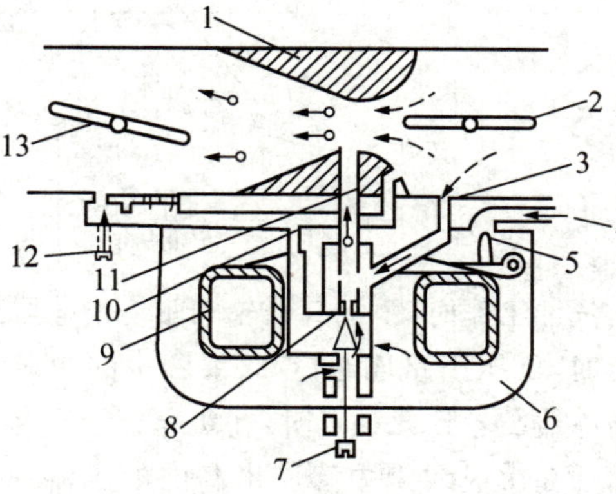

图 2-33 负荷调整系统

1. 喉管 2. 阻风门 3. 空气量孔 4. 进油口 5. 针阀 6. 浮子室 7. 主量孔调节螺钉 8. 主量孔 9. 浮子 10. 通气孔 11. 主喷管 12. 怠速调节螺钉 13. 节气门

第九节 汽油机点火系

一、点火系功用与组成

汽油机汽缸内的混合气是由火花塞电极间隙产生的电火花点燃的。保证按时在火花塞间隙处产生电火花的全部装置，称为点火系。其功用是：按照内燃机的工作顺序，定时地供给足够能量的高压电，使火花塞产生足够强的电火花，以点燃混合气。

要求点火系能在各种使用条件下都能保证火花塞产生电火花所需的高电压(一般为

10 000～20 000 V，称为击穿电压)，同时还应具有足够的点火能量和合适的点火时刻。

按照产生高压电方法的不同，常用的点火系可分为蓄电池点火系和磁电机点火系两种。

二、蓄电池点火系

用于各种汽油机的蓄电池点火系有普通的触点式点火系、有触点晶体管点火系、无触点晶体管点火系和电容放电式点火系等多种型式。

图 2-34 为普通触点式点火系简图，包括低压回路和高压回路两部分。低压回路有蓄电池和发电机(图中未画)、点火开关、断电器以及点火线圈中匝数较少的初级线圈；高压回路包括点火线圈中匝数较多的次级线圈、配电器、高压线及火花塞。

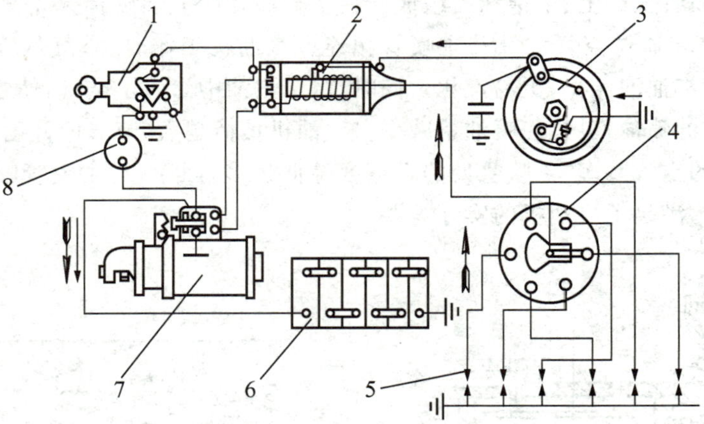

图 2-34　普通触点式点火系

1. 点火开关　2. 点火线圈　3. 断电器　4. 配电器　5. 火花塞　6. 蓄电池　7. 电启动机　8. 电流表

汽油工作时，由配气凸轮轴驱动断电器凸轮轴旋转，进而控制断电器触点的开闭。当触点闭合时，低压回路连通，点火线圈中的初级线圈通电后而产生磁场，并由铁芯的作用而加强。当断电器凸轮顶开触点时，初级电流及磁场迅速消失，因而便在次级线圈中感应出高的电压，使火花塞两电极间产生电火花。配电器凸轮每转一圈，各汽缸按工作顺序轮流点火一次。

当触点打开时，由于磁场消失而会在初级线圈中产生自感电势(高达 300 V 左右)，而在触点处产生电火花。这不仅会迅速烧坏触点，影响断电器的正常工作，而且还使初级电流和磁通变化率减小，因而降低了次级电压，为了减小这一影响，在触点处并联了一个电容器。

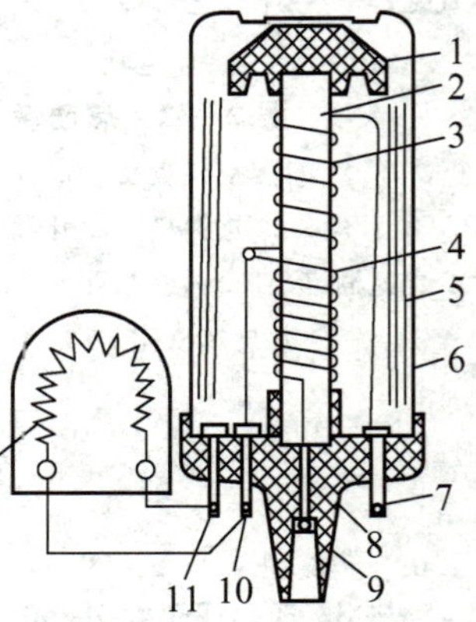

图 2-35　点火线圈

1. 绝缘瓷环　2. 铁芯　3. 初级线圈　4. 次级线圈　5. 磁钢　6. 外壳　7. 接线柱　8. 胶木盖　9. 高压接线柱　10,11. 接线柱　12. 附加电阻

(一)点火线圈

各种点火线圈的构造大体相同，如图 2-35 所示。点火线圈的铁芯由硅钢片叠集而成，铁芯上绕有 11 000～23 000 匝的次级线圈和 240～370 匝、较粗的

初级线圈。初、次级线圈组成自耦变压器。每当初级线圈中电流中断时,次级线圈便由于互感而产生高压电。附加电阻为热敏电阻,可以改善点火系统的工作特性。

(二)断电-配电器

断电配电器又名分电器,由断电器、配电器及电容器等组成(图 2-36)。

1. 断电器　断电凸轮的棱数与汽缸数相同,每一个凸轮棱顶起胶木顶块时,触点被打开一次。活动触点经触点臂、触点臂弹簧分别用导线和初级线圈的一端以及电容器的一极相连。为了在使用中调整间隙,设有偏心螺钉。调整触点间隙时,先旋松固定螺钉,再转动偏心螺钉即可。

2. 配电器　配电器由分电器盖和分火头组成(图 2-36)。它的功用是将高压电流按照汽油机点火次序分配到各个汽缸的火花塞上。

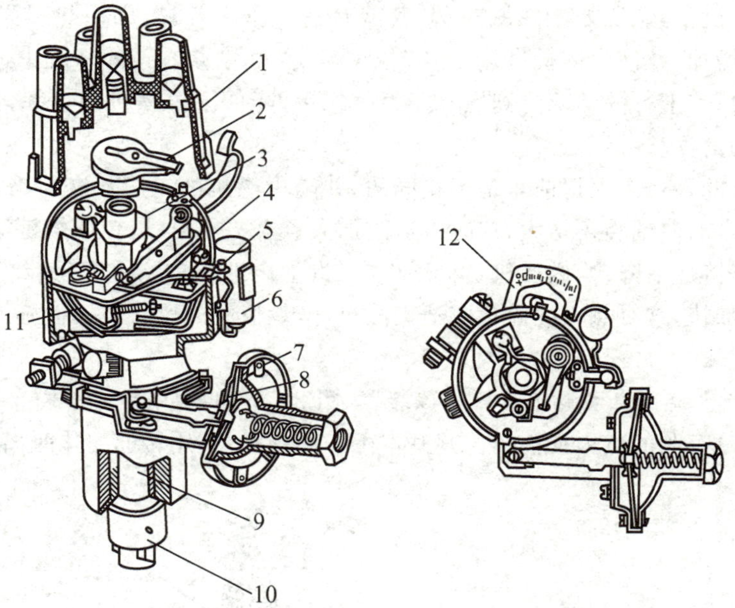

图 2-36　断电-配电器

1. 分电器盖　2. 分火头　3. 凸轮　4. 分电器体　5. 低压接线柱　6. 电容器　7. 真空式点火提前调节装置　8. 膜片　9. 分电器轴　10. 联轴节　11. 离心式点火提前调节装置　12. 辛烷值校正器刻度板

分电器盖用胶木制成,装在配电器的上部。盖中央有一个深凹的中央接线插孔,孔内镶有铜套,用以和点火线圈的高压接头引出的高压导线连接。在盖的四周有与汽缸数目相同的旁插孔,孔内也镶有铜套,由此引出高压线与各汽缸的火花塞相连。在中央插孔铜套下部有炭精触头,它借助于弹簧弹力与分火头上的导电片紧密接触。四周旁插孔下方有伸出的铜质侧电极。

分火头用胶木制成,并嵌有导电片,它套装在断电凸轮顶端,并随凸轮一起转动。在分火头转动过程中,每当断电凸轮将触点顶开时,正好导电片依次与侧电极相对,将高压电流分配到各个汽缸的火花塞上。

分火头上的导电片与侧电极之间有 0.25～0.5 mm 的间隙,这个附加的间隙可以防止火花塞表面因积炭而产生漏电,导致跳火电压降低。

3. 电容器　电容器装在分电器外壳上，其两极与断电器触点并联。电容器的容量对点火系的工作有很大影响。若容量过大，则电容器充放电的过程比较迟缓，使初级线圈的电流和磁场消失的速度减慢，次级线圈内感应电动势降低，易使汽油机在高速工作时“缺火”；若容量过小，则触点间火花强烈，低压电路中的电流下降得慢，同样使次级线圈内感应电动势减小，使汽油机在低转速下可能发生“缺火”现象，并且使触点很快烧蚀。

（三）点火提前自动调节装置

点火时间的早晚用点火提前角来衡量。点火时，曲轴的曲柄位置与活塞在压缩上止点时曲柄位置之间的夹角，称为点火提前角。在活塞处于压缩上止点前某一时刻适时点火，可使混合气燃烧良好，最大压力出现在上止点后 10°～15°曲轴转角处，汽油机能获得最大功率和最低的燃油消耗率。这时的点火提前角称为“最佳”点火提前角。

点火提前角过小，燃烧处于膨胀过程，甚至在排气管中补燃，因而热损失较大，使功率下降，燃油消耗率增加，并使内燃机过热。点火提前角过大，燃烧在压缩行程中进行，最大压力出现在上止点之前，使上行的活塞受到燃气压力的作用，降低了内燃机的功率，同时还加速了运动零件和轴承的磨损。

不同内燃机的最佳点火提前角是不相同的，并随内燃机的工况而变。当内燃机转速增高时，燃烧过程所占的曲轴转角增大，这时应适当加大点火提前角，以免燃烧延续到膨胀过程中，造成动力性和经济性下降；当内燃机负荷增大时，汽缸内混合气增多，压缩终了的温度和压力增高，燃烧速度加快，这时点火提前角应适当减小；辛烷值高的燃料抗爆性好，所允许用的点火提前角也较大。

1. 离心式点火提前自动调节装置　该装置（图 2 - 37）的功用是保证内燃机在不同转速工况时，始终提供最有利的点火提前角。其基本工作原理是：利用转速变化时离心重块离心力的

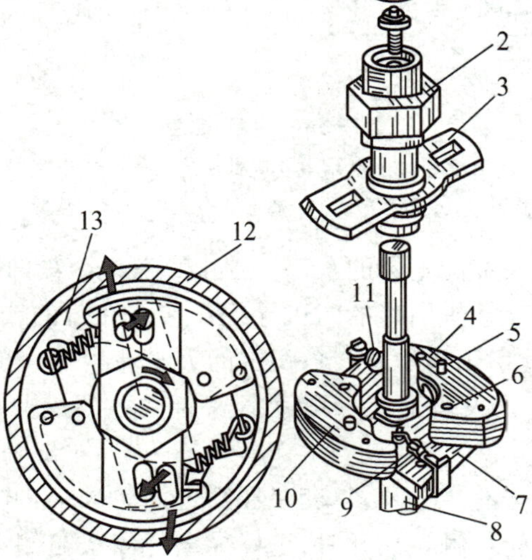

图 2 - 37　离心式点火提前调节装置

1. 毡芯　2. 凸轮　3. 带孔拨板　4,10. 重块　5. 销钉　6. 轴销
7. 托板　8. 分电器轴　9,11. 弹簧　12. 壳体　13. 断电器固定板

变化，改变断电器凸轮与分电器轴的相对位置，从而改变触点被凸轮打开的时间，实现点火提前角的自动调节。

离心式调节装置装在分电器壳中，由配气凸轮轴驱动的分电器轴上固装着托板，两个离心重块 4 和 10 分别松套在托板上的两个轴销上。重块的小端与托板之间借弹簧 9 和 11 相连，弹簧力使两重块合拢。凸轮可相对分电器轴旋动一定的角度。当发动机转速提高时，重块的离心力克服弹簧的拉力向外甩出。两个销钉推动带孔拨板连同凸轮沿着旋转方向相对分电器轴转一个角度，即调节提前角度。转速愈高，调节提前角愈大。

2. 真空式点火提前自动调节装置　该装置(图 2－38)安装在分电器外壳的外侧，它能随汽油机的负荷变化自动调节点火提前角的大小。当汽油机负荷变小时，节气门开度变小，小孔处的真空度较大，吸动膜片向右拱曲，拉杆 4 拉动活动板带着断电器的触点副逆分电器轴旋转方向转动一定的角度，使点火提前开启，点火提前角增大。反之，点火提前角自动变小。在怠速时，节气门关闭，小孔处于节气门上方，真空度几乎为零，点火提前角基本不变。

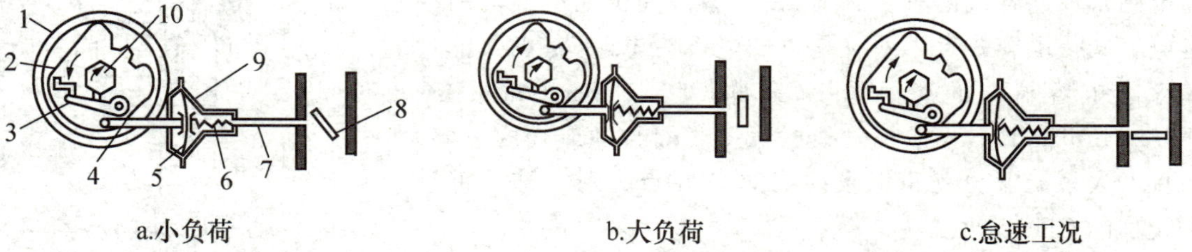

图 2－38　真空式点火提前调节装置

1. 分电器壳体　2. 活动底板　3. 触点副　4. 拉杆　5. 膜片　6. 弹簧　7. 真空连接管
8. 节气门　9. 真空点火提前装置外壳　10. 凸轮

3. 辛烷值校正器　当汽油机换用不同辛烷值的汽油时，用辛烷值校正器改变初始的点火时刻。其由两块板组成，一块为带箭头的调节装置支架，另一块为带刻度的固定板。二者套装在分电器壳体下部的轴头上。当把穿过支架的长孔和固定板的圆孔的螺钉旋紧，二者被压紧在汽缸体上，分电器总成在发动机上的位置也被固定。需调节时，将固定螺钉旋松，转动支架(通过真空调节装置带动壳体一同转动)，即可改变点火提前角度。

(四)火花塞

火花塞将配电器引出的高压电引入燃烧室，在其两电极间产生强烈的电火花，点燃工作混合气。

火花塞的构造如图 2－39 所示，螺帽用以连接高压线，侧电极焊在钢制壳体上，由镍铬丝制成。中心电极也用镍铬丝制成，比侧电极稍粗，以增加其传热能力。中心电极上端与金属杆连接，安装在以钢玉瓷质制成的绝缘体的中心孔中。紫铜制成的内垫圈不仅使绝缘体和钢制壳体间获得良好的密封，而且增加中心电极的传热作用。火花塞利用钢制壳体下端的螺纹旋入汽缸盖上，两者之间的紫铜密封垫圈使壳体和缸盖之间获得密封。

火花塞中心电极和侧电极间的间隙称为电极间隙或点火间隙，一般为 0.6～0.7 mm。间隙过大将使击穿电压增大；间隙过小不仅使火花能量小而且将导致电极间积炭加剧。在使用中火花塞间隙会逐渐增大，可用弯曲侧电极的方法进行调节。

三、磁电机点火系

磁电机点火系分为有触点和无触点两种。无触点磁电机点火系是通过触发线圈(传感器)获取的触发电流,通过控制晶体管或可控硅来控制点火线圈初级电流的通断,使次级线圈产生高电压的。无触点磁电机点火系统又称为磁电机半导体点火系统,简称 PEI(Pointless Electronic Ignition)。无触点点火系统无需保养,成本不高,技术上也不复杂,所以很快被推广使用。现在的小型汽油机几乎全部都使用这种无触点磁电机点火系统。所以,接下来只讲解无触点磁电机点火系的工作原理,而对于有触点磁电机点火系将不作介绍。

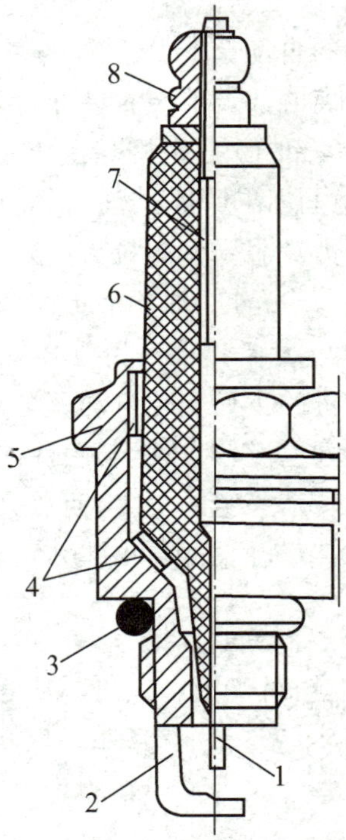

图 2-39 火花塞的构造

1. 中心电极 2. 侧电极 3. 垫圈 4. 内垫圈 5. 壳体 6. 绝缘体 7. 金属杆 8. 螺帽

无触点磁电机点火系统按照点火能量贮存方式不同,分为电感式和电容式两种。目前,在小型汽油机上广泛使用的是电容式。电容式点火系统是以磁电机为电源,将点火能量储存在电容器中的点火系统,简称 CDI(Capacitance Discharge Ignition)点火系统。根据触发线圈结构形式的不同,CDI 点火系统又分为带触发线圈的 CDI 点火系统和不带触发线圈的 CDI 点火系统。

图 2-40 所示为带触发线圈的无触点磁电机点火系组成及工作原理图,其主要由转子、定子、控制器三部分组成。转子与飞轮制成一体,磁钢包铸在飞轮的外缘或固定在飞轮的内缘上,工作时随飞轮一起旋转,形成旋转磁场;定子由充电线圈 L_1、触发线圈 L_2、点火线圈初级绕组 L_3 和次级绕组 L_4 等组成;控制器由整流二极管 D_1、可控硅三极管 D_2、电容器 C、振荡二极管 D_3 和电阻 R 组成。

其工作原理包括:整流充电、触发导通、放电点火三个过程。

整流充电:当飞轮旋转时,磁钢掠过定子上的充电线圈 L_1 的瞬间,由于充电线圈切割磁力线,而感应出一个交变电动势。此交变电动势经整流二极管 D_1 整流后,向电容器 C 充电。此时可控硅三极管 D_2 并不导通,电能暂时贮存在电容器里,电容器成为一个临时电源,并在可控硅三极管的正极与负极之间加上一个正向电压。

触发导通:飞轮继续旋转,当磁钢掠过触发线圈 L_2 时,L_2 也感应出一个交变电动势。

此交变电动势相当于正向控制电压,经限流电阻 R 作用在可控硅三极管的控制极上。当此正向控制(触发)电压达到一定数值时,可控硅三极管便导通。

放电点火:可控硅三极管在整流充电、触发导通的基础上,已具备了导通的条件。贮存在电容器内的电能便迅速通过可控硅三极管向点火线圈的初级绕组放电。

电容器通过可控硅三极管向点火线圈初级绕组放电时,初级绕组电流突然增加,磁场产生突变,由于互感,在点火线圈次级绕组 L_4 中便互感出12 000～15 000 V 的高压电。该高压电经高压导线送至火花塞,并在火花塞的中心电极和侧电极之间形成电火花,点燃燃烧室里的可燃混合气。

当磁钢离开触发线圈时,电流方向相反。可控硅三极管迅速关断,电容放电终止。接下来

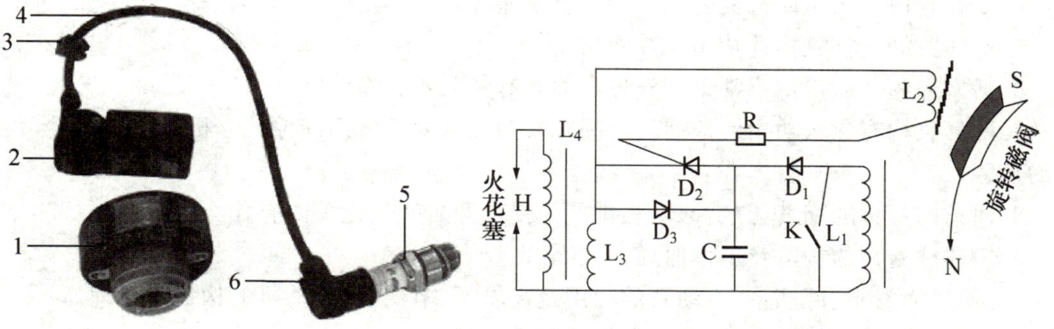

图 2-40 无触点磁电机组成及工作原理示意图

1. 磁电机内转子 2. 磁电机定子 3. 高压线垫块 4. 高压线 5. 火花塞 6. 火花塞接帽

L_1. 充电线圈 L_2. 触发线圈 L_3. 点火线圈初级绕组 L_4. 点火线圈次级绕组

D_1. 整流二极管 D_2. 可控硅三极管 D_3. 振荡二极管 C. 电容器 R. 电阻 K. 开关

重新进行充电、导通、点火过程。

该磁电机的点火提前角可随汽油机转速的变化而自动调整。因为汽油机转速低时，旋转磁场相对于点火线圈或触发线圈的线速度也相应降低，磁通变化率随之减小。因而触发线圈的感应电动势也变小，推迟了可控硅三极管的导通时间，电容放电和点火时间推迟，即点火提前角变小；反之，汽油机转速提高，点火提前角加大。一般无触点磁电机高速时的点火提前角为 30°～32°；启动时点火提前角为 20°～22°。此特点大大改善了汽油机的起动性能。

CDI 点火系统具有如下特点：

(1)CDI 点火系统中点火线圈次级电压几乎不受汽油机转速的影响。这是因为点火系统只有在汽油机低速时，点火电源线圈输出电压较低，次级电压略有降低，而中高速时，则次级电压基本稳定。

(2)CDI 点火系统次级电压上升的速率高，一般在 3～20 μs 内达到 10～20 kV，因此，当火花塞因积炭而漏电时，对次级最高电压的影响较小。即 CDI 点火系统对火花塞积炭不敏感，在火花塞有积炭、高压回路有漏电(不严重)时，仍能保持良好的点火性能。

(3)电容放电式点火系只是在点火的瞬间有较大电流通过点火线圈，而在其他的时间里点火线圈不通电流，因此点火线圈的平均电流小，使点火线圈工作温度低，使用寿命更长。

(4)具有自动调整点火提前角的功能，即随着汽油机转速的提高，能自动提前点火时刻，满足汽油机对点火提前角的不同要求。

(5)电容放电式点火系统的缺点是：火花能量小，火花持续时间短，一般只用于中小排量的汽油机。

思 考 题

1. 内燃机是如何分类的？

2. 解释下列基本名词术语：止点、活塞行程、燃烧室容积、汽缸工作容积、汽缸总容积、压缩比、发动机排量。

3. 简述单缸四行程内燃机的工作过程。

4. 二行程内燃机与四行程内燃机相比有哪些优点和不足？

5. 简述曲柄连杆机构的功用及其构成。

6. 活塞环起什么作用？常用的气环和油环有哪几种类型？

7. 配气机构有什么功用？何谓气门间隙？为什么要留气门间隙？分析气门间隙过大或过小的危害。

8. 何谓内燃机的配气相位？其进、排气门提前开启和延迟关闭有什么意义？

9. 简述柱塞泵的构造及工作原理。

10. 简述润滑系、冷却系、启动系的功用及齿轮泵、节温器、启动机的构造与原理。

11. 简述简单化油器的组成及混合气的形成过程。

12. 简述发动机运行工况对混合气成分有何要求？

13. 为了满足汽油机各种工况的要求，实用化油器上常采用哪些自动调配混合气浓度的装置？

14. 简述点火系的功用。传统点火系由哪些部分组成？各组成部分的功用是什么？

15. 无触点磁电机点火系统由哪些部分组成？各组成部分的作用如何？

第三章　拖 拉 机

◈学习目标

通过本章的学习，重点掌握拖拉机总体构成与传动系组成及工作原理；熟悉行走系、转向系、制动系、动力输出装置的组成及工作原理；了解电气设备的功用及组成。

拖拉机是主要的农业动力机械，可与农机具配套进行耕地、整地、播种、中耕、收获等各种田间移动作业，也可以进行抽水排灌、脱粒等固定作业。轮式拖拉机还可用于运输作业。随着我国农村经济的快速发展和农机技术水平的不断提高，各种型式的拖拉机在农村得到了广泛地应用，据不完全统计，截止到 2006 年年底我国拖拉机社会保有量达到1 924.28万台以上，拖拉机年产量超过 212.23 万台，而且种类、型号齐全。

第一节　拖拉机的类型与总体构造

一、拖拉机的类型

1. 按用途分类　我国生产的拖拉机按用途可分为工业用、林业用及农用拖拉机三大类。

工业用拖拉机主要用于筑路、矿山、水利、石油和建筑等工程，也可用于农田基本建设；林业用拖拉机专用于林业集材；农用拖拉机主要用于农业生产。按其结构特点及应用条件不同，农业用拖拉机又可分为以下几种。

(1)普通型拖拉机：它的特点是应用范围广，适于一般条件下的各种农田移动作业、固定作业和运输作业等，如东方红-180、泰山-25、上海-50、铁牛-650 等型号的拖拉机。

(2)园艺型拖拉机：主要用于果园、菜地、茶林等各项作业，它的特点是体积小、功率小、机动灵活。

(3)中耕型拖拉机：主要用于中耕作业，也兼用于其他作业，具有较高的地隙和较窄的行走装置，可用于玉米、高粱、棉花等高秆作物的中耕。

(4)特殊用途型拖拉机：它适用于在特殊工作环境下作业或适用于某种特殊需要的拖拉机。如山地拖拉机、沤田拖拉机(船形)、水田拖拉机和葡萄园拖拉机等。

2. 按行走装置分类　拖拉机按行走装置结构型式的不同，可分为履带式(或称链轨式)、轮式及手扶式三种。半履带式拖拉机则是前两种拖拉机的变型。

(1)履带式拖拉机：履带式拖拉机主要用于土质黏重、潮湿地块田间作业和农田水利、土方工程及农田基本建设，如东方红-802、东方红-1002/1202 等型号拖拉机。

(2)轮式拖拉机：轮式拖拉机按驱动形式可分为两轮驱动与四轮驱动的轮式拖拉机，前者的驱动形式代号用 4×2 来表示(分别表示车轮总数和驱动轮数)，主要用于一般农田作业及运输作业等；后者的驱动形式代号用 4×4 表示，主要用于土质黏重、负荷较大的农田作业及泥道运输作业等。

(3)手扶拖拉机:手扶拖拉机只有一根行走轮轴,一个驱动轮或两个驱动轮的轮式拖拉机。在农田作业时操作者多为步行,用手扶持操纵,习惯上称为手扶拖拉机。有些手扶拖拉机安有尾轮。

3. 按功率大小分类

(1)大型拖拉机:功率为73.6 kW(100马力)以上。

(2)中型拖拉机:功率在14.7～73.6 kW(20～100马力)。

(3)小型拖拉机:功率在14.7 kW(20马力)以下。

二、拖拉机总体构造

拖拉机由内燃机、传动系、行走系、转向系、制动系、工作装置及电气设备六部分组成(图3-1)。除内燃机、工作装置和电气设备外,其余部分统称为拖拉机底盘。

1. 内燃机　拖拉机的动力装置,其作用是将供入汽缸的燃料燃烧产生的热能转变成机械能,通过底盘的传动系和行走系驱动拖拉机行驶。拖拉机都采用柴油机作为动力。

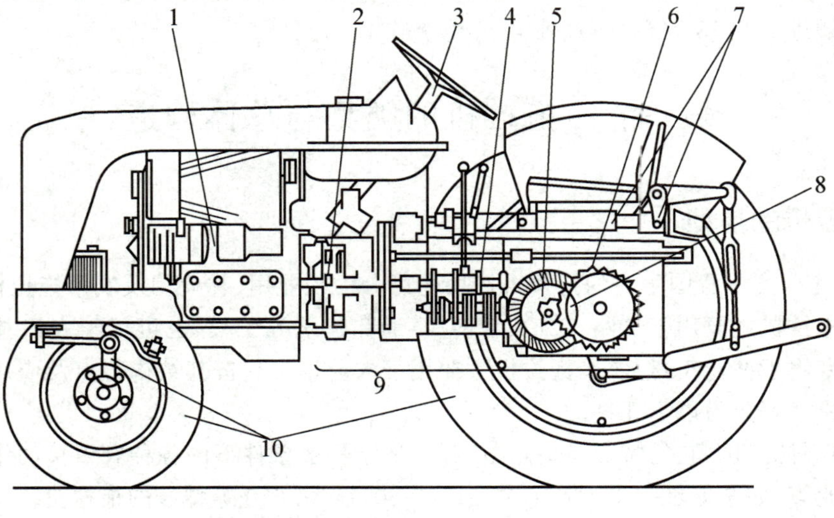

图3-1　轮式拖拉机纵剖面图

1. 内燃机　2. 离合器　3. 转向系统　4. 变速器　5. 中央传动　6. 动力输出轴　7. 液压悬挂系统　8. 最终传动　9. 传动系统　10. 行走系统

2. 底盘　将来自内燃机曲轴旋转的动力变为拖拉机移动的驱动力,并保证拖拉机正常行驶。底盘由传动系、行走系、转向系和制动系组成。

(1)传动系:将内燃机发出的动力传给驱动轮。它由离合器、变速器、中央传动、转向机构、最终传动等总成组成。

(2)行走系:将拖拉机各总成连成一体,支承全车的重量并保证拖拉机行驶。它由车架、车桥(前桥、后桥)、车轮(前轮、后轮)或履带等总成组成。

(3)转向系:操纵拖拉机的行驶方向。它由转向操纵机构、转向传动机构和差速器(轮式拖拉机)或转向离合器(履带或手扶拖拉机)等组成。

(4)制动系:用以迅速降低拖拉机的行驶速度以至停车。它由制动器和制动传动机构等组成。

3. 工作装置　用以连接农机具并控制其工作状态，完成各种作业。它由液压系统和悬挂机构等部分组成。

4. 电气设备　由蓄电源、发电机、调节器、电启动系以及照明等用电设备组成。

第二节　传 动 系

一、传动系的功用及组成

传动系的功用是将内燃机的动力传递到驱动轮(对拖拉机来讲也包括动力输出装置)，并根据工作需要改变拖拉机的行驶速度、驱动力以及使车辆前进或后退，平稳起步或停车。拖拉机的传动系有机械式和液压式两大类。机械式传动系应用广泛。

轮式拖拉机的传动系由离合器、变速器、中央传动、最终传动及半轴等组成(图 3-2)。履带拖拉机传动系与轮式拖拉机的区别在于没有差速器而有左、右转向离合器(图 3-3)。手扶拖拉机传动系由主离合、变速器、中央传动、左、右转向离合器、最终传动等组成(图 3-4)。

轮式拖拉机的差速器和履带拖拉机、手扶拖拉机的转向离合器都是传递动力的部件，在结构上与中央传动和最终传动密切相连，且装在同一后桥壳体内，但它们最主要的功用是为了满

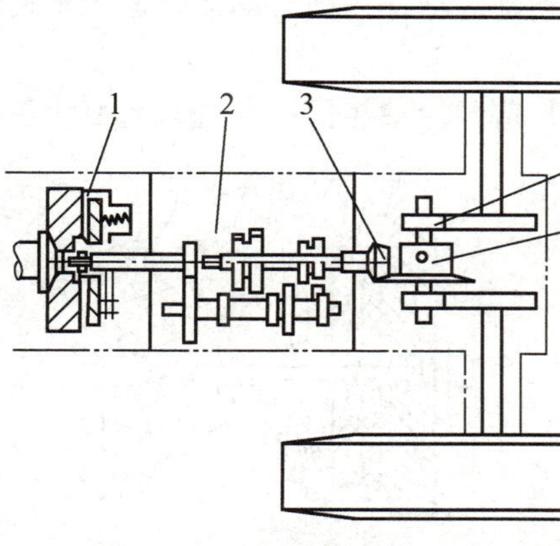

图 3-2　轮式拖拉机传动系统的组成

1. 离合器　2. 变速器　3. 中央传动　4. 最终传动　5. 差速器

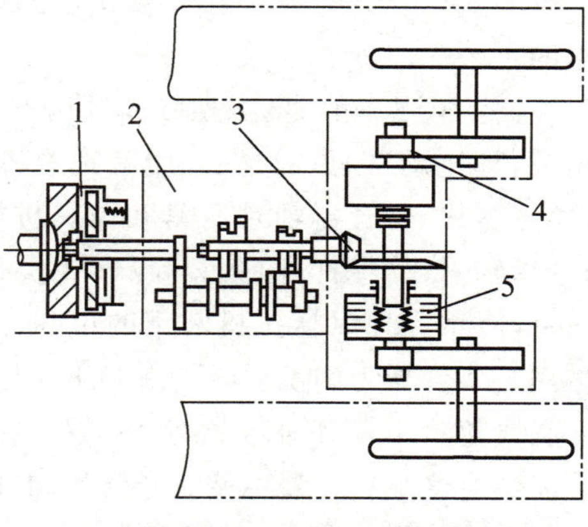

图 3-3　履带式拖拉机传动系统的组成

1. 离合器　2. 变速器　3. 中央传动　4. 最终传动　5. 转向机构

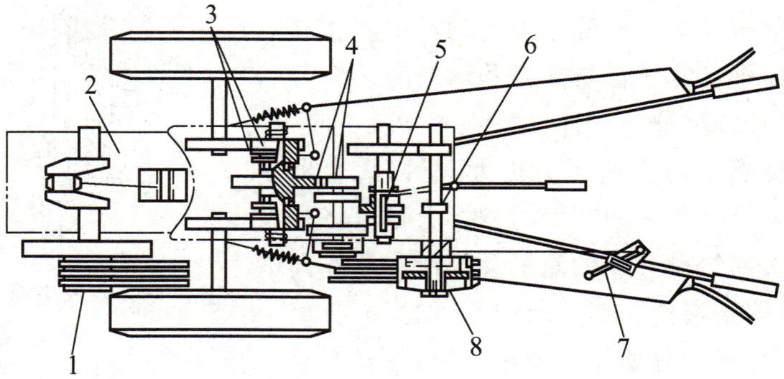

图 3-4　手扶拖拉机传动系统布置

1. 主动皮带轮　2. 内燃机　3. 最终传动　4. 中央传动　5. 变速器滑动齿轮　6. 动力输出齿轮　7. 离合手柄　8. 离合器

足转向的需要，所以把它们作为转向系的组成部分。

在履带拖拉机的离合器与变速器之间，因距离较大，而且难以保证轴线间的同轴度，所以常采用万向传动轴来传递动力。

二、离合器

（一）离合器的功用与类型

离合器是传动系中直接与发动机相联的部件，位于发动机与变速箱之间。离合器的功用是接合或切断发动机传给变速箱的动力；过载时保护传动部件；使车辆平稳起步；协助变速箱进行挡位切换。

拖拉机上广泛使用摩擦式离合器，其分类方法很多。根据传动原理可分为牙嵌式与摩擦式；根据从动盘的数目可分为单片、双片和多片式；根据压紧装置可分为弹簧压紧式、杠杆压紧式和液压压紧式；根据摩擦表面的工作条件可分为干式和湿式；根据离合器在传动系中的作用可分为单作用式和双作用式。

（二）离合器的构造与工作原理

摩擦式离合器的基本工作原理是依靠主动部分和从动部分摩擦表面之间的摩擦力来传递转矩的。

不同型式的离合器，虽然具体结构不尽相同，但基本构造与原理相同。离合器主要由三部分组成，即主动部分（飞轮、压盘和离合器罩）、从动部分（离合器片、离合器轴）、压紧和操纵机构（离合器弹簧、分离轴承、分离杠杆、分离拉杆、拨叉、踏板等），如图 3－5 所示。现以拖拉机常用的单片、干式、常接合单作用式离合器为例说明其构造和工作原理。

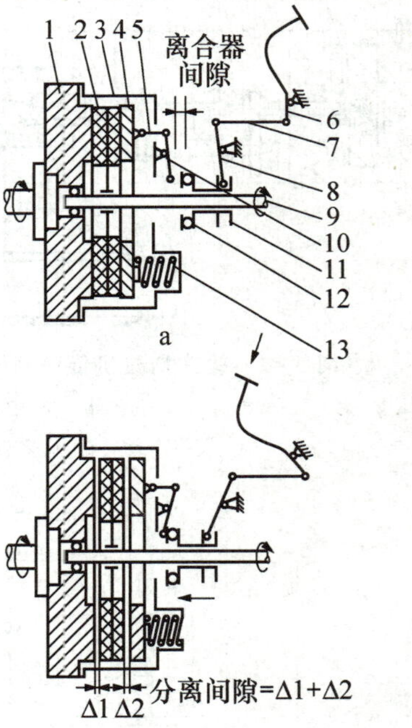

图 3－5　单作用离合器的工作过程

a. 接合　b. 分离

1. 飞轮　2. 离合器片　3. 离合器罩　4. 压盘　5. 分离拉杆　6. 踏板　7. 拉杆　8. 拨叉　9. 离合器轴　10. 分离杠杆　11. 分离轴承套　12. 分离轴承　13. 弹簧

在飞轮上用螺钉固定着离合器罩。在离合器罩与压盘间装有多个离合器弹簧。弹簧均匀分布并加压在压盘上，使离合器片与飞轮紧压在一起。离合器片由薄钢板制成，两面铆有摩擦衬片，以提高摩擦系数。离合器片与离合器轴以花键联结，并可在轴上作轴向移动。离合器轴的前端支承在曲轴尾端的轴承中。在离合器轴上套有分离轴承。压盘与离合器罩之间装有分离拉杆，拉杆的一端铰接分离杠杆。

由于离合器弹簧对压盘的压力很大，所以离合器接合时在飞轮和离合器片之间产生的摩擦力足以将发动机曲轴的转矩传递给离合器轴而不会打滑。分离离合器时，踩下离合器踏板使分离轴承前移，加压于分离杠杆球头面，分离杠杆与分离拉杆铰接，分离拉杆带动压盘克服离合器弹簧的弹力向后移，离合器片与压盘和飞轮之间就出现间隙，摩擦力消失，切断动力。

重新接合离合器时，平缓地放回离合器踏板，在离合器弹簧的作用下，压盘逐渐将离合器片压向飞轮，摩擦力逐渐加大，离合器片平稳地带动离合器轴旋转，保证车辆的平稳起步，以减轻传动机构的冲击载荷。当离合器踏板完全放回后，离合器弹簧以规定的压力使压盘将离合器片压紧在飞轮上，发动机曲轴的全部转矩传递给离合器轴。

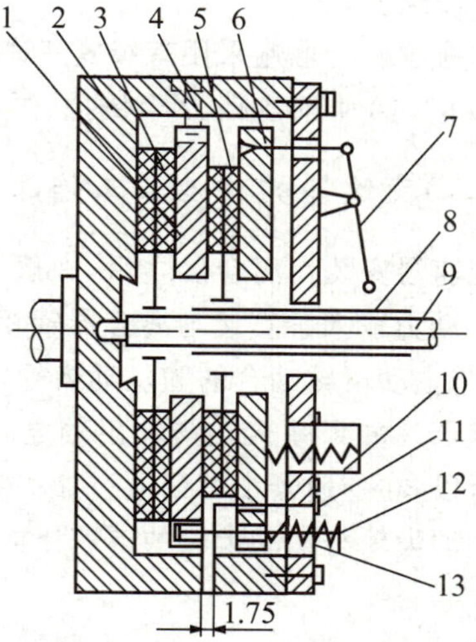

图 3-6 双作用离合器结构示意图

1. 前压盘 2. 飞轮 3. 主离合器摩擦片 4. 方头锁 5. 副离合器摩擦片 6. 后压盘 7. 分离杠杆 8. 副离合器轴 9. 主离合器轴 10. 大弹簧 11. 挡钉 12. 支承螺栓 13. 小弹簧

有些拖拉机上使用双作用离合器，它是将发动机转矩由主、副离合器分别传递给驱动轮和动力输出装置。主、副离合器安装在一起，使用同一套分离和操纵机构，见图 3-6。

双作用离合器踏板有两个行程，第一个行程主离合器分离，副离合器接合；第二个行程，主、副离合器都分离，接合时顺序与此相反。拖拉机采用双作用式离合器，当主离合器分离时，副离合器仍接合，不影响农机具的工作。接合时，则副离合器首先接合，这样就能满足旋耕机或收割机等机器的作业要求，即满足机器在拖拉机起步之前先运转和在拖拉机停车之后才停止运转的要求。双作用式离合器在我国农用大中型轮式拖拉机上得到广泛的应用。

（三）离合器的正确使用

(1)接合离合器时，必须缓慢地放回离合器踏板，使压盘、离合器片和飞轮能柔和地接合，这样可减少离合器片和其他传动机构零件受到冲击负荷，延长使用寿命，并使车辆起步平稳。分离离合器时，必须迅速、彻底，避免离合器片处于半接合、半分离状态。

(2)车辆行驶时，不要把脚踩在离合器踏板上使离合器处于半接合状态，否则会加速离合器片摩擦衬片的磨损，甚至因摩擦生热、温度升高而烧毁离合器片。

(3)按说明书规定，定期对离合器进行润滑、检查和调整。

三、变速器

（一）变速器功用与类型

变速器的功用是在发动机转矩和转速不变的情况下，增大驱动轮的扭矩、降低转速；在发动机转速不变的情况下，改变车辆的行驶速度和驱动力，以适应不同工况条件；在发动机曲轴转向不变的情况下，改变车辆的行驶方向，即前进或后退；在发动机运转时，使车辆停车或进行固定作业。

变速器分有级式和无级式两大类。有级式变速器是利用齿轮传递动力，变速器内装有齿数及传动比不同的多组齿轮副，以获得一定数量的变速级别(即挡位)，每个挡位对应的车辆速度不同。无级式变速器采用液压传递动力，可得到所需的任意传动比，即得到在一定范围内的任意行驶速度。

在拖拉机上普遍采用有级式变速器。轮式拖拉机因从事各种农田及运输作业，挡位较多，一般有6～10个前进挡、2个倒挡，国外轮式拖拉机挡位更多；履带拖拉机一般挡位略少一些。

（二）变速器的构造与工作原理

变速器安装在离合器之后，一般由箱体、变速杆、拨叉、拨叉轴、齿轮和传动轴等组成（图3-7）。动力输入轴直接与离合器轴相联，即为变速器主动轴。安装在主动轴上的齿轮为主动齿轮，与主动齿轮啮合的为从动齿轮，通过安装在输出轴上的从动齿轮，再经输出轴将动力输出变速器。如果输入轴与输出轴之间的中间轴的数目奇、偶不同，则输出轴的旋转方向也不同。所以，在变速器中可以通过加一短轴和齿轮实现倒挡。

主动齿轮与从动齿轮的转速比或从动齿轮与主动齿轮的齿数之比称为传动比，即

$$i=\frac{n_1}{n_2}=\frac{z_2}{z_1}$$

式中：n_1、n_2——分别为主动齿轮与从动齿轮的转速；

z_1、z_2——分别为主动齿轮与从动齿轮的齿数。

当主动齿轮转速 n_1 一定时，传动比 i 愈大（即变速箱在低挡位），则从动齿轮的转速 n_2 愈低、扭矩愈大；反之亦相反。由此可知，齿轮对数愈多，变速器的挡位也就愈多。当驾驶员用变速杆操纵拨叉轴和拨叉，改变齿轮的啮合关系时，就能够使拖拉机得到不同的速度和牵引力，并可以使拖拉机前进或后退。

（三）变速器的操纵机构

变速器操纵机构一般由变速机构、自锁机构、互锁机构组成，在某些拖拉机上还采用联锁机构（图3-8）。

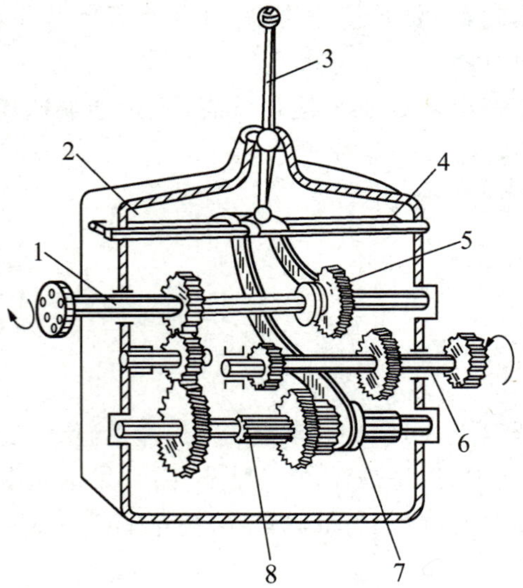

图3-7　变速器的构造

1. 动力输入轴　2. 箱体　3. 变速杆　4. 拨叉轴　5. 主动齿轮　6. 输出轴　7. 拨叉　8. 花键轴

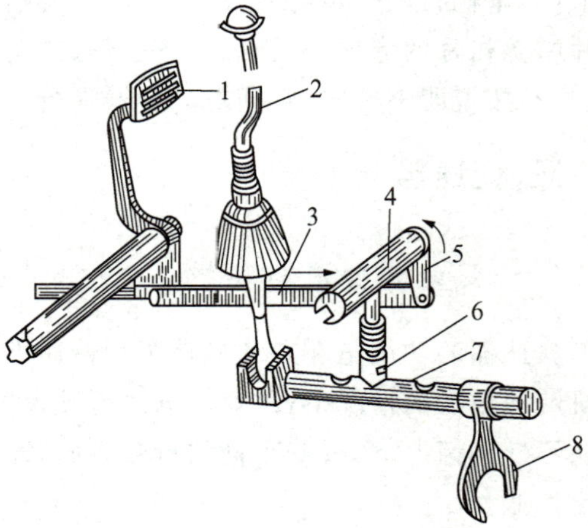

图3-8　变速器操纵机构

1. 离合器踏板　2. 变速杆　3. 推杆　4. 联锁轴　5. 联锁轴臂　6. 自锁销　7. 拨叉轴　8. 拨叉

1. 变速机构 其作用是移动滑动齿轮使之与相应的齿轮啮合，以达到变速、后退或停车的目的。它由变速杆、拨叉轴和拨叉组成。

2. 自锁机构 其作用是将拨叉锁定在需要的位置，防止工作中因振动而产生自动脱挡现象。

3. 互锁机构 用以防止变速时拨动两根拨叉轴而同时挂上两个挡位。常用的互锁机构为框架式（图 3－9）及互锁销式（汽车上常采用）。

4. 联锁机构 用以防止离合器未彻底分离时进行变速而发生齿轮冲击（俗称打牙）现象，仅在少数大中型拖拉机变速器中采用，其联动情况如图 3－8 所示。

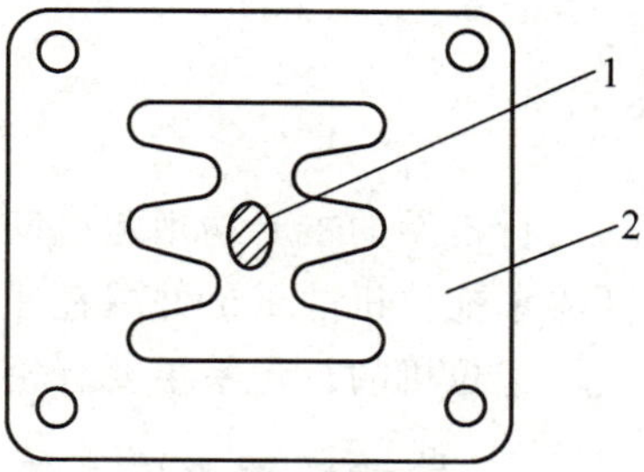

图 3－9 互锁机构

1. 变速杆 2. 导向框架

四、后桥

拖拉机后桥是变速器与驱动轮之间所有传动部件及壳体的总称（不包括万向节传动），一般由中央传动、转向机构、最终传动等组成，参见履带拖拉机后桥（图 3－10）。

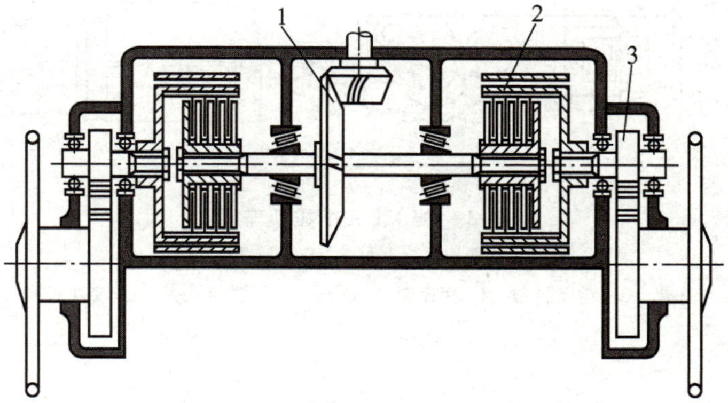

图 3－10 履带拖拉机后桥

1. 中央传动 2. 转向离合器 3. 最终传动

（一）中央传动

中央传动的功用是进一步增大拖拉机传动系统的传动比、降低转速，增大扭矩，并改变动力旋转方向。中央传动由一对圆锥齿轮组成，小圆锥齿轮与变速器从动轴制成一体或通过传动轴相连，由它驱动大圆锥齿轮，二者相交成直角，故改变了动力旋转的方向。在轮式拖拉机上，大圆锥齿轮装在差速器壳上，在履带拖拉机中则装在后桥轴上。手扶拖拉机的中央传动因不需要改变动力旋转方向，故采用圆柱齿轮传动。

（二）最终传动

最终传动的功用是最后一次增大传动比，降低转速，增大扭矩，然后将动力传递给驱动轮。最终传动的形式有圆柱齿轮式和行星齿轮式，采用圆柱齿轮式的较为普遍。

第三节　行 走 系

行走系的主要功用是把发动机传到驱动轮上的扭矩转变为拖拉机行驶时的驱动力，此外还支承拖拉机的重量并减轻冲击和振动。

拖拉机的行走系主要有轮式和履带式两种。

一、轮式拖拉机行走系

轮式拖拉机的行走系主要包括车架、车桥、车轮和悬架。

(一)车架

车架是整车的骨架、支承连接拖拉机的各零部件，并承受来自车内外的各种载荷。轮式拖拉机的车架有半梁架式和无梁架式两种(图 3-11)。半梁架式车架的一部分是梁架，另一部分是传动系的壳体，而无梁架式车架则根本没有梁架，全部由各部件的壳体连成。

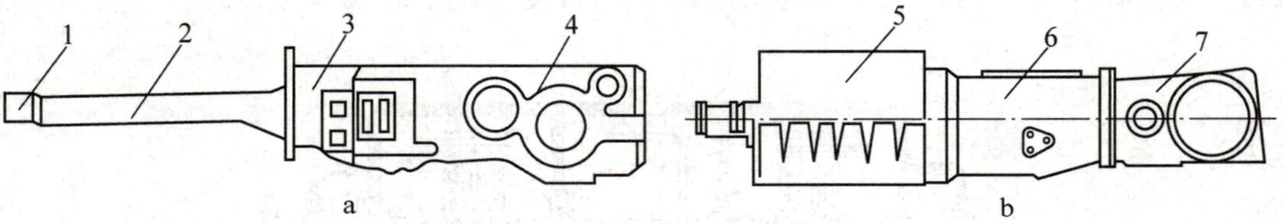

图 3-11　轮式拖拉机车架

a. 半梁架式车架　b. 无梁架式车架

1. 前梁　2. 纵梁　3. 离合器壳　4. 变速箱和后桥壳　5. 发动机壳　6. 变速箱壳　7. 后桥壳

(二)车桥

车桥也称车轴，通过悬架和车架相联，两端安装车轮，其功用是传递车架与车轮之间各方向作用力。车桥又可分为转向桥、驱动桥、转向驱动桥和支持桥四种类型。一般拖拉机汽的前桥都为转向桥，而后桥则是驱动桥。为了增加牵引效率，某些拖拉机的前桥也具有驱动力，则此时的前桥则成为转向驱动桥。支持桥一般用在单桥驱动的三轴汽车上，主要起支承车身重量的作用。

图 3-12 所示为拖拉机的转向前桥。它主要由前轴、转向节支架、转向节主销、前轮轴和摇摆轴组成。机体与前桥通过摇摆轴铰接，因此，拖拉机在不平路面上行驶时可以使前轴横向摆动，保证拖拉机的两个前轮始终同时着地。

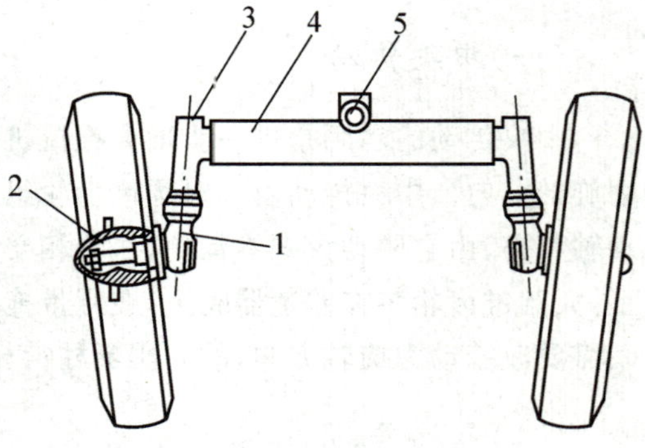

图 3-12　前桥的构造

1. 转向节主销　2. 前轮轴　3. 转向节支架　4. 前轴　5. 摇摆轴

驱动桥由中央传动、差速器、半轴和驱动桥壳等组成(图 3-13)。其作用是将万向传动装置输入的动力经降速增扭、改变动力传递方向后，分配给左右驱动轮，使拖拉机行驶，并允许左右驱动轮以不同的转速旋转。

（三）车轮和悬架

轮式车辆通过车轮与路面接触，支承车辆的重量，减轻振动并确定车辆的行驶方向。除水田用的铁轮外，绝大多数车轮都采用低压充气轮胎，其组成包括轮胎（外胎和内胎）、轮圈、辐板和轮毂四部分（图 3-14）。

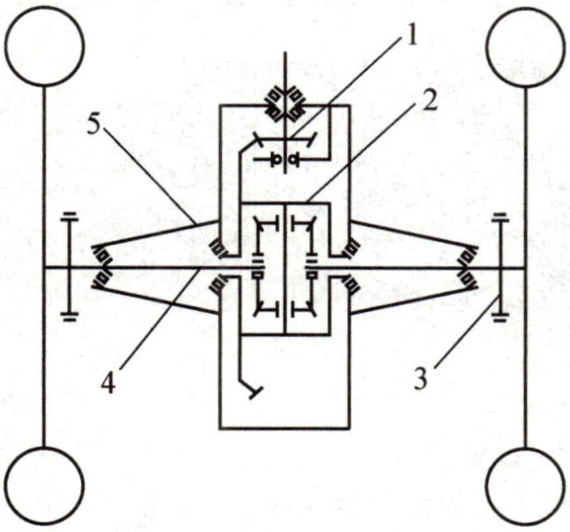

图 3-13 驱动桥简图

1. 中央传动 2. 差速器 3. 制动器 4. 半轴 5. 驱动桥壳

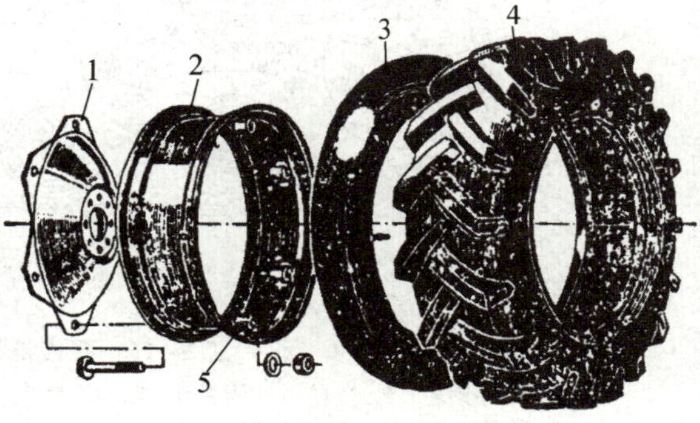

图 3-14 车轮组成

1. 辐板 2. 轮圈 3. 内胎 4. 外胎 5. 连接凸耳

轮毂与辐板相连接，轮毂安装在轮轴上，轮圈的连接凸耳用螺栓固定在辐板上，轮圈上再安装内、外胎。

拖拉机的后轮为驱动轮并支承着拖拉机后部的重量。与其他轮式车辆相比，轮式拖拉机的行走系的结构有一些特点，这是由于它的特殊工作条件所决定的。由于田间土壤较松软、潮湿，土壤产生附着力的条件较差，而拖拉机拖带农机具在田间作业时却需要较大的牵引力，因此，拖拉机大部分的重量要集中在驱动轮上，以增加产生附着力的重量。为了能够承受这个重量，同时增加与土壤的接触面积，驱动轮大多是采用直径较大的低压轮胎，而且表面上都有凸起的花纹。另外，拖拉机在田间作业时需要经常调头、转弯，为了减少在田间土壤条件下的转向困难，导向轮都是采用小直径的，且胎面大多具有一条或数条环状花纹，以增加防止侧滑的能力。拖拉机进行中耕作业时，田间农作物已长到一定高度，为了不伤害这些作物，拖拉机应有合适的农艺离地间隙，即跨在农作物行上的机体的最低点离地面的距离。有的拖拉机的离地间隙也做成可调节的。此外，为了适应各种作物的不同行距，防止压苗和伤苗，拖拉机的前后轮的轮距也应该可以调节。

轮胎的规格用轮胎断面宽度一轮圈直径表示，单位为英寸。例如：9.00—20 表示轮胎断面宽度为 9 英寸，而轮圈直径为 20 英寸。

悬架是车架与车桥（或车轮）之间的弹性联结的传力部件，具有缓冲、减振、导向等作用。由于拖拉机的田间作业速度都不高，加之低压轮胎本身具有一定的减振和缓冲作用，所以不少拖拉机上都不采用弹性悬架，而使后桥与机体刚性连接，前轴与机体铰链连接。在有些拖拉机上，为了适应运输速度的提高，前轴采用了弹性悬架。

二、履带拖拉机行走系

履带拖拉机的行走系由车架、驱动轮、支重轮、履带张紧装置和导向轮、托带轮以及履带等组成(图 3-15)。

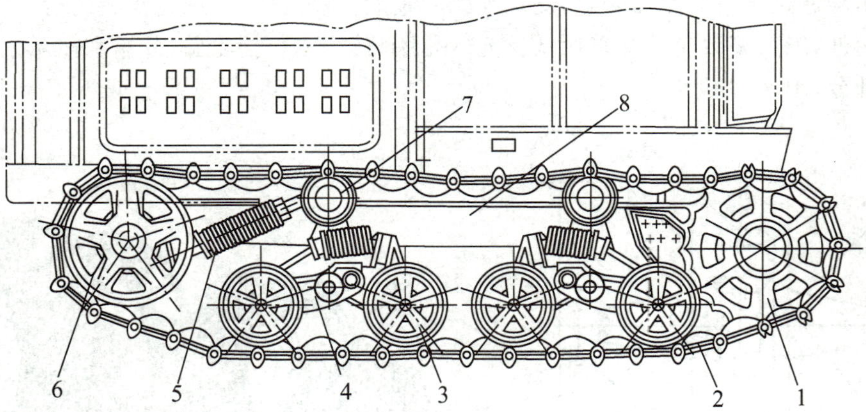

图 3-15　履带拖拉机的行走装置

1. 驱动轮　2. 履带　3. 支重轮　4. 台车　5. 张紧装置　6. 导向轮　7. 托带轮　8. 车架

履带式拖拉机的车架一般都采用全梁架式结构。拖拉机的所有部件都安装在这个车架上,同时车架也承受着来自车内外的各种载荷。

驱动轮用以驱动履带,保证拖拉机行驶。悬架用以连接支重轮和拖拉机机体,机体的重量经悬架传递给支重轮;同时履带和支重轮在行驶中所受的冲击也通过悬架传到机体上。东方红-802 采用的是弹性悬架,其构造如图 3-16 所示。

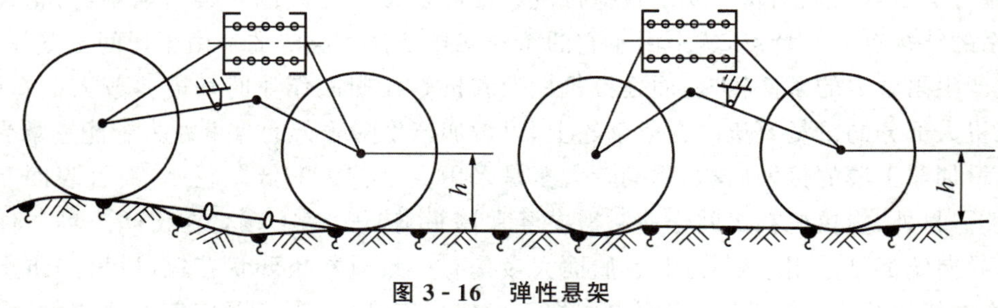

图 3-16　弹性悬架

支重轮支承拖拉机的重量,并在履带的轨面上滚动,同时还用来夹持履带,不使履带横向滑脱。托带轮托住履带防止其过度下垂,并防止履带侧向脱落。

张紧装置使履带保持一定的张紧度,减少履带在运动中的振跳现象,并防止在转弯时履带过松而脱落。拖拉机上常用曲柄式张紧机构(图 3-17),张紧装置的弹簧既是张紧弹簧,也是缓冲弹簧,当履带遇到障碍或履带中卡入石块等硬物时,导向轮能压缩弹簧向后移动。导向轮是张紧装置的一部分,并引导履带运动的方向。

履带的功用是承受拖拉机的重量,并将它分布在较大的支持面上,以减少单位面积的接地压力,同时产生足够的附着力。另外,履带板接地的两端铸有履带刺,起抓地、减少履带打滑的作用。

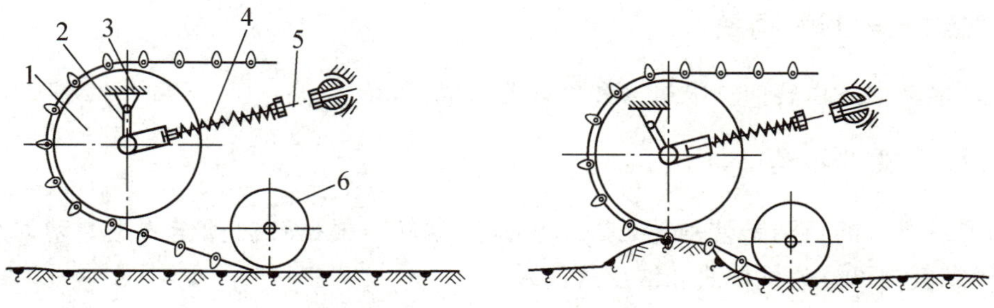

图 3-17 曲柄式张紧机构

1. 导向轮 2. 曲柄 3. 支点 4. 缓冲弹簧 5. 螺杆 6. 支重轮

第四节 转向系

一、转向系功用与转向方式

转向系的功用是用来操纵车辆的行驶方向。除转弯外，由于路面条件及车辆自身技术状况（轮式车辆两侧轮胎气压不同等）因素的影响，车辆直行时也会自动偏离原来的行驶方向，这时也需要操纵转向机构来“纠偏”。

车辆之所以能够在转向机构的作用下实现转向，是地面与行走装置之间的相互作用使车辆产生了与转弯方向相一致的转向力矩。地面对行走装置产生转向力矩的方式——转向方式有三种：第一种是靠车辆的轮子（前轮或后轮）相对车身偏转一个角度来实现；第二种是靠改变行走装置两侧的驱动力来实现；第三种是既改变两侧行走装置的驱动力又使轮子偏转。大多数轮式拖拉机采用第一种转向方式，履带拖拉机和无尾轮手扶拖拉机采用第二种转向方式，有尾轮手扶拖拉机及轮式拖拉机在某种情况下（在田间作业使用单边制动器协助转向）采用第三种转向方式。

各种轮式车辆均采用车轮偏转的方式实现转向。车轮偏转方式有四种（图 3-18），即前轮偏转、后轮偏转、前后轮同时偏转和折腰转向。轮式拖拉机一般均采用前轮偏转的方式进行转向。

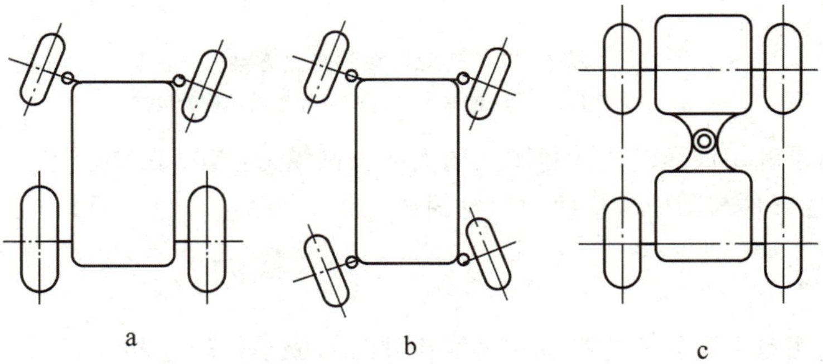

图 3-18 轮式拖拉机的转向方式

a. 前轮偏转 b. 前后轮同时偏转 c. 折腰转向

二、轮式车辆的转向系

轮式车辆转向系由转向操纵机构和差速器组成。

(一)转向操纵机构

转向操纵机构的功用是使前轮(或称转向轮)偏转。根据转向操作的主要动力来源的不同,转向操纵机构可分为机械式和液压式两种。

机械式转向操纵机构如图 3 - 19 所示,主要由方向盘转向器和传动杆件组成。转向器有多种型式,如蜗轮蜗杆式、球面蜗杆滚轮式、螺杆螺母循环球式和曲柄指销式等。由转向节臂、横拉杆、转向杠杆和前轴构成了一个梯形四杆机构,简称为转向梯形,其功用是转向时使两侧前轮的偏转角保持一定的关系。转向梯形相对于前轴的布置分前置式和后置式(图 3 - 20)。

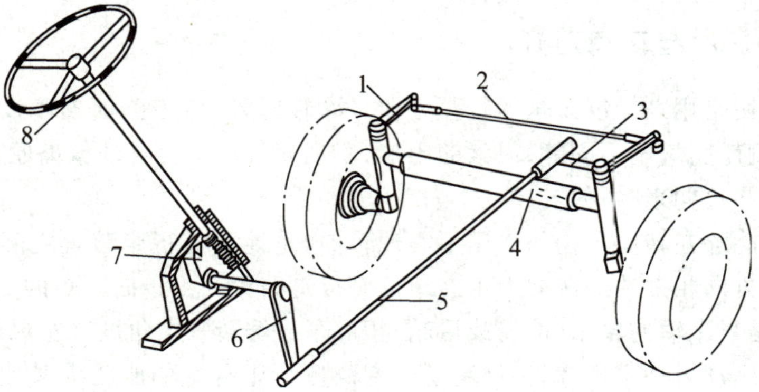

图 3 - 19　轮式拖拉机的机械式转向机构

1. 转向节臂　2. 横拉杆　3. 转向杠杆　4. 前轴　5. 纵拉杆　6. 转向摇臂　7. 转向器　8. 方向盘

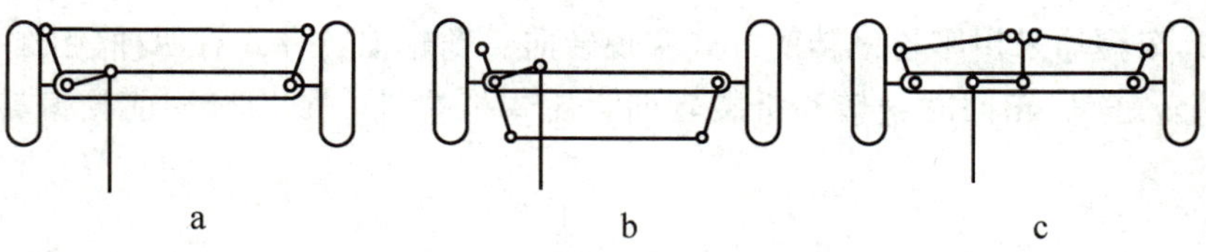

图 3 - 20　转向梯形的布置方案

a. 前置梯形　b. 后置梯形　c. 前置梯形横拉杆分段式

液压式转向是利用液压动力代替了人的大部分操纵力,当转动方向盘时,压力油液进入动力油缸,从而通过杆件与转向梯形使两前轮偏转。

(二)差速器

差速器的功用是保证轮式拖拉机在直线行驶时两驱动轮转速相同,而转弯或在不平路面行驶时,两驱动轮转速不同。因为拖拉机在转弯时,外侧驱动轮走过的路程比内侧长(图 3 - 21),要求外侧驱动轮比内侧转动得快一些。否则,外侧驱动轮与地面将产生滑移,不但易磨损轮胎,而且转向困难。

差速器组成如图 3-22 所示。中央传动大锥齿轮固定安装在差速器壳上,行星齿轮安装在差速器壳上的行星齿轮轴上,可随轴一起公转和绕自身轴线自转。

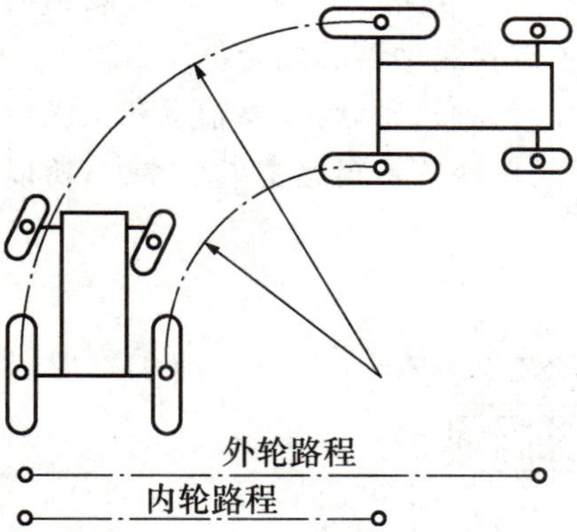

图 3-21　轮式拖拉机的转向

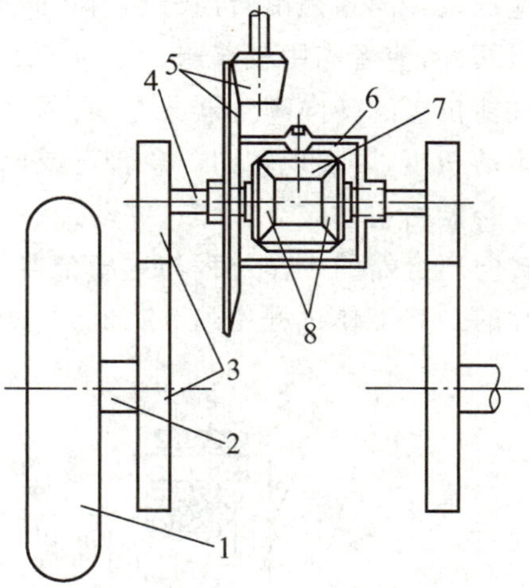

图 3-22　轮式拖拉机的差速器

1. 行走轮　2. 轮轴　3. 最终传动齿轮　4. 半轴　5. 中央传动齿轮　6. 差速器壳　7. 行星齿轮　8. 半轴齿轮

车辆直线行驶时,中央传动小圆锥齿轮带动大圆锥齿轮旋转。大圆锥齿轮带动差速器外壳旋转。作用在外壳的扭矩通过行星齿轮轴传递给行星齿轮,然后再通过行星齿轮的轮齿平均地分配给与之啮合的两半轴齿轮。两半轴齿轮在行星齿轮轮齿的驱动下随同差速器外壳以相同速度绕半轴轴线一起旋转,并获得相同的扭矩。这时两驱动轮转速相同,行星齿轮相对本身轴线无旋转运动。

车辆转弯时,内、外两侧行走轮受到的阻力不同。内侧所受的阻力较大,使内侧的半轴齿轮不能随同差速器外壳一起旋转,二者产生了速度差。内侧半轴齿轮的转速低于差速器外壳的转速,迫使行星齿轮必须围绕本身轴线作旋转运动。行星齿轮的转动带动了外侧半轴齿轮作与差速器外壳旋转方向相同的转动,使外侧半轴转速高于差速器外壳,其相对于差速器外壳超前的旋转速度等于内侧半轴齿轮落后于差速器外壳旋转的速度;亦即拖拉机转弯时内侧驱动轮受到阻力而减少的速度将全部增加到外侧的驱动轮上去,使两驱动轮的速度有所相差。这就是差速器的差速作用。

轮式拖拉机安装差速器后,降低了在泥泞、易滑地面上的通过能力。如一侧驱动轮陷入泥泞地中,而另一侧驱动轮在坚实的地面上,即前者转动的阻力小于后者。由于差速器的作用,使陷入泥泞中的驱动轮严重打滑,而处在坚实地面上的驱动轮根本不转动,于是车辆在原地不能前进。为了防止发生这种现象,拖拉机上设有差速锁,使差速器不起作用,两根半轴连接成如同一根刚性的整轴,使拖拉机行驶出陷车的地段。

三、履带及手扶拖拉机转向系

履带及手扶拖拉机转向方式与轮式拖拉机不同,它是改变两侧驱动轮(履带)的驱动力而转向的。有尾轮手扶拖拉机,利用尾轮偏转协助转向。

(一)履带拖拉机转向系

履带拖拉机转向系是由转向机构与转向操纵机构组成。转向机构分为摩擦式转向离合器和双差速器两种,前者应用较普遍。

履带式拖拉机的转向离合器分左、右两个,分离任意一侧驱动轮上的动力,使两侧驱动轮有不同的驱动扭矩,以实现转向。急转弯或原地转弯时,还需要制动器的配合。

转向离合器由主动鼓、从动鼓、主动片、从动片(摩擦片)、弹簧、压盘、分离轴承和操纵机构等组成。转向离合器的工作过程与主离合器基本相同,只是传递的转矩比主离合器大,所以摩擦片是多片的。其工作过程见图 3-23。

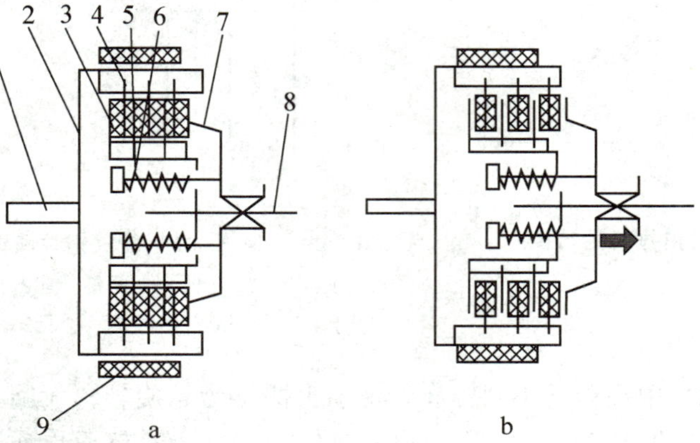

图 3-23　转向离合器结构示意图

a. 接合　b. 分离

1. 从动轴　2. 从动鼓　3. 主动鼓　4. 从动片　5. 主动片　6. 压紧弹簧　7. 压盘　8. 主动轴　9. 带式制动器

中央传动的大圆锥齿轮带动后桥轴左、右两端的主动鼓,其外圆齿槽上松动地套着多片主动片,每两片主动片之间有一片从动片(两面铆有摩擦衬面)。从动片的外齿与从动鼓的内齿套合。从动鼓用螺栓固定在从动鼓接盘上,通过它带动最终传动小减速齿轮。6 副大小弹簧通过拉杆将压盘压向主动鼓,使主动片和从动片压紧。分离轴承用螺母压紧在压盘颈部,分离拨叉使分离轴承作轴向移动,以带动压盘随之动作。

分离拨叉未拨动分离轴承时,两侧转向离合器皆处在接合状态(图 3-23a)。当扳动一侧分离拨叉,拨动分离轴承拉动压盘压缩弹簧,使主动片与从动片的压紧力减少到完全不能传递扭矩时,这一侧就失去了驱动力(图 3-23b),但另一侧仍有驱动力,于是拖拉机就向失去驱动力的一侧转弯。

转向离合器和制动器在转向时的操作顺序:先拉动转向离合器操纵杆并拉到底使动力彻底分离后,再踩下制动器踏板制动转向离合器的从动鼓。转向完成后,应先松回制动器踏板,然后再松回转向离合器操纵杆。在踩下制动器踏板时应点踩(即踩到底后松回,再踩下去,又松回,重复动作),而不应踩下去不放,致使履带拖拉机向一侧作原地转弯;或是用不踩到底的方法使拖拉机逐渐转弯,这样会加速摩擦衬片的磨损。

(二)手扶拖拉机转向系

手扶拖拉机的转向机构为牙嵌式转向离合器(图 3-24),它设在变速箱内,由转向拨叉、转向齿轮、牙嵌式离合器、转向弹簧、转向轴以及中央传动从动齿轮和操纵把手、拉杆、转向臂等组成。在中央传动从动齿轮两端和左、右两个转向齿轮的内端面都有结合爪，组成左、右两副牙嵌式离合器。

拖拉机直线行驶时，左、右两个转向齿轮的结合爪在转向弹簧的压力作用下，和中央传动从动齿轮结合爪嵌合在一起，动力通过牙嵌式离合器传到转向齿轮和最终传动齿轮，使两个驱动轮得到相等的扭矩而前进。

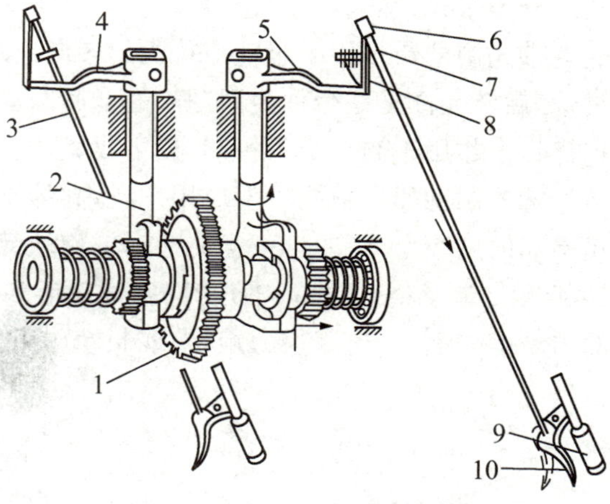

图 3-24　牙嵌式转向机构(与原图有改动)

1. 中央传动从动齿轮　2. 左转向拨叉　3. 左转向拉杆　4. 左转向臂　5. 右转向臂　6. 锁紧螺母　7. 右转向拉杆　8. 右转向杠杆　9. 转向手把套　10. 转向手把

需要向左侧转弯时，捏住左边转向把手，通过拉杆，转向臂拉动转向拨叉使左边的转向齿轮压缩弹簧向左移动，转向齿轮的结合爪与中央传动从动齿轮的结合爪分离，动力被切断，左侧的驱动轮停止转动，而右侧驱动轮仍照常转动，于是拖拉机向左转弯。转弯后，松回转向把手，则左侧的转向齿轮在弹簧压力作用下向右移动，重新使结合爪与中央传动从动齿轮结合爪嵌合，恢复动力传递又继续直线行驶；向右侧转弯时，则与上述相反。

手扶拖拉机下坡行驶时，拖拉机有向下的冲力。这时发动机起着制动作用，阻止驱动轮滚动。如果这时捏住一侧的转向把手，切断传递到这一侧驱动轮的动力，则这一侧的驱动轮失去了发动机的制动作用。由于下坡时的冲力，滚动的速度反而大于另一侧驱动轮，拖拉机就向另一侧转向。因此，下坡时要采用“反”向操作，即向左转弯，捏住右边转向把手。

手扶拖拉机是对变速箱中央传动主动部分进行制动，因此不能进行协助转向的单边制动。有尾轮的手扶拖拉机可借助尾轮偏转协助转向。

第五节　制动系

一、制动系的功用与组成

制动系的功用是：按照需要使拖拉机减速或在最短距离内停车；下坡行驶时限制车速；协助或实现转向；使拖拉机可靠地停放原地，保持不动。

制动系由制动器和传动机构组成。制动器产生摩擦力矩迫使车轮减速和停转；传动机构将驾驶员的操纵力或其他能源的作用力传递给制动器，使之产生摩擦力矩。

二、制动器及传动机构

（一）制动器

目前在拖拉机汽车上广泛采用摩擦式制动器。它由静止部分和旋转部分两部分组成，静止部分固定在车架或机壳上，旋转部分则固定在车轮或传动轴上。摩擦式制动器按其结构型式可分为带式、蹄式和盘式三种。

带式制动器多用于履带拖拉机的转向机构中，它的制动元件为一条铆有摩擦衬片的环形钢带，旋转元件是一个称为制动鼓的金属圆筒（图 3 - 25）。制动时驾驶员踩下制动踏板，通过拉杆将力作用于制动带的一端，使之收紧，抱住制动鼓，从而实现刖动作用。

蹄式制动器在拖拉机上应用广泛，它的制动元件是形似马蹄的两块制动蹄，一端铰链在静止不动的底板上，另一端可径向运动。旋转元件是一个薄壁短圆筒，即制动鼓，其结构如图 3 - 26 所示。制动时，轮缸内油压升高，推动活塞向两端移动。于是制动蹄片张开、压紧在制动鼓的内摩擦表面，产生摩擦力矩，实现制动作用。

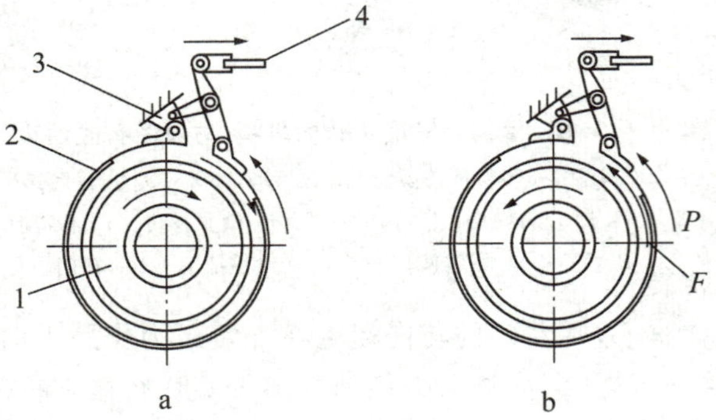

图 3 - 25　单端拉紧带式制动器工作示意图

a. 拖拉机向前行驶时制动情况　b. 拖拉机倒退时制动情况

1. 转向离合器从动鼓　2. 制动带　3. 支架　4. 拉杆

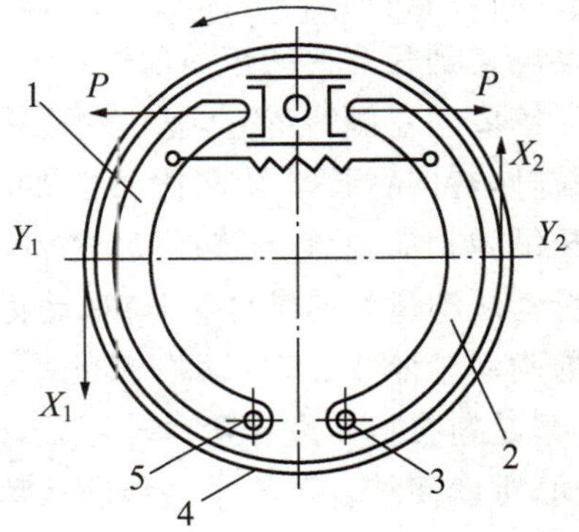

图 3 - 26　蹄式制动器

1. 前制动蹄　2. 后制动蹄

3,5. 支承销　4. 制动鼓

盘式制动器分钳盘式和全盘式两种。拖拉机上广泛使用全盘式制动器，见图 3 - 27。该制动器装在差速器壳体与半轴壳体之间。在半轴上装有两组两面铆有石棉衬片的摩擦盘，它与半轴以花键连接和轴一起旋转，并能沿轴向移动。在两组摩擦盘之间安装着两个压盘，它们以外圆支承在半轴壳体内的三个凸肩上，并能在较小范围内相互转动。在压盘相对的内表面上，各开有五个沿圆周均匀分布的球面斜槽。每个槽内有一钢球，靠五根回位弹簧将两块压盘拉拢在一起，将钢球夹紧在球面斜槽的深凹处。这样，压盘与半轴壳体共同组成制动器的不旋转

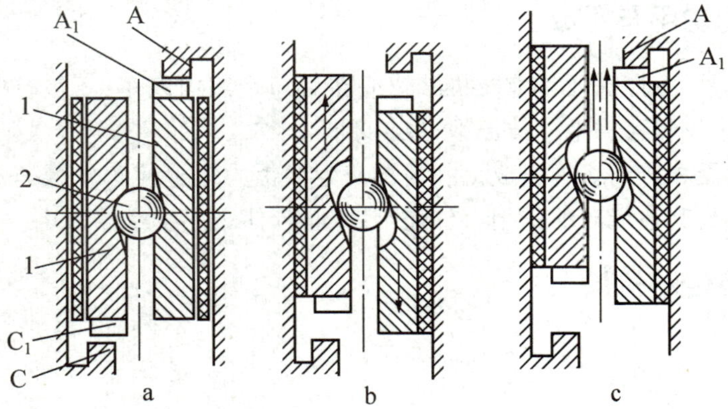

图 3 - 27　全盘式制动器的工作原理

1. 压盘　2. 钢球　A,C. 制动器壳体上的凸肩　A_1,C_1. 压盘上的凸耳

部分。两块压盘各通过一根斜拉杆与内拉杆相连，而内拉杆再通过摇臂、外拉杆等一些杆件与制动踏板相连。

当踩下踏板时，两压盘相对转过一个角度。于是钢球由斜槽深凹处向浅处移动，迫使压盘产生轴向位移，直到和摩擦盘接触产生制动力矩(图 3-27b)。压盘在摩擦盘带动下，顺半轴旋转方向转动一个角度，直到一个压盘上的凸耳 A_1 靠到凸肩 A 为止。在这个过程中钢球和压盘的相对位置保持不变。因此制动力矩也保持不变(图 3-27c)。

(二)传动机构

传动机构按其制动力的来源不同，可分为机械式、液压式和气压式三种。拖拉机多用机械式传动机构，而汽车则多用液压式和气压式传动机构。

图 3-28 所示为液压式制动传动机构示意图。它主要由制动主缸、制动轮缸、油管和制动踏板等组成。主缸上部为储油池，缸内有活塞、皮碗、双向阀、弹簧等元件。制动时，通过制动踏板操纵主缸中的活塞，使其向右移动，皮碗起密封作用，主缸中的油液经双向阀中间的出油阀压出，通过油管送到制动器上的制动轮缸，操纵制动器起制动作用。松开踏板解除制动时，轮缸中的油液在制动器回位弹簧的作用下，压开双向阀的回油阀流回主缸。为避免主缸活塞复位过快，缸内造成真空，使空气侵入引起制动失灵，在主缸储油池和主缸之间设有补偿孔与旁通孔。主缸活塞上有若干轴向小孔，能使活塞迅速回位时，活塞左边空间的油液流入右边泵缸内，填补主缸内暂时造成的真空。

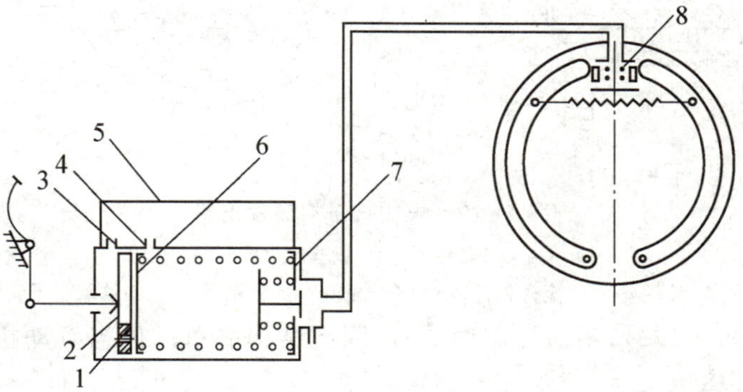

图 3-28 液压式制动传动机构示意图

1. 轴向小孔 2. 活塞 3. 补偿孔 4. 旁通孔 5. 制动总泵 6. 皮碗 7. 双向阀 8. 制动分泵(轮缸)

第六节 电器设备

电器设备主要由电源设备和用电设备组成。其主要功用是实现发动机的启动、发出保证拖拉机安全行驶所需的信号、供给夜间作业所需的照明、反映发动机各系统的工作状况等。

一、电源设备

1. 蓄电池 电启动的车辆上都装有蓄电池。蓄电池的功用是：在发动机未启动前可用作电源供照明等；在用电启动机启动发动机时，给启动机提供强大的启动电流，并向其他用电设备供电(如汽油机点火系)；发动机启动后，协助发电机工作并将多余的电能贮存起来。

蓄电池主要由正、负极板组、隔板、电解液、极桩、联条及壳体等组成。正极板活性物质为棕色的 PbO_2，负极板的活性物质是青灰色海绵状纯 Pb，隔板位于正、负极板之间以防二者接触短路，电解液是一定密度的硫酸的水溶液。其充、放电过程总的化学反应方程式如下：

$$PbO_2 + Pb + 2H_2SO_4 \underset{\text{充电}}{\overset{\text{放电}}{\rightleftharpoons}} 2PbSO_4 + 2H_2O$$

2. 永磁交流发电机　永磁交流发电机构造简单，使用方便，适用于不需直流电源，用电设备功率不大的场合，其输出电压多为 6 V 或 12 V。图 3-29 为东方红-802 拖拉机配用的 JF61 型永磁交流发电机，由定子和转子两大部分组成。定子由铁芯和线圈组成，线圈绕在铁芯内侧的凸起上形成三个单相绕组。三个绕组的尾端一起接到后端盖接线柱 M 上；三个首端分别接到后端盖上的 A、B、C 接线柱上，两个可分别用于前灯，另一个接后灯和仪表灯上。转子用永久磁铁固定在转子轴上。永磁转子每转过 30°使定子铁芯中的磁通变换一次方向，定子绕组中的感应电动势也随着改变一次方向，接通负载后，便形成交变电流。该发电机是单相三路交流发电机。

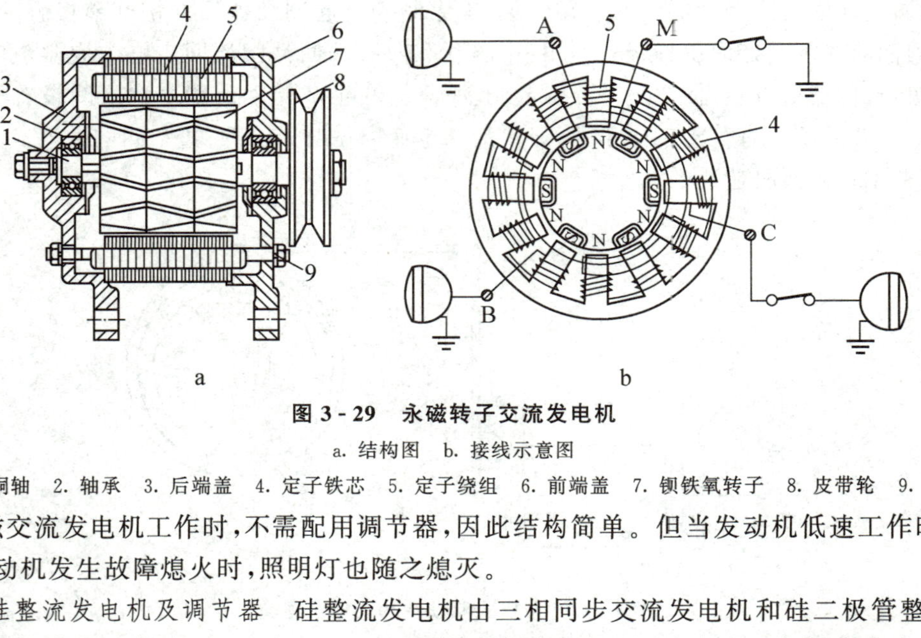

图 3-29　永磁转子交流发电机

a. 结构图　b. 接线示意图

1. 黄铜轴　2. 轴承　3. 后端盖　4. 定子铁芯　5. 定子绕组　6. 前端盖　7. 钡铁氧转子　8. 皮带轮　9. 螺栓

永磁交流发电机工作时，不需配用调节器，因此结构简单。但当发动机低速工作时，灯光不亮；发动机发生故障熄火时，照明灯也随之熄灭。

3. 硅整流发电机及调节器　硅整流发电机由三相同步交流发电机和硅二极管整流器两大部分组成，电压一般为 12 V 或 24 V。三相同步交流发电机用来产生三相同步交流电动势；整流器则是把三相同步交流发电机发出的交流电变成直流电对外输出。

该发电机本身具有限制最大输出电流的作用，其整流器的二极管又可防止蓄电池电流反向流入发电机，但其输出电压是随发动机转速升高而升高的，为使该发电机和蓄电池及用电设备之间能正常工作，需设置电压调节器。电压调节器的作用是使发电机的输出电压在发动机转速变化时维持在一定范围内。电压调节器有触点式和晶体管式两种。

硅整流发电机具有重量轻、体积小、结构简单、低速时对蓄电池的充电性好、匹配的调节器简单、产生的干扰电波小等优点。

二、用电设备

车辆上的用电设备主要有启动预热、照明信号、仪器仪表等设备。

1. 启动预热设备　启动机多采用直流串激式电动机。启动时由启动开关接通启动电路，由蓄电池供给电能，启动机将电能转换为机械能并通过单向啮合器使电机驱动齿轮带动发动机飞轮旋转。启动完毕后，断开启动开关，电机驱动齿轮在打滑状态下退出与飞轮的啮合并停转。

柴油机在低温时启动比较困难，因此，在有蓄电池的柴油机上，常在进气歧管上装有预热器。当接通预热电路时，利用预热装置对进入汽缸的空气加热，使柴油机易于启动。

2. 照明信号设备　车辆上的照明信号设备包括前大灯(有远光和近光)、后灯、仪表灯、转向灯、刹车灯以及喇叭和蜂鸣器等，通过相应的开关与电源相连。它们的任务是保证各种运行条件下的人车安全。

3. 仪表　有电流表、机油压力表、水温表、车速里程表、油量表等，属于车辆的监测设备。驾驶员可通过这些仪表来监测发动机和车辆的工作情况。

4. 辅助设备　车辆上的辅助电器主要有电动刮水器、电风扇、暖风电机、收音机、挡风玻璃的除霜和清洗设备等。

三、电器设备总线图

车辆上的电器设备，电源多采用低压、直流；用电设备与电源之间、各用电设备之间为并联连接；线路通常采用单线制，即用一根导线连接电源和用电设备，另一根回路由金属机体代替，习惯称为“搭铁”。一般接线原则是：

(1)电流表串接在电源电路中，全车线路多以电流表为界，电流表至蓄电池的线路称为表前线路，电流表至调节器的线路称为表后线路。

(2)电源开关是线路的总枢纽，电源开关的一端和电源(蓄电池、发电机及调节器)相接，另一端分别接启动开关和用电设备。

(3)用电量大的用电设备(如电启动机、大功率电喇叭)接在电流表前，其用电电流不经过电流表。

(4)蓄电池和发电机搭铁极性必须一致。电流表接线应使充电时指针摆向“+”值方向，放

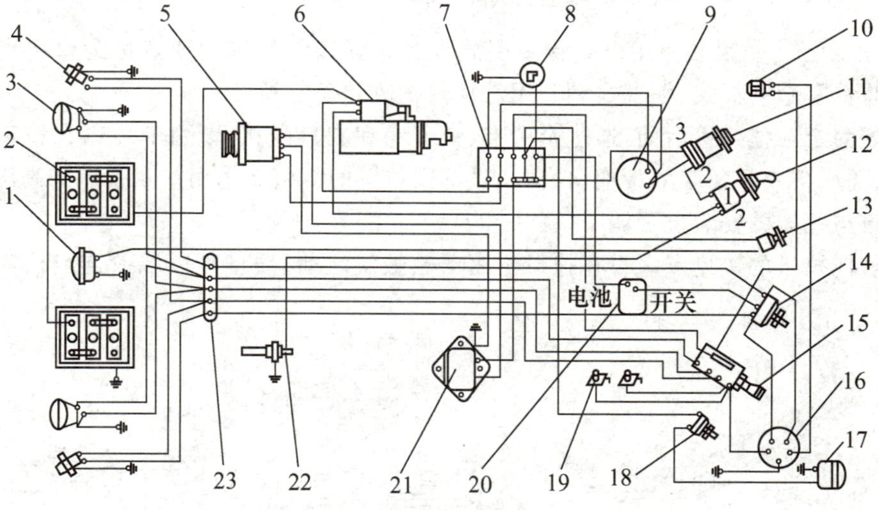

图 3-30　典型拖拉机电器设备总线图

1. 电喇叭　2. 蓄电池　3. 前大灯　4. 转向灯　5. 硅整流发电机　6. 启动机　7. 保险丝盒　8. 工作灯插座　9. 电流表　10. 制动开关　11. 电锁　12. 预热启动开关　13. 喇叭按钮　14. 转向灯开关　15. 三挡灯开关　16. 挂车用电插座　17. 后大灯　18. 后大灯开关　19. 仪表灯　20. 闪光灯　21. 电压调节器　22. 预热塞　23. 接线板

电时摆向“－”值方向。

典型拖拉机电器设备总线图见图 3 - 30。

第七节　拖拉机动力输出与控制装置

一、牵引联接装置

1. 拖拉机与农具的联接方式　拖拉机与农具有三种联接方式(图 3 - 31)。一是牵引式联接,拖拉机后面有牵引装置直接以一点牵引农具。二是悬挂式联接,拖拉机上的悬挂机构与农具联接,使农具直接以两点或三点悬挂在拖拉机上,利用液压或机械方式使其升降。三是半悬挂式联接,拖拉机上的悬挂装置与农具联结,利用液压缸升降农具的工作部件,不能使整台农具起落。这种联接方式适合于联接宽幅或长度和重量较大的农具。

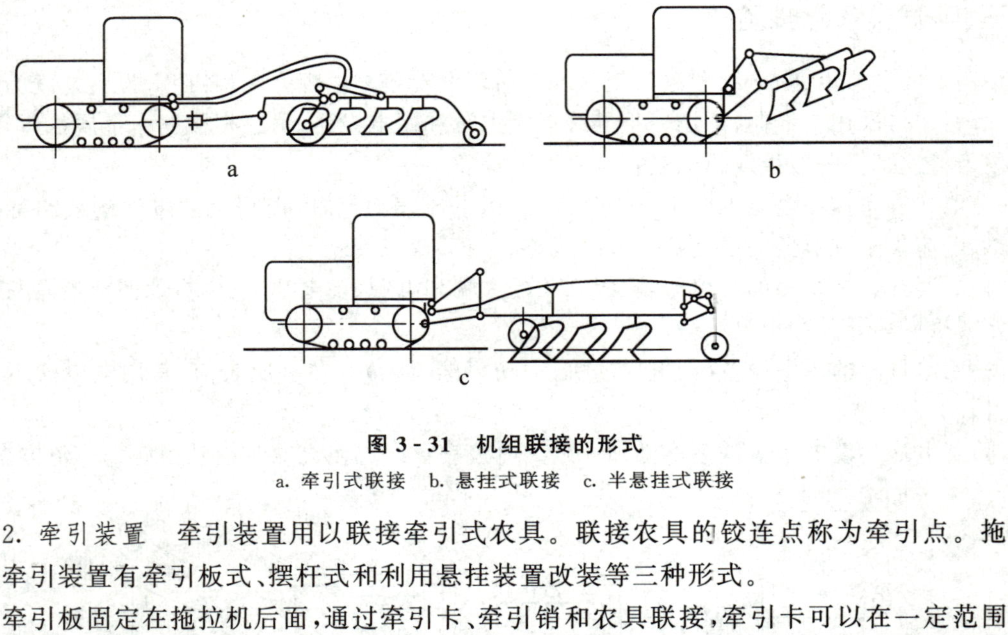

图 3 - 31　机组联接的形式

a. 牵引式联接　b. 悬挂式联接　c. 半悬挂式联接

2. 牵引装置　牵引装置用以联接牵引式农具。联接农具的铰连点称为牵引点。拖拉机上的牵引装置有牵引板式、摆杆式和利用悬挂装置改装等三种形式。

牵引板固定在拖拉机后面,通过牵引卡、牵引销和农具联接,牵引卡可以在一定范围内左右摆动,以便联接农具。牵引板横向有孔,供不同位置的牵引点选用。牵引点的高度可以通过改变牵引板与托架的安装位置调节(图 3 - 32)。

摆杆与拖拉机的铰连点多设在拖拉机驱动轮轴线之前,摆杆可以绕铰连点摆动。摆杆的

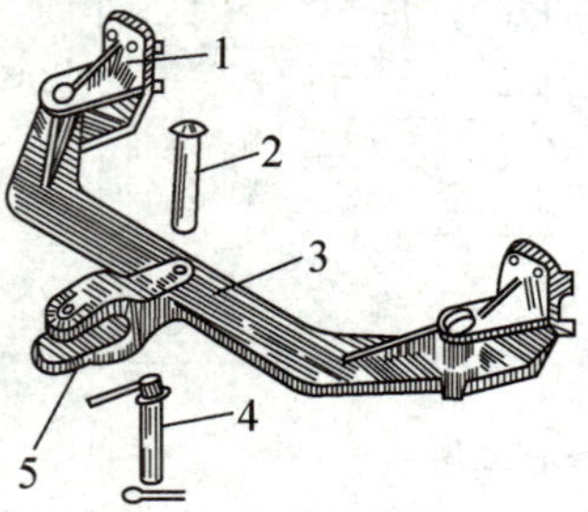

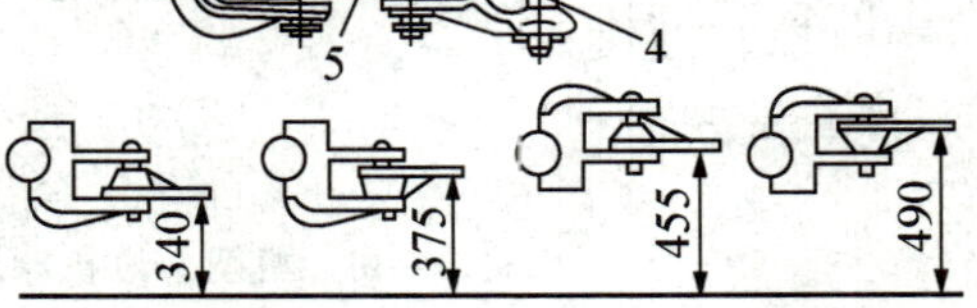

图 3 - 32　牵引板式牵引装置

1. 托架　2. 插销　3. 牵引板　4. 牵引销　5. 牵引卡

后端直接与农具联接，不需另装牵引卡（图 3 - 33）。如果用插销插入摆杆和牵引板的孔中，摆杆就不能摆动，可用于倒车。牵引板上有一排孔，可横向调节牵引点的位置，但牵引点的高度不能调节。

牵引板式牵引装置结构简单，但牵引力是通过驱动轮轴线后面的牵引点的，转向时，会产生一个阻止转向的力矩。牵引点距离驱动轮轴线愈远，转向越困难。摆杆式牵引装置的摆动中心在驱动轮轴线的前方，故牵引农具转向比较轻便。

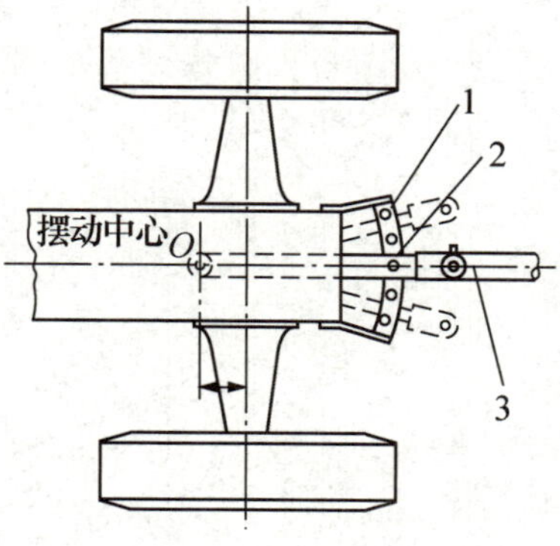

图 3 - 33 摆杆式牵引装置

1. 牵引板 2. 牵引杆 3. 辕杆

二、旋转动力输出装置

拖拉机上装有动力输出轴和动力皮带轮，用以扩大拖拉机的使用范围。动力输出皮带轮用于固定作业，如带动脱粒机、铡草机和排灌机械等。动力输出轴则主要用于驱动需要动力传动进行田间作业的农机具，如旋耕机、收割机、秸秆还田机和植保机械等。

动力输出轴一般设在拖拉机后面，离地高度（600±100） mm。国产动力输出轴轴端均采用八齿矩形花键。动力输出轴可分为标准式和同步式两种，前者的转速与拖拉机各挡位的行驶速度无关，其标准转速在发动机额定转速时为（540±10） r/min[或（1 000±25） r/min]，旋向为顺时针（图 3 - 34）；后者则与拖拉机各挡位的行驶速度成正比，即“同步”（图 3 - 35）。

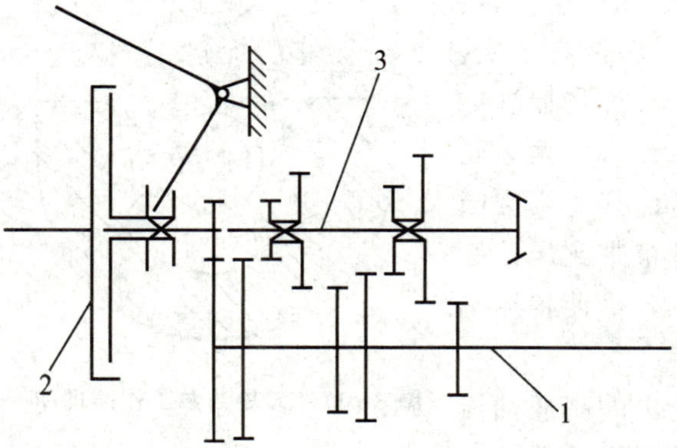

图 3 - 34 标准式动力输出轴

1. 动力输出轴 2. 主离合器 3. 变速箱第二轴

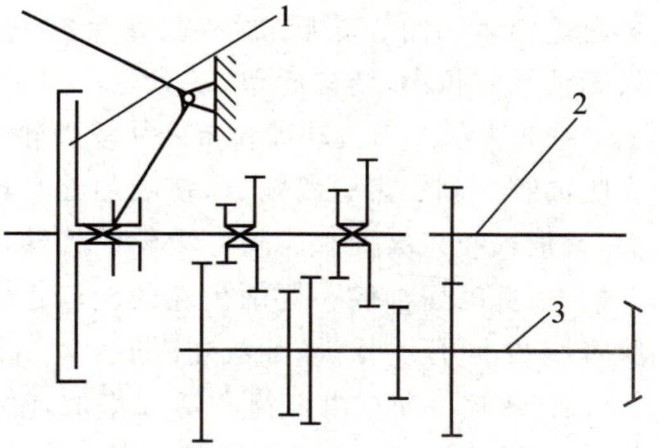

图 3 - 35 同步式动力输出轴

1. 主离合器 2. 动力输出轴 3. 变速箱第二轴

三、液压悬挂系统

液压悬挂系统由液压系统、悬挂装置和操纵机构组成（图 3 - 36）。

（一）液压系统的组成

根据液体在常压下不可压缩的原理，在充满油液的密闭管路中，在管道面积为 1 cm^2 的一端加上 1 kg 的力，在管道面积为 100 cm^2 的另一端就可得到 100 kg 的力。液压系统就是利用液体压力使农具升降和自动控制农具的离地高度或作业深度。它的组成包括油泵、分配器、油

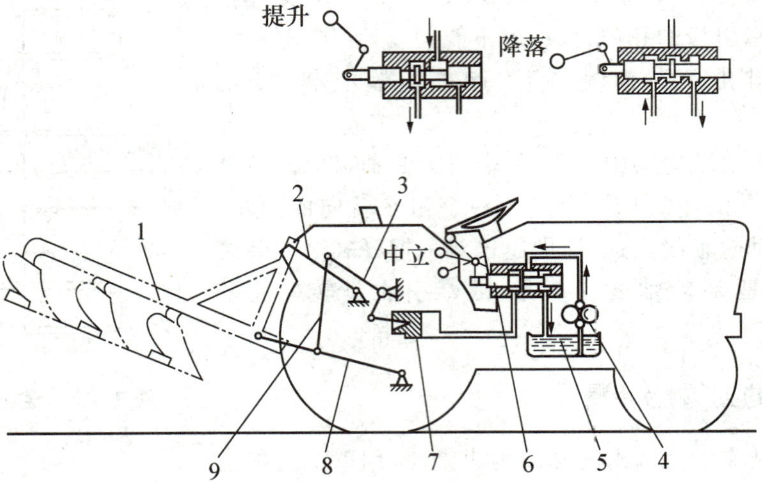

图 3-36　液压悬挂系统简图

1. 农具　2. 上拉杆　3. 提升臂　4. 油泵　5. 油箱　6. 主控制阀(滑阀)　7. 油缸　8. 下拉杆　9. 提升杆

缸以及油管和滤清器等。

1. 油泵　油泵的功用是输出具有一定压力和流量的油液以供液压悬挂系统使用。国产拖拉机液压系统常用齿轮泵和柱塞泵。齿轮泵是利用一对互相啮合的齿轮来完成吸油和压油的过程。柱塞泵由柱塞和油缸组成,柱塞固定在框架上,由偏心轮驱动。偏心轮旋转一周,每个柱塞吸油、压油各一次。齿轮油泵体积小,结构简单,重量轻,应用较广,其工作原理如图 3-37 所示。当主动齿轮带着从动齿轮一起旋转时,两齿轮在吸油腔一侧的齿脱离啮合,使吸油腔容积增大,产生真空吸力,油液被吸入吸油腔。随着齿轮的旋转,油液被带到压油腔一侧,而此时压油腔一侧两齿轮的轮齿正趋于啮合,使得压油腔容积减小,压力增大,油液被压出。

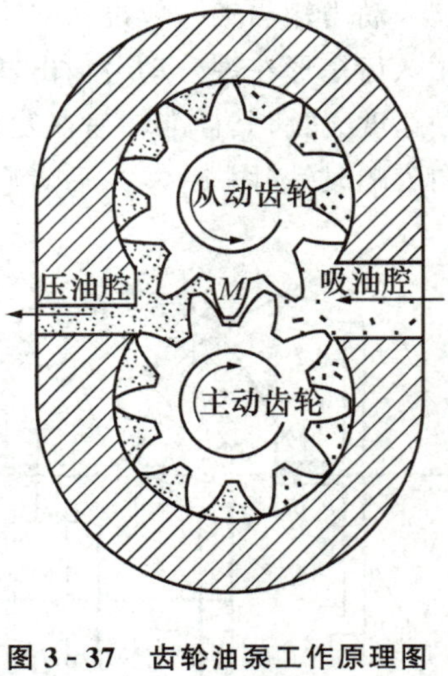

图 3-37　齿轮油泵工作原理图

2. 油缸　油缸由缸筒和活塞组成,油泵输出的高压油液经分配器进入油缸,推动活塞运动,通过活塞杆使提升轴转动,带动提升臂提升农具。油缸有单作用和双作用两种(图3-38)。

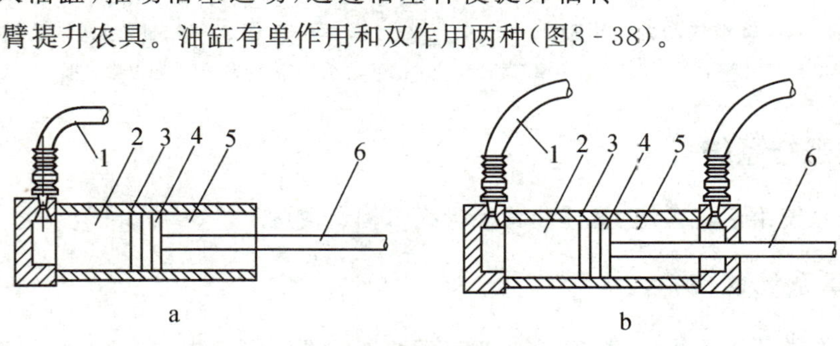

图 3-38　单作用式和双作用式油缸

a. 单作用式油缸　b. 双作用式油缸

1. 油管　2. 前腔　3. 缸筒　4. 活塞　5. 后腔　6. 活塞杆

单作用式油缸只有一个油腔，高压油液进入时提升农具，靠农具自重将油腔内油液排出而下降。双作用式油缸有两个油腔，高压油液能从任意一腔进入推动活塞运动，一腔进油时，另一腔内的油液则被排出；因此，除可提升农具外，它还可压迫农具下降强制入土。

3. 分配器　分配器的功用是用来控制油液的流向，决定油缸油腔内的压力。分配器由分配器壳体、控制阀和弹簧等组成。控制阀通常包括主控制阀（或称滑阀）、回油阀、单向阀和安全阀（有的安全阀安装在油泵上）等。它们的作用都是和分配器壳体上的通道相配合，以决定：油液进、出油缸或将油液封闭在油缸内；油泵负荷或卸荷，使农具处在"提升"、"下降"或"中立"位置。安全阀的作用是控制液压系统内的最大工作压力。

根据油泵、分配器和油缸等部件在拖拉机上布置的不同，液压系统可分为：分置式、整体式、半分置式三种形式。分置式液压系统的油泵、分配器、油缸分别布置在拖拉机不同部位上，以油管相连，如图 3-39 所示。整体式液压系统的油泵、分配器、油缸装在拖拉机的同一壳体内，组成一个整体（图 3-39b）。半分置式液压系统的分配器和油缸组成一体，称为提升器，而油泵则单独安装（图 3-39c）。

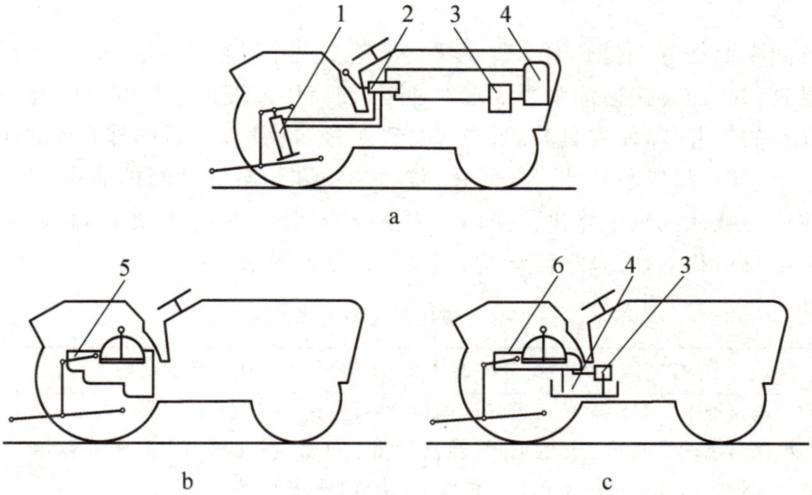

图 3-39　液压系统的布置形式

a. 分置式　b. 整体式　c. 半分置式

1. 油缸　2. 分配器　3. 油泵　4. 油箱　5. 提升器壳体　6. 提升器

（二）悬挂装置

悬挂装置是与悬挂农具联接的杆件机构。大多数农具都悬挂在拖拉机后部。有三点悬挂和两点悬挂两种形式（图 3-40）。前者应用较为广泛，后者用于大功率拖拉机的重负荷作业，如耕地作业。

悬挂装置由提升臂、提升杆、上拉杆和下拉杆等组成。提升杆的长度可以调整。有的拖拉机上提升杆下端与下拉杆连接的销孔为长槽孔，适用于宽幅农具如中耕机，它可提高其对地面不平的仿形性能。上拉杆通过可调螺管将它伸长或缩短来调节农具的前后水平；在悬挂农具用于运输时，可缩短上拉杆，提高机组的通过性能。

为使悬挂农具在升起位置不致横向偏摆过大，有限位链加以限制，否则下拉杆会碰到轮胎

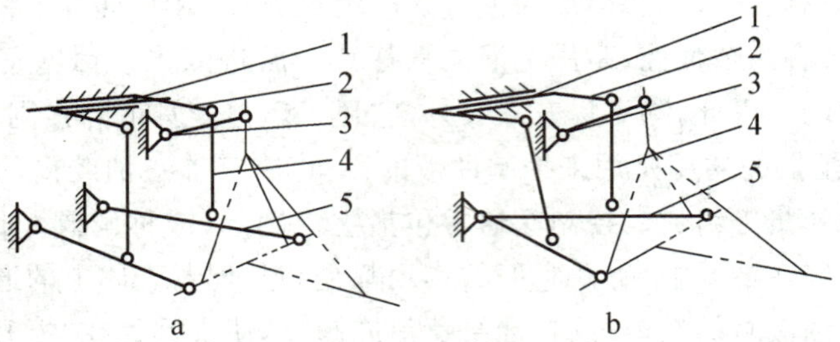

图 3-40 两点悬挂和三点悬挂

a. 三点悬挂机构 b. 两点悬挂机构

1. 提升轴 2. 提升臂 3. 上拉杆 4. 提升杆 5. 下拉杆

引起损坏。有的悬挂农具如中耕机和筑埂机等要求不作横向偏摆,还可用限位板将左、右下拉杆固定,使下拉杆只能作升降运动而不能偏摆。

四、耕深调节方式

液压系统的主要任务是提升或降落农具。其基本工作过程是:提升时,扳动分配器操纵手柄使滑阀(主控制阀)前移接通油泵去油缸的通道,使高压油液进入油缸,推动活塞使活塞杆伸出推动悬挂农具的提升臂,使农具升起;当农具升到极限高度时,滑阀即自动回到"中立"位置使提升停止。下降时,操纵手柄使滑阀后移,接通油缸和油泵去油箱的通道,由于农具的重量强制活塞后移将油液从油缸中排出而降落。因滑阀未回到"中立"位置,油缸始终与油箱相通,活塞可在油缸中自由移动,农具呈浮动状态,其工作情况见表 3-1。

表 3-1 液压系统的工作情况

工作位置	主控制阀(滑阀)与分配器体油道的配合和悬挂农具的状态	油泵状态
提 升	滑阀接通油缸与油泵的通道,压力油液进入油缸,提升农具	加 载
中 立	滑阀封闭油缸与回油箱的通道,油液封闭在油缸内;并接通油泵与回油箱的通道。悬挂农具保持在某一位置上,并与拖拉机联结成刚体	卸 荷
下 降	滑阀同时接通油缸和油泵与回油箱的通道;悬挂农具靠自重下降,并呈浮动状态	卸 荷

利用液压系统控制耕深的方法有三种,即高度调节、位置调节和力调节。

1. 高度调节 悬挂农具呈浮动状态,耕深的控制依赖于悬挂农具上的限深轮,其耕作深度为限深轮与工作部件底部的高度差。这种调节适用于旱田的耕地、中耕等作业,即使地面有起伏、土壤比阻不均匀,也能保持耕深一致。高度调节的缺点是农具的全部重量皆支承在农具的限深轮上,因此,如土壤软硬变化较大时,不易保证耕深均匀和所需耕深(图 3-41)。

2. 位置调节 位置调节的特点是随着操纵手柄所处位置的不同,农具有着不同的提升高度或耕作深度。如提升时,操纵手柄放在某一位置,这时滑阀接通油泵与油缸通道,进入油缸的压力油使活塞杆伸出油缸顶动提升臂将农具升起,与提升臂联动的杆件随提升臂转动而运动,逐渐将滑阀从提升位置推回中立位置,使农具停止提升。操纵手柄向提升方向移动位置愈多,则提升臂需转动愈大的角度,其联动杠杆才能将滑阀推回"中立"位置,即提升的高度较大。农具下降的多少,也根据操纵手柄向下降位置方向移动量的多少而定。使用位置调节作业时,

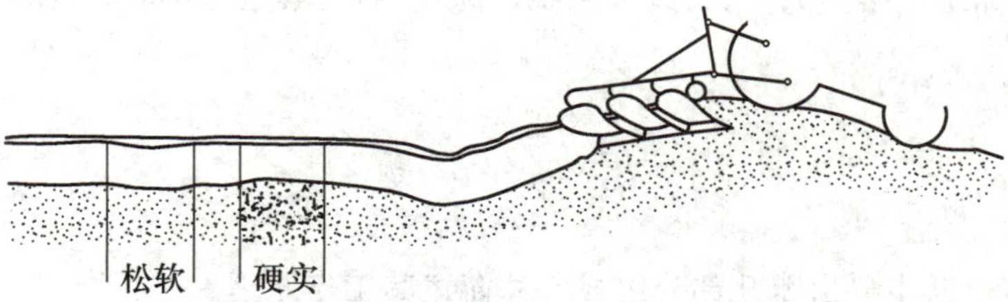

图 3-41 高度调节时耕深变化情况

拖拉机和悬挂农具始终成为一个刚体，当拖拉机行进在不平地面上时，耕深就要经常发生变化。如拖拉机前轮进入凹坑，农具就以拖拉机后轮为支点顺时针转动，耕深变浅；如果拖拉机前轮走向高坡，则耕深增加（图 3-42）。

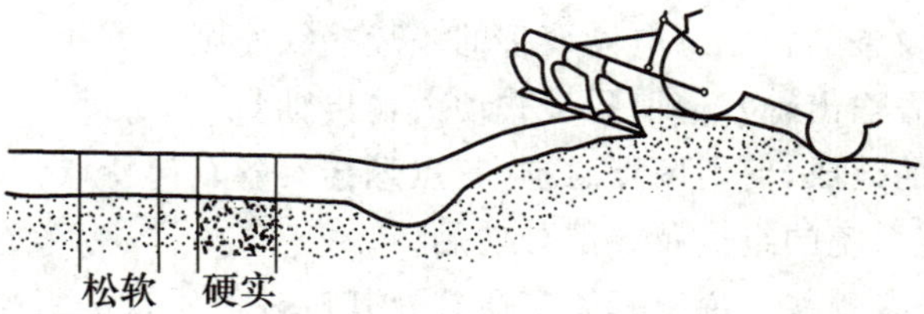

图 3-42 位调节时耕深变化情况

3. 力调节 操纵手柄放在提升位置时与高度调节相同，农具提升到顶，滑阀才回到“中立”位置；操纵手柄放在下降位置时，农具一直降落到底，如作业中牵引阻力不足以使滑阀回到中立位置时，农具始终呈“浮动”状态。农具的工作部件在土壤中受到阻力而使悬挂机构的上拉杆受到推力，此推力通过一系列杆件传递给滑阀，使滑阀由“下降”位置回到“中立”位置，即农具耕深固定在这一深度。如牵引阻力继续增加，可使滑阀进一步前移，接通油缸与油泵的通道，使农具提升而耕深变浅，牵引阻力变小，滑阀又回到“中立”位置。如牵引阻力减小，则滑阀后移，接通油缸与回油箱通道，使农具下降而耕深变深，牵引阻力增大，滑阀又回到“中立”位置。所以，作业时，滑阀因牵引阻力变化而经常移动，但最终都回到“中立”位置。此外，在土壤阻力一定时，操纵手柄向下降方向移动愈多，则可获得的耕深愈大。使用力调节控制方法耕作时，悬挂农具上不需要安装限深轮，在土质较均匀的土壤上便能得到满意的耕作质量，拖拉机发动机的负荷也比较均匀（图 3-43）。

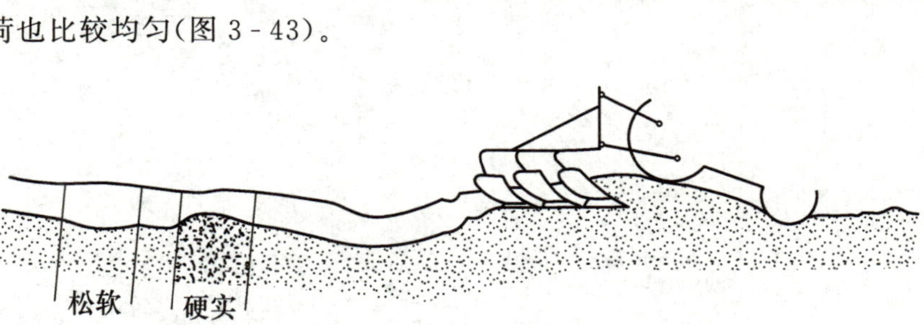

图 3-43 力调节时耕深变化情况

除单独使用某种耕深控制方法外，有时可把高度调节和力调节或位置调节综合起来使用，成为综合控制。具有力、位调节液压系统的拖拉机在土质软硬不均的旱田上耕地时，在采用阻力控制方法耕作的同时，可在悬挂犁上加装限深轮。限深轮的位置调整到稍大于所要求的耕深，耕地过程中，如土壤阻力大时，力调节系统即起作用；土壤阻力小时，限深轮可起限深作用，以免耕深过大。

思　考　题

1. 摩擦式离合器主要由哪几部分组成？并简述其工作原理。

2. 何谓双作用离合器？哪些车辆安装，为什么？

3. 变速箱的主要功用是什么？简述变速箱的构造及工作原理。

4. 简述行走系统的功用及组成。

5. 简述差速器的功用及组成。

6. 简述制动系统的功用、组成及制动器的类型。

7. 简述车辆电源设备的特点及电器设备的一般接线原则。

8. 何谓标准式动力输出轴？何谓同步式动力输出轴？

9. 试述悬挂机构的组成，何谓两点悬挂、三点悬挂？各有何特点？

10. 简述液压悬挂系统的组成及各部分功用。

11. 耕深调节方法有哪些？说出其调节原理及其对耕作质量的影响和特点。如何选择不同的耕深调节法？

第四章　电 动 机

◈**学习目标**

通过本章的学习，重点掌握三相交流异步电动机的构造及工作原理；熟悉单相交流异步电动机的工作原理；了解交流异步电动机的型号及使用方法。

电动机是将电能转化为机械能的动力设备，广泛应用于农业机械之中。电动机的种类很多，按电源性质分为直流电动机和交流电动机；按交流电源的相数，分为三相交流电动机和单相交流电动机；按定子磁场与转子的转速关系，又分为交流异步电动机和交流同步电动机；按转子的结构形式，交流异步电动机又分为笼式和绕线式。

由于交流电便于产生、输送和分配，所以交流电动机在生产和生活中应用广泛。其中的交流异步电动机由于转子绕组不需与其他电源相接，而定子电流直接取自交流电网，因此具有结构简单，制造、使用、维护方便，运行可靠以及成本低、重量轻等优点，在农业生产中应用最为普遍。

异步电动机的工作原理是基于气隙旋转磁场与转子绕组中感应电流相互作用产生电磁转矩，从而实现电能向机械能的转换的，因其转子转速低于旋转磁场转速故称为异步，又因转子绕组中电流是感应产生的，因此也称为异步感应式电动机。

异步电动机又有单相和三相之分。三相异步电动机广泛地应用在工农业生产中，作为风机、水泵、粉碎机、农副产品加工设备及其他一般机械的原动机。单相异步电动机功率较小，一般不超过 750 W，多作为家庭用小型作业机械的动力，如风扇、通风机、小水泵等。

第一节　三相交流异步电动机

一、三相交流异步电动机的构造

三相交流异步电动机由定子（固定部分）和转子（旋转部分）两个基本部分及其他附件构成（图 4-1）。

1. 定子　定子是电动机的固定部分，由定子铁芯、定子绕组（三相）、机座等组成。定子铁芯是电动机磁路的一部分，起导磁作用。它是用厚度为 0.35 mm 或 0.5 mm，并在表面涂有绝缘漆的硅钢片叠制而成，压装在铸铁制的机座内。采用硅钢片以及片间绝缘处理，是为了减少铁芯中的损耗，防止铁芯过热。定子铁芯的内圆表面冲有嵌放绕组的线槽，供嵌放定子绕组用。定子绕组由漆包线制成，按一定规律嵌放在定子铁芯的线槽内。对于三相交流异步电动机，定子绕组分成三相对称地嵌放在线槽内，每相绕组引出 2 个线头，分别叫做始端和末端，三相绕组的 6 个端头通过引出线引到机体外部的接线盒内。定子绕组通电后，将在铁芯中产生旋转磁场。

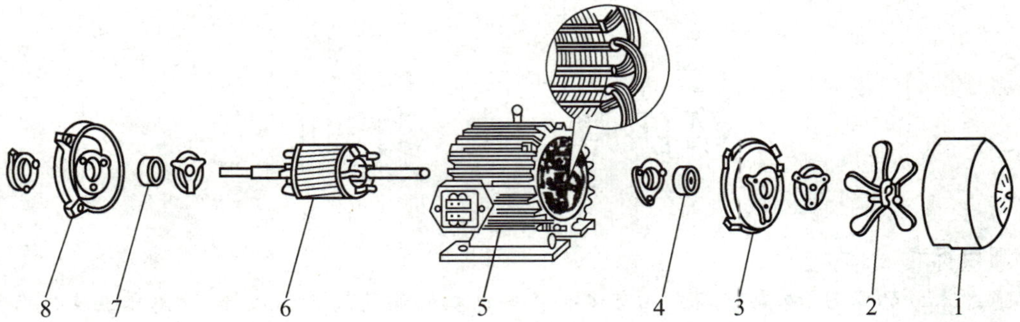

图 4-1　三相异步电动机的构造

1. 罩壳　2. 风扇叶轮　3. 后端盖　4,7. 轴承　5. 机座和定子　6. 转子　8. 前端盖

机座一般由铸铁制成，用来固定和保护定子铁芯和定子绕组，并由两个端盖支承着转轴。机座处表面还铸有散热片，以利于散热。

2. 转子　转子是电动机的旋转部分，其作用是在旋转磁场的作用下产生转矩，并带动作业机械的转轴转动。它由转子铁芯、转子绕组和转轴等组成(图 4-2)。

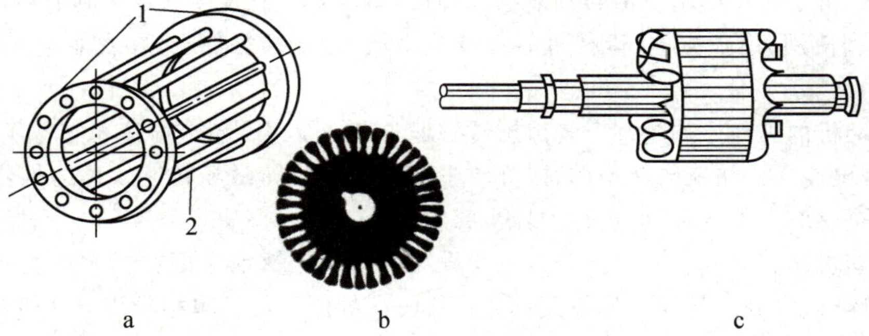

图 4-2　笼型转子绕组

a. 鼠笼　b. 转子铁芯硅钢片　c. 铸铝转子

1. 端环　2. 笼条

转子铁芯也由圆形硅钢片叠压而成，在它的外圆上有用于嵌放转子绕组的线槽。转子铁芯压装在转轴上，转子绕组嵌放在转子线槽内。笼型转子绕组是用浇铸铝液的办法一次浇铸成型的，在其铁芯两端槽口处形成有两个导电的圆环，分别把转子线槽内的铝条连接成一整体。如果去掉铁芯，整个绕组的外形就像一个"笼子"。在定子和转子之间有一个间隙，叫做气隙，其值为 0.25～1.5 mm。定子铁芯、转子铁芯和气隙组成电动机的磁路。

二、三相交流异步电动机的工作原理

(一)旋转磁场的产生

三相异步电动机的定子铁芯中放有三相对称的绕组 U_1U_2、V_1V_2 和 W_1W_2。假设将三相绕组星型连接，并接于三相电源上，绕组中便流入对称电流为：

$$i_U = I_m \sin\omega t \tag{4-1}$$

$$i_V = I_m \sin(\omega t - 120°)$$
$$i_W = I_m \sin(\omega t + 120°)$$

其绕组连接和电流波形如图 4 - 3 所示。

设各绕组从始端 U_1、V_1、W_1 分别到未端 U_2、V_2、W_2 方向为电流的正方向，并设电流正半周其值为正，负半周其值为负，从图 4 - 3 中看到电流的实际方向与电流正方向，在正半周是一致的，在负半周则相反。

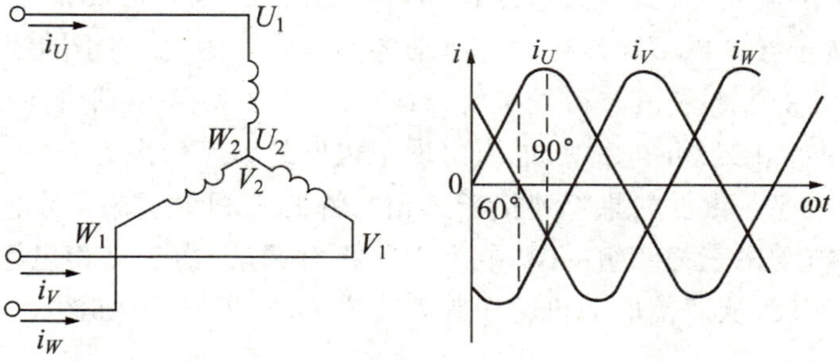

图 4 - 3 绕组连接成星型和电流波形

a. 三相对称绕组星型连接 b. 三相对称电流的波形

在上述假设条件下，在 $\omega t=0$ 的瞬间，定子绕组中的电流方向，$i_U=0$；i_V 是负的，其方向与正方向相反，即自 V_2 到 V_1；i_W 是正的，其方向自 W_1 到 W_2。将各相电流产生的磁场相加，得出三相电流产生的合成磁场，其轴线方向是自上而下。如图 4 - 4a 所示。

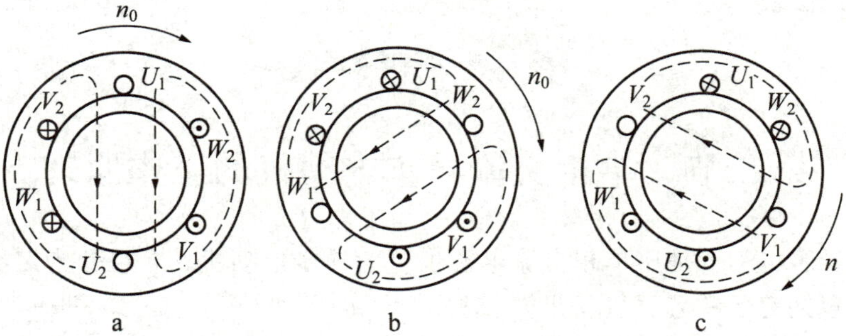

图 4 - 4 三相电流产生旋转磁场示意图

a. $\omega t=0°$ b. $\omega t=60°$ c. $\omega t=120°$

在 $\omega t=60°$时，定子绕组中电流的方向和三相电流产生的合成磁场的方向如图 4 - 4b 所示。这时的合成磁场已在空间转过了 60°。

同理，可得在 $\omega t=120°$时三相电流产生的合成磁场与 $\omega t=60°$相比，在空间上又转过了 60°，如图 4 - 4c 所示。

由上面的分析可知，当定子绕组中通入三相电流以后，它们共同产生的合成磁场是随电流的交替变化而在空间中不断地旋转着，即称旋转磁场。旋转磁场同磁极在空间旋转作用完全相同。三相电流产生的旋转磁场切割转子导体，在其中感应出电动势，相应在闭合导体中产生电流，转子导体电流与旋转磁场相互作用而产生电磁转矩，使电动机转动起来。

(二)电磁转矩的产生

由于转子被定子铁芯包围,定子产生的旋转磁场切割转子导体,使导体产生感应电动势。由于转子导体被端环接通,所以在感应电势作用下,导体内就有感应电流流过。通有感应电流的转子导体在与定子旋转磁场的相互作用下,产生电磁作用力 F,力的方向由左手定则确定。此力在转子上形成一电磁转矩 T,使转子产生旋转。

由此可见,转子的旋转方向将与旋转磁场的旋转方向一致。但旋转速度会低于旋转磁场速度,这样才能在转子导体内不断产生感应电动势和电磁转矩,使转子继续转动。

电动机转子转动的方向和旋转磁场旋转方向是相同的,如要电动机向相反方向转动,必须改变磁场的旋转方向。在三相电路中,电流出现正幅值的顺序依次为 $U_1 \rightarrow V_1 \rightarrow W_1$,因此磁场的旋转方向与这个顺序一致。如果将连接于三相电源的三相绕组的任意两相对调位置,例如 V_1 与 W_1 两相 ,则电动机三相绕组的 V_1 相和 W_1 相对调后,由于三相电源的相序未改变,因而旋转磁场的方向相反,从而使电动机转子跟着改变方向,即反转,如图 4 - 5 所示。

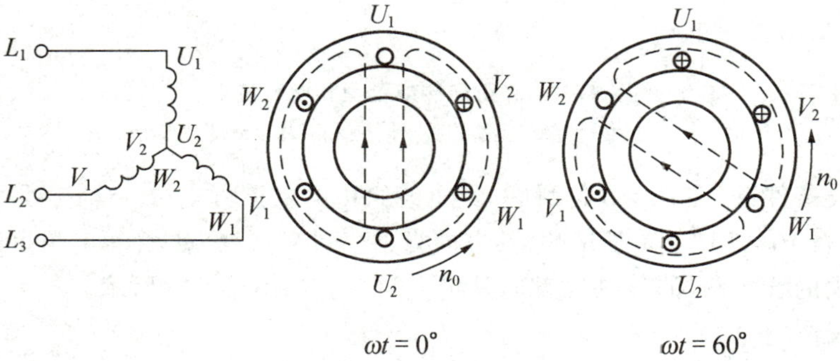

图 4 - 5 旋转磁场反向

第二节 单相交流异步电动机的工作原理

单相交流异步电动机是用单相交流电源供电的异步电动机。它也分为定子和转子两部分。定子部分包括定子铁芯、机座、机壳、绕组等。定子中有两个绕组,一个称为启动绕组,另一称为工作绕组。绕组由单相交流电源供电。转子多为笼形。单相交流异步电动机(除罩极电动机外)结构与三相交流异步电动机基本相似,不再赘述。

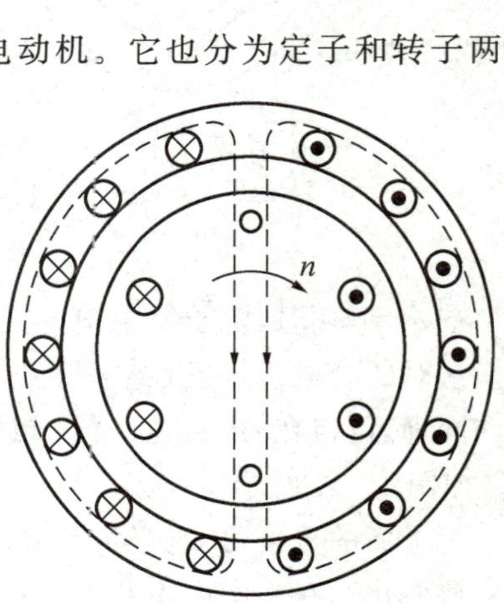

图 4 - 6 单相异步电动机中的脉动磁场

一、脉动磁场的产生

当单相正弦电流通过定子绕组时,产生交变脉动磁场。这个磁场的轴线,就是定子绕组的轴线,在空间保持一固定位置(图 4 - 6)。每瞬时空气隙中各点的磁感应强度 B 按正弦规律分布,它随电流在时间上作正弦变化。图 4 - 7a 所示为单相定子电流波形。图 4 - 7b 是假设将图 4 - 6 的定子圆周，从正中切开，将圆弧拉成直线的展开图。图中，磁感应强度 B_m 为对应于定子电流 $i=I_m$ 时的定子绕组轴线上的磁感应强度。

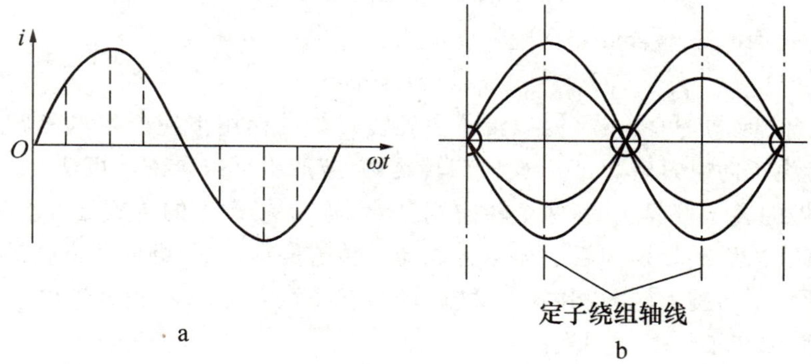

图 4 - 7 单相异步电动机定子电流及磁场

a. 单相定子电流波形图 b. 磁感应强度分布图

为了分析单相感应电动机的旋转原理，这里假想将交变脉动磁场分成两个旋转磁场。它们以同一转速 n_0 向相反方向旋转，其 n_0 为：

$$n_0 = \pm 60 f_1 / P \tag{4 - 2}$$

式中：P——磁极对数。

两个旋转磁场的磁感应强度 B 的幅值相等，并等于脉动磁场的磁感应强度幅值的 1/2，即

$$B'_m = B''_m = B_m / 2 \tag{4 - 3}$$

图 4 - 8 表明不同瞬时两个转向相反、转速相同的旋转磁场的磁感应强度幅值在空间的位置，以及由它们合成的脉动磁场 B 随时间变化的情况。

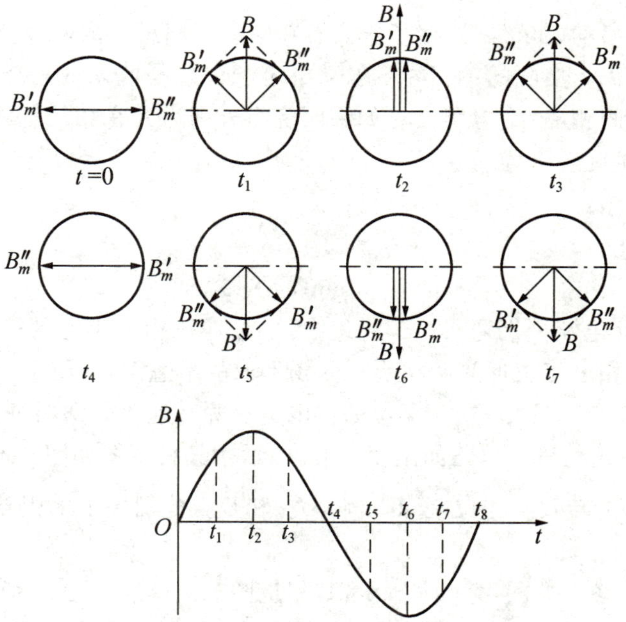

图 4 - 8 两个转向相反旋转磁场合成脉动磁场图

在 $t=0$ 时，两个旋转磁场的磁感应强度矢量 B'_m 和 B''_m 反向，其合成磁感应强度为 $B=0$；到 $t=t_1$ 时刻，B'_m 和 B''_m 按相反方向各在空间中转过了 ωt_1 角度，其合成磁感应强度为：

$$B = B_m \sin\omega t_1$$

依此类推，任何时刻 t，合成磁感应强度应为：

$$B = B_m \sin\omega t \tag{4-4}$$

同三相异步电动机原理一样，笼型转子在旋转磁场的作用下应产生电磁转矩。这里正向旋转磁场，应产生正向电磁转矩 T_+，反向旋转磁场，应产生反向电磁转矩 T_-。

如果电动机的转子是静止的，两个转向相反的旋转磁场产生的转矩是大小相等，方向相反而互相抵消。此时，启动转矩为零。如果将电动机转子推动一下，则电动机会沿推动的方向转动起来。这是因为，与推力转向相同的旋转磁场与转子的作用与三相异动电动机一样。它相对转子的转差率和转子频率分别为：

$$s' = (n_0 - n)/n_0$$
$$f'_2 = s' f_1 \tag{4-5}$$

而反向旋转磁场相对转子的转差率为：

$$s'' = (-n_0 - n)/(-n_0) = 2 - s'$$

因此，反向旋转磁场在转子中产生的感应电动势很大，电流的频率也很高。

$$f''_2 = s'' f_1 = (2 - s') f_1 \approx 2 f_1$$

在此频率下，转子感抗增大，而决定反向转矩大小的 $I_2\cos\phi_2$ 很小。也就是，正向和反向旋转磁场对转子产生的转矩虽然方向相反，但大小不等，且 $T_+ \gg T_-$。所以合成转矩 $T= T_+ - T_-$ 使电动机转子作正向旋转。

单相异步电动机没有启动转矩，这是它的缺点。因此，需用某种特殊方法使其启动。

二、启动转矩的产生

单相异步电动机启动的条件是：定子应具有在空间不同相位的两个绕组，然后两相绕组通入不同相位的交流电流。实际的单相异步电动机定子中总是放入两个绕组，分别为启动和工作绕组。两绕组在空间相隔 90°电角度。如果两绕组分别通入在相位上相差 90°(或接近 90°)的两相电流，也能产生旋转磁场。

设两相电流分别为：

$$i_U = I_{Um} \sin\omega t$$
$$i_V = I_{Vm} \sin(\omega t + 90°) \tag{4-6}$$

将相差 90°的两相电流分别通入工作绕组中，也会像三相异步电动机一样，其合成磁场也是在空间旋转的。两相电流波形和两相旋转磁场形成的示意图，如图 4-9a、b 所示。

如何实现图 4-9 所示的相差 90°相位的供电电源呢？这里介绍两种方法。

1. 交流电源分相式电路　电路如图 4-10a 所示。其相量图如图 4-10b 所示。

从相量图可知，$\dot{U}_{UV}$ 与 $\dot{U}_{DW}$ 相位差 90°。将 U_{UV} 和 U_{DW} 分别接于单相异步电动机两个绕组，可以实现启动和运行。

2. 电容分相式电路　如图 4-11a 所示，其相量图如 4-11b 所示。图中 U_1U_2 绕组并联于同一电源上，电容的作用使 V_1V_2 绕组串联一个电容 C 和一个开关 S，然后再与 U_1U_2 绕组并联于同一电源上，电容的作用使 V_1V_2 绕组回路的阻抗呈容性，从而使该绕组在启动时电流超

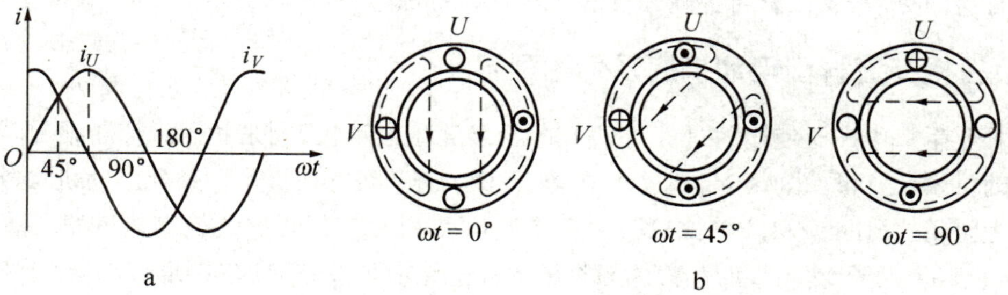

图 4-9 两相绕组电流及旋转磁场的形成

a. 两相电流波形图 b. 两相旋转磁场的形成图

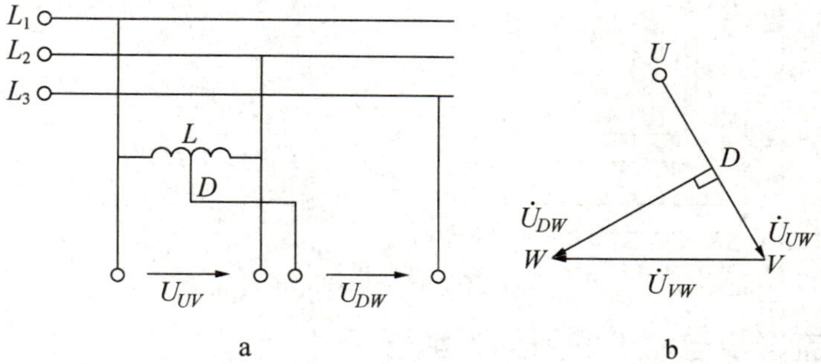

图 4-10 产生 90°相位差的分相式电源及相量图

a. 分相式电源 b. 相量图

前电源电压 U 一个相位角，又由于 V 绕组阻抗为感性，其启动电流落后电源电压 U 一个相位角。这样一来，在电动机启动时，两绕组电流相差一个近似 90°的相位角。

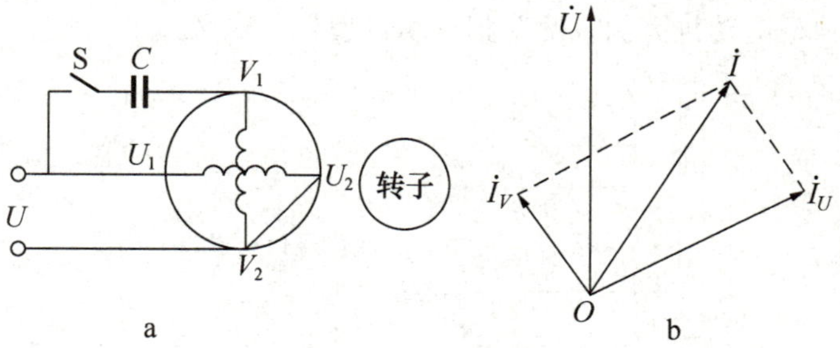

图 4-11 产生 90°相位差的电容分相式电路

a. 电容分相式电路 b. 电容分相相量图

分相式启动的单相异步电动机如果要改变转子的旋转方向，一般采用将某一绕组反接的方法来实现。

第三节 交流异步电动机的系列和型号

交流异步电动机均按规定标准制成不同系列，每种系列又有不同型号。随着制造工艺的进步和材料的更新，要注意与国际标准的接轨，电动机系列号也在更新。

一、三相交流异步电动机的系列和型号

在农业生产中广泛使用的是 Y 系列三相异步笼型电动机，它是我国近年来研制成功的节能型电动机，自 20 世纪 80 年代起逐步取代 J_2、JO_2 老系列电动机。Y 系列电动机按外壳防护等级分为封闭式(IP44)和防护式(IP23)两个基本系列。三相防护式笼型电动机外壳有通风孔，能防止直径大于 12 mm 的小固体异物进入并防止沿垂直方向成 60°角或小于 60°角的水滴对电机的影响，它适用于驱动无特殊要求的作业机械，如水泵、运输机、鼓风机等。三相封闭式笼型电动机外壳封闭并带有自冷却风扇，适用于多尘、潮湿的场合，如农业机械、碾米和磨粉机等。现以 Y132S1－2 型电动机为例说明 Y 系列笼型三相异步电动机型号的意义：

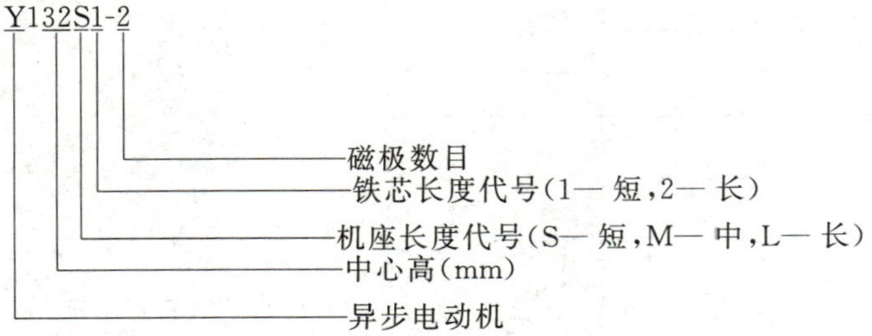

二、单相交流异步电动机的系列和型号

常用单相交流异步电动机有 BO_2、CO_2、DO_2 三个系列。BO_2 系列为单相电阻启动电机，功率在 60～370 W 之间，仅适用于对启动转矩要求不高的场合，如鼓风机等。CO_2 系列为单相电容启动电机，功率在 120～750 W 之间，启动转矩较大，适用于要求满载启动的工作机械，如空气压缩机、冰箱等。DO_2 系列为单相电容运转电机，功率范围为 4～250 W，其功率因数高，运转平稳，适用于风扇等启动转矩要求不高的工作机械，不宜作空载使用。

现以 DO_2－6314型电动机为例说明单相电动机型号的含义：

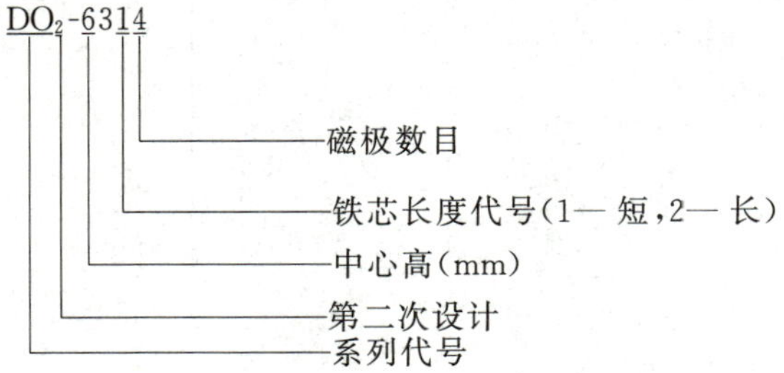

第四节　交流异步电动机的性能指标与工作特性

一、电动机的铭牌及性能指标

(一)铭牌

电动机上都有如图 4－12 所示的铭牌，载明有关重要技术数据，用以表示电动机的主要性

能指标及工作特性，是选用、安装、维修和使用电动机的依据。

三相异步电动机					
型号	Y160M-4	功率	15 kW	频率	50 Hz
电压	380 V	电流	30.3 A	接法	△
转速	1 460 r/min	温升	75℃	绝缘等级	E
功率因数	0.88	重量	150 kg	工作方式	S_1
防护等级	IP44	编号	××××		
××××电机厂			出厂年月××××年×月		

图 4-12 电动机的铭牌

（二）性能指标

1. 电动机的接法 指电动机在额定电压下定子三相绕组的连接方法。电动机定子三相绕组的首、末端均引到接线盒内，国家规定用 U_1、V_1、W_1 表示首端，用 U_2、V_2、W_2 表示末端。定子绕组的 6 个端头可以有三角形（△）和星形（Y）两种接法（图 4-13）。使用时必须按电动机铭牌上规定的接法进行连接。

2. 电动机的额定电压 用 U_e 表示，指三相定子绕组在标定接法时电源应供给的线电压（用 U_L 表示）。对于某一台电动机，其各相绕组所能承受的相电压（用 U_φ 表示）是一定的。因此，当电源线电压一定时，一台异步电动机的接线方法也是固定的。接线错误将引起电压过低或过高，不能正常运行甚至损坏。

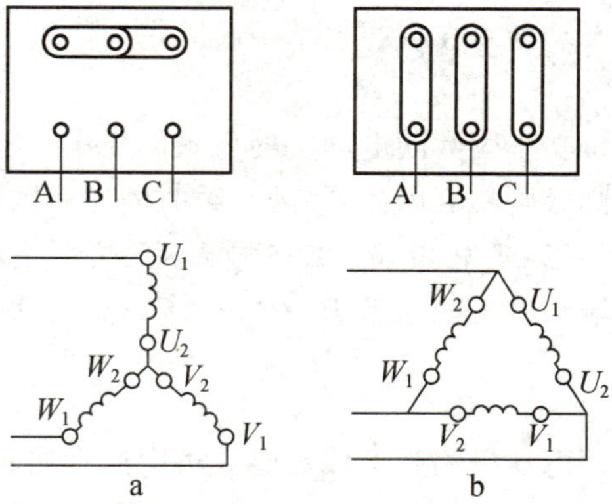

图 4-13 三相异步电动机的接线方法

a. 星形接法 b. 三角形接法

星形连接：$U_\varphi = U_L/\sqrt{3} = U_e/\sqrt{3}$

三角形连接：$U_\varphi = U_L = U_e$

对于标定接法为△形的电动机，若采用 Y 形接法，电动机每相绕组所受电压仅为△形接法的 $\sqrt{3}/3$ 倍，电动机功率降低。根据这一原理，△形接法的电动机若采用 Y 形接法启动，可减轻电机启动（启动时电流大）对电网造成的冲击，启动后再改为△接法进入正常运行。而对于标定接法为 Y 形的电动机，若采用△形接法，定子绕组会因电流过大而损坏。

3. 电动机的额定电流 用 I_e 表示，指三相定子绕组在标定接法及额定负载时电源供给的线电流（I_L）。同样，一台电动机采用不同接法时，定子绕组中的相电流 I_φ 与额定电流关系分别为：

星形连接：$I_\varphi = I_L = I_e$

三角形连接：$I_\varphi = I_L/\sqrt{3} = I_e\sqrt{3}$

电动机工作时，电流随电源线电压及负载而变化。在额定电压下，电流随负载增减而增减；负载过大使电流超过额定值时，电动机会出现过热而易烧损。在额定负载下，线电压过高或过低都会使电流超过额定值，亦会导致电动机过热而烧毁。

电动机启动时，转子导体与旋转磁场的相对速度大，转子导体中感生电流大，由于互感作用使定子绕组中的电流也增大，一般会达到额定电流的4～7倍。因此，在直接供电电源容量不够大时，必须设法限制启动电流的数值。

4. 电动机的功率、功率因数和效率　输入异步电动机的电功率不是全部转换为机械功率，部分电能消耗于电路、磁路和克服摩擦阻力之中。

(1)视在功率：三相电压、电流乘积的总和称为视在功率，它是输入电动机的总电功率，用符号 S 表示，单位为伏安(VA)或千伏安(kVA)。

$$S = 3U_{\varphi}I_{\varphi} = \sqrt{3}U_L I_L$$

(2)有功功率：异步电机用于产生电磁力矩(驱动作业机械的机械能)及在绕组电路和铁芯(磁路)中所消耗的功率称为有功功率，以 P_1 表示，单位为瓦(W)或千瓦(kW)。

$$P_1 = \sqrt{3}U_L I_L \cos\varphi$$

(3)无功功率：视在功率并非全部成为有功功率对外作功。用于建立交变磁场的电功率在电源和电动机之间不停地往返(电能与磁场能交替变换)，这部分电功率称为无功功率，以符号 Q 表示，单位为乏(Var)或千乏(kVar)。

$$Q = \sqrt{3}U_L I_L \sin\varphi$$

(4)功率因数：电压与电流相位差的余弦 $\cos\varphi$，称为电路的功率因数。它反映输入电动机的有功功率在视在功率中的所占的比重。

$$\cos\varphi = P_1/S$$

功率因数随电动机的负载而变化。电动机在额定负载时的功率因数一般为0.7～0.9，负载减轻则功率因数下降，空载时的功率因数仅为0.2～0.3。

(5)效率：电路、磁路和摩擦阻力所消耗的功率(ΔP)使电动机发热，不对外作功，电动机转轴输出的机械功率 $P = P_1 - \Delta P$。有功功率转换为输出功率的程度用效率 η 表示。

$$\eta = \frac{P}{P_1} \times 100\%$$

电动机铭牌上或性能规格中标示的是在额定负载时的效率，一般为0.7～0.9。随着负载减轻，输出功率减少，效率降低；超载时，损耗功率增加，效率亦下降。

(6)额定功率：指在额定电压及额定负载时，转轴输出的机械功率，以符号 P_e 表示。

$$P_e = \sqrt{3}U_e I_e \cos\varphi \cdot \eta \tag{4-7}$$

5. 电动机的转速　电动机的转速有同步转速(n_0)和转轴转速(n)之分。电动机铭牌上标出的额定转速就是指在额定功率下的转轴转速；同步转速是指电动机旋转磁场的转速。由异步电动机的工作原理可知，其转轴转速小于同步转速，其转速差与同步转速的比值称为转差率，用 s' 表示。

$$s' = \frac{(n_0 - n)}{n_0} \times 100\%$$

异步电动机在额定转速时的转差率一般为2%～5%。

6. 温升、绝缘等级和定额　随着电动机的负载运行，各种损耗转化的热量将使绕组及铁芯的温度升高，当负载超过额定值长时间运行时，将导致电动机过热而烧毁。

(1)温升：电动机的温度升高至一定值时将破坏绝缘，为保证电动机正常工作而限制的温度称为允许工作温度。允许工作温度减去规定的环境温度即为电动机的允许温升。

(2)绝缘等级:电动机绕组绝缘材料的耐热性有不同等级,其允许工作温度也不同(表4-1)。按电动机铭牌标示的温升与绝缘等级可确定允许工作温度,便于运行中监测。

(3)定额:规定电动机的额定功率,必须考虑电动机的运行方式。根据作业机械的要求,电动机可有连续(S_1)、短时(S_2)、断续(S_3)三种运行方式。连续运行的电动机在额定功率下可长期连续运行;也可用于短时间运行方式(如水闸门),这时电动机的输出功率可超出其额定功率;若做断续运行,要视停歇时间和运行时间的具体情况而定,但不适应频率高的断续运行。

表4-1 电动机的绝缘等级和温升 ℃

绝缘等级	环境温度	允许温升		允许温度	
		铁芯	绕组	铁芯	绕组
A	40	60	55	100	95
E	40	75	65	115	105
B	40	80	70	120	110

二、电动机的工作特性

在电源电压和转子电阻一定的情况下,转速与转矩的关系曲线 $n=f(T)$,称为电动机的机械特性曲线(图4-14)。电动机在工作时,其轴上作用有两种转矩:一是由旋转磁场的转子感应电流相互作用产生的电磁转矩,它的大小与磁场的强弱和电流的大小成正比;另一个是工作机械作用在电动机轴上的反转矩,称为负载转矩或阻转矩。在机械特性曲线上,我们讨论以下三个转矩。

1. 额定转矩 T_e 指电动机在额定负载时的转矩,它可由电动机铭牌上读到或由式(4-8)计算得到,单位为N·m。

$$T_e = 9\,550 P_e / n_e \tag{4-8}$$

式中:n_e——电动机的额定转速;

P_e——额定功率(kW)。

通常三相异步电动机都工作在图4-14所示特性曲线的 ab 段。当负载转矩增大时,在最初瞬时电磁转矩小于负载转矩,转速 n 下降,于是电磁转矩上升。当电磁转矩等于负载转矩时,电动机在新的稳定状态下运行,此时转速较以前低些。图中盘 ab 段较平坦,当负载在空载和额定载荷间变化时,电动机转速变化不大,这种特性是三相异步电动机的优点。

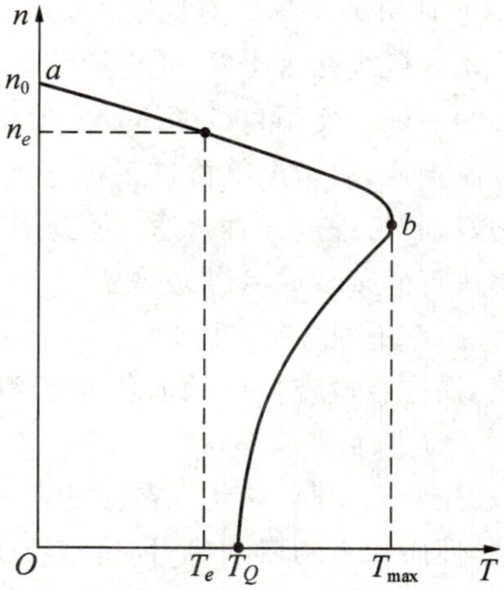

图4-14 三相异步电动机的机械特性曲线

2. 最大转矩 T_{max} 在机械特性曲线上的 b 点对应着一个转矩最大值,称为最大转矩。随着负载转矩增加,电动机转速下降而电磁转矩增加,以克服增加的负载转矩。当负载转矩超过 T_{max} 时,电动机停止运转,发生所谓"闷车"现象,绕组电流立即升高至正常的6~7倍,若持续过长时间会导致电动机过热而烧毁。如果过载时间短,电动机不至于立即过热，是允许的。因此，最大转矩也表征电机短时允许过载能力。电动机的最大转矩与额定转矩间的比值称为过载系数 λ：

$$\lambda = T_{max}/T_e$$

3. *启动转矩 T_Q* 在启动瞬间，转轴转速 $n=0$ 时的电磁转矩称为启动转矩 T_Q。电动机的启动能力用启动转矩与额定转矩的比值衡量，该比值称为启动转矩倍数。

第五节 电动机的正确使用

一、电动机的选择

1. *型号的选择* 在潮湿、多尘或面粉加工、饲料加工等场所，应选用封闭式电动机。在机械加工等比较干燥、飞灰较少的场所，可选用防护式电动机。潜水电泵应采用密封式电动机。易爆场所应采用防爆型电动机。在湿热带地区应尽量采用湿热带型电动机。

2. *容量的选择* 电动机的容量应正确选择。若容量选得过小，则往往不能启动。即使能够启动，电流也会超过额定值，导致电动机过热或烧毁。若容量选择过大，则不能充分发挥电动机的作用，电动机的效率和功率因数不高，造成电力和资金浪费。

电动机容量一般应选比负载功率稍大一点(大 10%左右)。

选择电动机容量时，要考虑变压器的容量。直接启动的最大一台电动机的容量，不宜超过变压器容量的 35%左右。

3. *转速的选择* 电动机和它所拖动的生产机械都有自己的额定转速。转速配套的原则是：配套后，电动机和生产机械都在额定转速下运行。

选择电动机时，应先了解生产机械的额定转速和传动方式，以便确定电动机的额定转速。如果用联轴器直接传动，电动机的额定转速应等于生产机械的额定转速。如果用皮带传动，电动机的额定转速不应和生产机械的额定转速相差太多，若相差太多，皮带容易打滑。

二、电动机的安全使用

1. *启动前的检查* 对新投入或长时间停用的电动机，启动前要检查基座是否稳固，螺丝是否拧紧．接线是否正确，是否缺油。熔丝是否符合额定电流要求，启动装置是否灵活，触头是否接触良好。使用自耦变压器时要检查是否缺油，油是否变质。检查启动设备的金属外壳是否可靠接地，用验电笔检查三相电源是否有电。联轴器的螺丝和销子是否坚固，皮带连接处是否良好，紧松程度是否合适。不应有摩擦、卡位及不正常的声音。同时检查电动机周围有没有妨碍运行的杂物或易燃易爆品。

2. *启动时的注意事项*

(1)操作者检查自己的衣帽是否符合作业要求，防止误被卷入机器之中，机组旁边不得有人。

(2)拉合刀闸时，操作人员应站在一侧，防止被电弧烧伤，拉合闸动作要果断迅速。

(3)使用双刀闸启动，Y-D 启动器或自耦降压启动时，必须按顺序操作。

(4)数台电动机共用一台变压器时要从大到小逐台启动。

(5)一台电动机连续多次启动时，要按规定间隔一定时间，防止电动机过热。一般连续启动不宜超过 3～5 次。

(6)合闸后如果电动机不转或声音不正常时要迅速拉闸检查。

3. 运行中的监视 对运行中的电动机要进行监视,主要有以下几个方面。

(1)电动机的电流不得超过其额定电流。

(2)电动机的电压不可过低。

(3)电动机的温升不得超过允许温升。对 E 级绝缘的电动机定子线圈最高允许温度为 105℃,转子线圈最高允许温度为 105℃;最高允许温升均为 65℃。

(4)轴承温度一般不应超过 70℃。

(5)电动机运转声音是否正常。

4. 电动机的日常维护

(1)经常保持清洁,不允许有水滴、油污和飞尘落入机体内。

(2)负载电流不允许超过额定值。

(3)经常检查轴承润滑情况。一般在更换润滑油前,将轴承及轴承盖先清洗干净,润滑油的容量不应超过轴承内容积的 70%。

(4)经常监听运行声音是否正常。

(5)监测电动机各部温度。

(6)检查机壳接地或零线接地是否良好。

(7)每年至少对电动机进行两次定期检查,并进行一次大修。大修的拆解程度视电动机使用程度而定。

思 考 题

1. 简述三相交流异步电动机的构造及工作原理。
2. 简述单相交流异步电动机的工作原理及启动转矩的产生方法。
3. 交流异步电动机的性能指标有哪些?
4. 简述电动机的工作特性。
5. 交流异步电动机的型号是如何标定的。
6. 简述交流异步电动机的使用方法。

第五章　土壤耕作机械

◆**学习目标**

通过本章的学习，重点掌握铧式犁和旋耕机的类型、构造、工作原理及使用方法；了解整地机械、联合耕作机、保护性耕作机械和中耕机械的类型、构造及工作原理。

土壤耕作是整个农业生产过程中的一个重要环节，耕作的目的是疏松土壤，恢复土壤的团粒结构，以便积蓄水分和养分，覆盖杂草、肥料，防止病虫害，为作物、蔬菜、果树的生长发育创造良好的条件。

土壤耕作机械的种类较多，根据耕作的深度和用途不同，可把土壤耕作机械分为两大类：一是耕地机械，它是对整个耕作层进行耕作，常用的有铧式犁、圆盘犁、重型松土机等。二是整地机械，即对耕作后的浅层表土再进行耕作。按动力来源分为牵引型和驱动型两种，牵引型整地机械包括圆盘耙、齿耙、滚耙、水田耙、镇压器、轻型松土机、中耕机等；驱动型整地机械包括旋耕机、驱动船、机耕船、灭茬机、秸秆还田机等，其耕作深度约等于播种深度。此外，还有兼有耕整功用的联合耕作机械，如耕耙犁、联合耕作机等。

随着现代化农业科学技术的发展，常规的耕作方法已不适应农作物的种植和生长对耕作质量的要求，少耕、保水耕作、免耕(残茬覆盖、地表灭茬)等保护性耕作技术越来越受到重视。

常规耕作法通常指作物生产过程中由机械耕翻、耙压和中耕等组成的土壤耕作体系。在一季作物生长期间从耕翻、耙碎、镇压、播种、中耕、除草、施肥、开沟、喷药到收获等作业，机具进地多次。

少耕是指在常规耕作基础上减少土壤耕作次数和强度(如田间局部耕翻、以耙代耕、以旋耕代犁耕、耕耙结合、板田播种、免中耕等)；保水耕作是对土壤表层进行疏松、浅耕，防止或减少水分蒸发的一种耕作方法(如浅旋耕、浅耙、中耕除草等)；免耕则是免除土壤耕作，直接播种农作物的一类耕作方法，它一般不进行播前土壤耕作，播后也很少进行土壤管理。地表灭茬主要是对收获后的作物残茬或秸秆进行粉碎、还田，消除残茬，利于耕翻、播种，保持土壤水分的一种耕作方法。

第一节　铧 式 犁

一、铧式犁的种类及特点

铧式犁应用广泛，种类繁多，按动力可分为畜力犁和机力犁；按与拖拉机挂结的形式可分为牵引犁、悬挂犁和半悬挂犁；按重量可分为轻型犁和重型犁；按用途分可分为旱地犁、水田犁、果园犁、灌木-沼泽地犁等。

我国机引铧式犁根据其适用地区不同可分南方水田犁和北方旱作犁两大系列。每一系列依其强度及适于土壤比阻值范围不同，又分多种型号。南方水田犁系列主要为中型犁，水旱耕通用，耕深一般为 16～22 cm，单犁体耕宽为 20～25 cm。北方系列犁可分为中型犁和重型犁两类，耕深范围是 18～30 cm。单犁体耕宽为 25～35 cm，犁体数为 2～5 个。中型犁适用于地表残茬较少的轻质和中等土壤，重型犁适用于残茬较多的黏重土壤。

1. 牵引犁（图 5-1）　牵引犁与拖拉机间单点挂接，拖拉机的挂接装置对犁只起牵引作用，在工作或运输时，其重量均由本身具有的轮子承受。耕地时，借助机械或液压机构来控制地轮相对犁体的高度，从而达到控制耕深的目的。

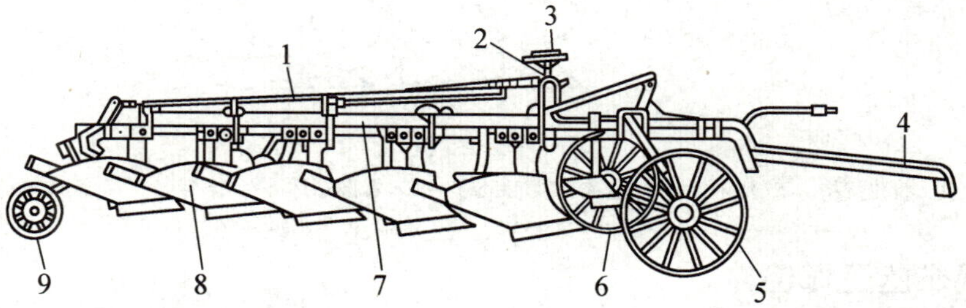

图 5-1　牵引犁

1. 尾轮拉杆　2. 水平调节手轮　3. 深浅调节手轮　4. 牵引杆　5. 沟轮　6. 地轮　7. 犁架　8. 犁体　9. 尾轮

牵引犁结构较复杂，作业时地头转弯半径大，机动性差。

2. 悬挂犁（图 5-2）　悬挂犁是通过悬挂架与拖拉机的三点悬挂机构连接，靠拖拉机的液压提升机构升降，运输时，全部重量由拖拉机承受。其结构紧凑、重量轻、机动性强，应用广泛。

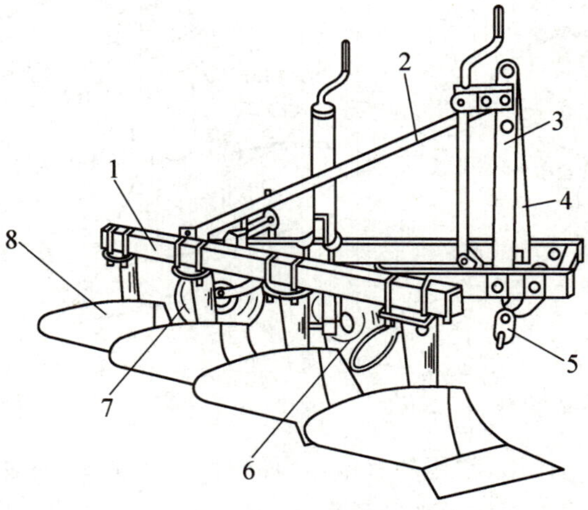

图 5-2　悬挂犁

1. 犁架　2. 中央支杆　3. 右支杆　4. 左支杆　5. 悬挂轴　6. 限深轮　7. 犁刀　8. 犁体

半悬挂犁的结构特点介于牵引犁与悬挂犁之间。

3. 翻转犁（图 5-3）　翻转犁可实现双向翻土，减少空行程，提高作业效率。国内目前采用较多的是在犁架上、下装两组不同方向的犁体，通过翻转机构在往返行程中分别使用，达到向一侧翻土的目的。这种犁国内主要用在中型拖拉机上，犁体数为 2～4 对。其主要优点是耕后地表平整，没有沟垄，在斜坡耕作时，沿等高线向下翻土，还可减少坡度。

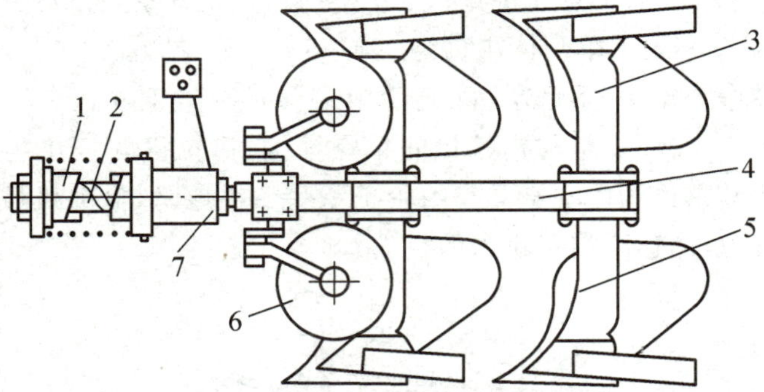

图 5-3　翻转犁

1. 翻转机构　2. 犁轴　3. 左翻犁体　4. 犁架　5. 右翻犁体　6. 圆犁刀　7. 悬挂架

二、铧式犁的工作部件

铧式犁的工作部件主要有犁体、小前犁和犁刀。有的铧式犁还有深松铲和灭茬器等辅助工作部件。

1. 犁体　犁体是铧式犁的主要工作部件，一般由犁铧、犁壁、犁侧板及犁柱、犁托组成（图 5-4）。犁铧、犁壁、犁托等部件组成一个整体，通过犁柱安装在犁架上。犁体的功用是切土、破碎和翻转土壤，达到覆盖杂草、残茬和疏松土壤的目的。

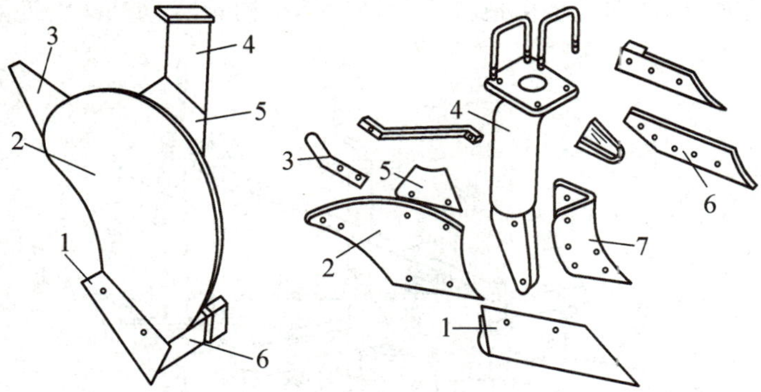

图 5-4　犁体

1. 犁铧　2. 犁壁　3. 延长板　4. 犁柱　5. 滑草板　6. 犁侧板　7. 犁托

犁铧主要起入土、切土作用，常用的有凿形、梯形和三角形犁铧（图 5-5）。犁壁与犁铧构成犁体曲面，将犁铧移来的土壤加以破碎和翻转，犁壁有整体式、组合式和栅条式。犁侧板位于犁铧的后上方，耕地时紧贴沟壁，承受并平衡耕作时产生的侧向力和部分垂直压力，具有保持犁体直线前进、稳定耕宽和耕深的作用。犁托将犁铧、犁壁、犁侧板、犁柱联成一体，起承托和传力作用。犁柱用来将犁体固定在犁架上，并将动力由犁架传给犁体，带动犁体工作。

2. 小前犁　小前犁位于主犁体左前方，将土垡上层部分土壤、杂草耕起，并先于主垡片的翻转落入沟底，从而改善了主犁体的翻垡质量。在杂草少、土壤较松的熟地耕作时，可以不用小前犁。小前犁主要有铧式、切角式和圆盘式三种结构形式。

3. 犁刀　犁刀通常装在最后一个主犁体和小前犁的前方。它的功用是沿垂直方向切开土壤，防止沟墙塌落。犁刀有圆犁刀和直犁刀两种，直犁刀工作阻力较大，适用于特种犁。圆

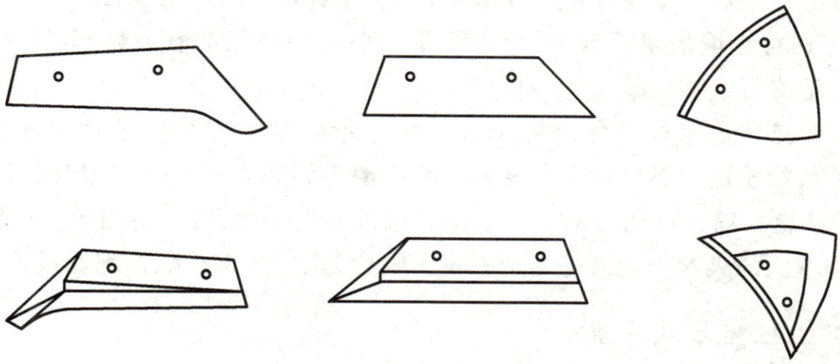

图 5-5　常用犁铧形式

a. 凿形铧　b. 梯形铧　c. 三角形犁铧

犁刀(图 5-6)切土阻力小,不易挂草和堵塞,应用较广。

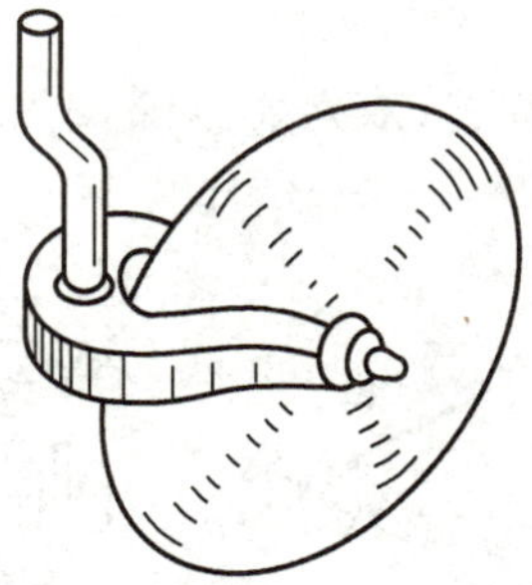

图 5-6　圆犁刀

第二节　耙与镇压器

耕地后土垡间存在着很多大孔隙,土壤的松碎程度与地面的平整度还不能满足播种和栽植的要求。所以,必须进行整地,为作物的发芽和生长创造良好的条件。在干旱地区用镇压器压地是抗旱保墒,保证作物丰产的重要农业技术措施之一。有的地区应用钉齿耙进行播前、播后和苗期耙地除草。

整地机械包括耙(圆盘耙、水田耙和钉齿耙)、耢、镇压器、起垄犁和作畦机等。其中圆盘耙的应用最为广泛。

圆盘耙主要用于旱地犁耕后的碎土及播种前的松土、除草。此外,由于圆盘耙能切断草根和作物残茬,搅动和翻转表土,故可用于收获后的浅耕灭茬作业。撒播肥料后可用它进行覆盖,也可用于果园和牧草地的田间管理。

一、圆盘耙的类型

(一)按机重与耙片直径分类

圆盘耙按机重与耙片直径分重型、中型和轻型三种。

1. 重型圆盘耙　耙片直径为660 mm,单片机重(机重/耙片数)为50～65 kg。适用于开荒地、沼泽地等黏重土壤的耕后碎土,也可用于黏壤土的灭茬耙地。每米耙幅的牵引阻力为600～800 kg。耙深可达18 cm。

2. 中型圆盘耙　耙片直径为560 mm,单片机重为20～45 kg。适用于黏壤土的耕后碎土,也可用于一般壤土的灭茬耙地。每米耙幅牵引阻力为300～500 kg。耙深可达14 cm。

3. 轻型圆盘耙　耙片直径为460 mm,单片机重为15～25 kg。适用于一般壤土的耕后碎土,也可用于轻壤土的灭茬耙地。每米耙幅牵引阻力为250～300 kg。耙深可达10 cm。

(二)按机组挂接方式分类

圆盘耙按机组挂接方式分为牵引式、悬挂式和半悬挂式三种。重型圆盘耙多为牵引式或半悬挂式;中型和轻型圆盘耙多为悬挂式,也有牵引式或半悬挂式。宽幅圆盘耙仍以牵引式为主。牵引式圆盘耙地头转弯半径大,运输不方便,适于大地块作业。悬挂式圆盘耙配置紧凑,机动灵活,运输方便,适应性较强。

(三)按耙组的配置方式分类

圆盘耙按耙组的配置方式分单列式、双列式、对称式、偏置式、交错式(图5-7)等。

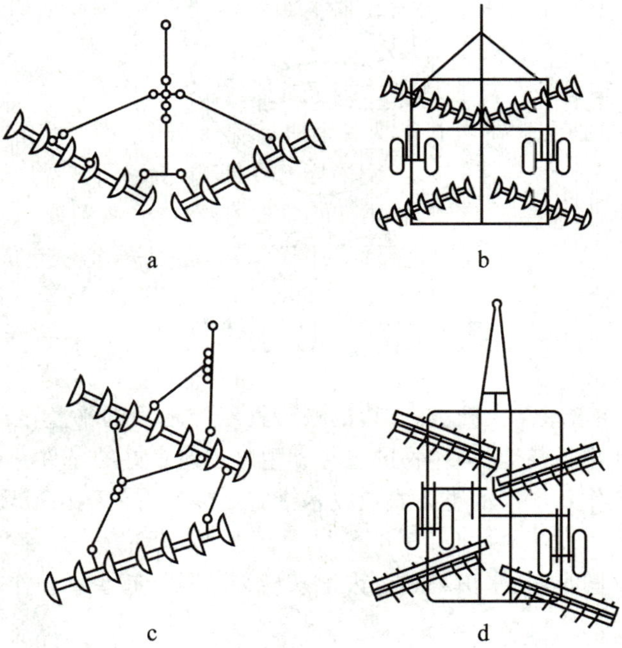

图5-7　耙组排列方式

a. 单列对称式　b. 双列对称式　c. 双列偏置式　d. 交错排列式

对称式排列的耙组位置左右对称,圆盘的方向相反(面对面或背靠背)。作业时,在中缝处留有残沟或土埂,须用弹性齿铲搂平。交错式排列,则可大为改善。双列式排列时,后列耙组的耙片正处于前列耙组的相邻两圆盘之间,彼此错开,这样可使同一耙组上的圆盘间距增大1倍以避免泥土堵塞,这也是一般圆盘耙组都排成前后两列的原因。有些圆盘耙为避免在地面上留下一条沟痕，影响播种，常在两侧最外边加一个直径较小的耙片，它具有填平耙沟和刮平土埂的作用。

二、圆盘耙的构造和工作过程

（一）圆盘耙的构造

圆盘耙构造大致相同，主要由耙组、偏角调节机构、耙架、牵引架（或悬挂架）等组成。牵引式耙上还有起落调平机构及行走轮。图 5-8 为悬挂式圆盘耙。

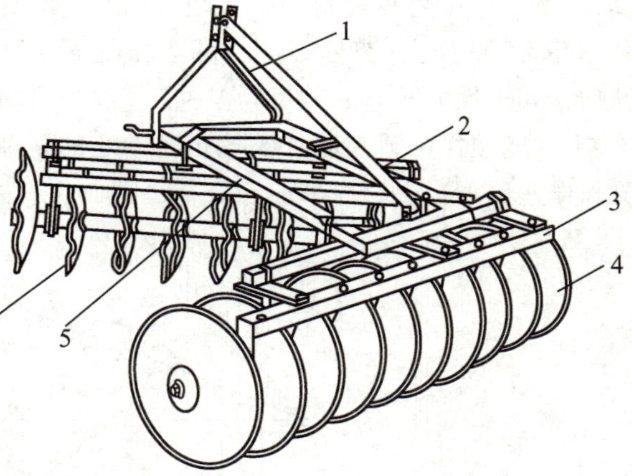

图 5-8　悬挂式圆盘耙

1. 悬挂架　2. 横梁　3. 刮泥装置　4. 圆盘耙组　5. 耙架　6. 缺口耙组

1. 耙组　耙组是圆盘耙的工作部件，耙组由装在方轴上的若干个耙片组成。耙片通过间管而保持一定间隔。耙片组通过轴承和轴承支板与耙组横梁相连接。为了清除耙片上黏附的泥土，在横梁上装有刮土铲。

耙片为一球面圆盘，耙片凸面周边磨刃，分全缘耙片和缺口耙片两种。缺口耙片在耙片外缘有 6～12 个三角形、梯形或半圆形缺口。缺口耙片的缺口部位也磨刃。缺口耙片入土能力强，也易于切断残茬，适用于黏重土壤和荒地。重型耙多采用缺口耙片；轻型耙则用全缘耙片；中型耙常用二者的组合，前列用缺口耙片，后列用全缘耙片。

2. 耙架　用来安装圆盘耙组、调节机构和牵引架（或悬挂架）等部件。有铰接耙架和刚性耙架两种。有的耙架上还装有载重箱，以便必要时加配重，以增加或保持耙深。

3. 角度调节器　用于调节圆盘耙的偏角，以适应不同耙深的需要。角度调节器的形式有丝杠式、齿板式、液压式、插销式等。

丝杠式用于部分重型耙上。这种形式结构复杂，但工作可靠。齿板式在轻型耙上使用，调节比较方便，但杆体容易变形，影响角度调节。插销式结构简单，工作可靠，调整时，将耙升起，拔出锁定销，推动耙组横梁使其绕转轴旋转，到合适的位置时，把锁定销插入定位孔定位，一般在中型耙和轻型耙上采用。液压式用于系列重型耙上，虽然结构复杂，但工作可靠，操作容易。

4. 牵引或挂接装置　对于悬挂式圆盘耙，其悬挂架上有不同的孔位，以改变挂接高度。对于牵引式圆盘耙，其工作位置和运输位置的转换是通过起落机构实现的。起落过程由液压油缸升降地轮来完成，耙架调平机构与起落机构联动，在起落过程同时改变挂接点的位置，保持耙架的水平。在工作状态，可以转动手柄，改变挂接点的位置，使前后列耙组的耕深一致。

（二）圆盘耙的工作过程

圆盘耙工作时，耙片回转平面（刃口平面）垂直于地面，并与机器的前进方向成偏角 α，在牵引力作用下滚动前进，在重力和土壤阻力的作用下切入土中，并达到一定的耙深。耙片运动可以看作是滚动和移动的复合运动。

如图 5-9 所示，耙片从 A 点到 C 点回转一周的复合运动可分解为：由 A 点到 B 点的滚动和由 B 点到 C 点的移动。在滚动中耙片刃口切碎土块、草根及作物残茬。在移动中，由于耙片的刃口和曲面的综合作用，进行推土、铲草、碎土、翻土和覆盖。当口角减小时，则推土、铲草、碎土和翻土等作用减弱，入土性能较差。相反，在一定范围内，口角增大，则推土、铲草、碎土和翻土等作用增强，入土性能较好。圆盘耙片的偏角有一定的调节范围，一般为 14°～23°，以适应不同的土壤情况和作业要求。

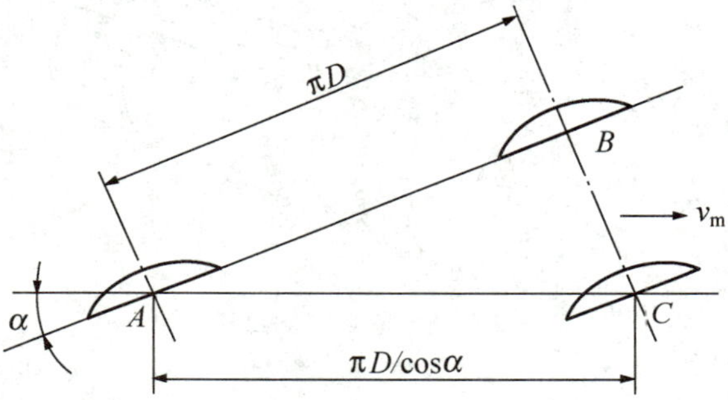

图 5-9　耙片运动分解示意图

（三）耙地的方法

耙地的方法按犁耕方向分有顺耙、横耙和斜耙三种。顺耙时，耙地方向与犁耕方向一致，颠簸与阻力都小，但垄沟不易耙平，碎土作用也差，适用于轻质土壤和狭长地块。垂直于耕地方向进行耙地称为横耙，平地和碎土作用都强，但机具振动、阻力大，在较宽的大地块可用此法，黏重土壤犁耕后不能横耙，以免引起返垡。斜耙又称对角耙，耙地方向与犁耕方向成 45°角，平地、碎土作用都较好，机组行进也较平稳，是较好的耙地方法，但行走路线较复杂，适宜于大地块。

按行走路线分耙地方法有以下几种：

1. 梭形耙法　依次往返顺耙（图 5-10a），最后横耙地头，适于狭长地块。

2. 回形耙法　由地边开始逐步向内绕圈耙（图 5-10b），为防漏耙，最后在四角要往返耙一次，在小地块耙地可采用此法。

3. 套耙法　相当于套圈回形耙（图 5-10c），适用于大地块。

4. 对角交叉耙法　按此法行走，相当于斜耙 2 次（图 5-10d，e），在土质黏重、地块较大时，采用此法耙地效果较好。

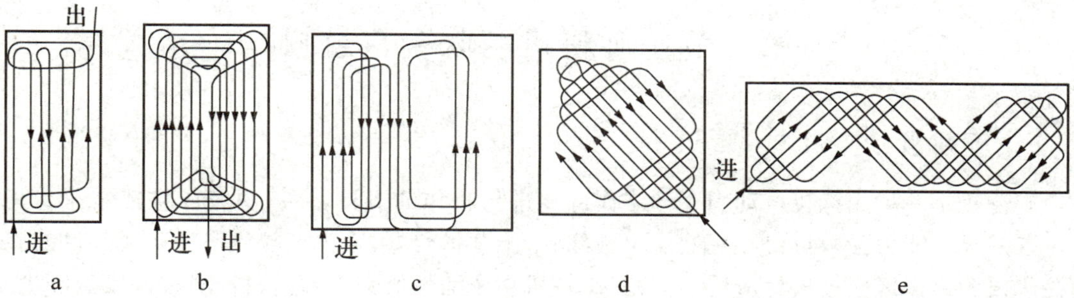

图 5-10　耙地的方法

a. 梭形耙法　b. 套耙法　c. 回形耙法　d,e. 对角交叉耙法

三、镇压器

镇压器主要用于压碎土块，压紧耕作层，平整土地或进行播后镇压，使土壤紧密，有利于土壤底层水分上升，促使种子发芽，也可用于压碎雨后地表硬壳。在干旱多风地区还能防止土壤的风蚀。常用的镇压器根据形状不同可分为 V 形、网环形和圆筒形三种(图 5-11)。

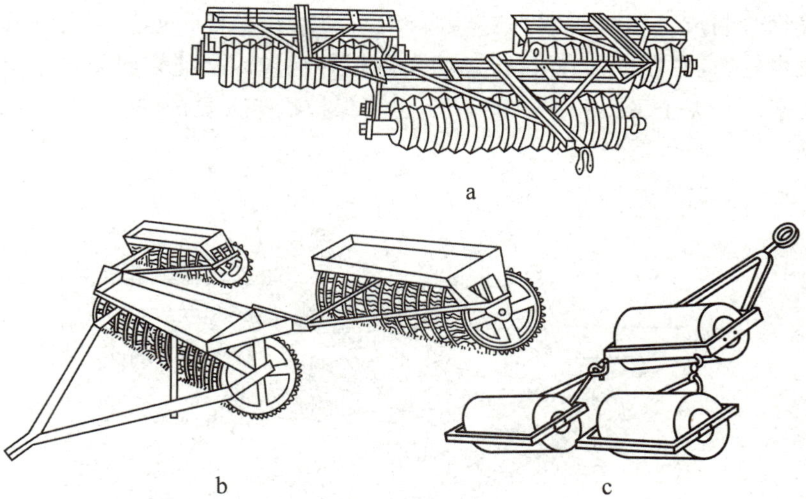

图 5-11　镇压器

a. V 形　b. 网环形　c. 圆筒形

V 形镇压器(图 5-11a)由若干个具有 V 形边缘的铸铁镇压轮穿在一根轴上组成，一般由三组镇压轮排列成“品”字形。具有碎土能力强，压后地表呈波状起伏，可减少风蚀的特点。镇压轮的轴孔与轮轴之间有较大间隙，工作时，镇压轮绕轴回转，并上、下窜动，可防止轮面粘土，网环形镇压器(图 5-11b)的构造与 V 形镇压器相似，但工作部件(网环)的外缘为网形，而且直径和重量也较 V 形轮大，压后地表呈网状压痕。其特点是下透力大，以压实心土为主，并使表土保持疏松，有较好的保墒作用，适合镇压黏重土壤。圆筒形镇压器(图 5-11c)是用铸铁或钢板制成圆柱形筒。其特点是结构简单，接地面积大，压强小，对表土镇压作用强，而对心土镇压作用弱，压后地表易有裂痕，会造成透风和水分蒸发。

第三节　旋耕机与联合耕整机

一、旋耕机

旋耕机是一种用拖拉机动力驱动工作部件进行耕作的机具，能一次完成耕耙作业。其工作特点是碎土能力强，耕后地表平整，土壤细碎，土肥掺合好，减少拖拉机进地次数。目前旋耕机在水田和菜田区已被广泛应用。但是，旋耕机功率消耗比铧式犁高，耕深较浅，覆盖质量差，不利于消灭杂草。

旋耕机有与手扶拖拉机、轮式拖拉机和履带拖拉机配套的各种型号。

(一)旋耕机的类型、构造与工作原理

旋耕机按旋耕刀轴的位置可分为横轴式(卧式)、立轴式(立式)和斜轴式；按与拖拉机的联接方式可分为牵引式、悬挂式和直接联接式；按刀轴传动方式可分为中间传动式和侧边传动式。侧边传动式又分侧边齿轮传动和侧边链传动两种形式。

旋耕机主要由机架、传动系统、旋转刀轴、刀片、耕深调节装置、罩壳等组成(图 5-12)。旋耕刀轴由无缝钢管制成。轴的两端焊有轴头，用来和左右支臂铰连。轴上焊有刀座或刀盘。机架是由中央齿轮箱、左右主梁、侧边传动箱和侧板等组成。悬挂架同悬挂犁上的相似，挡泥罩和平土板用来防止泥土飞溅和进一步碎土，也可保护机务人员的安全，改善劳动条件。

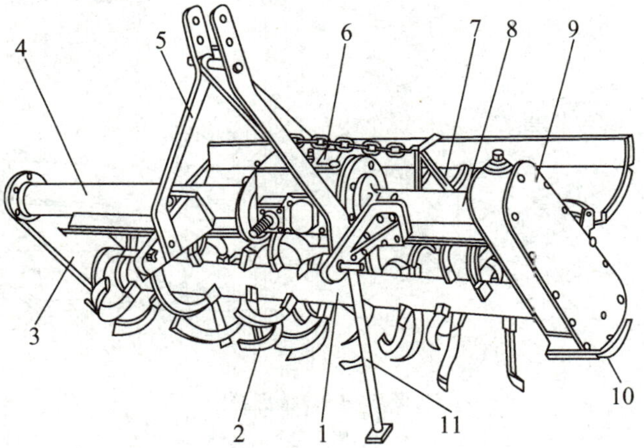

图 5-12　旋耕机的构造

1. 刀轴　2. 刀片　3. 右支臂　4. 右主梁　5. 悬挂架　6. 齿轮箱　7. 罩壳　8. 左主梁　9. 传动箱　10. 防磨板　11. 撑杆

旋耕机工作时，刀片一方面由拖拉机动力输出轴驱动作回转运动，一方面随机组前进作等速直线运动。刀片在切土过程中，先切下土垡，抛向并撞击罩壳与平土拖板细碎后再落回地表上。机组不断前进，刀片就连续不断地对未耕地进行松碎(图 5-13)。

(二)旋耕机的主要工作部件

刀轴和刀片是旋耕机的主要工作部件，刀轴主要用于传递动力和安装刀片。常见的刀片

有弯形、凿形和直角刀片(图 5-14)。弯形刀片(分左弯和右弯)有滑切作用,不易缠草,具有松碎土壤和翻土覆盖能力,但消耗功率较大。国内生产的旋耕机大多配用弯形刀片。凿形刀片入土和松土能力较强,功率消耗小,但易缠草,适用于土质较硬或杂草较少的旱地耕作。直角刀片的性能同弯形刀片相近,国内生产和使用的较少。

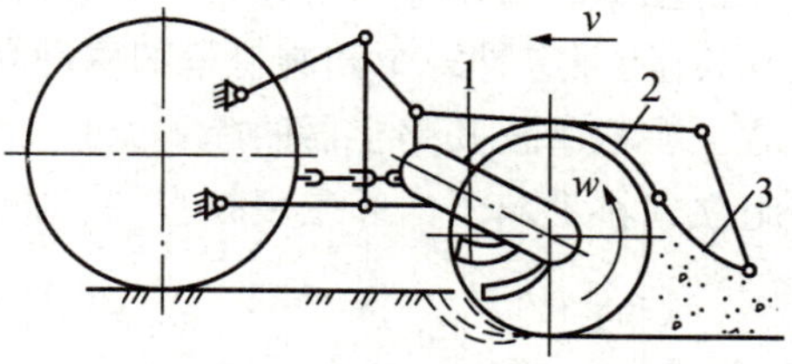

图 5-13 施耕机的工作过程

1. 刀片 2. 罩盖 3. 平土拖板

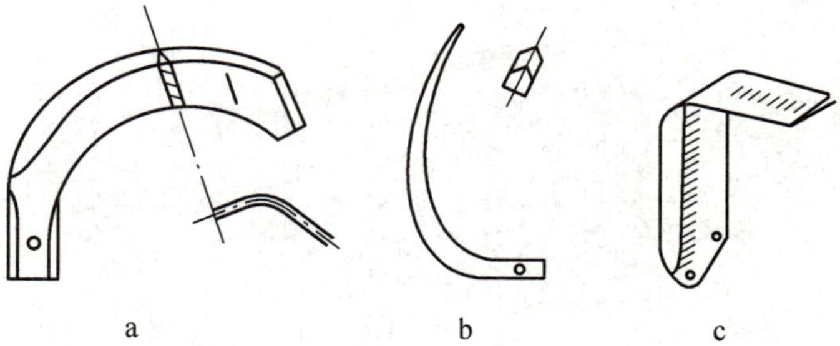

图 5-14 刀片的形式

a. 弯形刀片 b. 凿形刀片 c. 直角刀片

(三)旋耕机的使用

1. 正确安装旋耕机刀片　旋耕机刀轴上的刀座排列呈两条螺旋线,且左右弯刀交叉排列,每条螺旋线上的刀片弯向相同,安装刀片时应参照说明书,从刀轴一端起,沿一条螺旋线安装同一弯向刀片,然后再安装另一螺旋线上的刀片,并拧紧所有紧固螺母。

2. 正确操作旋耕机　启动发动机前应将旋耕机离合器手柄置于分离位置,进地前,将旋耕机升起,再结合动力,让旋耕机空转,待达到预定转速后,挂上前进挡,缓松离合器踏板,慢慢降落旋耕机使其逐渐入土,并逐渐加大油门进入正常作业状态。严禁先降落后结合动力的错误做法。转弯和倒车时,必须在提升后进行,禁止工作中转弯和倒车。

3. 耕深和碎土性能调整　耕深调整一般是通过液压手柄、限深轮或改变斜拉杆的长度进行的。手柄向下,提升限深轮或加长斜拉杆的长度均可使耕深增加;反之,则耕深减小。

旋耕机的碎土性能与拖拉机前进速度和刀轴转速有关。当刀轴转速一定时,拖拉机前进速度越慢,碎土质量越好;反之,则变差。

二、联合耕整机

耕作机械中能一次完成两种以上作业项目的机具称为联合耕整机。按联合耕作的方式不同可分为深松联合耕整机、耕耙犁、多用组合犁等多种形式。

深松联合耕整机是为适应机械深松少耕法的推广和大功率轮式拖拉机发展的需要而设计的,主要适用于我国北方干旱、半干旱地区,以深松为主,兼顾表土松碎、松耙结合的联合作业,既可用于隔年深松破除犁底层,又可用于形成上松下实的熟地全面深松,也可用于草原牧草更新、荒地开垦等其他作业。

耕耙犁的工作部件由铧式犁和旋转碎土器两部分组成，在犁体翻垡的同时，旋转碎土器将垡片打碎，兼有铧式犁和旋耕机的两种功能，适用于水、旱耕作，在潮湿黏重的土壤上效果更为显著。耕耙犁按其碎土器的配置方式不同，可分为分组立式、分组卧式和整组卧式三种。其中分组立式耕耙犁国内外应用较多，其结构如图 5 - 15 所示。

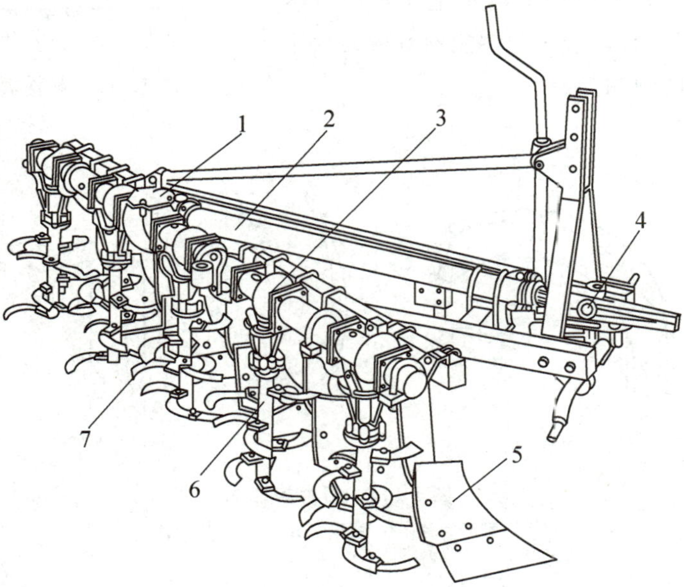

图 5 - 15　分组立式耕耙犁

1. 主传动轴　2. 输入轴　3. 分传动轴　4. 万向节　5. 铧式犁　6. 旋转碎土器　7. 弯刀

第四节　保护性耕作机具

保护性耕作是相对于传统翻耕的一种新型耕作技术。它是用大量秸秆残茬覆盖地表，将耕作减少到只要能保证种子发芽即可，并主要用农药来控制杂草和病虫害的一种耕作技术。由于它有利于保水、保土，所以称为保护性耕作。

保护性耕作机具是以保护农田表面土壤为目的，采用机械化耕作手段，提高土壤的蓄水保墒能力，防止水土流失的一种机械化作业方式。保护性耕作机具种类比传统耕作机具少，但结构和性能比传统复杂且要求高。常用的保护性耕作机具有深松机、灭茬机、秸秆还田机、免耕播种机等。

一、深松机

深松机一般是对超过正常犁耕深度的松土作业，它可以破坏坚硬的犁底层，加深耕作层，增加土壤的透气和透水性，改善作物根系生长的环境。常用的深松机有深松犁和层耕犁。

深松犁一般采用悬挂式，基本结构如图 5 - 16 所示，其主要工作部件是装在机架后横梁上的凿形深松铲。连接处备有安全销，以防碰到大石头等障碍时，剪断安全销，保护深松铲。限深轮装于机架两侧，用于调整和控制耕作深度。有些小型深松犁没有限深轮，靠拖拉机液压悬挂油缸来控制深度。

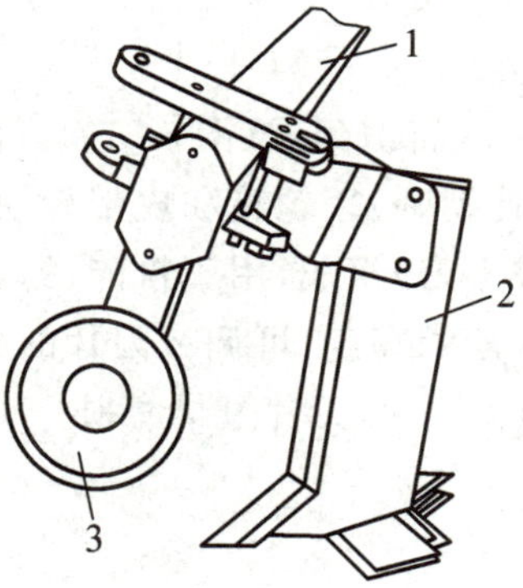

图 5-16 深松犁

1. 机架 2. 深松铲 3. 限深轮

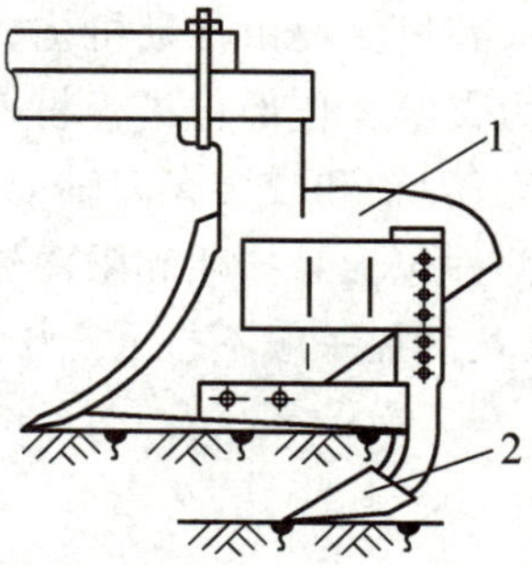

图 5-17 层耕犁

1. 主犁体 2. 松土铲

深松铲与铧式犁组合层耕犁如图 5-17 所示。铧式犁在正常耕深范围内翻土，而深松铲将下面的土层松动，达到上翻下松，不乱土层的深耕要求。

深松铲是深松机的主要工作部件，由铲头、立柱两部分组成(图 5-18)。铲头又是深松铲的关键部件。最常用的是凿形铲，它的宽度较窄，和铲柱宽度相近，形状有平面形，也有圆脊形。圆脊形碎土性能较好，且有一定翻土作用，平面形的工作阻力较小，结构简单，强度高，制作方便，磨损后易于更换，行间深松、全面深松均可适用，应用最广。在它后面配上打洞器，还可成为鼠道犁，在田间开深层排水沟；若作全面深松或较宽的行间深松，还可以在两侧配上翼板，增大松土效果；铲头较大的鸭掌铲和双翼铲主要用于行间深松或分层深松时松表层土壤。

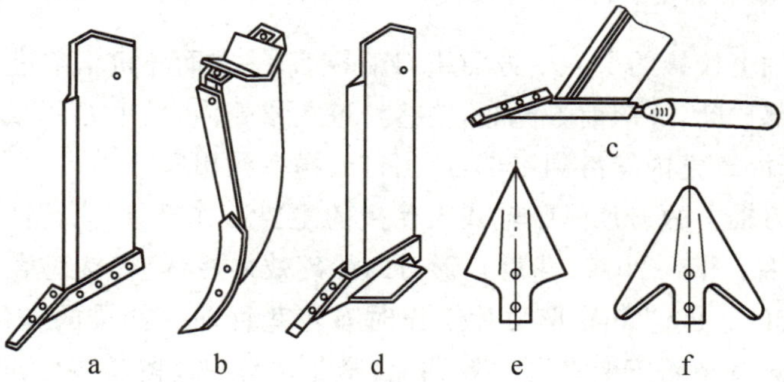

图 5-18 深松铲

a. 平面凿形 b. 圆脊形 c. 带打洞器深松铲 d. 带翼深松铲 e. 鸭掌铲 f. 双翼铲

深松铲柱最常用的是断面呈矩形，结构非常简单，入土部分前面加工成尖棱形，以减少阻力。由于深松铲侧面阻力一般很小，故这种铲柱强度是足够的。有的铲柱采用薄壳结构，重量较轻，但结构较复杂。

二、灭茬机

灭茬机按结构型式可分为立轴式和卧轴式两种，主要用于田间直立或铺放秸秆的粉碎，可对玉米、小麦、高粱、水稻、棉花等作物秸秆、根系及蔬菜茎蔓进行粉碎。粉碎后的秸秆自然散布均匀，经翻耕(免耕除外)，将碎秸秆作为肥料回施到田间。

(一)卧轴式灭茬机

卧轴式灭茬机主要由传动机构、粉碎室及辅助部件三大部分组成(图5-19)。传动机构将拖拉机的动力传给工作部件进行粉碎作业,它由万向节传动轴、齿轮箱和皮带传动装置组成。粉碎室由罩壳、刀轴和铰接在刀轴上的刀片(也称动刀或甩刀)组成,用于粉碎、抛送和撒布碎秸秆。辅助部件包括悬挂架和限深轮等。通过调整限深轮的高度,可调节刀片的离地间隙即留茬高度,灭茬刀片一般不打入土中,否则会造成动力负荷过大,刀片过早磨损。

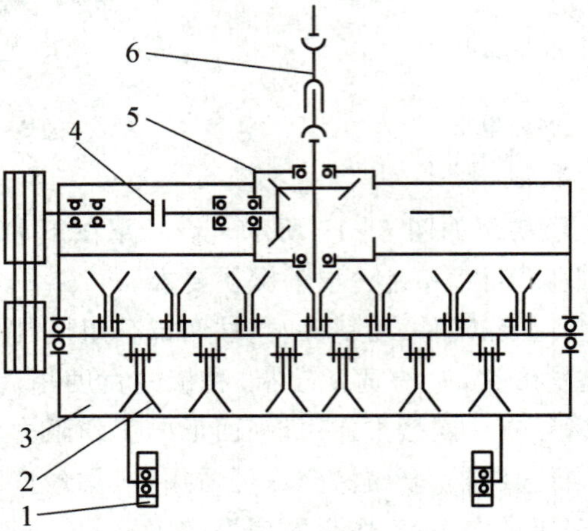

图5-19　卧轴式灭茬机结构简图

1. 限深轮　2. 工作部件　3. 粉碎壳体　4. 联轴器　5. 变速箱　6. 万向节传动轴

机组作业时刀轴上铰接的甩刀一方面绕刀轴转动,一方面随机组前进,旋转的动刀先把定刀床下的茎秆从根部砍断,并向前方抛起,使茎秆进入罩壳内,在甩刀片、罩壳和定刀的反复作用下,粉碎后的茎秆沿罩壳内壁滑到尾部,从出口处抛撒到田间。

刀轴及铰接在刀轴上的刀片是卧轴式灭茬机的主要工作部件。刀片的形式有钝角L形、直角L形和T形三种(图5-20)。直角L形刀的粉碎效果好,但容易缠草;钝角L形的工作稳定性好,所以应用较广。但钝角L形刀片工作时有将茎秆向一侧推的作用,所以在安装时刀片应将左右向L形刀片成对安装在同一铰轴上,避免在两侧存留长茎秆,降低粉碎质量。

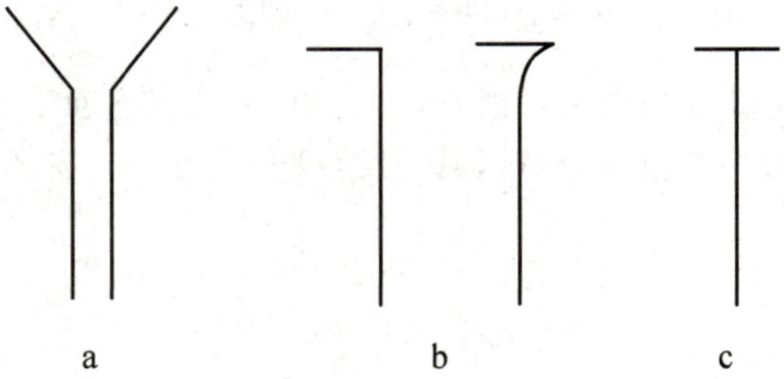

图5-20　刀片形式

a. 钝角L形　b. 直角L形　c. T形

(二)立轴式灭茬机

立轴式灭茬机与拖拉机的挂接方式可采用后置三点全悬挂式,也可配置在拖拉机的前方,其构造如图 5-21 所示。

工作时,由灭茬机前方喂入端的导向装置将两侧的秸秆向中间聚集,甩刀对秸秆多次数层切割后通过大罩壳后方导向排出,均匀地将碎茎秆铺撒在田间。

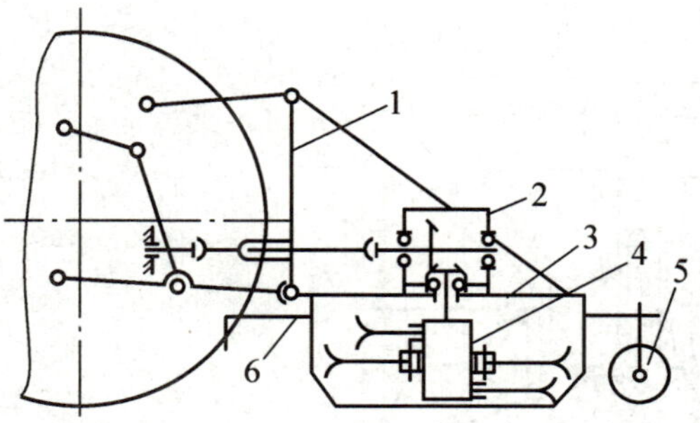

图 5-21　立轴式灭茬机结构简图

1. 悬挂架　2. 圆锥齿轮箱　3. 大罩壳　4. 工作部件　5. 限深轮　6. 前护罩总成

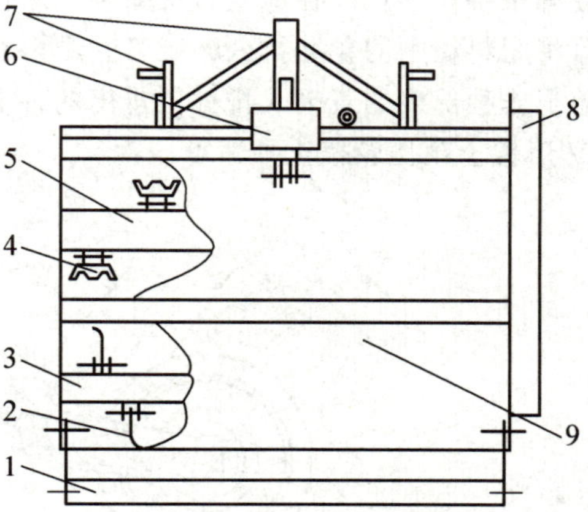

图 5-22　卧轴式秸秆还田机结构简图

1. 限深滚筒　2. 旋耕刀　3. 旋耕刀轴　4. 锤爪　5. 粉碎滚筒　6. 主变速箱　7. 挂接装置　8. 侧变速箱　9. 壳体

三、秸秆还田机

秸秆还田是在灭茬的基础上翻旋地表土壤与碎秸秆混合均匀再埋入田间,秸秆掩埋率达 85%以上。

按秸秆粉碎轴的结构型式秸秆还田机可分为卧轴式和立轴式两种,其结构分别见图 5-22 和图 5-23。二者均配用带有灭茬旋耕刀的旋耕机灭茬覆盖。其秸秆粉碎的原理同灭茬机。

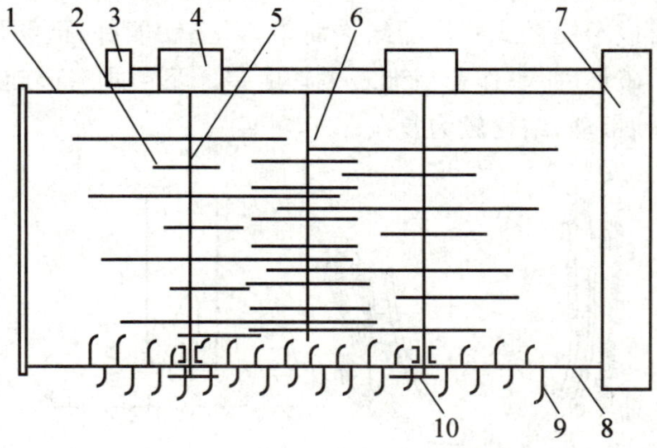

图 5-23　立轴式秸秆还田机的结构简图

1. 机架　2. 滑切粉碎刀片　3. 皮带轮　4. 变速箱　5. 粉碎刀轴　6. 辅助粉碎刀轴　7. 侧传动　8. 根茬破碎轴(旋耕轴)　9. 旋耕刀片　10. 底刀片

四、免耕播种机

免耕播种是近年来发展的保护性耕作中一项新技术，它是在未耕整的茬地上直接播种，与此配套的机具称为免耕播种机。免耕播种机的多数部件与传统播种机相同，不同的是由于未耕翻地土壤坚硬，地表还有残茬，因此必须配置能切断残茬和破土开种沟的破茬部件。

图 5-24 为 2BQM-6A 型气吸式免耕播种机简图。该机与拖拉机三点挂结，应用于玉米、大豆等中耕作物在前茬地上直接播种。工作时，破茬松土器开出 8～12 cm 的沟，外槽轮式排肥器将肥料箱中的化肥排入输肥管。肥料经输肥管落入沟内，破茬松土器后方的回土将肥料覆盖。排种部件的气吸式排种器排出的种子经输种管落入双圆盘式开沟器开出的沟内，随后，靠 V 形覆土镇压轮覆土并适度压密。

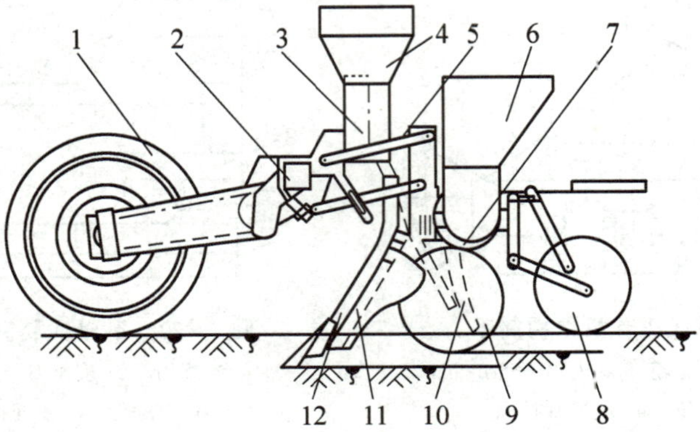

图 5-24　2BQM-6A 型气吸式免耕播种机

1. 地轮　2. 主梁　3. 风机　4. 肥料箱　5. 四杆机构　6. 种子箱　7. 排种器
8. 覆土镇压轮　9. 开沟器　10. 输种管　11. 输肥管　12. 破茬松土器

常用的破茬部件有波纹圆盘刀、凿形齿或窄锄铲式开沟器和驱动式窄形旋耕刀(图 5-25)。波纹圆盘刀具有 5 cm 波深的波纹，能开出 5 cm 宽的小沟，然后由双圆盘式开沟器加深。其特点是适应性广，在湿度较大的土壤中作业时，也能保证良好的工作质量，并能适应较高的作业速度。凿形齿或窄锄铲式开沟器结构简单，入土性能好，但易堵塞，当土壤太干而板结时，容易翻出大土块，破坏种沟，作业后地表平整度差。驱动式窄形旋耕刀有较好的松土、碎土性能，需由动力输出轴带动，结构较为复杂。

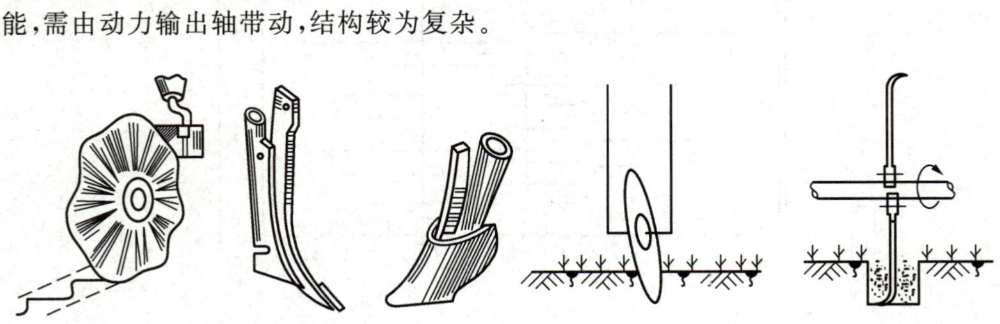

a　　b　　c　　d　　e

图 5-25　破茬工作部件

a. 波纹圆盘刀　b. 凿形齿　c. 窄锄铲式开沟器　d. 斜圆盘式开沟器　e. 窄形旋耕刀

应注意的是，采用免耕播种时，为防止未耕地残茬杂草和虫害的影响，播种的同时应喷施除草剂和杀虫剂。若播种机无上述功能，则需将种子拌药包衣，以防虫害。

第五节 中 耕 机

中耕是在作物生长期间进行松土、除草、追肥、培土及间苗等作业，目的在于疏松地表、消灭杂草、蓄水保墒，促进有机物分解，增加土壤透气性，以利于作物生长。根据不同作物不同生长时期的需要，中耕作业项目各有不同，有时着重于除草，有时偏重于松土、培土。中耕作业的农业技术要求是：除净杂草，不伤及幼苗，表土松碎且不伤害作物根系；土壤翻动量要小，不乱土层；中耕深浅一致，能满足不同行距的要求；仿形性好，工作可靠，调节方便。

一、中耕机的类型与构造

中耕机的种类很多，按动力可分为人力、畜力和机力三类。机力中耕又根据与拖拉机的连接方式分为牵引式、悬挂式和直连式三种。按用途分为全面、通用和行间中耕机等。按工作条件可分为旱地和水田中耕机。按工作部件形式可分为锄铲式和旋转式中耕机。我国北方地区普遍采用播种中耕通用机，可大大提高机器的利用率。

中耕机一般由工作部件即除草、松土和培土部件，仿形机构、机架、地轮、牵引或悬挂架等组成。图 5-26 所示的是 2BZ-4/6 型播种中耕通用机的中耕状态，它主要用于除草和松土。中耕机由机架和中耕单组两部分组成，每个中耕单组由一组中耕部件和一个仿形轮组成，并通过四杆仿形机构与机架（主梁）相连接。由于单组仿形，所以对地面不平的仿形效果好。在机架主梁上装有悬挂架和行走轮。

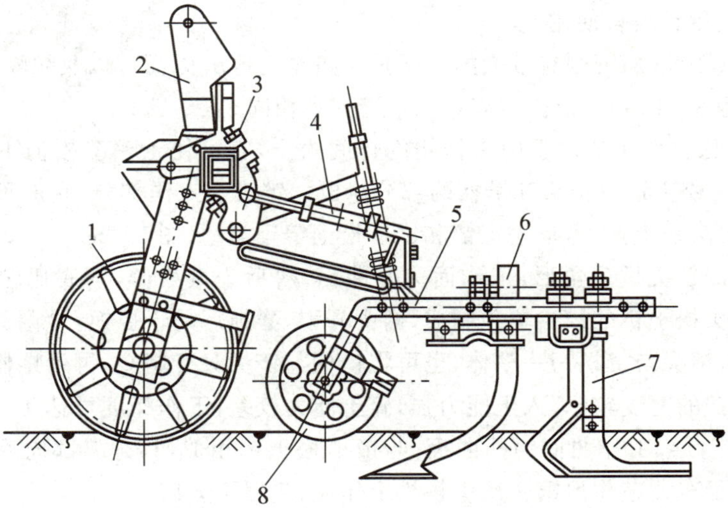

图 5-26 2BZ-4/6 型播种中耕通用机中耕状态

1. 地轮 2. 悬挂架 3. 方梁 4. 平行四连杆仿形机构
5. 仿形轮纵梁 6. 双翼铲 7. 单翼铲 8. 仿形轮

二、中耕机的工作部件

中耕机的工作部件有锄铲式和旋转式两大类型。其中锄铲式应用较广，按其作用可分为除草铲、松土铲和培土铲三种类型。

1. 除草铲　除草铲主要用于行间的松土和除草作业。按结构不同可分为单翼铲、双翼铲和双翼通用铲三种形式(图 5-27)。

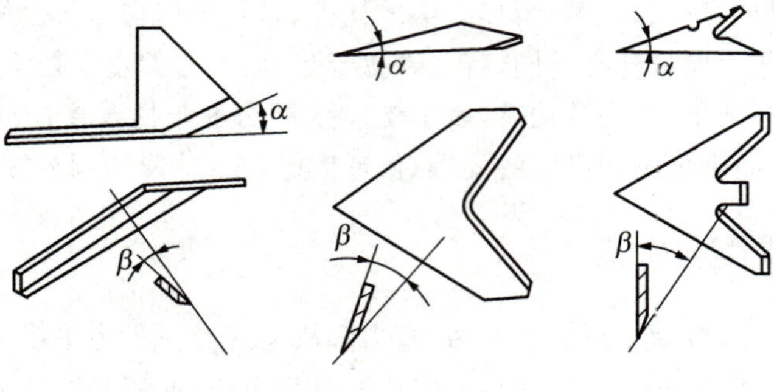

图 5-27　除草铲的类型

a. 单翼除草铲　b. 双翼除草铲　c. 双翼通用铲

单翼铲可用于作物早期除草作业，工作深度一般不超过 6 cm。单翼除草铲由水平锄铲和竖直护板两部分组成(图 5-27a)。锄铲用于锄草和松土，护板用于防止土块压苗，因而可使锄铲安装位置靠近幼苗，增加机械中耕面积。护板下部有刃口，可防止挂草堵塞。单翼除草铲有左翼铲和右翼铲两种类型，中耕时要对称安装分别置于幼苗的两侧。

双翼除草铲(图 5-27b)作用与单翼铲相同。除草作用强而松土作用较弱，工作深度 8 cm，常与单翼通用铲组合使用。

双翼通用铲(图 5-27c)则有较大的入土角 α 和碎土角 β，因而可以兼顾除草和松土两项作业，工作深度可达 8～12 cm，结构与双翼除草铲基本相同。

2. 松土铲　松土铲主要用于中耕作物的行间松土，它可使土壤疏松但不翻转，松土深度可达 16～20 cm。松土铲由铲头和铲柄两部分组成。铲头为工作部分，它的种类很多，常用的有箭形松土铲、尖头松土铲、凿形松土铲和铧形松土铲等类型(图 5-28)。

箭形松土铲的铲尖呈三角形，工作面为凸曲面，耕后土壤松碎，沟底比较平整，阻力比较小，应用广泛；尖头松土铲的铲尖单独制成，两头开刃，磨损后易于更换，可调头使用；凿形松土铲的铲尖呈凿形，铲尖与铲柄为一整体，也可将铲柄与铲尖分开制造，再用螺栓连接，便于磨后更换。凿形松土铲的宽度较窄，入土能力强，碎土能力较差，工作深度可达 18～20 cm；铧形松土铲的铲尖呈三角形，工作曲面为凸曲面，与箭形松土铲相似，只是翼部向后延伸得比较长。这种松土铲只适于东北垄作地第一次中耕松土作业，应用不太广。

3. 培土铲　培土铲主要用于中耕作物的根部培土和开沟起垄。按工作面的类型不同可分为曲面型培土铲和平面型培土铲。

曲面型培土铲一般由铲尖、铲胸、左右培土壁和铲柄等组成(图 5-29)。左右曲面培土壁开度可调，以适应不同垄沟尺寸的作业要求。作业时可使行间土壤松碎，翻向两侧，完成培土

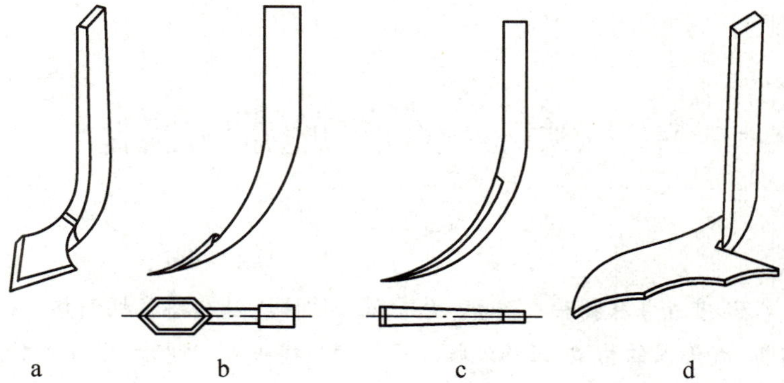

图 5-28　松土铲的类型

a. 箭形松土铲　b. 尖头松土铲　c. 凿形松土铲　d. 铧形松土铲

或开沟工作，工作阻力小，常用于北方平原旱作地区。平面型培土铲由三角形铧、分土板和两个培土板组成(图 5-30)。两个培土板左右对称配置，开度可调，特别适于东北垄作地区的作物中耕培土作业。

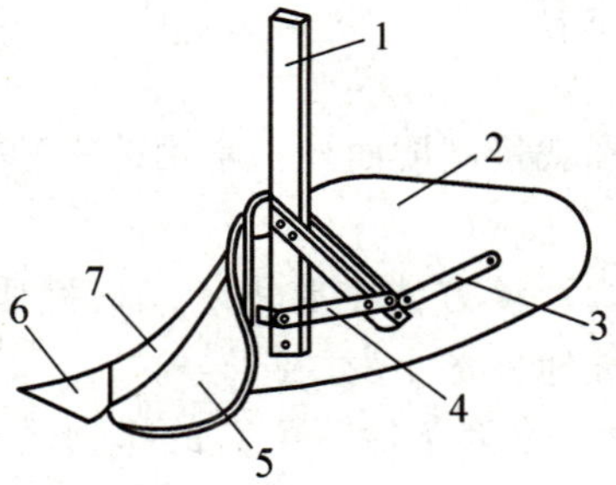

图 5-29　曲面型培土铲

1. 铲柄　2. 右培土壁　3. 右调节臂　4. 左调节臂　5. 左培土壁　6. 铲尖　7. 铲胸

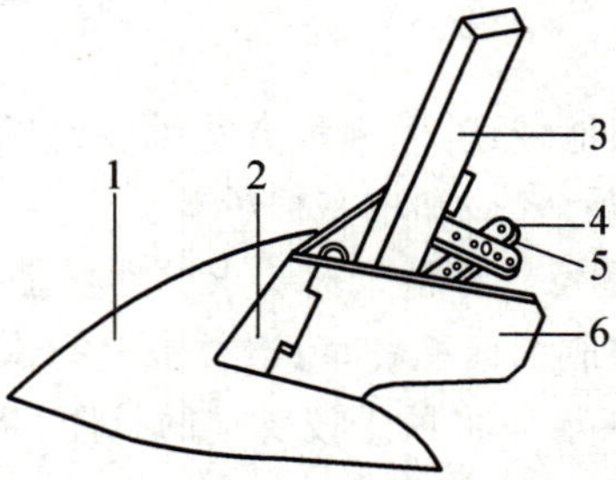

图 5-30　平面型培土铲

1. 三角犁铲　2. 分土壁　3. 铲柄　4. 调节板　5. 固定销　6. 培土板

思　考　题

1. 铧式犁的犁体主要由哪些零件组成？各零件有何作用？并画出犁体的结构图。
2. 圆盘耙的类型和耙地方法有哪些？
3. 少耕的作业方法有哪些？
4. 简述旋耕机的类型、构造及工作原理。
5. 铧式犁与旋耕机在工作质量方面有何区别？
6. 何谓整地机械？
7. 保护性耕作机械有哪几种？
8. 简述中耕机械的类型与基本构造。

第六章　播种施肥机械

◉**学习目标**

通过本章的学习，重点掌握播种机类型、构造和工作性能以及播种机调整、播种质量的检查方法；熟悉各种排种器、开沟器的构造、工作过程。了解特种播种机、施肥机具的分类和一般构造。

播种作业是农业生产过程的关键环节，必须根据农业技术要求做到适时、适量、满足农艺环境条件，使作物获得良好的生长发育基础。施肥是调节土壤构成、改善植物生育和营养条件的重要措施，同样需要采取科学的手段、保质保量满足作物生长需要。机械化播种施肥较人工均匀准确，深浅一致，而且效率高、速度快，同时为田间管理作业创造良好的条件，是实现农业现代化的重要技术手段之一。

第一节　通用播种机

我国地域辽阔，播种方法因各地区的自然条件、作物和栽培制度而异。常用的播种方法有撒播、条播、穴播和精密播种等。

1. 撒播　将种子按要求的播量撒播于地表，称为撒播。该方法主要用于飞机撒播，以便高效率完成大面积种草、造林或直播水稻，以及山区瘠瘦坡地种植小麦、谷子等。

2. 条播　将种子按要求的行距、播深和播量播成条行，称为条播。条播的作物便于田间管理作业，故应用很广。

3. 穴播　按要求的行距、穴距和播深将几粒种子集中播于一穴，称为穴播。穴播法适用于中耕作物，可保证苗株在田间分布合理、均匀，与条播相比，穴播能节省种子，减少间苗工时。对于棉花、豆类等成穴播种，还可提高出苗能力。

4. 精密播种　按精确的粒数、间距和播深将种子播入土中，称为精密播种。精密播种可以是单粒精播，也可以将多于一粒的种子播于一穴，要求每穴粒数相等。精密播种可节省种子和间苗工时，与普通条播相比，精密播种播量精确，种子在行内分布均匀，因而有利于作物生长，可提高产量。为保证每公顷株数以保证产量，精播用种应进行精选分级和处理，保证种子发芽率和出苗能力，并防止病虫害。

一、播种机的类型和构造

1. 播种机的分类　播种机的类型很多，有多种分类方法。按播种方法可分为撒播机、条播机和穴播机；按播种的作物可分为谷物播种机、棉花播种机、牧草播种机和蔬菜播种机；按联合作业可分为施肥播种机、旋耕播种机、铺膜播种机、播种中耕通用机；按牵引动力可分为畜力播种机、机引播种机、悬挂播种机和半悬挂播种机；按排种原理可分为机械式播种机、气力式播种机和离心式播种机。播种机种类繁多，但若按机械结构及作业特征区分，则播种机可分为谷物条播机和中耕作物穴(点)播机两大类。

2. 播种机一般构造和工作过程　播种机一般都由机架、种(肥)箱、排种(肥)器、输种(肥)管、开沟器、覆土器、镇压器、传动机构、开沟器起落及深浅调节机构等组成，只是其具体的结构形式不同。播种机工作时，开沟器开出种沟，种子箱内的种子被排种器连续均匀地排出，通过输种管均匀地分布到种沟内，然后由覆土器覆土。有些播种机带有镇压装置，覆土后进行镇压，使种子和土壤密接以利于种子发芽。

二、播种机主要工作部件

播种机的主要工作部件有：种(肥)箱、排种器、输种(肥)管、开沟器、覆土器、镇压器。

(一)种(肥)箱

谷物播种机上多采用整体式种肥箱，即由一个种肥箱供全部排种器(排肥器)排种(肥)，多用薄钢板制造。一般肥箱置于种箱的前边，中间用隔板分开。种肥箱的容积由播种量和施肥量的大小而定。

(二)排种器

排种器是播种机的心脏，其性能直接影响播种机的工作性能。排种器一般安装在种箱的底部，用来把种箱内的种子按要求的播种方式，分离成种子流，并连续均匀地排出。条播排种器有外槽轮式、滚齿式、磨盘式、摆杆式、离心式及气吸式等。中耕作物排种器有水平圆盘式、窝眼轮式、型孔带式及气力式排种器。

1. 外槽轮式排种器　外槽轮式排种器(图 6 - 1)工作时，外槽轮旋转，种子靠自重充满排种盒及凹槽，凹槽将种子带出实现排种。从槽轮下方被带出称下排，改变槽轮转动方向，使种子从槽轮的上方排出称上排。外槽轮排种器主要靠改变槽轮的工作长度和速比来调节播量。一般只需 2～3 种速比即可满足各种作物的播量要求。其结构简单，容易制造，国内外已标准化，对大、小粒种子有较好的适应性，广泛应用于谷物条播机，亦可用于化肥排施。

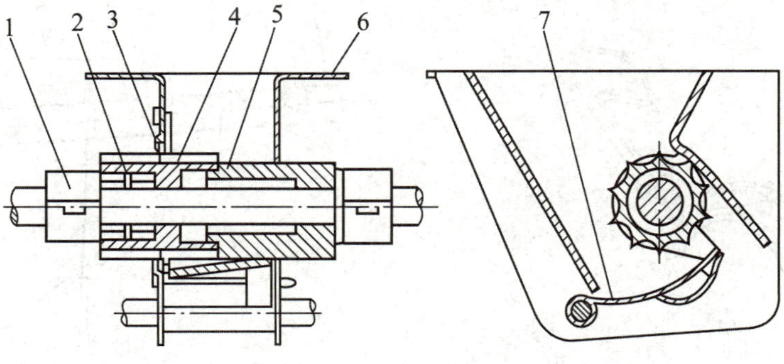

图 6 - 1　外槽轮式排种器

1. 卡箍　2. 轴销　3. 花形挡圈　4. 外槽轮　5. 阻塞套　6. 排种杯　7. 排种舌

2. 水平圆盘排种器　如图 6 - 2 所示，当水平排种盘回转时种箱内的种子靠自重充入型孔并随型孔转到刮种器处，由刮种舌刮去多余的种子。留在型孔内的种子运动到排种口时离开型孔落入种沟，完成排种过程。该排种器适用于中耕作物穴播或单粒点播，还可换装棉花排种盘条播或穴播棉花，或换装磨盘式排种器进行条播。

3. 窝眼轮式排种器　窝眼轮式排种器（图 6 - 3）工作时，种子箱内的种子靠自重充入窝眼，当窝眼轮转动时，经刮种板刮去多余的种子，窝眼内的种子随窝眼沿护种板转到下方一定位置时，落入种沟内。用于穴播或单粒点播。

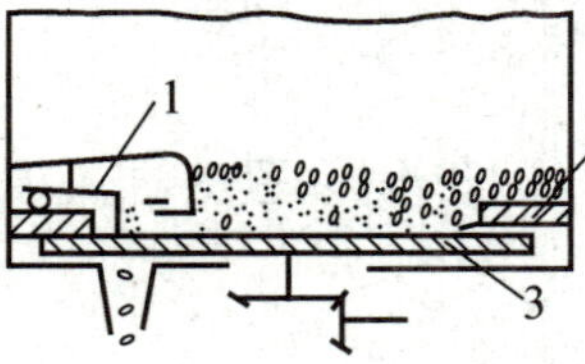

图 6 - 2　水平圆盘式排种器

1. 排种器　2. 刮种器　3. 排种盘

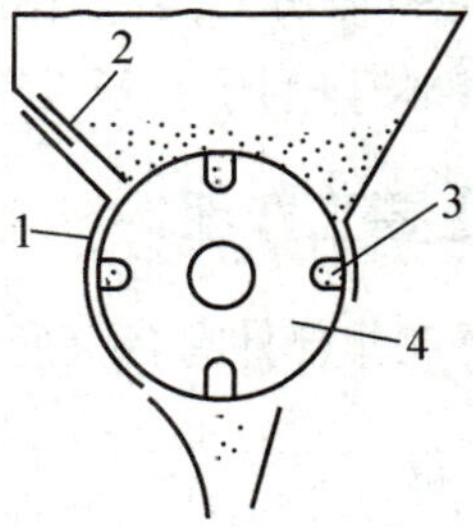

图 6 - 3　窝眼轮式排种器

1. 护种板　2. 刮种板　3. 窝眼　4. 窝眼轮

（三）输种管和输肥管

输种管和输肥管是种子和肥料由排种器、排肥器排出进入开沟器开出的种、肥沟的通道。管的上端挂接在排种器和排肥器上，下端插入开沟器内。要求输种管和输肥管具有一定的通过断面，且内壁光滑，以便种肥流动畅通，不破坏种子流和肥料流的均匀性。

（四）开沟器

开沟器的功用是开出种沟，为种子准备种床。要求开沟器入土性能好，具有良好的走直性，不挂草，不壅土，干、湿土不相混，能调节开沟深度。

1. 双圆盘开沟器　双圆盘开沟器（图 6 - 4）工作时，圆盘滚动前进，切开土壤并向两侧挤压成种沟，种子在两圆盘间经导种板散落于沟中。圆盘过后，土壤自然回落覆土，利于湿土覆盖种子。多用于谷物条播机。

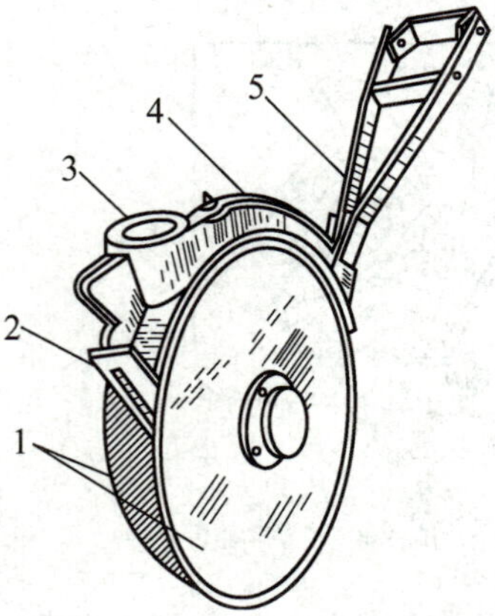

图 6 - 4　双圆盘开沟器

1. 圆盘　2. 导种板　3. 导种管
4. 开沟器体　5. 拉杆

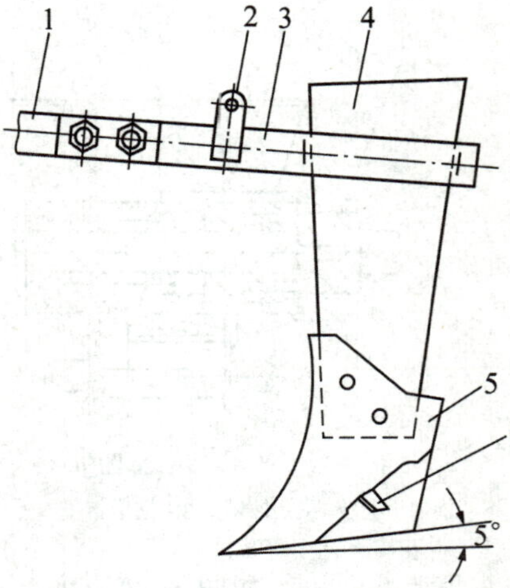

图 6 - 5　锄铲式开沟器

1. 拉杆　2. 压杆座　3. 夹板　4. 开沟器体
5. 开沟铲　6. 导种板

2. 锄铲式开沟器　锄铲式开沟器(图 6-5)工作时,开沟铲入土,将部分土壤升起,使底层土壤翻到上层,对前端和两边土壤挤压而形成种沟。开沟阻力小,入土能力强,有干、湿土相混现象。多用于畜力或小型机力谷物播种机。

3. 滑刀式开沟器　滑刀式开沟器(图 6-6)工作时,滑刀向前滑动切开土壤,两侧板及底托推挤土壤形成种沟。湿土从侧板后部先下落。其直线行驶性好,多用于中耕作物播种机。

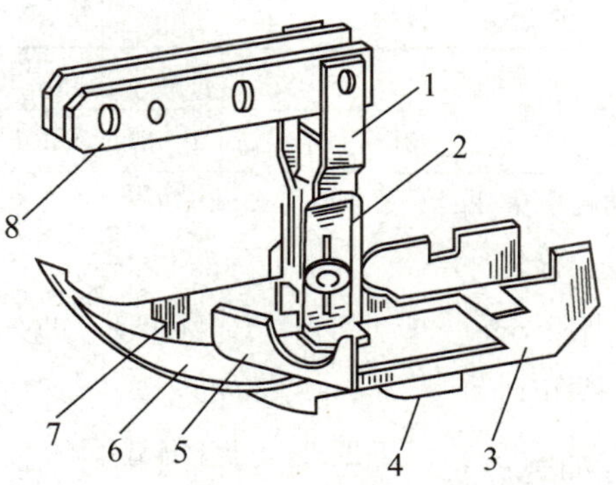

图 6-6　滑刀式开沟器

1. 开沟器体　2. 调节齿座　3. 侧板　4. 底托　5. 推土板　6. 限深板　7. 滑刀　8. 拉杆

(五)覆土器

覆土器(图 6-7)的作用是覆盖种子,以达到要求的覆土深度。谷物条播机上的覆土器有链环式、拖杆式、弹齿式和爪盘式等。中耕作物播种机的覆土器有刮板式和铲式。

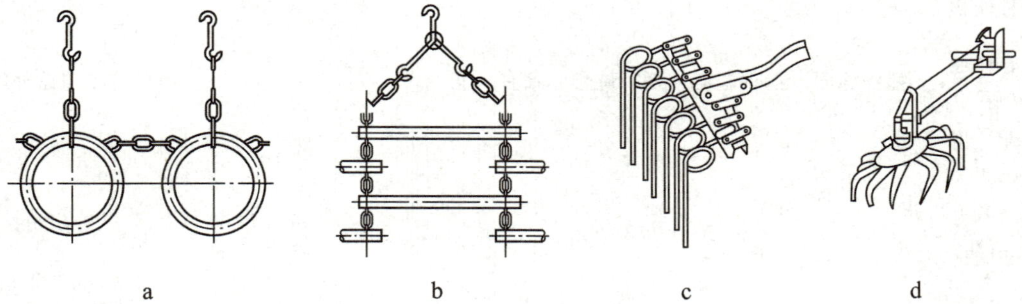

图 6-7　谷物播种机上常用的覆土器

a. 链环式　b. 拖杆式　c. 弹齿式　d. 爪盘式

(六)镇压器

镇压器一般用于中耕作物播种机,有各种形式的镇压轮,用来压紧土壤,减少水分蒸发,使种子和湿土密接。

播种机的辅助工作部件有:机架、传动机构、开沟器起落及深浅调节机构等。几种常见的谷物播种机的主要技术参数见表 6-1。

表 6-1　几种谷物播种机的主要技术参数

项目	型号							
	2BF-24A	BGF-24	2BF-48A	2BFX-14	2BJM-9	2BJZ-6	2BJD-6	2BJ-2
挂接形式	牵引式	牵引式	牵引式	悬挂式	悬挂式	悬挂式	悬挂式	悬挂式
外形尺寸(mm)								
长	3 260	3 230	4 158	990	1 310	1 150	1 425	1 500
宽	4 280	4 180	4 170	2 700	1 700	1 150	1 658	1 600
高	1 415	1 330	1 425	1 215	550	1 850	1 593	970

续表 6-1

项目	型号							
	2BF-24A	BGF-24	2BF-48A	2BFX-14	2BJM-9	2BJZ-6	2BJD-6	2BJ-2
结构质量(kg)	1 150	1 100	1 350	550	170	130	130	
行数	24	24	48	14	9	6	6	2
行距(mm)	150(可调)	150(可调)	65～80	150(可调)	200～250	180～230		650
播深(mm)	30～90	40～80	40～80	30～90	30～50			30～50
排种器型式	下排式外槽轮	上下排式外槽轮	外槽轮	下排式外槽轮	锥盘式	外槽轮式	螺旋槽式	垂直圆盘式
排肥器型式	水平星轮	水平星轮	水平星轮	水平星轮			外槽轮	外槽轮
开沟器型式	双圆盘	种肥分施双圆盘	宽挡双圆盘	双圆盘	箭铲式	箭靴式	变形锄铲式	
覆土器型式	拖环式	链环式	拖杆式					
播种作物					小麦	小麦	小麦、玉米大豆	大豆、玉米
联合作业项目	播种施肥	播种施肥	播种施肥	播种施肥			播种施肥	播种施肥
作业速度(km/h)	5～7	5～7	5～7	5～7	3～6			
生产效率(hm^2/h)	1.67	1.6～2	1.33～2	1.33	0.5	0.5	0.5	0.35～0.56
配套拖拉机	东方红-802 铁牛-55	东方红-802 铁牛-55	东方红-802	东方红-40、28 铁牛-50、55	25马力拖拉机	泰山-12	泰山-12	8.8～13.2 kW小四轮拖拉机
生产厂	西安农机厂	石家庄农机厂	哈尔滨农机厂	西安农机厂	莱芜华龙机械厂	汶上县大秦五金厂	兖州市农机推广服务站	黑龙江宝清机械厂

三、播种机的使用

(一)播种机的一般调整

1. 播量的调整　应根据农业技术要求进行播前调整和田间校核，切实保证播种质量。

2. 行距的调整　不同作物对行距要求不同，因此应按农艺的规定保证行距。

3. 播种深度的调整　不同作物对播种深度有不同的要求，播种深度主要取决于开沟器的开沟深度。调整方法：在双圆盘开沟器上加装限深环；在滑刀式开沟器上加装限深板；锄铲式开沟器改变其牵引铰点位置或加配重；利用弹簧增压机构改变开沟器上的压力；利用限深轮控制，覆土量的大小也影响播种深度，可以调节覆土机构(覆土器的长短或覆土板的倾角)来调节覆土量的大小从而调整播种深度。

4. 划行器的调整　为了保证播种机播行正直和机组往返行程有正确的邻接行距，在播种机上装有划行器。划行器的作用是在没有播过的地上划一道浅沟，供机手在下一行程时作行进的标记，保证行驶直线性和邻接行距准确性。

（二）播种质量的检查

播种机播种质量是否满足农艺要求，可作以下几个方面的检查。

1. 条播时播种量的检查 检查方法有以下几种，可根据具体情况配合使用：检查播种机外槽轮工作长度是否一致、工作中有无变化，来检查播种过程中播量变化与否。根据已播面积和已经消耗的种子量计算实播的播种量。扒开种沟上的覆土，检查每米内落粒数，然后计算农艺要求播种量的每米落粒数。将两者对比，看是否一致。

2. 播种深度的检查 可与播种量的检查同时进行。检查时，按地块四角的对角线方向选点测量，测点数应大于10%。将测量结果取平均值，并将其与农艺要求的播种深度进行比较，当偏差不超过10%时，播深即符合要求。

3. 行距的检查 扒开已播的相邻两行种子上的覆土，到种子外露为止，再用直尺测量两行苗幅（种子分布宽度）中心距，与要求值核对，要求同一机组内相邻两台播种机邻接两行行距的误差不应超过±1.5 cm，相邻两行程之间邻接行距的误差不应超过±2.5 cm。

4. 伤种情况的检查 从输种管下接取一定量的种子，测定伤种率：查数样本种子中带伤种籽粒数，计算带伤种籽粒数占样本种子总粒数的百分率，再减去种子的原始破碎率，即为伤种率。一般大粒种子的伤种率不超过1%，小粒种子的伤种率不超过0.5%。

第二节 施肥机

施肥机按适用肥料分为化肥施肥机、厩肥施肥机和液肥施肥机。按照施肥阶段可分为基肥撒播机、播种施肥联合作业机（用于播种，同时施播种肥）和中耕施肥机（用于中耕的同时施肥）等。目前常用的多为联合作业机。

由于肥料的物理性状不同，施肥机的构造也不相同。化肥施肥机一般由肥料箱、排肥器、导肥器、撒肥器及传动装置等构成。厩肥撒播机则是由肥料箱、输肥链、推击筒、撒肥器及传动装置组成的。液肥施肥机是利用内燃机的进、排气系统的高低压来控制吸肥和排肥。

一、固态化肥施用机械

1. 撒肥机 该类机械主要用作整地前将化肥均匀撒布地面，再进行耕翻整地，将肥料埋入耕作层下，由于耕作时易与土壤混搅，达不到深施目的，急于播种时会对种子形成烧伤，另外也增加了作业工序，我们国内使用较少。它的优点在于撒施幅宽大、工作效率高。目前使用较成熟的机械有离心圆盘式、气力式和链指式等撒肥机。

2. 犁底施肥机 犁底施肥机通常是在铧式犁上安装肥箱、排肥器、导肥管及传动装置等，在耕翻的同时进行底肥深施。图6-8所示是与小四轮拖拉机悬挂双铧犁配套的犁底施肥机示意图。该机采用摆动式排肥器，排肥器由限深轮通过摇杆机构带动，在一定的范围内摆动将肥料破碎、疏导及排出。排出的化肥经导肥管散落在犁沟内，由犁铧翻土覆盖。该机结构简单，可排施碳酸氢铵等流动性差的化肥，排量及其稳定性受化肥湿度、作业速度、肥箱充满程度等因素的影响小，作业性能稳定。

3. 播种施肥机 在播种机上采用单独的输肥管与施肥开沟器，也可采用组合式开沟器。

图 6-9 所示为谷物施肥沟播机，采用播后留沟的沟播方式和种肥侧位深施工艺。作业时，镇压轮通过传动装置带动排种器和搅刀一拨轮式排肥器工作，化肥和种子分别排入导肥管和导种管。同时，施肥开沟器先开出肥沟，化肥导入沟底后由回土及播种开沟器的作用而覆盖；位于施肥开沟器后方的播种开沟器再开出种沟，将种子播在化肥侧上方；然后由镇压轮压实所需的沟形。用谷物沟播机进行小麦沟播施肥，可以提高肥效，增加土壤含水量，平抑地温，减少冻害和盐碱化危害，因而出苗率高，麦株生长健壮，成穗率高。在干旱和半干旱地区中低产田应用，具有显著的增产作用；在灌区高产田增产效果不明显。

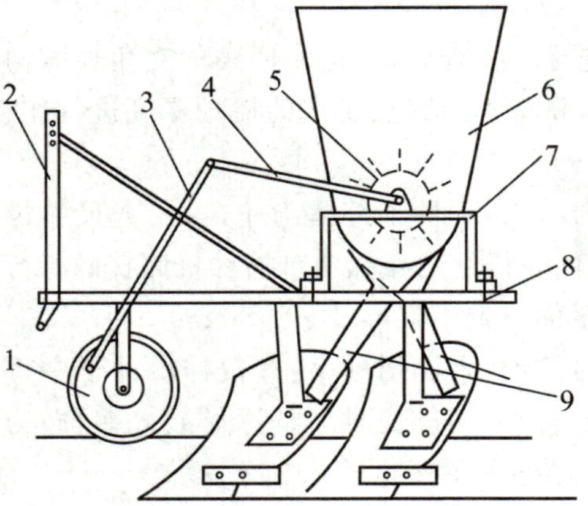

图 6-8　2FL-2 型犁底施肥机

1. 限深轮　2. 悬挂架　3. 连杆　4. 摇杆　5. 排肥器　6. 肥箱　7. 支架　8. U 形卡　9. 导肥管

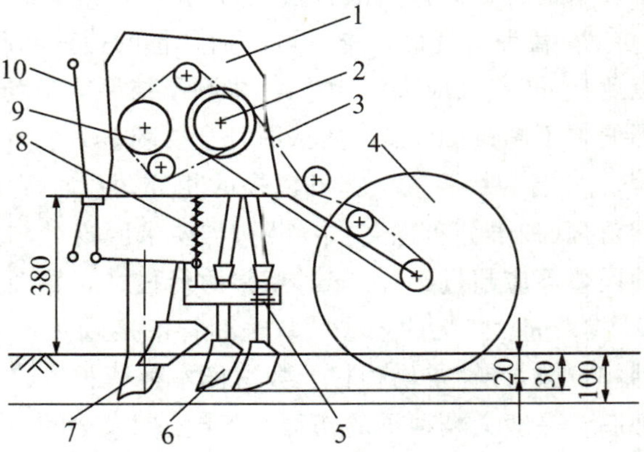

图 6-9　2BFG-6(S)谷物施肥沟播机

1. 种箱　2,9. 排肥器　3. 链条　4. 镇压轮　5. U 形卡　6. 排种开沟器　7. 施肥开沟器　8. 深浅调节机构　10. 悬挂架

4. 追肥机　追肥机可分为单行深施和多行侧施。图 6-10 所示 2FT-1 多用途碳酸氢铵

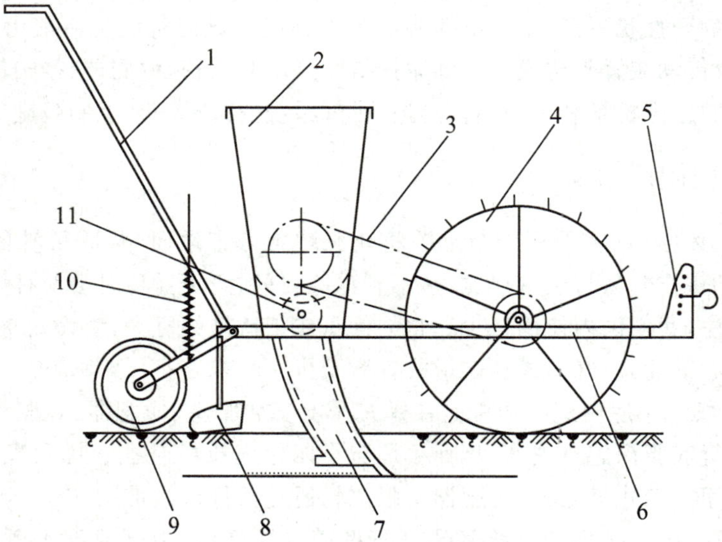

图 6-10　2FT-1 型多用途碳酸氢铵追肥机

1. 手把　2. 肥箱　3. 传动链　4. 地轮　5. 牵引板　6. 机架　7. 凿式沟播器　8. 覆土板　9. 镇压轮　10. 仿形加压弹簧　11. 排肥器

追肥机为单行畜力追肥机，适用于旱地深施碳酸氢铵，也可兼施尿素等流动性好的化肥，还可用于玉米、大豆、棉花等中耕作物的播种。工作时由人力或畜力牵引，一次完成开沟、排肥（或排种）、覆土和镇压四道工序。该机采用搅刀 - 拨轮式排肥器，能可靠、稳定、均匀地排施碳酸氢铵；采用锄铲式开沟器，肥沟窄而深，阻力小，导肥性能良好；换用少量部件可用于播种中耕作物。

二、厩肥撒布机

厩肥的撒布方法很多，国内外根据地域国情生产有多种型号的厩肥撒布机械，以下三种是较为常用的厩肥撒布机。

1. 螺旋式撒厩肥机　该机的结构特点是由装在车厢式肥料箱底部的输肥部件进行撒布。撒肥部件包括撒肥滚筒、击肥轮和撒布螺旋筒等（图 6 - 11）。撒肥滚筒的作用是击碎肥料，并将其喂送给撒布螺旋筒。击肥轮用来击碎表层厩肥，并将多余的厩肥抛回肥箱中，使排施的厩肥层保持一定厚度，从而保证撒布均匀。撒布螺旋筒高速旋转，将肥料向后和向左右两侧均匀地抛撒。

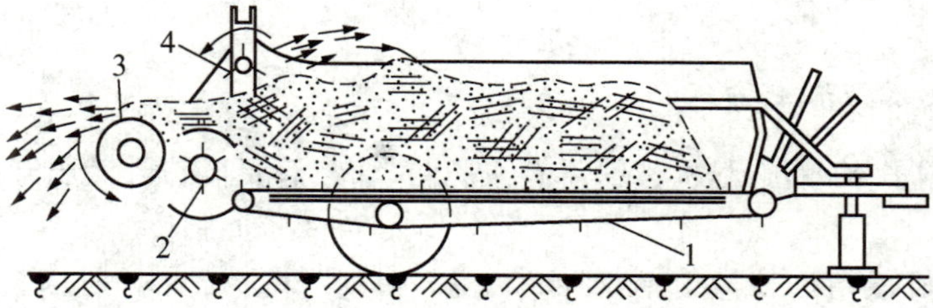

图 6 - 11　螺旋式撒厩肥机

1. 输肥链　2. 撒肥滚筒　3. 撒布螺旋筒　4. 击肥轮

2. 牵引式装肥撒肥车　牵引式装肥撒肥车以动力输出轴传输撒厩机的动力，也有把撒肥器做成既能撒肥又能装肥的结构。图 6 - 12 为国外销售的一种牵引式自动装肥撒肥车。装肥时，撒肥器位于下方，将肥料上抛，由挡板导入肥箱内。这时，输肥链反转，将肥料运向撒肥车前部，使肥箱逐渐装满。撒肥时，油缸将撒肥器升到靠近肥箱的位置，同时更换传动轴接头，改变转动方向，进行撒肥。

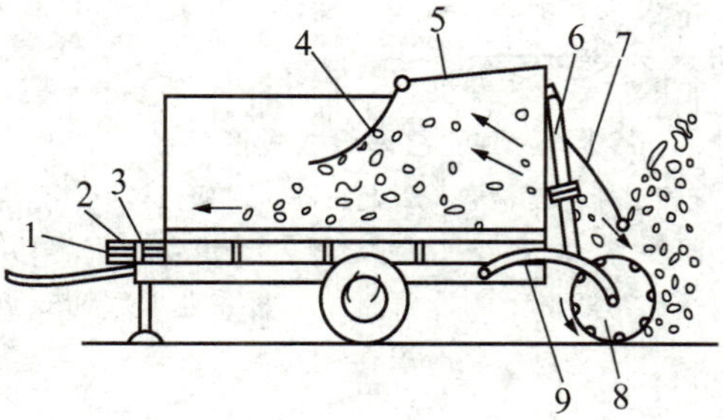

图 6 - 12　牵引式装肥撒肥车

1. 撒肥传动接头　2. 装肥传动拉头　3. 转向器　4,5,7. 挡板　6. 升降油缸　8. 撒肥装肥器　9. 传动支臂

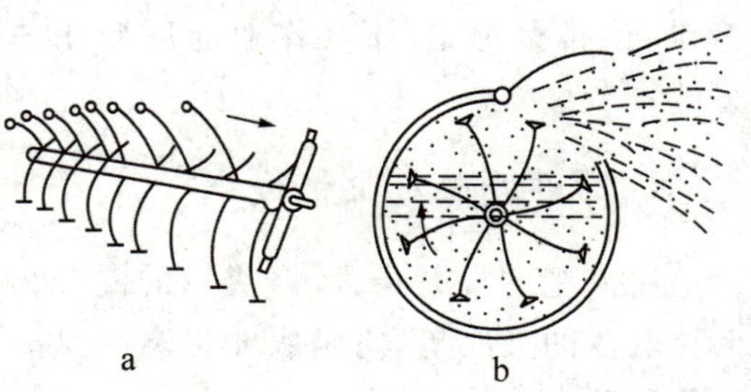

图 6 - 13　甩链式厩肥撒布机

a. 甩链　b. 工作示意图

3. 甩链式厩肥撒布机　甩链式厩肥撒布机采用圆筒形肥箱，筒内有一根纵轴，轴上交错地固定着若干根端部装有甩锤的甩肥链(图 6-13)。工作时，甩链由拖拉机动力输出轴驱动，以 200～300 r/min 的转速旋转，破碎厩肥，并将其甩出。这种撒布机除撒布固体厩肥外，还能撒施粪浆。它的侧向撒肥方式可以将厩肥撒到机组难以通过的地方；但侧向撒肥均匀度较差，近处撒得多，远处撒得少。

三、液肥施用机械

液肥包括化学液肥和厩液肥，化学液肥的主要品种是液态氨与氨水。液态氨为无色透明体，含氨 82.3%，是制造氨肥的工业原料，价格较固体化肥低 30%～40%，而且肥效快，增产效果显著。但是，液氨只能在高压下存放，它必须用高压罐装运，从出厂、运输、贮存到田间施肥都必须有一整套高压设施。施肥机上的容器也必须是耐高压的，否则很不安全。这是液氨在我国施肥受到限制的主要原因。我国农业上使用的液态化肥主要是氨水。我国农用氨水的含氮量为 15%～20%。氨水对钢制零件的腐蚀不显著，但会使铜合金制件迅速腐蚀。

施用液态化肥氨或它的水溶液时，为了防止挥发损失，必须将其施在深度为 10～15 cm 的窄沟内，并应立即覆土压实。

(一)化学液肥施肥机械

不管是液氨或氨水，其施肥机械都需有液肥箱、输液管、排液器、液肥开沟器及操纵控制装置。

氨水的施用机械结构较为简单，氨水经液箱、输液管、可控排量的排液器排出，通过开沟器施于土壤中。排液装置有自流式和压力泵式两种。自流式排液装置主要靠液箱与开沟器的位置差、通过开关控制流量将液肥排出，故排液不能保持恒定。在大型施肥机上都装有压力泵排液器，泵的类型有离心泵、齿轮泵和柱塞泵等多种形式。图6-14是采用柱塞泵排液的工作原理简图，这种排液装置能精确地控制排液量，使排量稳定，不受作业速度变化的影响。

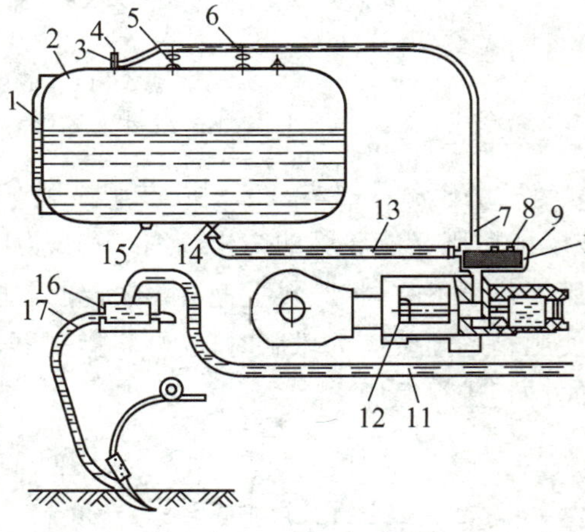

图 6-14　柱塞泵式排液装置

1. 液面指示标　2. 液罐　3. 超压阀　4. 吸液阀　5. 联合阀　6. 通气阀　7,13. 胶管　8. 过滤网　9. 滤清器壳体　10. 空气室　11. 压液胶管　12. 排液泵　14. 三通开关　15. 放液口塞　16. 分配器　17. 输液胶管

(二)厩液肥施肥机械

厩液肥主要是指人、畜粪尿的混合物和沼气池的液肥等，它是农业生产的重要有机肥源。

我国广大农村历来重视沤制和施用厩液肥。但是，长期以来缺乏厩液的装运和施洒机具，停留在使用粪勺、木粪桶或木粪箱的原始状态，不仅劳动强度大、作业效率低，而且影响操作人员卫生并污染环境。近年来已逐步在引用和自行设计厩液肥施肥机应用到生产中去。

厩液肥施肥机分泵式和自吸式两种。泵式厩液肥施洒机装有抽吸液泵，用来将厩液肥从贮粪池抽吸到液罐内，在运至田间后再由泵对液罐增压，或直接由液泵压出厩液。自吸式厩液肥施洒机是利用拖拉机发动机排出的废气，通过引射装置将厩液肥从贮粪池吸入液罐内，再去施洒。这种厩液肥施洒机结构简单、使用可靠，不仅可以提高效率、节省劳力，而且采用封闭式装、运厩液肥，有利于环境卫生。

自吸式厩液肥施洒机在吸液状态时（图6-15)，液罐尾端的吸液管放在厩液池内，打开引射器终端的气门2，关闭气门4，然后使发动机加速，达到最大转速。当排出的废气流经引射器3时，其流速增大，而使引射器3的吸气室内产生真空。此时，厩液罐与吸液管内的空气受压差作用，在废气流引射带动下而使液罐内出现负压，于是厩液池内的液肥在大气压力作用下源源不断地流入罐内。待罐内液肥达到观察窗上缘时，即可关闭进液口，并打开气门4，降低发动机的转速。取出吸液管放在液罐的支架上。待运至田间施肥时，则应使发动机排出的废气流经压气管进入液罐。为此，需关闭气门2、4，打开排液口，液肥即从尾管流出。在吸液与排液过程中，搅拌气管的外端需加盖，液罐也应是密封不漏气的。位于发动机排气管上的引射器，由喷嘴、吸气室、扩散管构成。

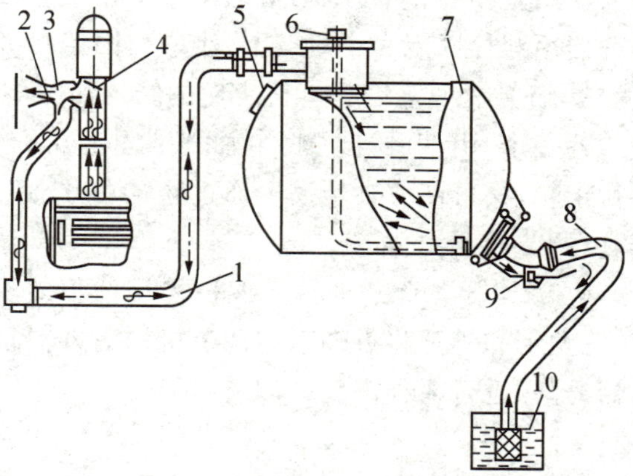

图6-15　自吸式厩液肥施洒机

1. 吸压气管　2,4. 气门　3. 引射器　5. 观察窗　6. 搅拌气管顶盖　7. 液罐　8. 吸液管　9. 排液管　10. 厩液池

第三节　特种播种机

一、花生播种机

播种花生的农业技术要求为：成穴率高，不损伤种子，按一定数量和播深将种子均匀一致地点播到土壤中，行距、穴距适宜。因此，下种均匀可靠、成穴率高、不损伤种子就成为机械播种花生的关键。

2H-4.6型花生播种机主要有：种子箱、悬挂架、机架、行走轮、开沟器、镇压器、离合机构、开沟器深浅调节机构和倾斜圆盘式排种机构组成。排种机构包括副种子箱、小机架、排种器、输种管等。各主要部分简介如下。

1. 机架与悬挂架　机架为封闭式矩形焊接结构。中间两横梁用角钢焊在机架左右梁上，固定排种机构。前横梁用两角钢对接成槽钢形状，两角钢中间留有15 mm的缝隙。两侧用连接板将两角钢焊接在一起。中间留的缝隙作固定开沟器的滑刀拉杆之用。使用时，可松开固定滑刀拉杆的螺栓，沿缝隙左右调节播种行距。左右梁上面备有固定种子箱的支架、横轴支架和行走轮半轴的螺栓孔。左右梁侧面有一个直径为16 mm的孔，是固定离合器销轴用的。悬挂架为三点悬挂。

2. 种子箱与排种器　种子箱为整体结构，两侧用支架固定在机架左右梁上。种子箱底部有 4 个(6 行播种机有 6 个)输种斗。输种斗与种子箱底板处安有一块插板。帆布输种管将输种斗与下部的副种子箱连接起来形成种子通道。副种子箱箱体用 4 个螺栓固定在排种盘底座上。前插板用来调节堆落在排种盘上的种子量的大小，其最大开启高度为 60 mm。下插板用一开口销在箱体连接耳上限位，以防插板左右窜动。同时，拔出开口销，可抽出下插板。下插板的作用是在停止播种后，清理副种子箱及输种管内剩余的种子。播种时，下插板是关闭的。排种器用螺栓固定在小机架上，小机架固定在机架中间两根横梁上，可以左右移动调节行距。

3. 行走轮与离合器　行走轮的结构如图 6-16 所示，它是该播种机的动力来源。行走轮左右各一个，用 U 形卡子将半轴分别固定在机架左右梁上。两半轴中间用方轴铰接，既可稳定行走轮，又可使方轴转动。通过联结在方轴上的方轴卡和开沟器挺杆，可使开沟器升起和降落，以调节播深。

4. 开沟器与调节机构　该机采用滑刀式开沟器，螺栓将前拉杆的调节卡与机架前梁连接，三角卡和锁片将方轴卡与调节机构的方轴固定在一起。调节机构(图 6-17)的作用是使开沟器升降，进行播种深度的调节。

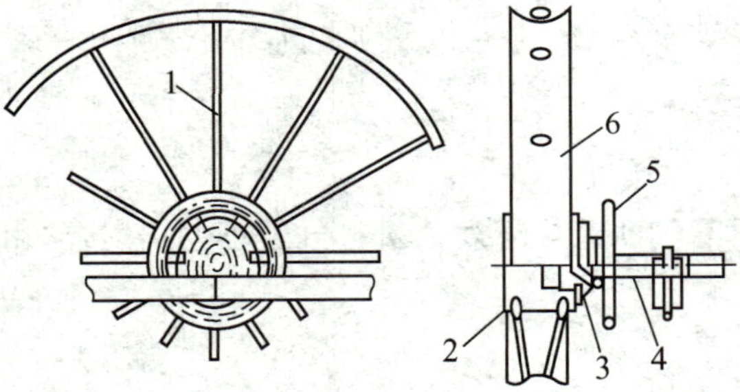

图 6-16　行走轮(左侧)

1. 辐条　2. 轮圈　3. 齿轮　4. 半轴　5. 法兰盘　6. 轮毂

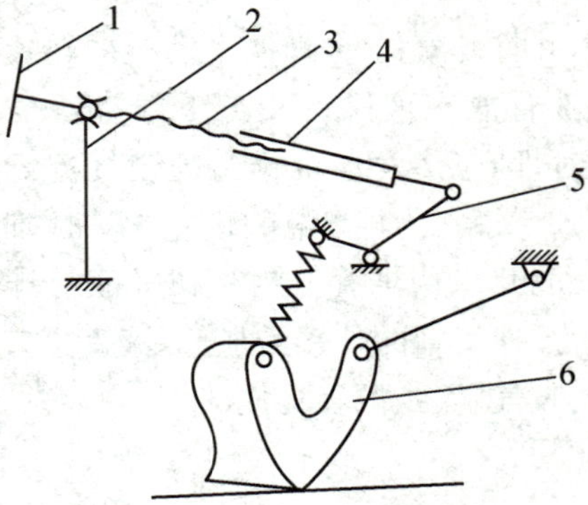

图 6-17　调节机构

1. 调节手轮　2. 支杆　3. 丝杆　4. 丝母套　5. 调节臂　6. 开沟器

播种时，当打开种子箱下部的插板时，种子通过帆布输种管分别流入固定在排种盘底座上的副种子箱内，并堆落在排种盘上。行走轮通过传动系统带动排种器立轴转动，排种盘随之转动，随着排种盘的转动，种子进入型孔。转动的毛刷将型孔上方多余的种子扫去，并阻止种子流入排种盘后部。型孔内定量的种子随排种盘转到底座后部的缺口处时，靠自重和排种指的弹力从排种口落下，经输种管，落入开沟器开出的种沟内。播种机继续前进，土壤从开沟器两侧向沟底流动，镇压器将种子压入湿土中。从而播种机便完成了开沟、播种、覆土、镇压的工作过程。

二、马铃薯播种机

马铃薯播种机和一般播种机相似，由机架、种薯箱、排薯装置、开沟器、覆土器、地轮和传动部分等部件组成。其工作过程为：排薯装置由地轮通过传动装置带动，从种薯箱内舀取薯种，输送到输种管进入开沟器所开的种沟中，随后由覆土装置覆土，完成播种工作。

排薯装置是马铃薯播种机的主要部件，实为分薯和取薯机构。常见的型式有以下几种。

1. 链勺式排薯器　链勺式排薯器由盛种的舀勺和链条组成（图 6-18）。工作时，舀勺通过种薯时舀起一块种薯，被舀取的种薯，最初可能是各种状态：或以长轴竖立于勺内，或以宽轴侧立于勺内，或以厚轴平放于勺内，也可能以其他形式置于勺内。由于机器振动等原因，薯块最终将取最稳定的状态置于勺内，其中以厚轴平躺最为稳定。舀勺尺寸设计合理，传动链的线速度适宜，可保证一个舀勺只盛一块种薯。种薯被舀勺带入输种管时，靠自重落下离开舀勺，但被前一个舀勺背面托住，保持了相互位置。由于投种点较低，株距变化不大。

2. 夹指式排薯器　夹指式排薯器如图 6-19 所示，夹指靠弹簧作用压在舀勺上，舀勺是常闭的，靠滑道作用压开夹指。工作时，装有夹指式排薯器的圆盘转动，夹指机构上的松放杆在滑道作用下张开，舀勺通过种薯箱时舀起一块种薯，当松放杆脱离滑道时，夹指夹住种薯。夹住种薯的舀勺随圆盘转至下方开沟器附近时，松放杆被滑道压开，种薯靠自重落入开沟器里。

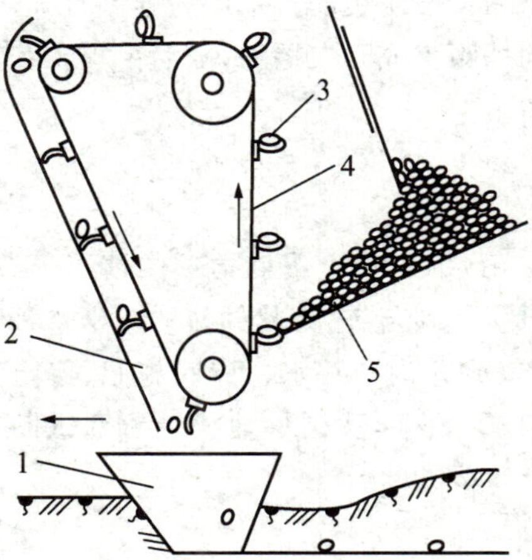

图 6-18　链勺式排薯器

1. 开沟器　2. 输种管　3. 舀勺　4. 链条　5. 种薯

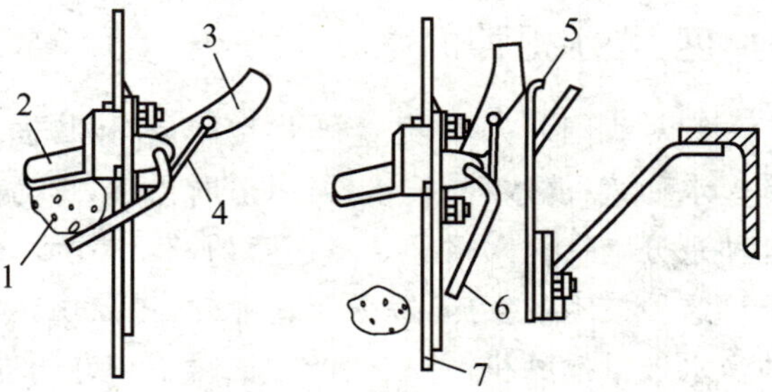

图 6-19　夹指式排薯器

1. 种薯　2. 舀勺　3. 松放杆　4. 弹簧　5. 滑道　6. 夹指　7. 圆盘

3. 针刺式排薯器　针刺式排薯器如图 6-20 所示。针刺杆为一复合杠杆，后端装在圆盘上，其外端有两根针刺，靠弹簧的作用，针刺由推薯杆的孔中伸出。工作时，针刺随圆盘转到种薯箱时，针刺即刺起一块种薯，并随圆盘向上转，当转到滑道位置时，针刺杆外端向外张开，在推薯杆的作用下，推出种薯，播入种沟中。当针刺杆离开滑道后，在弹簧作用下又回到原位。

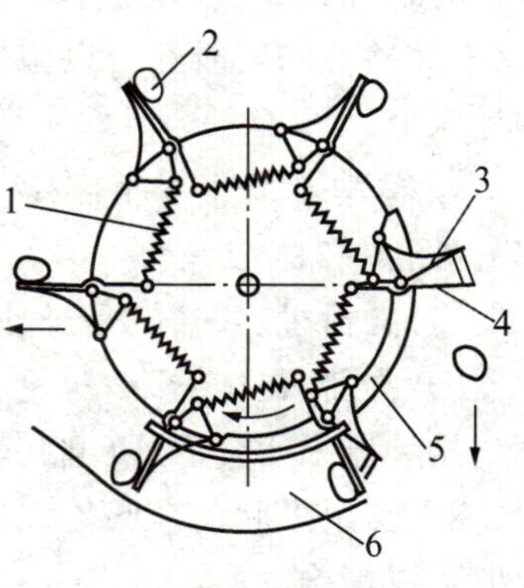

图 6-20　针刺式排薯器

1. 弹簧　2. 种薯　3. 针刺杆　4. 推薯杆　5. 滑道　6. 种薯箱

三、棉花播种机

2BMS 型棉花地膜点播机是与铁牛 - 55 拖拉机配套的联合作业机组，该机组适应新的种植农艺要求，能一次完成棉花的平土、种床镇压及整形、施肥、铺膜、打孔播种、孔穴盖土等多项作业内容。也可根据需要拆去部分工作部件进行分段作业，如先平土、施肥、镇压、整形和铺膜，后再进行播种。

施肥机构由肥箱、拨肥机构、排出机构、肥量调节装置、输肥管、开沟器等组成。工作时，地轮驱动传动机构并带动拨肥轮转动，肥料在拨肥轮的拨动与双向水平螺旋的推动下不断地从排肥口流出，再由排肥轮均匀地排出，沿输肥管导入开沟器并导入种床一侧。平土框将地表干土及土块推到种床外，同时填平肥沟。平土框上的两块突起在地上开出两条压膜小沟，压滚轮将种床压成略有凸形，以便铺膜。

铺膜部分由支撑轮、展膜辊、压膜轮、膜辊、压紧轮、覆土圆盘、开沟犁铧等组成。

播种部分由种子箱、输种管、点播器等部件组成。

覆土部分由后覆土圆盘、覆土花篮、刮土板等组成。

工作时，刮干土板把地表干土刮至畦的两边，地轮通过链条驱动肥料箱的排肥装置，把肥料排入土中；配置在机架两侧的两个圆盘开沟器开出两道沟槽，膜辊将薄膜铺于畦上，随即由覆土圆盘将土覆盖在地膜两侧边；鸭嘴式成穴器的鸭嘴靠弹簧压板的接地压力强制打开，带有鸭嘴式成穴器的播种滚筒在铺好的膜上滚动，按一定的株距完成开穴播种，随后由覆土花篮把覆土圆盘翻进的土呈条状覆盖在播种行上，完成播后覆土。

四、坐水播种机

针对我国北方干旱、半干旱地区，在作物播种时期，雨水缺少，土壤墒情差的情况，采取抗旱坐水种植（滤水种）技术，可以适时播种，提高播种质量，达到苗齐、苗壮的目的。坐水种和滤水种是分别针对穴播和条播而言的，其作业程序是挖穴（或开沟）、注水、点种、施肥、覆土和镇压。这种技术的实施，除人工作业外，主要由机具来完成。目前，我国各地相继研究试制了多种坐水抗旱播种机，并在生产中取得了较好的效果。

（一）2BGM-2型穴播穴灌铺膜机

2BGM-2型穴播穴灌铺膜机是一种多用节水灌水机具。它有以下几种主要功能：可以播种玉米、豆类、高粱、向日葵、棉花等宽行大田作物，作业功能包括开沟、播种、覆土、镇压等工序；在播种的同时可以在下种的穴位按农业技术要求灌入适量的水，提供种子萌发生长所需的水分；在播种的同时还可以施底肥；在施肥播种后进行铺膜，将塑料薄膜平整地覆盖在已播种的种床上。

1. 结构与工作原理　2BGM-2型穴播穴灌铺膜机主要包括穴播机、穴灌机和铺膜机三大部分（图6-21）。

（1）穴播机：穴播机是悬挂式多粒排种的通用穴播施肥机，其主要工作部件包括排种器、排肥器、开沟器、覆土器、镇压轮、划印器、机架、仿形机构、种肥箱、地轮、限深轮和传动部件等。

排种器采用窝眼式（型孔轮），为适应不同穴距、不同作物种子的需要，随机配有不同窝眼数、不同窝眼形状的窝眼轮。这种排种器结构简单、传动方便、通用性好。缺点是每穴播种的粒数不够精确。

排肥器采用外槽轮式结构，可施颗粒肥料，如二铵、尿素等。

开沟器是箭铲式结构，开沟宽度为60 mm，箭铲用钢管固定在横梁上，穴灌水从此钢管流入开沟器开出的种沟内。开沟器翼铲两侧各接有80 cm长、14 cm宽的挡泥板，其作用是挡住种沟两边的泥土，不让其落入种沟，使灌入种沟的水充分渗入到种沟两侧与沟底的土壤，在机组前进

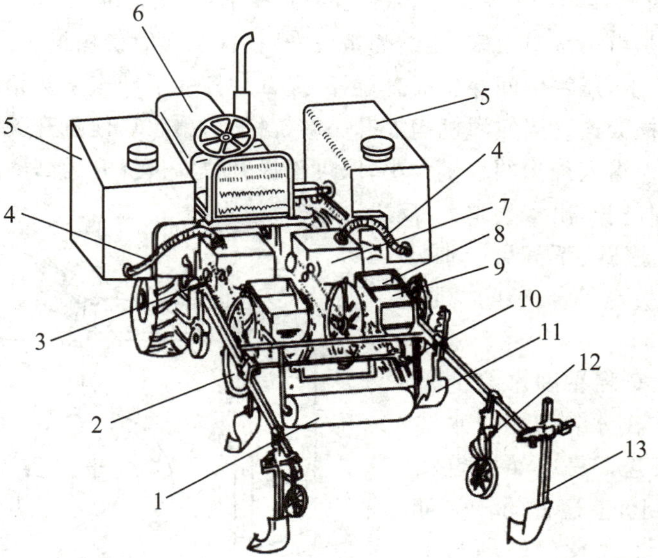

图 6-21 穴播穴灌铺膜机

1. 挂膜机构 2. 地轮 3. 传动系 4. 进水管 5. 主水箱 6. 拖拉机 7. 副水箱 8. 肥箱 9. 种箱 10. 覆土器 11. 开沟器 12. 压膜轮 13. 地膜覆土器

80 cm,灌溉水渗入土壤之后,再将种子播入种沟,这对防止漂种、种子和泥有很好的效果。

(2)穴灌装置:穴灌装置的作用是在播种过程中,将作物种子萌发所需的水量灌入穴中或种沟中。其结构包括主水箱、副水箱、穴灌机构、横定水压装置和传动装置等。

主水箱有左、右两个,分别安装在拖拉机左、右两块挡泥板上,两个水箱用两根 50.8 mm 的钢管连起来,安装在拖拉机后桥及驾驶台底板上。水箱用 2 mm 厚的钢板焊接而成,结构安装简单,固定牢固。两水箱之间的距离可调,可以安装在不同型号的拖拉机上。水箱上部有加水口,下部有出水口,出水口用塑料管与副水箱连接。两个水箱之间有水管连通,使两个水箱的水互相补充。

副水箱的作用是在灌溉时保持副水箱的水压一定,即保持恒压供水,使每穴的灌水量不受主水箱水位高低的影响;出水口在穴灌机构的控制下间歇向种沟(或种穴)灌水。副水箱的结构与工作原理如图 6-22 所示。水箱上盖有进水口与主水箱连通,水箱底部有出水口,直通开沟器的立管。水箱内有浮子,浮子的壁通过顶杆与进水口的水塞相接。当主水箱的水流入副水箱时,浮子漂起,将顶杆向上推,当浮子漂到一定高度时,顶杆通过水塞关闭进水口。当副水箱的水排出时,浮子下降,水塞随之下降,进水口被打开,主水箱的水重新流入副水箱,浮子又上升,周而复

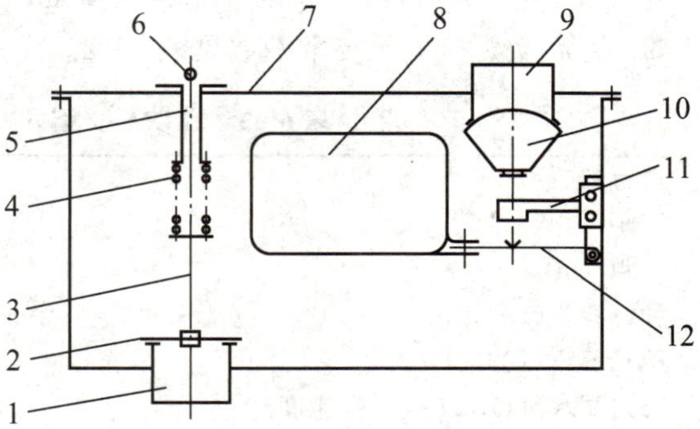

图 6-22 副水箱

1. 出水口 2. 出水口水塞 3. 提升杆 4. 压缩弹簧 5. 导向套 6. 销孔 7. 副水箱 8. 浮子 9. 进水口 10. 进水口水塞 11. 限位臂 12. 浮子臂

始地使副水箱的水保持在同一个水位上，从而保持水压不变，均匀供水。

间歇供水机构是由出水口水塞、压缩弹簧、提升拉杆及穴灌机构组成。水塞由压簧紧压在出水口，阻止水的流出，压簧中间穿有提升拉杆，提升拉杆的下端与水塞相连，上端从副水箱的上盖伸出与穴灌机构铰连。当穴灌机构提升一次拉杆时，出水口便打开关闭一次，水箱中的水便向种沟灌水一次。灌入种沟的水量大小，取决于提升拉杆被提升的高度和提升时间的长短。提升越高、提升时间越长，出水量越大；反之，出水量越小。

穴灌机构由上摆臂、下摆臂、调节杆、轴承座、滚轮和拨盘等部件组成(图6-23)。

上摆臂水平地安装在副水箱上盖上，其一端用销子与副水箱出水口水塞的提升拉杆上端绞连。另一端固定在水箱盖上的轴承座上，上摆杆的转轴可以在轴承内转动。上摆臂的转轴与下摆臂连成为一个刚体，两个摆臂成90°夹角，下摆臂在副水箱侧面垂直安装。

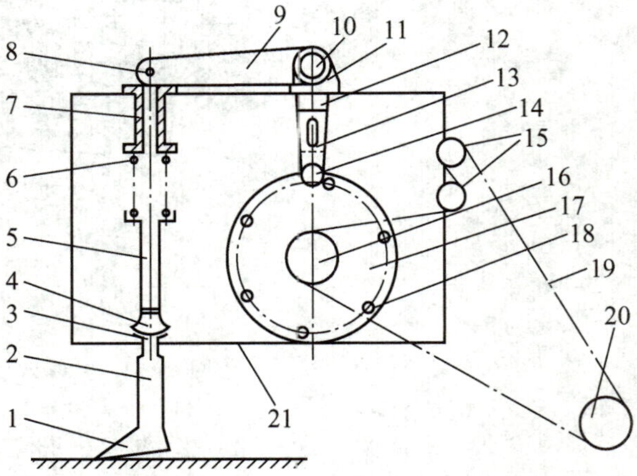

图6-23　穴灌机构与传动机构

1. 开沟器　2. 排水管(开沟器立柱)　3. 出水口　4. 出水口水塞　5. 提升杆　6. 压缩弹簧　7. 导向套　8. 销轴　9. 上摆臂　10. 轴承　11. 轴承座　12. 下摆臂　13. 调节杆　14. 滚轮　15. 张紧轮　16. 从动链轮　17. 拨盘　18. 拨销　19. 链条　20. 主动链轮　21. 副水箱

下摆臂下部固定调节杆，用来调节灌水量的大小。调节杆下端装有滚轮，滚轮下方安装有拨盘，拨盘通过轴承座安装在水箱的侧面，拨盘圆周开有12个通孔，根据不同穴距的要求，将相应的通孔中安上拨销，例如，当穴距要求是25 cm时，可在拨盘上相隔60°均布的6个通孔中安上拨销。拨销每转一周，下摆臂的滚轮被拨动6次，使上摆臂将出水口打开6次，向种沟放6穴水。拨盘的转动由地轮通过传动机构带动。

铺膜机由开沟小铧、展膜滚、压膜轮、覆土铲等部件组成。工作原理与专用铺膜机相同。

2. 技术参数　主要技术参数见表6-2。

表6-2　2BGM-2型穴播穴灌铺膜机技术参数

播行数(行)	2
行距	40～60(可调)
穴距(cm)	25、30、40、50
种箱容积(L)	10
肥箱容积(L)	8
每穴灌水量(L)(1挡工作速度)	0.3～1.4(可调)
主水箱最大容积(L)	550
副水箱(恒压)容积(L)	17
配套动力(kW)(四轮拖拉机)	8.8～11
推荐作业速度(km/h)	2(1挡)
覆膜宽度(cm)	90
总体尺寸(长×宽×高，mm)	130×1 200×560

(二)2BSF-Ⅱ型条播条灌机

2BSF-Ⅱ型条播条灌机包括2BSF-6-Ⅱ,2BSF-9-Ⅱ,2BSF-12-Ⅱ三种机型。它是实现谷物节水播种,高产栽培技术的机具,可进行每公顷播量为3～6 kg的单粒精密播种,也可进行每公顷播种量为7～18 kg的精密点条播,还可进行春小麦的15～35 kg大播量播种。灌水量可根据当地实际情况决定,灌水与不灌水都不影响播种机的使用。灌水量可在0～270 m^3/hm^2的范围内调节。

1. 供水系统的组成与工作原理 2BSF-Ⅱ型系列条播条灌机的供水系统都是由水箱、水量调节机构、快速接头、自动吸水机构、挂接机构、水位显示器、三通、管接件、软管、吸水管等部分组成(图6-24)。它的工作原理是借助于发动机的进气管,与供水系统的自吸机构连接,供水箱内形成真空负压,打开水量调节机构,水即由吸水管吸到水箱内,当水满时,关掉水量调节机构,使进气管与吸水机构脱离。工作时,将分配器的快速接头接上,按需要打开水量调节机构,即开始工作。

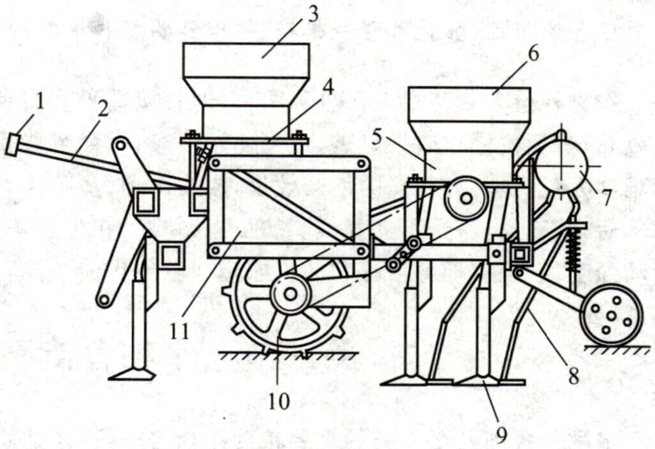

图6-24 2BSF-6-Ⅱ型条播条灌机

1. 快速接头 2. 水管 3,6. 种肥箱 4. 排肥器 5. 排种器 7. 分水器 8. 分水管 9. 分层播种开沟器 10. 驱动仿形轮 11. 机架

2. 整机结构与工作原理 2BSF-6-Ⅱ型条播条灌机的结构如图6-24所示。工作时,肥料由肥箱通过外槽轮排肥器将肥料排出,通过导肥管施入沟内,然后覆土。播种和灌水是一体的机构,在一个开沟器内完成播种和灌水,种子由种箱通过锥盘式精密播种器将种子排出,由导种管到开沟器,将种子播入沟内,然后覆土。水由分配器将水引到分水管,再将水引到箭铲鼠道式开沟器的水管里,在播种覆土后施水。

思考题

1. 简述播种机的一般构造与工作原理。
2. 排种器有哪些类型?各有什么特点?
3. 开沟器的型式有哪些?各自的特点是什么?
4. 特种播种机的型式有哪些?
5. 简述施肥机的分类及一般构造。

第七章　育苗移栽机械

◆学习目标

通过本章的学习，重点掌握育秧目的、意义和工厂化育秧过程；掌握水稻插秧机的构造、工作原理和使用；了解蔬菜移栽机械、旱田作物移栽机械的构造及工作原理。

作物种植方式基本上可分为两种，即直接播种和育苗移栽。直接播种比较简单，成本低，工效高，实现机械化效果显著，应用比较普遍；而育苗移栽比较复杂，成本高，工效低，实现机械化难度大，但是具有明显的增产效果，成为水稻、蔬菜生产的一项重要措施。由于人工育苗技术落后，效率低，易受不良气候和病虫害影响。在生产中，为了满足生产要求，提高效率，减轻劳动强度，必须实现育苗移栽的机械化和电气化。

第一节　水稻育苗移栽机械

水稻是我国乃至人类的重要粮食作物之一，我国的水稻种植面积占粮食作物播种面积的1/3左右，产量达 2×10^8 t，是单产高的粮食作物。水稻的栽培方式分为两种，即直播和育苗移栽。直播按播前耕整地条件可分为旱直播和水直播，按种子在田间的分布分为撒播、条播、穴播。水稻育苗移栽是中国、日本、韩国等亚洲国家传统的栽培方式。按育苗方式分为旱育苗、水育苗和营养液育苗，按育苗盘形状分为盘育苗和钵盘育苗。旱育苗稀插秧是适于我国北方地区的水稻高产栽培技术。

一、水稻育苗机械与设备

这里主要介绍利用育秧盘旱育苗所用育苗机械和设备。旱育苗可在农户的育秧田或工厂化育苗室里进行。但所用机械设备的工作原理基本相同。工厂化育苗设备比较全、技术容易实施。农户育苗可简化一些设备。

工厂化育苗过程及其设备如图 7-1 所示。

工厂化育苗的工艺流程一般包括苗土处理、种子处理、播种（至育秧盘）、快速催根立苗和炼苗等过程。所需要的设备有脱芒机、消毒浸种槽、催芽车、碎土机、混土机、播种机、出苗车、出苗室、绿化室和塑料大棚。

我国的育秧盘按其厚度分为硬盘和简塑盘，按其形状分为平底盘和钵体盘。平底盘育出的秧苗一般称为毯状苗，而钵体盘育出的秧苗称为钵体苗。从日本引进的硬塑平底育秧盘的内部尺寸为 580 mm×280 mm×30 mm，而我国生产的钵体盘尺寸有多种规格：有 589 mm×336 mm×17 mm，钵孔数为 561 个和 434 个的简塑盘；有 589 mm×356 mm×17 mm，钵孔数为 342 个的简塑盘和其他规格的简塑盘。这些秧盘暂没有国家标准，很有必要进行标准化。平底盘用于传统的育苗，可育乳苗、小苗、中苗、大苗，而钵体盘用于育大苗。

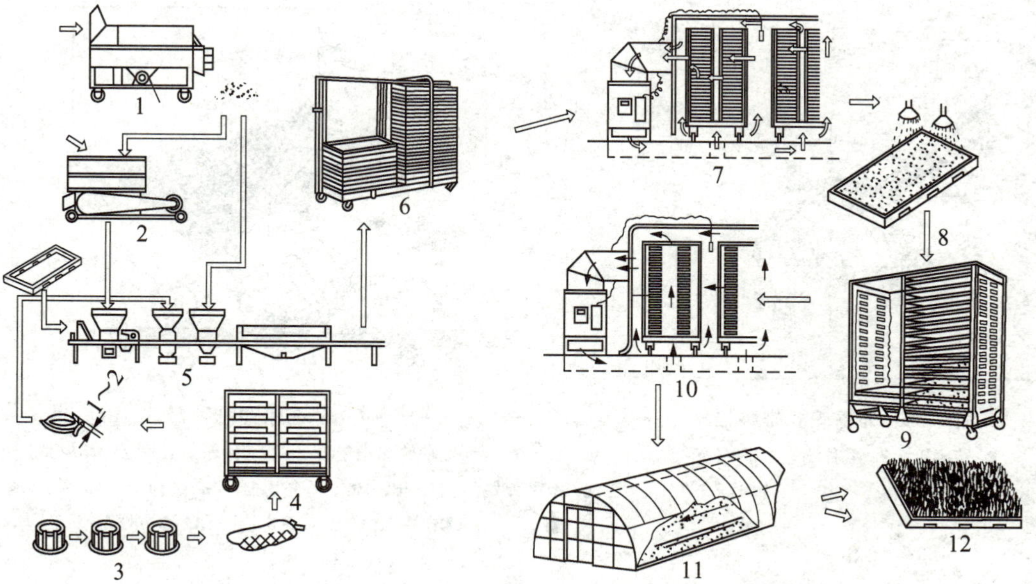

图 7-1　工厂化育苗过程示意图

1. 碎土机　2. 混土机　3. 浸种机　4. 催芽车　5. 播种机　6. 出苗车　7. 出苗室　8. 淋水设备　9. 绿化车　10. 绿化室　11. 炼苗室　12. 供插秧苗

育秧盘播种机按其动力分为电动式和手摇式。按播种盘分为平底盘播种机和钵体盘播种机；按所完成的工序分为同时完成装土、喷水、播种、覆土和喷水的联合播种机组和只完成装土、播种工序的简易播种机；按排种部件分为外槽轮式、型孔轮式和气吸式播种机。

简易育秧盘播种机由机架、育秧盘移动机构、种子箱、排种装置、土箱、排土装置、传动装置、手柄等部件组成(图 7-2)。

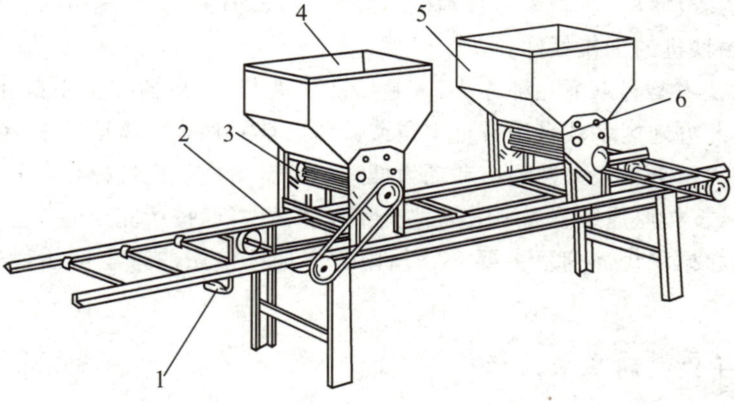

图 7-2　简易播种机

1. 手柄　2. 输送皮带　3. 排种轮　4. 种子箱　5. 土箱　6. 排土轮

当转动手柄时，通过传动机构，输送皮带使育苗盘在排土装置和排种装置下方移动，同时排土轮转动进行排土，排种装置完成播种。用于平底育秧盘的排种器一般为宽幅式外槽轮，其结构如图 7-3 所示，而钵体育苗盘排种器多采用型孔轮式排种器，其结构如图 7-4 所示。

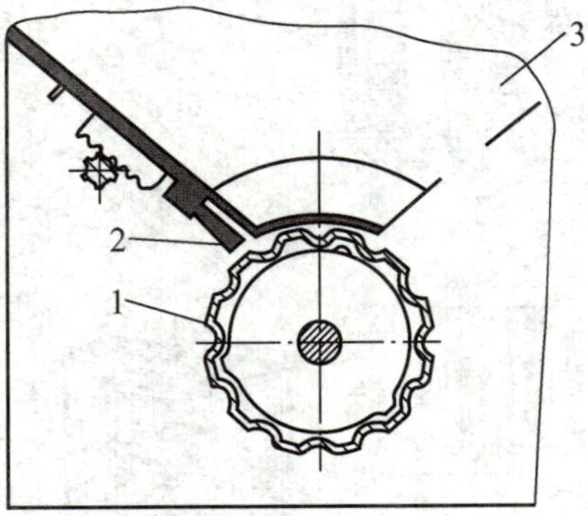

图 7-3　外槽轮式排种器

1. 外槽轮　2. 阻种刷　3. 种子箱

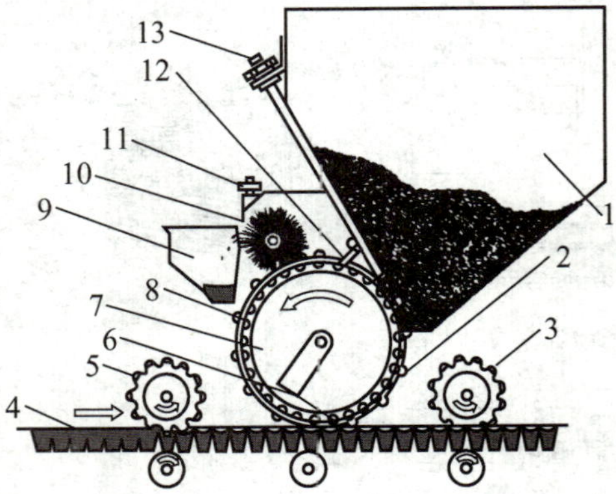

图 7-4　型孔轮式排种器

1. 种子箱　2. 排种轮驱动链轮　3. 压种轮　4. 秧盘　5. 压土轮　6. 推种弹簧片　7. 排种轮　8. 护种板　9. 接种箱　10. 旋转刷　11. 调节播量把　12. 固定刷　13. 调节螺母

二、水稻插秧机

水稻插秧季节性强、用功量多,人工插秧劳动强度大、效率低。我国从 1953 年开始研究水稻插秧机,创造出多种型号的人力插秧机和机动插秧机。当时在生产上起到了一定的作用。20 世纪 60 年代,日本开始研究与盘育苗相结合的插秧机,并很快就应用于生产实践。80 年代多数采用曲柄连杆式分插机构的步行或乘坐型插秧机,80 年代后期开始生产行星轮式分插机构的滚动直插式插秧机。国外插秧机多数为插秧施肥机,并发展成为能够进行多项作业(插秧、施肥、脱粒、收割)的管理机。日本、韩国等国家的插秧机械化程度已达到 98%以上。我国吉林省延吉插秧机厂生产的 2ZT-935 型插秧机的工作部件类似于日本 70 年代插秧机的工作部件,而黑龙江省农垦科学院和依兰收割机厂研制的 2ZZB-6 型高速插秧机的工作部件类似于日本 80 年代插秧机的工作部件。

我国水稻插秧主要有以下几种方法:一是插洗根大苗;二是插带土小苗和中苗;三是钵体苗插秧或抛秧。北方地区多数采用带土中苗或钵体大苗插秧或钵体苗抛秧、有序摆秧。

插秧机按动力可分为人力插秧机和动力插秧机。动力插秧机按操作条件分为步行插秧机和乘坐型插秧机,按作业速度分为一般插秧机和高速插秧机,按所完成的作业项目分为施肥插秧机和少耕或免耕插秧机。这里主要介绍国内北方地区使用的带土苗插秧机的基本结构与使用。

(一)机动插秧机的基本结构

不论是步行机动插秧机还是乘坐型机动插秧机都由插秧工作和动力行走两大部分组成。图 7-5 和图 7-6 分别为 70 年代步行插秧机和 80 年代日本乘坐型高速插秧施肥机。图 7-7 为延吉插秧机厂生产的 2ZT-935 型机动插秧机的外形图。

1. 插秧工作部分　由分插机构、供秧机构、秧船、传动机构和机架等组成。

(1)分插机构:用来完成取秧、分秧和插秧任务的机构称为分插机构。从秧箱里取秧、分秧并完成插秧的工作零件(部件)称为秧爪,控制秧爪运动轨迹的机构称为分插机构。插带土苗

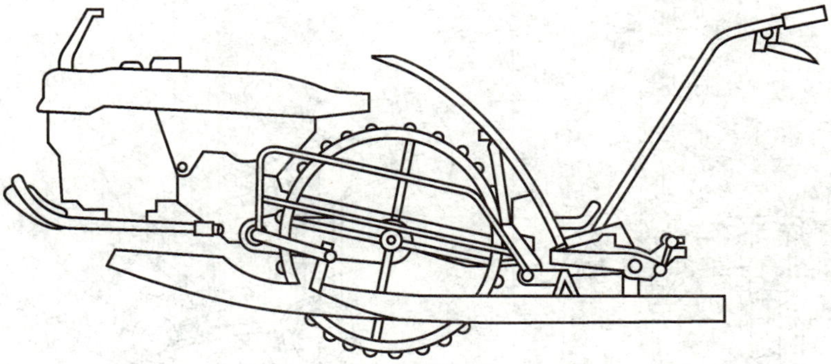

图 7-5　步行插秧机外形图

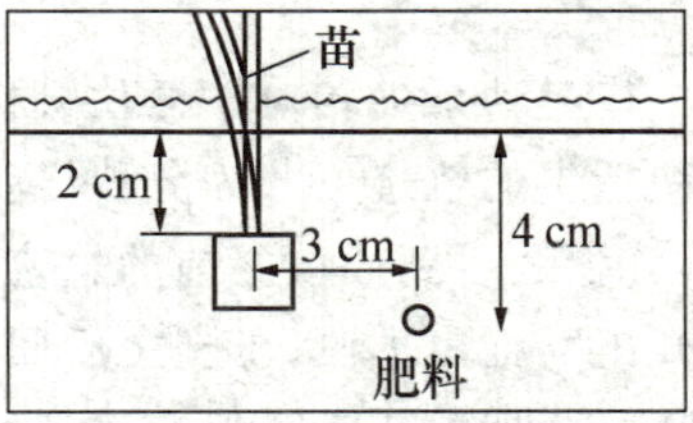

图 7-6　乘坐型高速插秧施肥机

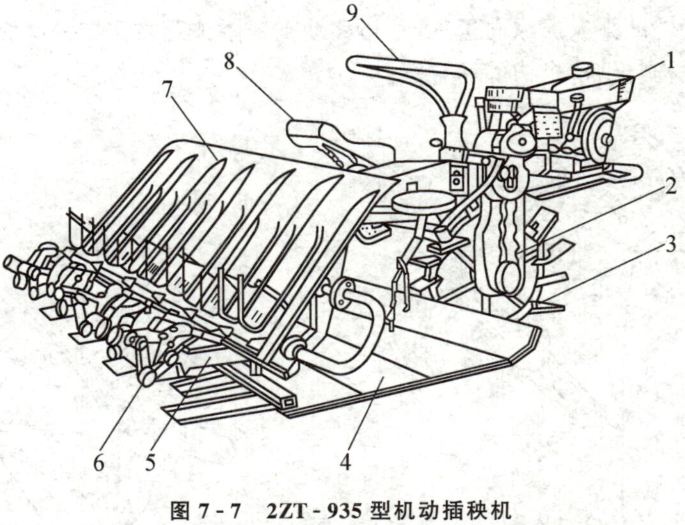

图 7-7　2ZT-935 型机动插秧机

1. 发动机　2. 行走传动箱　3. 地轮　4. 秧船　5. 分插链箱
6. 分插机构　7. 秧箱　8. 驾驶座　9. 操向盘

的秧爪型式有针状、板状、筷状等(图 7-8)。分插秧原理有纵分往复直插和滚动直插两种。纵分往复直插分插机构多采用曲柄连杆机构(图 7-9),而滚动直插分插机构多采用行星偏心齿轮机构(图 7-10)。

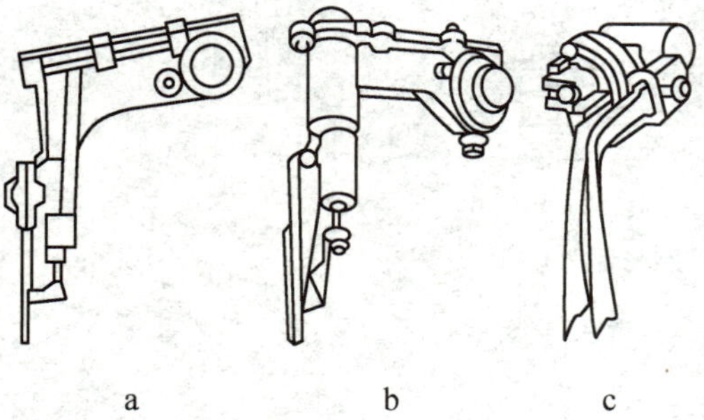

图 7-8　秧爪的型式

a. 分离针式　b. 切出式　c. 镊子式

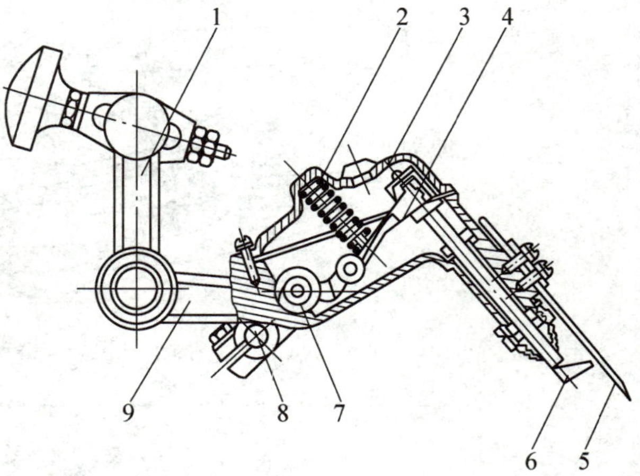

图 7-9　曲柄连杆式分插机构

1. 摆杆　2. 推秧弹簧　3. 栽植臂盖　4. 拨叉　5. 分离针　6. 推秧器　7. 凸轮　8. 曲柄　9. 栽植臂

插秧机工作时秧爪尖相对于插秧机机架的轨迹称为相对轨迹，而相对于田面的轨迹称为绝对轨迹。秧爪尖的轨迹可分为分秧、运秧、插秧、出土、回程段。秧爪进入秧箱取秧走过的轨迹为分秧段，分秧之后到插秧之前的轨迹段称为运秧段，插秧时秧爪尖绝对轨迹称插秧段，插秧之后到离开田面称出土段，出土之后回到取秧之前称回程段。

(2)供秧机构：把秧苗定时地输送到秧爪取秧部位的机构称为供秧机构。主要由秧箱、横向送秧机构和纵向送秧机构组成。秧箱是存放秧苗的部件。横向送秧由横向送秧机构带动整个秧箱移动的方法来完成，因此又叫做移箱机构。纵向送秧机构一般安装在秧箱底部，由秧箱底部的橡胶带定时转动来完成纵向送秧，秧箱移动到极限位置时完成一次纵向送秧。图 7-11 是往复直插分插机构与供秧机构的示意图。

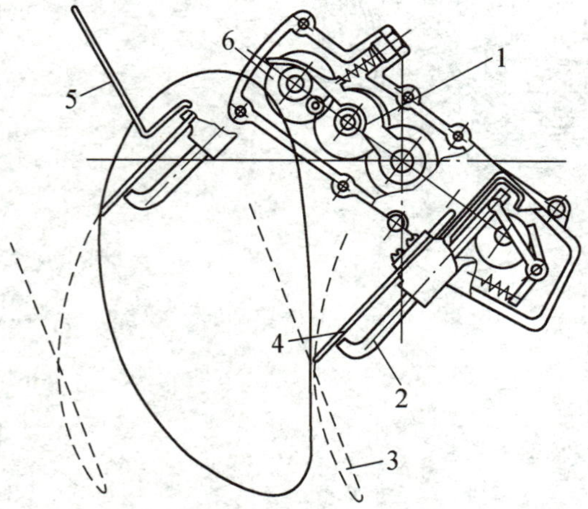

图 7-10　行星偏心齿轮式分插机构

1. 防止秧爪振动装置　2. 推秧针　3. 绝对轨迹　4. 秧爪　5. 秧箱　6. 行星齿轮

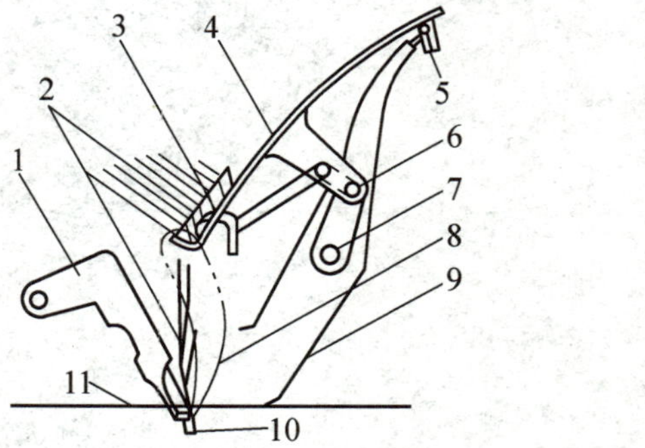

图 7-11　供秧机构示意图

1. 分插机构　2. 秧苗　3. 送秧爪　4. 秧箱　5. 导轨　6. 移箱轴　7. 移箱螺纹槽　8. 秧爪轨迹　9. 秧船　10. 秧苗根部　11. 田面

(3)机架和秧船:插秧工作部分零部件都安装在机架上并由秧船支承。秧船还起插秧前整平田面的作用。

2. 动力行走部分 20 世纪 90 年代的乘坐型插秧机的动力行走部分多采用四轮驱动的小型拖拉机,而 70 年代的步行插秧机和我国的 2ZT-35 型插秧机多数为专用插秧机。不论哪一种插秧机其动力行走部分都由发动机、传动减速机构、地轮、牵引架、操纵装置和座位等组成。

(1)发动机:国内一般采用 2.2～2.9 kW 风冷汽油机或柴油机,而国外高速施肥插秧机多采用 4.4～5.9 kW 汽油机。

(2)传动减速机构:发动机的动力通过传动减速机构最终传到地轮和插秧工作部分。插秧机设有插秧工作离合器,并为满足不同株距插秧的要求设有变速机构。在每个挡里工作部件与地轮的传动比是固定的,因此,发动机转速不影响株距。

(3)牵引架:牵引架是连接传动减速机构和插秧工作部分的部件。

(4)操纵装置:包括离合器、工作离合器、制动器和油门操纵把等。国外乘坐插秧机还设有液压升降操纵机构。

(二)插秧机的使用

要保证机插质量,除了从育苗、插秧机、整地各方面做好准备外,还应该注意正确使用和调整等实际操作。

1. 秧苗准备 插秧机要求苗齐、苗壮。这与播种均匀性、播量和育苗管理有关。北方单季稻栽培地区最好是插中苗或成苗为好。中苗盘播量为 100～150 g,插叶龄为 3.5～4.5 叶、苗长 15 cm 左右的秧苗为好。

2. 稻田准备 耕层深度不宜过深,以免插秧机陷地,一般认为 12～15 cm 为宜。耙、平地在 1～3 d 之前为好,以防机插时壅泥和影响直立性。耙地要细碎,但次数过多的耙地会加速水稻根的老化。保证水深在 0～3 cm,露出部分的比例占 80%左右为宜,以防漂秧。

3. 插秧机的准备 检查全机各零部件技术状态是否正常、运动是否灵活、配合关系是否准确等。检查各部润滑状态,特别要注意发动机、减速箱、齿轮箱等处的油位。按农艺要求调整好机器的有关部位,比如株距、移箱距离、取秧量等。

4. 插秧中应注意的事项 机动插秧机在田头转弯或越埂作业时,必须先停止插秧工作,为此应分离插秧工作离合器。插秧时,在秧箱移动到左端或右端时装秧苗,以防插秧过程中带土苗下部产生弧形状。一般机动插秧机都有划行器,保证邻接行的准确性及行驶的直线性。

三、水稻钵苗移栽机

利用钵体盘育出来的苗称为钵体苗或钵苗。利用移栽机或有序摆秧、抛秧的方法移栽到田间是实现旱育稀栽的一种有效方法。这种栽培方法对北方寒冷地区增产效果尤其明显,一般认为增产 10%～30%。但抛秧存在后期倒伏和移栽密度不均匀的不良影响,有序摆秧存在后期倒伏的危险。因此利用插秧机移栽是很有必要的。

日本 MINORU 公司生产专用于插钵体苗的插秧机。其结构与一般的插秧机类似。使用该插秧机需要用该公司专制的育苗盘育苗,育苗盘的形状如图 7-12 所示。它的材质比较特殊，插秧时直接把盘放在插秧机上，并绕秧箱底部圆弧部分通过，需要比较好的挠性和韧性。育秧盘的两边有方形孔，以保证准确地纵向送秧和定位。

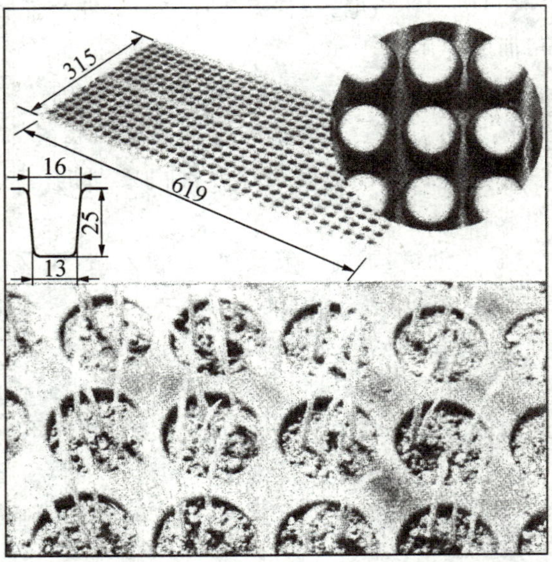

图 7-12　米诺鲁专用钵体育苗盘

MINORU 公司的专用钵体苗插秧机的分插机构也比较特殊。由推秧、接秧和翻转机构、输送机构和插秧机构等组成。该分插机构工作过程如下：把育苗盘放在固定的位置后锁紧手柄锁住，则推苗杆从盘底的“Y”字形孔推出钵苗，钵苗被放进接苗部件并锁紧。接苗部件在上下送秧机构的作用下把苗回转 180°，而后由于夹持板的作用被放在横向输送带上面向两边移动。被输送到两边的钵苗等待秧爪来插秧。由于秧爪特殊的运动轨迹可以垂直地插秧。

第二节　旱田作物移栽机械

移栽技术作为一种现代化农业的增产措施，正在国内外农业生产中逐步推行。目前我国已将该技术应用于玉米、棉花等大田作物。根据秧苗的特征分为钵苗移栽和裸苗移栽两类。近年来，国内外移栽机械的研究有了较大的发展。一般栽植机械的主要工作部件可以分为喂入和栽植两大部分，为了完成整个作业过程还配有覆土、浇水和镇压等辅助部分。钵苗栽植机种类较多，按栽植原理分有钳夹式（圆盘钳夹式和链条钳夹式）、导苗管式（导管推落式、导管直带落苗式和导管直落苗式）、吊篮式及带夹圆盘式等。

一、玉米移栽机

2ZY-2 型育苗移栽机的构造如图 7-13 所示。

排苗机构如图 7-14 所示，为水平放置的格盘，每格中能放入一个钵苗。格盘由锥齿轮带动，在滑道中运动。其排苗口在导苗管的正上方。

传动机构由地轮、链轮、链条和齿轮构成。地轮机构（图 7-15）是排苗机构的动力来源，既要起限深作用，又要能仿形保证动力传递。

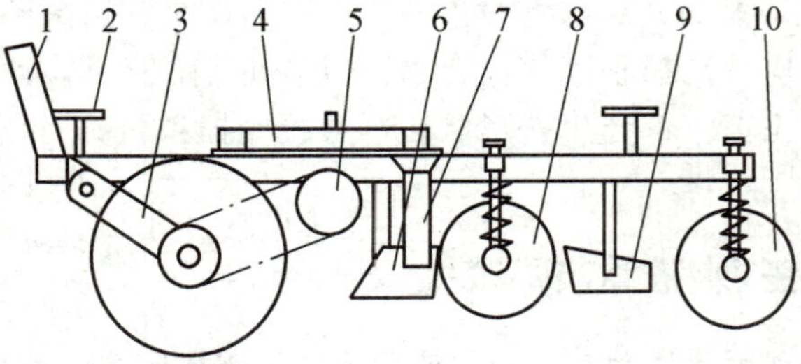

图 7-13　2ZY-2 型育苗移栽机

1. 机架　2. 座位　3. 地轮　4. 排苗机构　5. 传动机构　6. 开沟器　7. 导苗管　8. 挤压轮　9. 覆土器　10. 镇压轮

该玉米移栽机的工作过程包括开沟、喂苗、栽植、挤压和覆土压密等程序。工作时，人工向排苗机构中连续加入钵苗，在地轮驱动下，排苗机构依次将钵苗推入出苗口，经过导苗管最终落到开沟器开出的苗床上，通过挤压轮挤压后站稳，再经过覆土、镇压，完成移栽全过程。

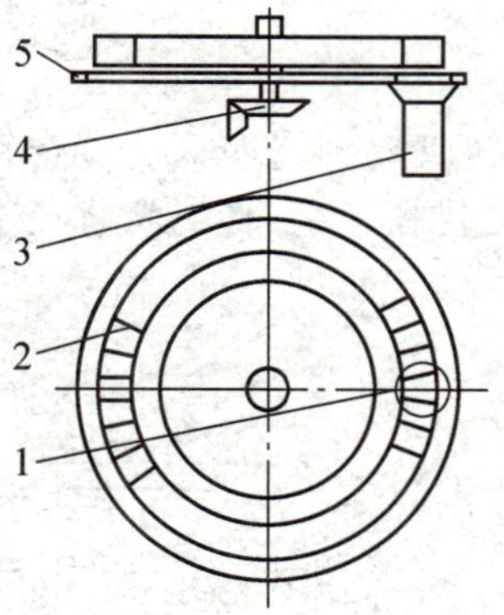

图 7-14　排苗机构

1. 排苗口　2. 格盘　3. 导苗管
4. 传动齿轮　5. 滑道

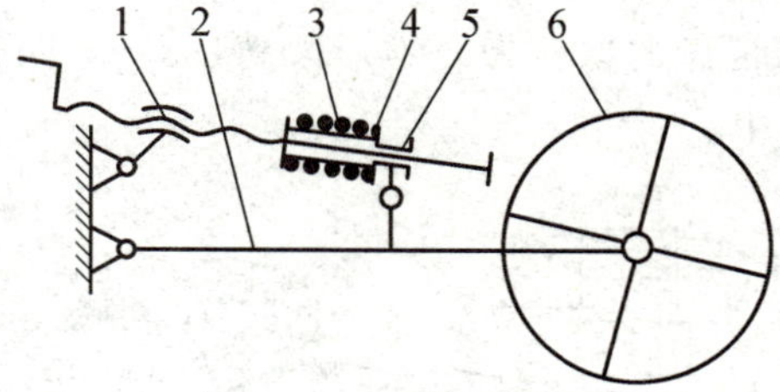

图 7-15 地轮机构

1. 丝杆、丝母　2. 地轮臂　3. 压缩弹簧
4. 间隔套　5. 导向套　6. 地轮

二、棉花移栽机

与小四轮拖拉机配套的 2ZG-2 型钵苗移栽机(图 7-16),适用于移栽圆台形钵体棉苗,由两个栽植单体、机架及浇水装置(图中未画出)等组成。栽植单体间距在机架上可调,以适应不同行距的要求。机架上设有钵苗架,栽植单体上方设有喂入带,地轮起支撑作用并控制开沟深度,由于地轮离开沟器很近,故还起到仿形作用;地轮又是机具的动力源,按一定的传动比把动力和运动传给喂入带以满足一定的株距要求。喂入带与左右两个护板形成钵苗通道,在该通道终端设有分钵器和扶正器,扶正器下方设有导苗管,导苗管的下端通入开沟器。

操作者把钵苗盘从钵苗架移至机架上,一次推一行(10 个)钵苗进入喂入带的通道内,钵苗被喂入带向终端推送。接近终端时被分钵器挡住,所有的钵苗均相对喂入带滑动,处于等待状态。当分钵器开启时允许一个钵苗通过,其余的钵苗被挡住仍然等待。按时逐个通过的钵苗到达喂入带终端时被扶正器扶住上端,其下端在作圆周运动的喂入带作用下继续向下、向终端运动,于是整个钵体在终端被传至直立状态落入导苗管。导苗管的倾角可以调节,机具前进速度与导苗管的倾角相互协调可保证钵苗落在种沟底部时直立。钵苗被推入通道后经过等待→分钵→转钵→下落四个环节完成喂入栽植过程,继而经过覆土镇压而栽植在预先做好的苗床上。

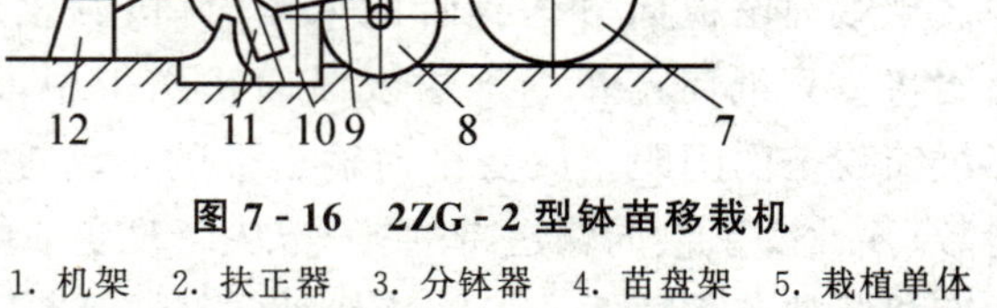

图 7-16　2ZG-2 型钵苗移栽机

1. 机架　2. 扶正器　3. 分钵器　4. 苗盘架　5. 栽植单体
6. 座位　7. 镇压轮　8. 覆土轮　9. 地轮　10. 开沟器
11. 导苗管　12. 刮土板

三、甜菜移栽机

2ZT-2 型甜菜移栽机的构造如图 7-17 所示。

送苗装置的横向输送带(图 7-18)为一薄的平面圆形橡胶带,水平转动。纵向输送带为上下转动圆形带齿的橡胶带。锥形齿高1.3 cm,两带的齿交错在一起,将纸筒苗夹住进而送到橡胶移栽盘中。

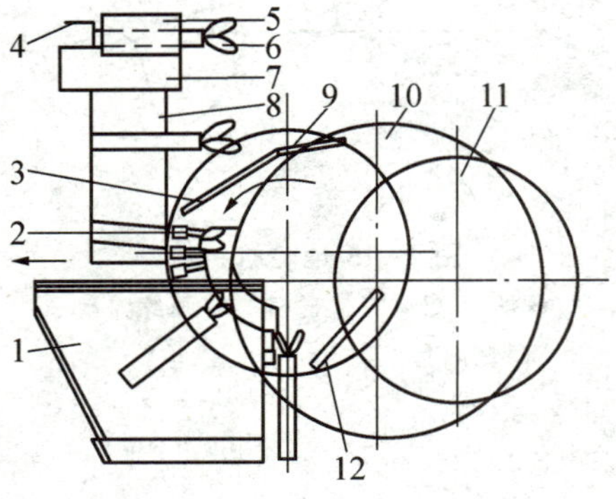

图 7-17　2ZT-2 型甜菜移栽机

1. 靴式开沟器　2. 夹持盘　3. 上导杆　4. 挡苗板　5. 送苗辊　6. 纸筒苗　7. 横向输送带　8. 纵向输送带　9. 移栽盘　10. 镇压轮　11. 驱动轮　12. 下导杆

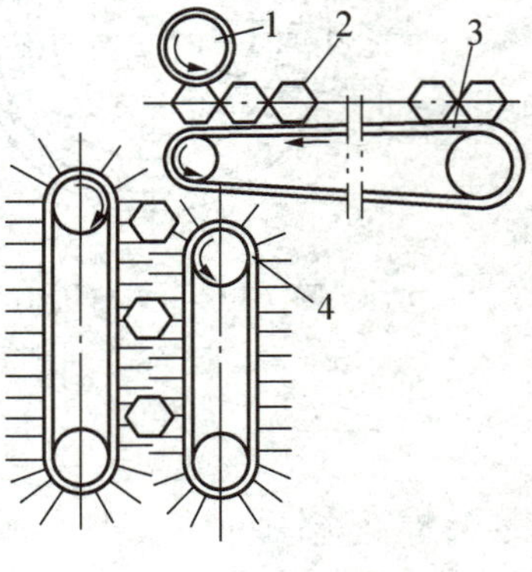

图 7-18　送苗装置

1. 送苗辊　2. 纸筒苗　3. 横向输送带　4. 纵向输送带

橡胶移栽盘(图 7-19)由一对圆形橡胶盘组成并固定于机架上的同一轴上。移栽盘由水平位置将苗接住转至下方最低位置区间,被固定于机架上的夹持盘所夹持,滚轮安装于固定在夹持盘架上的板弹簧的轴上,夹持盘位置左右调整,可改变夹持力的大小。

靴式开沟器的入土深度可调,可适应不同高度纸筒的栽植深度。镇压机构的镇压轮压实秧苗的程度靠改变镇压轮压缩弹簧的长度来调整。机具的传动由地轮带动,该地轮采用“人”字花纹橡胶轮胎。

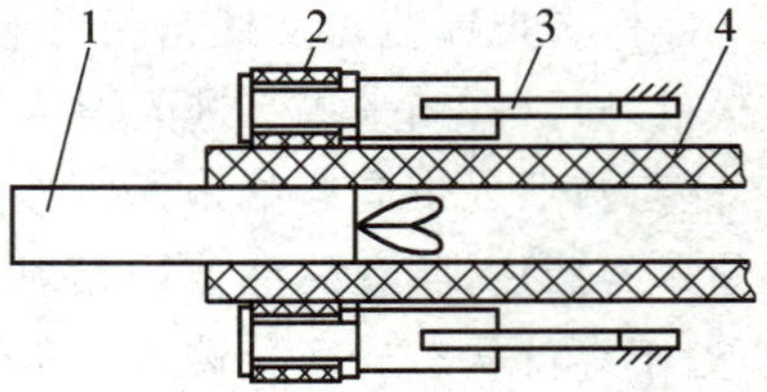

图 7-19　夹持盘与移栽盘

1. 纸筒苗　2. 夹持滚轮　3. 板弹簧　4. 移栽盘

工作时,带土的纸筒苗由人工整齐地铺放在横向输送带上,由挡苗板将苗的根部靠齐,无苗的纸筒由人工剔除。当纸筒苗横向输送到带的末端时,由圆辊形弹性送苗辊将每只纸筒苗单个地送入纵向输送带中,从而形成了纸筒秧苗的间距。改变横向输送带的主动辊传动链轮齿数,便改变了横向输送带的转速,从而改变了单位时间内横向输送带输送秧苗的数量,即可改变移栽秧苗的株距。橡胶移栽盘夹着纸筒苗随机具前进而向下转动,到最低位置前脱离移栽盘的夹持,靠重力落入由靴式开沟器开出的沟内,再由镇压轮将苗两侧压实,至此,完成了整个移栽的过程。

几种移栽机的主要技术参数如表 7-1 所示。

表 7-1　几种移栽机的主要技术参数

项　目	型号名称				
	2ZG-2 型钵苗栽植机	2ZX-2 型移栽打穴机	2YZ 系列移栽机	2ZY-2 型育苗移栽机	UT-2 型移栽机
外形尺寸(长×宽×高)(mm)	1 170×1 200×1 520	1 286×598×915			1 750×2 000×1 350
栽植作物	玉米、棉花、甜菜、烟草、蔬菜	棉花	玉米	玉米	玉米、水稻
秧苗形式	钵苗	钵苗、裸苗	钵苗	钵苗	钵苗、裸苗
作业行数	2	2	2、4、6	2	2
行距(mm)	460～900	500±50	600～700(可调)		500～1 200
株距(mm)	200、250 300、350	290、390	220(可调)	250	260～700
生产率(hm^2/h)	0.817	0.267～0.333	单行生产率 0.053	0.13	
配套动力(kW)	8.8 kW 小四轮拖拉机	东风-12 手扶拖拉机	8.8、18.4、40.4 kW 轮式拖拉机	8.8～11 kW 轮式拖拉机	18.375～29.4 kW 轮式拖拉机
机具重量(kg)	130	70			319
研制单位		江苏省农机推广站		黑龙江省农垦科学院	吉林工业大学

第三节　蔬菜育苗、移栽机械化

一、育苗机械设备

蔬菜育苗工厂化，又叫做蔬菜工厂育苗或蔬菜快速育苗。它是指在种子处理、播种、催芽出苗、幼苗绿化、花芽分化、幼苗发育生长、移苗囤苗，到提供保护地或露地栽培用芽苗工作中，根据蔬菜生长发育的要求，用一定的技术措施和集约管理的方法，成批生产规格齐全的优质壮苗的过程。与这个过程相关联的设施、机具、仪器等构成了蔬菜育苗工厂化设备。

育苗工厂化技术不仅能够显著提高蔬菜的产量，而且还可以大幅度地减少育苗用工量，做到提前上市和延长供应期，提高经济效益。

荷兰、美国等发达国家 20 世纪 50 年代开始进行蔬菜育苗工厂试验研究；日本于 60 年代初期开始进行这方面的研究。他们比较全面地掌握了温度、光照、水分、肥料、气体等因子的自动控制技术，进而在播种、分苗、移栽等环节的机械化、自动化等方面取得了显著成绩。

美国发明了培育蔬菜幼苗的装置，该装置包括 TODD 育苗箱(图 7-20)、自动播种系统、自动浇水施肥系统以及高速移栽机等。采用无土生长基质育苗，从而消除了由土壤有机物引起的病害问题。由 TODD 育苗箱育成的幼苗，可以直接用机械或人工移栽到田间。该育苗系统可用来培养番茄、辣椒、芹菜、卷心菜、花椰菜、茄子、西葫芦、黄瓜、甜瓜和西瓜等幼苗。日本于 1963 年研制成功纸钵育苗系统，1979 年研制成功旱田用育苗箱。可用来培育白菜、生菜、卷心菜等菜苗。1980 年,又生产出与之配套的自动播种机和全自动移栽机。

育苗工厂化技术用于蔬菜,在我国只有十几年的时间,主要用于辣椒、茄子、番茄、黄瓜等育苗。但目前的机械化和自动化水平还不高。

二、钵体苗移栽机械

蔬菜秧苗的定植,也叫栽植或移栽,主要包括起苗、运苗、开沟或挖穴、栽苗、灌水、覆土和镇压等工序。蔬菜钵体苗栽植机就是用来栽植培育在营养钵内的蔬菜秧苗。它可完成开沟或挖穴、栽苗、覆土和镇压等工序。

钵苗栽植在蔬菜生产中起着主要作用,是蔬菜生产中的一项主要措施,茄果类和瓜类蔬菜主要采用钵苗栽植。但人工栽植效率低,用工量多,劳动强度大,迫切要求实现机械化。国外早在 20 世纪 30 年代就研制出栽植机,由于育苗技术的改进,先后研制出纸钵和营养钵育苗,从而推动了钵苗栽植机的研制工作,并取得了一定进展。1972 年法国从荷兰引进钵苗栽植机,先用于大面积菜园,然后推广到温室,目前在继续发展。德国由于推广钵苗栽植机,生菜、白菜等蔬菜由直播改为栽植。日本的钵苗栽植机类型很多,大多数为小型半自动栽植机。我国从 70 年代开始研究蔬菜钵苗栽植机,已经有两种机具通过鉴定。

典型的钵苗移栽机如图 7 - 21 所示,它主要有喂入机构、栽植器、开沟器、覆盖镇压装置、传动机构等组成。其栽植器采用圆盘钳夹式栽植器,有纵向送秧和横向送秧两级送秧机构,能够保证分秧清楚,速度比较高。

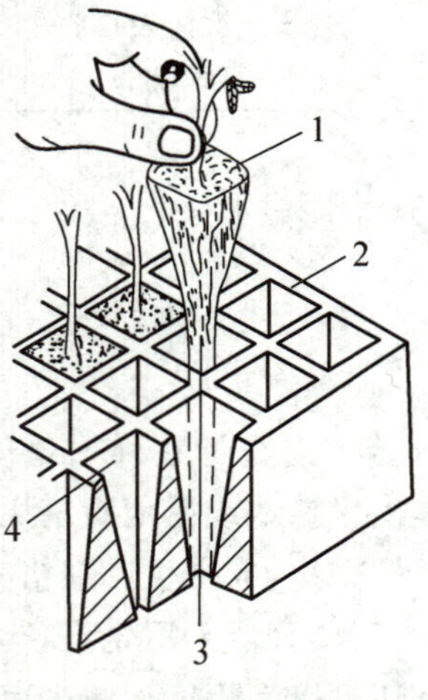

图 7 - 20　TODD 育苗箱及其倒锥结构

1. 无土生长基质　2. 短壁　3. 底孔　4. 向下延伸的壁

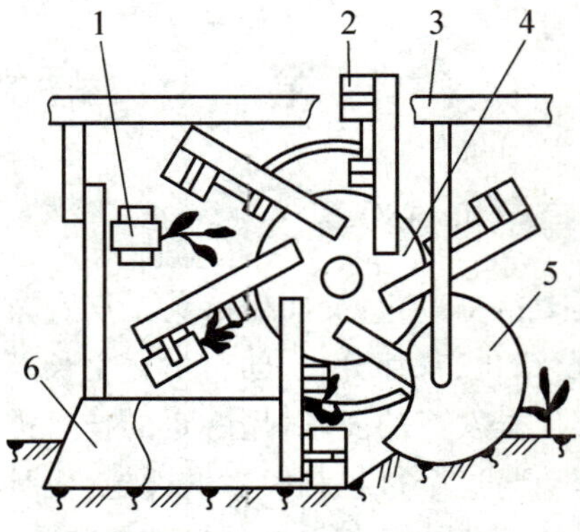

图 7 - 21　钵苗移栽机

1. 横向输送链　2. 苗夹组合　3. 机架　4. 栽植圆盘　5. 覆土器　6. 开沟器

思　考　题

1. 简述育秧的目的和意义。
2. 简述机械插秧原理与技术要求。
3. 我国水稻插秧主要有哪几种方法?

第八章　植保机械

◈**学习目标**

通过本章的学习，重点掌握植保机械中喷雾机、喷粉机的类型、一般构造和工作原理；理解掌握液泵式与气泵式喷雾机工作过程及二者之间的区别；了解烟雾机、土壤消毒机、航空植保机械的工作过程及特点。

植保作业的目的是消灭病虫草的危害，保证稳产高产。植保方法可按其原理分为以下几类。

1. 农艺防治法　选育抗病品种，改进栽培方法，实行合理轮作，深耕和改良土壤，加强田间管理及植物检疫等。

2. 生物防治法　利用害虫的天敌，利用生物间的寄生关系或抗生关系防治病虫害。

3. 物理和机械防治法　利用物理方法和工具，例如利用诱杀灯消灭害虫。

4. 化学防治法　利用各种化学药剂消灭病虫、杂草和其他有害动物的方法。这种方法的特点是操作简单，防治效果好，生产率高，而且受季节影响少，故应用最广。但留残毒，污染环境，影响人体健康。因此，使用时一定要注意控制药量。

实践证明单纯地使用某一种防治方法，不能很好地解决防治病虫害和消灭杂草的问题。应充分发挥农业技术防治、化学防治、生物防治及物理防治等综合防治才能更有效地进行植物保护。

施用化学药剂的机械统称为植保机械。植保机械按药剂的性质和施药方法分为喷雾机、喷粉机、土壤消毒机；按动力分为手动和机动；按携带的方式分为人力背负、畜力牵引、拖拉机牵引或悬挂以及航空植保等。

喷雾、喷粉的农业技术要求是：药液浓度和喷药量应符合要求；喷施质量好，喷量稳定、均匀、不漏喷、不重喷；作业效率高，喷洒药剂不受或少受风、温度等天气的影响，药剂的飞散损失少；遵守喷药的安全规则，尽量减少农药对操作人员和周围环境的污染和危害。

第一节　喷雾机

喷雾是化学防治法的重要方面，它的优点是受气候的影响较小，药液能较好地覆盖在植株上，药效较持久，缺点是耗水量大，因此在缺水或离水源较远的地区喷雾较困难。

按施药量的多少，喷雾机械分为高容量、中容量、低容量及超低容量喷雾机等。各类喷雾机的施液量标准及雾滴直径的范围可参见表 8-1。

利用机械方式使药液雾化的方式有三种：一是将药液加压通过喷孔喷出与空气撞击而雾化，即为液力式喷雾机；二是利用高速气流冲击液滴并吹散使之雾化，即为风送式喷雾机（弥雾机）；三是通过高速转盘的离心力将药液雾化，即离心雾化（超低量喷雾机）。其中液力式喷雾机最为常见。液力式喷雾机按给药液加压的方式分为液泵式喷雾机和气泵式喷雾机。

表 8-1 各类喷雾机的施液量标准及雾滴直径

名　称	符　号	雾滴直径(μm)	施液量(L/hm²)
超超低容量	U-ULV	10～90	<0.45
超低容量	ULV	10～90	0.45～4.5
低容量	LV	100～150	4.5～45
中容量	MV	100～150	45～450
高容量	HV	150～300	>450

注：根据美国农业工程学会标准折算结果。

喷雾机主要由给药液加压的泵，喷出雾状药液的喷头，连接两者的管子和药箱、空气室、调压阀、喷杆、阀门、手柄等附属装置组成。

一、手动喷雾器

人力喷雾器多为背负式。有液泵式(图 8-1)和气泵式(图 8-2)两种。液泵式喷雾器操作时边按动手杆边喷药，操作人员容易疲劳。而气泵式喷雾器操作时经过两三次充气可喷完一桶药液(约 5 L)，操作省力，因此有人又称它为自动喷雾器。气泵式喷雾器的制造精度要求比较高。人力喷雾器常用于温室和蔬菜地。

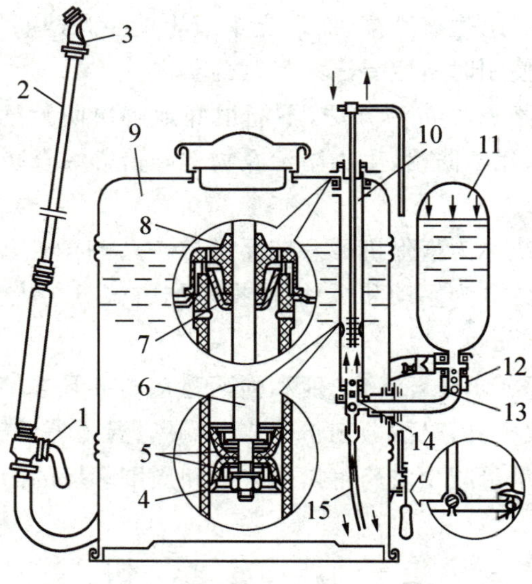

图 8-1 东方红-16 手动背负式喷雾器

1. 开关 2. 喷杆 3. 喷头 4. 固定螺母 5. 皮碗 6. 活塞杆 7. 毡圈 8. 泵盖 9. 药液箱 10. 缸筒 11. 空气室 12. 出水球阀 13. 出水阀座 14. 进水球阀 15. 吸水管

1. 液泵式喷雾器　东方红-16 手动背负式喷雾器是最为常见的喷雾器，它主要由活塞泵、空气室、药液箱、胶管、喷管、开关及喷头等组成。工作时，操作人员将喷雾器背在身后，通过手压杆带动活塞在缸筒内上下运动。药液经过阀门进入空气室，再经出水阀、输液胶管、开关及喷头喷出。这种泵最高压力可达到 800 kPa。为了稳定药液的工作压力，在泵的出水阀处装有空气室。由于这类喷雾器都由人背负在身后工作，故又称为手动背负式喷雾器。

2. 气泵式喷雾器　气泵式喷雾器由气泵、药液箱和喷射部件等组成(图 8 - 2)。气泵式喷雾器工作时,通过上、下移手杆向药箱内打压空气,使药箱内压力升高,将药液通过喷头压出,实现喷雾。

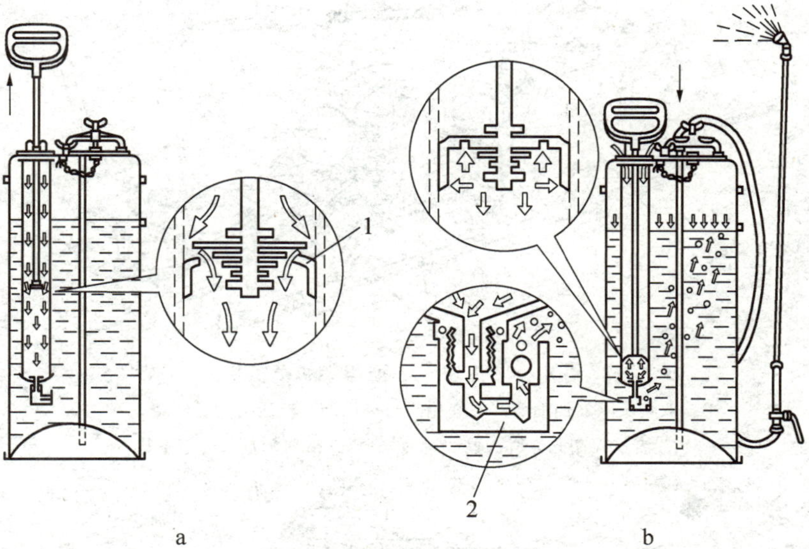

图 8 - 2　气泵式喷雾器

a. 手杆上提　b. 手杆下压

1. 皮碗　2. 出气阀

二、动力喷雾机

为了提高喷药生产率,利用小型发动机为动力的喷雾机常用于果园、大田的打药。按照使用方式可分为固定式和移动式。固定式一般用于大型果园,把动力机、药液箱和喷雾机安装在一个机械上,通过配置在(或埋设在)果园地里的塑料管子(或钢管)压送药液,并利用一定距离(20～40 m)安装在管子上的阀栓和橡胶管喷药的方法。移动式是指把液泵、药液箱、发动机等都装载在拖拉机拖车或畜力车上,边行走边喷雾的方法。此外,还有背负式动力喷雾机。

图 8 - 3 为工农 - 36 型担架式喷雾机。该机由发动机、液泵、调压阀、压力表、空气室、流量控制阀、滤网、喷头或喷枪、机架等组成。其工作过程如图 8 - 4 所示。当发动机驱动液泵工作时,水通过滤网、管子吸入液泵内,然后压入空气室内(其压力可从压力表读出)。压力水流经过流量控制阀进入射流式混药器,借混药器的射流作用,水和母液(原药加少量水稀释而成)在混药器内自动均匀混合后,经输液软管到喷枪,进行远射程喷雾。使用喷枪时药液不通过液泵,从而减少药液对液泵的腐蚀,可延长其使用寿命。当雾化程度要求高和近射程喷雾时,必须卸下混药器,换装喷头,将滤网放入药液箱即可工作。在田间转移停止喷药时,关闭流量调节阀,使药液作内部循环,以免液泵干磨。

(一)泵

喷雾机的泵是使药液产生压力以克服管道阻力和利于喷雾的部件。泵常见的形式有柱塞式、活塞式、活片式活塞泵、皮碗活塞式气泵、离心泵、隔膜式。喷雾机的泵应由黄铜或青铜制造以防腐蚀和耐磨。泵的底部或吸入药液管部位应有过滤网。泵内的进液阀和排液阀均为单

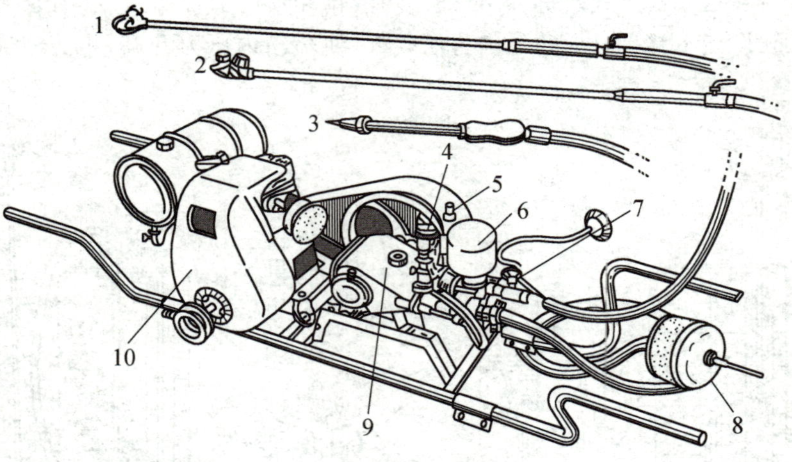

图 8-3　工农-36 型担架式喷雾机

1. 双喷头　2. 四喷头　3. 喷枪　4. 调压阀　5. 压力表　6. 空气室　7. 流量控制阀　8. 滤网　9. 液泵（三缸活塞泵）　10. 汽油机

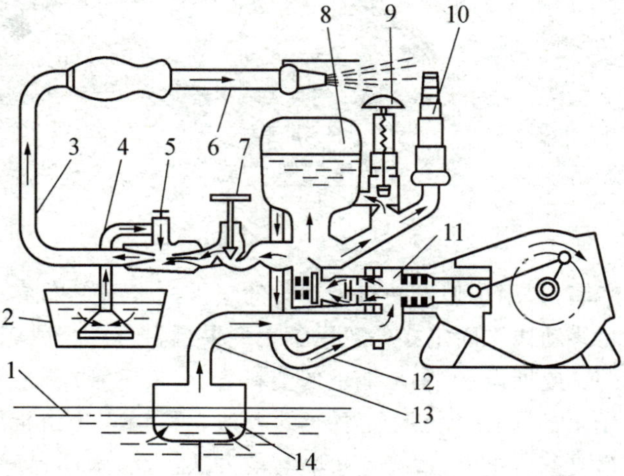

图 8-4　工农-36 型担架式喷雾机的工作示意图

1. 水源　2. 母液桶　3. 输液软管　4. 吸药管　5. 混药器　6. 喷枪　7. 流量控制阀　8. 空气室　9. 调压阀　10. 压力表　11. 液泵　12. 回流管　13. 吸液管　14. 滤网

向阀，泵吸入药液时，进液阀打开，排液阀关闭；泵排液时，排液阀打开，进液阀关闭。

活片式活塞泵是在动力喷雾机上使用较多的一种，有单缸、双缸、三缸式。动力喷雾机上常用三缸式，工农-36 型担架式喷雾机就采用三缸活片式活塞泵。它主要由泵体、进液管、曲柄连杆组、活塞组（胶碗、胶碗托、三角支撑套筒组成）、活塞杆、平阀、带孔平阀、排液阀、弹簧、空气室、排液管等组成（图 8-5）。工作时，活塞杆左移，当胶碗托的后平面靠住平阀时，活塞开始左移，左腔药液被挤压推开排液阀进入空气室。而泵的右腔体积增大，压力下降，药箱药液进入泵右腔。活塞杆右移，由于胶碗与泵壁的摩擦作用，胶碗托暂时不能随动，因而托与平阀间出现间隙，泵的左右腔相通，活塞杆继续右移，带动活塞右移，排液阀在弹簧作用下关闭，左泵腔体积增大，压力降低，右泵腔体积减小，压力增加，于是药液吸入泵左腔。使用中，带孔平阀与平阀及胶碗托两平面磨损后，造成密封不严影响排液量。

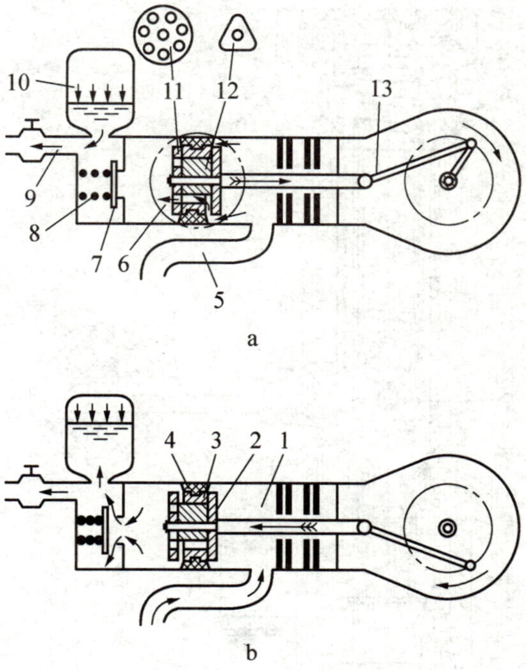

图 8-5　活片式活塞泵的组成和工作

a. 进液　b. 排液

1. 泵室　2. 平阀　3. 胶碗托　4. 胶碗　5. 进液管　6. 活塞　7. 排液阀　8. 弹簧　9. 排液管　10. 空气室　11. 带孔平阀　12. 三角支撑套筒　13. 连杆

(二)调压阀

为了适应多种形式的喷雾工作,动力喷雾机设有调压阀。调压阀的结构如图 8-6 所示。其锥形阀门是用弹簧压紧的,转动调压轮改变弹簧力,即可增减锥形阀门的压力。当空气室内水或药液对阀门的压力超过弹簧压力时,便将锥形阀门顶开,水或药液沿回水管回流到吸水管,直到空气室内压力小于弹簧对阀门的压力时,便停止回流,保持压力稳定。

在调压轮的下部装有卸压手柄,如遇到泵的压力突然上升超过最高压力时,可将卸压手柄沿顺时针方向扳足,便可卸除弹簧对锥形阀门的压力。此时大量的水或药液从回水管回流,压力立刻下降,然后停车检查故障,这样可避免发生事故。机器启动前,也应将调压轮向减压方向旋几圈,并将卸压手柄扳至“卸压”位置,待泵运转正常后,再把卸压手柄扳回到“加压”位置,并将压力调到规定数值。

(三)空气室

往复泵的进、排液是不连续的。空气室的功用是平衡往复泵供药液时产生的脉冲压力,起稳定压力和连续喷雾的作用,它必须有一定容积以容纳足够的空气。多缸泵脉冲较小,在较高的转速时可使排液压力较均匀,因此空气室的容积也可以小些。喷雾机长时间连续工作,空气将逐渐溶于药液中,空气室内的空气容积越来越小,使喷雾压力的稳定性变差。现在生产的机动喷雾机的空气室用橡胶隔膜将药液与空气隔开。一般空气室的容积为泵工作容积的 6～7 倍,耐压力应大于最高使用压力的 3 倍。

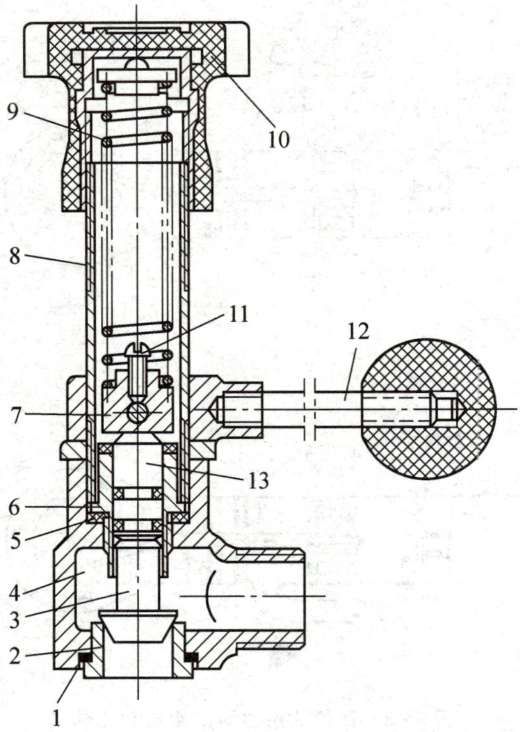

图 8-6 调压阀

1. 垫圈 2. 阀座 3. 锥阀 4. 回水室 5. 垫圈 6. 阀套 7. 弹簧托 8. 套管 9. 弹簧 10. 调压轮 11. 螺钉 12. 卸压手柄 13. 阻尼塞

(四)喷头

喷头是雾化药液的最重要的工作部件,雾滴的大小和均匀性以及药液的分布,都与喷头的形式、结构和配置有关。为了防止腐蚀和耐磨,喷头应由黄铜或青铜制作。常用的喷头形式有圆锥雾式喷头、扇形雾式喷头和单孔式喷头。

圆锥雾式喷头(涡流式喷头)的特点是压力药液在涡流室内产生旋转运动,然后再从喷孔中喷出,药液离开喷孔形成向前延伸的空心锥液膜,液膜继续向前破裂成液丝,液丝再进一步断裂成雾滴,形成空心锥形雾。

涡流式喷头按其内部结构可分为三种形式,即切向离心式(图 8-7)、涡流片式喷头(旋水片式,图 8-8)和涡流芯式(旋水芯式,图 8-9)。

切向离心式喷头由喷头帽、喷孔片、喷头体等组成,喷头加工成带锥体芯的内腔和与内腔相切的输液管道。喷孔片的中央有一喷孔,孔径有 1.3 mm 和 1.6 mm 两种规格。内腔与喷孔片之间构成锥体芯涡流室。

涡流片式喷头(旋水片式)由喷头片、喷头帽和涡流片组成,在涡流片上沿圆周方向对称地冲有两个贝壳形斜孔。在喷孔片与涡流片之间夹有垫圈,由此构成一个涡流室。这种喷头仅用于人力喷雾器上,逐步为切向离心式喷头所代替。

涡流芯式喷头(旋水芯式)由喷头体、喷头帽和涡流芯等组成。有大田型和果园型两种,大田型涡流芯的螺旋槽截面小,与芯顶的夹角小,涡流室浅且一般不可调节,喷孔较小,喷出的雾锥角较大,雾滴较小,喷量较少。果园型的特点与上述相反,且涡流室深浅可调节,故喷量较

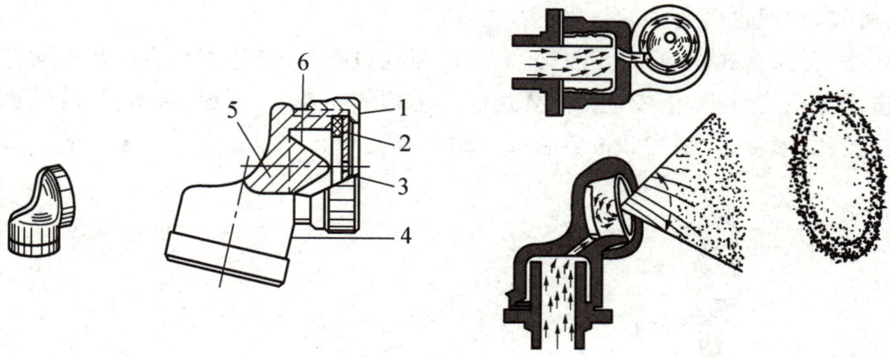

a　　b　　c

图 8-7　切向离心式喷头结构与工作原理

a. 喷头外貌　b. 喷头结构　c. 喷头工作原理

1. 喷头帽　2. 垫圈　3. 喷孔片　4. 喷头体　5. 输液斜道　6. 锥体芯

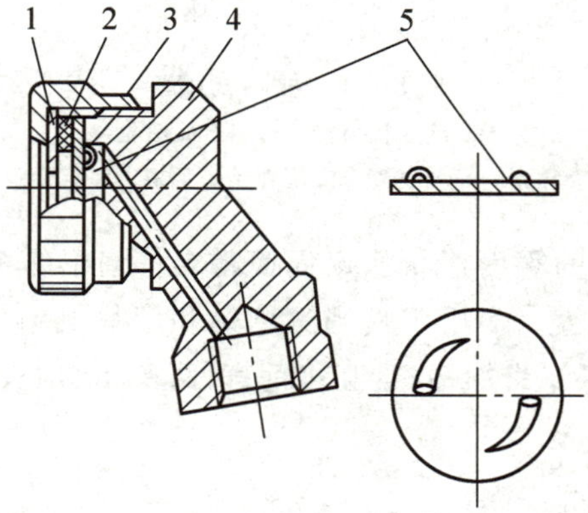

图 8-8　涡流片式喷头

1. 喷头片　2. 垫圈　3. 喷头帽　4. 喷头体　5. 涡流片

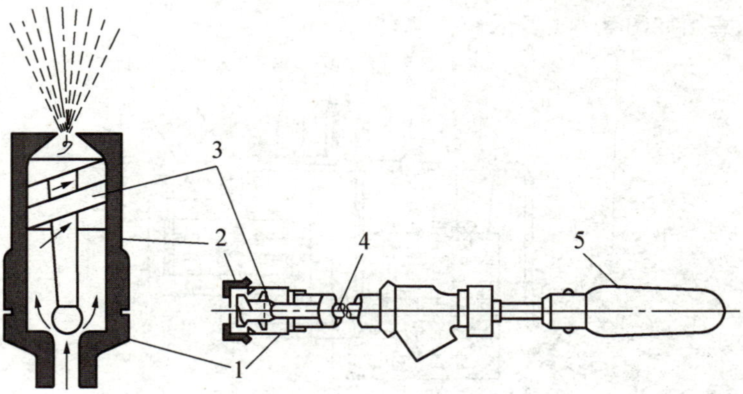

a　　b

图 8-9　涡流芯式喷头

a. 大田型　b. 果园型

1. 喷头体　2. 喷头帽　3. 涡流芯　4. 推进杆　5. 手柄

大，雾锥角可变，射程也可变，雾滴也较大。

单孔式喷头（撞击式）只有一个喷孔，高压液流通过喷孔，高速喷出碰撞在一反射板或直接与空气撞击而雾化，雾化质量较差。主要用于远射程的喷雾，如果树、树木、行道树及稻田的喷药。它由扩散片、喷嘴、喷嘴帽和枪管组成（图 8-10）。

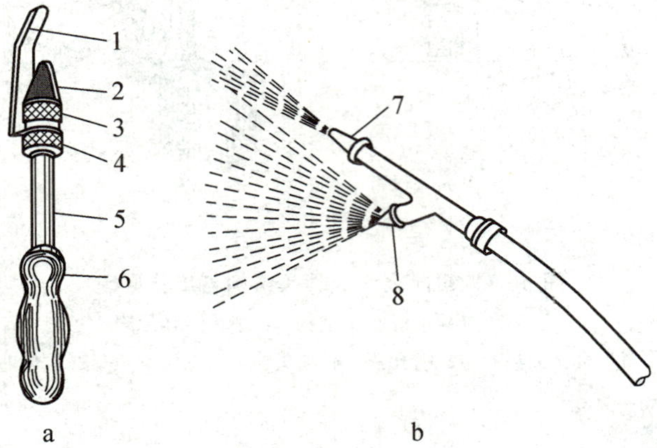

图 8-10 撞击式喷头

a. 远射程喷枪 b. 组合式喷枪

1. 扩散片 2. 喷嘴 3. 喷嘴帽 4. 并紧帽 5. 枪管 6. 手柄 7. 锥形腔孔喷嘴 8. 狭缝式喷嘴

扇形雾喷头是从其喷出的雾面形状像扇面而得名。扇形雾喷头雾化的质量不如圆锥雾式，其喷量大，雾滴直径也较大。多用于喷洒除草剂和肥料上，它由垫圈、喷嘴和压紧螺母组成。在喷嘴上开有内、外两条半月形槽，且互相垂直，两槽相切处，形成一正方形的喷孔。

三、喷杆式喷雾机

喷杆式喷雾机一般悬挂在四轮拖拉机上，具有水平长喷杆，利用拖拉机动力输出轴来驱动液泵，利用长喷杆和喷嘴喷雾，喷管长度可达 9～13.5 m，具有 27～40 个喷孔，常用于大田打药上。其工作示意图如图 8-11 所示。

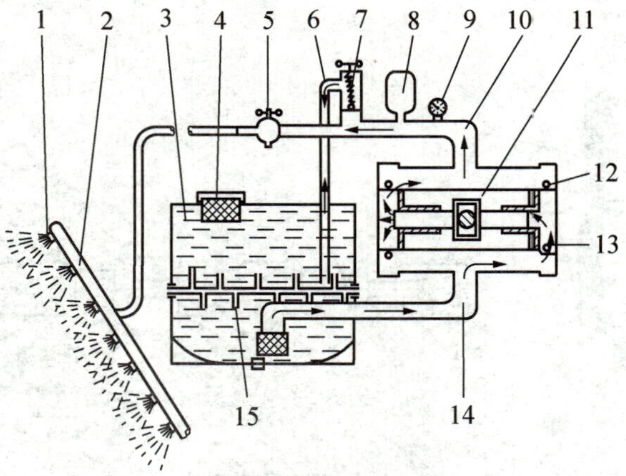

图 8-11 喷杆式喷雾机

1. 喷头 2. 喷杆 3. 药液箱 4. 滤网 5. 截止阀 6. 回液管 7. 调压阀 8. 空气室 9. 压力表 10. 排液管 11. 液泵 12. 排液阀 13. 进液阀 14. 进液管 15. 搅拌器

四、弥雾机

弥雾机又称风送式喷雾机，弥雾机利用高速气流，把药液雾化成更细碎的雾滴并输送到远距离。弥雾机具有如下特点：比喷雾机雾滴更细小，附着性好，可以微量喷雾，雾滴分布比喷雾均匀得多，可以减少药害；可以使用浓度高的药剂，节省配药和运输劳力。弥雾机适应于打药比较频繁的蔬菜和果树。

按照使用方式弥雾机可分为背负型和装载型。背负型以 0.66～0.88 kW 的风冷式二冲程发动机为动力。东方红 - 18 弥雾机可进行喷粉、喷雾和超低量喷雾。装载型是以 1.47～2.2 kW 的风冷汽油发动机为动力的弥雾机，装在手推车或三轮车上作业。不能进车的地可安装在担架上进行喷雾作业。

按雾化原理分，弥雾机有两种型式：一种是靠液力雾化后由风机的风力输送的；一种是利用高速气流将药液雾化，并由风机进一步将雾滴吹向作物。前者多为大型喷雾机采用，一般用在果园，具有很高的生产率。后者一般为小型动力喷雾机采用，其风机的气流速度高而流量少，可用于蔬菜地、大田作物、苗圃和葡萄园等。

现以东方红 - 18 型弥雾喷粉机为例，简述利用高速气流雾化药液型式的弥雾机的结构和工作过程。该机由药液箱、风机、药液喷头和喷管等组成。喷雾工作时，风机产生的高速气流流经喷管和喷口，使喷口处静压降低，风机产生的另一部分气流流经进风阀、进气塞、软管、滤网、出气口，进入密封的药液箱内形成一定的风压，使药液从喷头喷出，遇上从喷管喷出的高速气流进一步细化雾滴并吹送到作物上（图 8 - 12）。

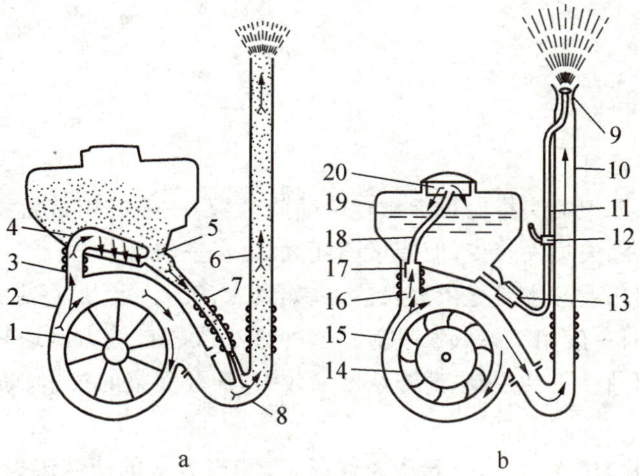

图 8 - 12　东方红 - 18 弥雾喷粉机结构与工作过程

a. 喷粉　b. 喷雾

1. 叶轮　2. 风机　3. 进风阀　4. 吹风管　5. 排粉门　6. 喷管　7. 输粉管　8. 弯头　9. 喷头　10. 喷管　11. 输液管　12. 开关　13. 出液接头　14. 叶轮　15. 风机　16. 进风阀　17. 进气塞　18. 软管　19. 药箱　20. 滤网

喷头的雾化，主要靠进入喷头的气流的吹散作用和喷管高速气流的粉碎作用。

东方红 - 18 弥雾机还备有离心式喷头。它由驱动叶片、分流锥、齿盘组合和喷嘴轴等组成（图 8 - 13）。齿盘组由前、后齿盘和驱动叶片组成，三者用塑料铆钉铆在一起。齿盘外边缘有齿距为 1.3 mm,齿高为 1 mm 的 180 个小锯齿,前后齿盘间距为 1.4 mm。外径 106 mm,6 个叶片。在高速气流的作用下驱动叶片带动齿盘组高速旋转(8 000～10 000 r/min),药液从药箱经输液管、调量开关流入空心喷嘴轴,并从喷嘴轴上的小孔流进齿盘之间,在离心力的作用下沿齿尖方向高速甩出,克服了黏结力与表面张力后,并与气流相互作用雾化成 80～100 μm 的小雾滴。

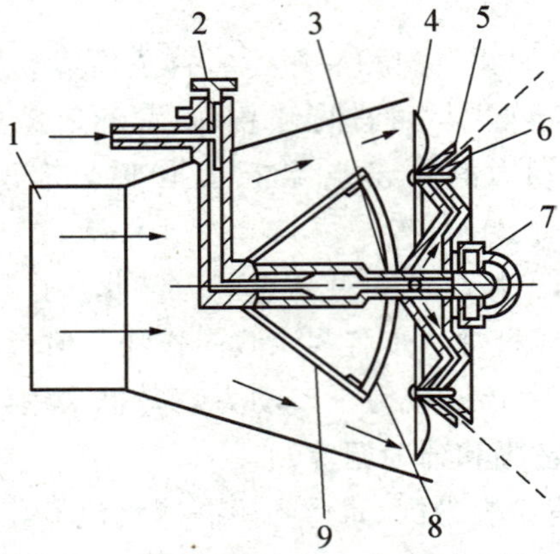

图 8-13　东方红-18 型弥雾机超低量喷头

1.喷口　2.调量开关　3.空心轴　4.驱动风扇叶轮　5.后齿盘
6.前齿盘　7.轴承　8.分流锥盖　9.分流锥体

五、喷雾作业

(一)喷雾方法

喷雾方法有以下几种。

1.针对性喷雾　即把喷头指向目标物直接喷施药液,一般使用常量喷雾。其特点是操作方法简单,安全可靠,漂失损失较少,但能量消耗大,生产率较低。

2.漂移喷雾　漂移喷雾主要是依靠自然力(如风力、气流、重力)将雾滴飘送并使之沉积于目标物上的施药方法,一般用于超低量喷雾。这种方法依靠自然力飘送雾滴,喷幅大,生产率高,节省能量,但雾滴漂移不易控制,药液浓度又较大,需要完整的技术,操作较复杂,并要求专用的油剂药液。

3.控滴喷雾(简称 CDA 法)　常量大雾滴时,有相当数量的药液流失于地面和漂失,既浪费了农药和能量,又污染了环境,所以近年来倾向于喷施较少容量和使用高效低毒农药,要求农药尽量都沉积于所要求的目标物和区域内。但是不同喷射对象和喷射部位的最佳沉积所要求的雾滴直径是不同的,控滴喷雾方法是要求根据喷施的目标物选择合适的雾滴尺寸的喷雾。目前能够进行控滴喷雾的喷雾机不多。

4.静电喷雾　静电喷雾的特点是对喷雾液体充以高压静电,喷出的雾滴带有电荷。由于电场的存在,雾滴与作物植株具有相反的极性而互相吸引。带电的雾滴在电场力的作用下,沿着电力线分布沉积于植株上,并缩短了沉降时间,也减少了漂失。在喷雾器(机)上安装高压静电发生器后,即可使喷雾雾滴带电。

(二)喷雾机的准备

1. 喷雾机(器)的选择 根据防治对象和喷雾作业的要求,选择合适的喷雾器类型、喷头和喷孔尺寸。如使用液力式喷雾器防治大田病虫害时,应选择圆锥雾喷头;除莠时,应选择扇形雾喷头,并根据施药液量选择合适的喷孔尺寸;果园喷药时,应使用配带果园型喷枪的高压液力式喷雾器(机)或是具有大容量风机的风送式喷雾机(弥雾机);在温室、仓库、郁闭的森林,还可以选择烟雾机。

2. 机具准备 作业开始前,应对喷雾机进行检修和保养。应做到开关灵活、各连接部分畅通又不漏水;对润滑的部位,应根据说明书要求注入适量的润滑油。

3. 试喷 液力式喷雾机使用前,应检查压力指示装置和安全阀、喷雾压力和喷雾质量,必要时更换部分液泵零件和已磨损变形的喷头或喷孔片。

(三)施药量的调整

根据防治病虫害的要求,规定了单位面积应施农药的有效剂量,这是通过调节农药的浓度、喷雾器的喷量和改变喷雾作业的行走速度来实现。浓度大时,施药量少一些;反之,则相反。药液浓度的调节,目前主要靠人工配药时完成。喷雾器喷量的调整主要靠更换具有不同尺寸喷孔的喷嘴来实现。喷雾压力一般在作业前确定,不随意改变,因喷雾性能随喷雾压力而变化。这样,作业时只需调节行走速度就能满足单位面积应施的农药的有效剂量。行走速度可按下式计算

$$V = 600q/BQ(\mathrm{km/h}) \tag{8-1}$$

式中:V——作业时行走速度(km/h);

q——喷雾器的喷药量(L/min);

Q——施药液量(L/hm^2);

B——喷雾器喷幅(实际喷幅或有效喷幅;m)。

当计算出的行走速度过高或过低需要改变喷量时,所需调整的喷量如不超过±10%时可调节喷雾压力;如超过±10%,则改变喷头的方法(改变喷孔径)。

(四)大田喷杆式喷雾机的使用

1. 喷量的测定 可用塑料管罩住喷头,下接容器,按喷雾时的压力和喷孔直径喷雾,用秒表计时,测定单位时间内单个喷头的喷量(L/min)。喷杆的总喷量等于喷杆上各喷头喷量的总和。

2. 喷头在喷杆上的配置 喷杆式喷雾机对不同的作物和作物不同的生长时期喷药时,喷头的配置应使整株作物都处在喷雾雾体之中,喷头应与作物保持一定的高度(约 30 cm);对中耕作物行间的地面喷施除莠剂时,应防止喷头把除莠剂喷施在作物枝叶上(可装护罩或护板)。喷头的配置有多种形式(图 8-14)。

3. 喷杆高度的调整 向下喷雾时,喷杆的高度对作物或地面受药量的影响很大,圆锥雾喷头正对喷头中心处受药量少,而两边药液量多;而扇形雾喷头则是中间药液量多,往两边递减。因此,安装圆锥雾喷头时,喷杆的高度应使相邻喷头的喷雾面稍有交叉重叠,这样可以避免漏喷,但交叉过多,反会使相邻雾面的雾滴相撞而变成大雾滴。

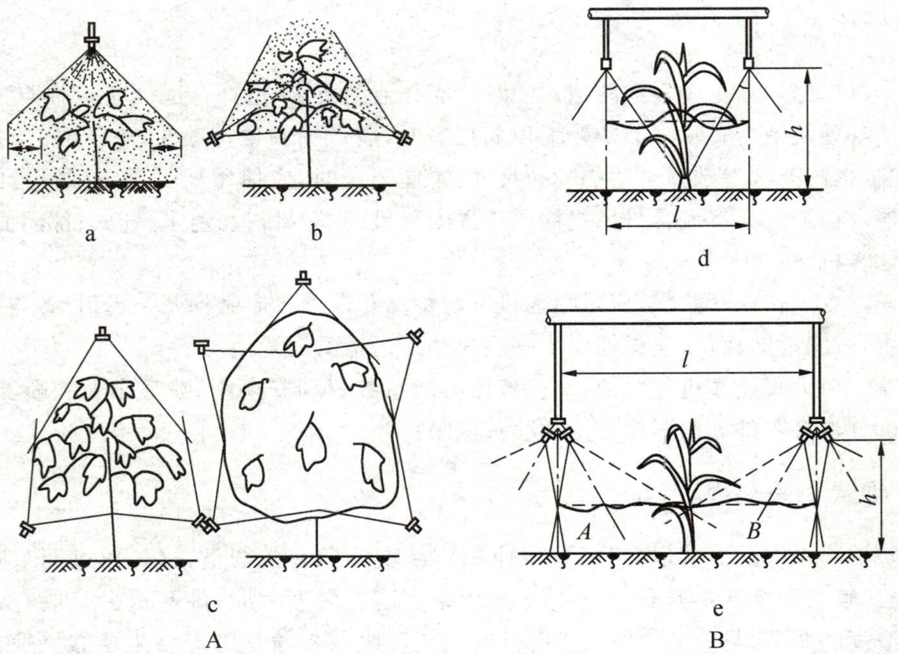

图 8-14 喷头的配置

A. 对中耕作物喷雾 B. 行间喷施除莠剂

a. 早期喷药 b. 中期喷药 c. 后期喷药 d. 单喷头雾体 e. 组合喷头雾体

4. 行走方法 一般采用梭形行走方法。

5. 田间作业 根据计算的速度选择拖拉机的挡位及相应的发动机转速。正式喷药前应在田间量出一定距离，进行试验，并在第一趟喷药结束时检查药液箱的液面，估算出药液量与所要求是否相符，如不符可增减行走速度。

(五)果园喷雾作业

我国在果园喷药中使用的机动喷雾机，多是三缸活片式活塞泵，工作压力为1 500～2 000 kPa，可以使用果园喷枪，也可以使用普通喷枪绑在长竹竿上的喷雾方式；前者效率高，但药液浪费多。

(六)背负弥雾机的使用

1. 喷量和喷幅的确定 通过试喷测出喷量。方法是：将一定数量的水加入药液箱内，盖好药箱盖，启动发动机并达到额定转速后，打开喷雾开关，用秒表计时，测出每分钟喷量。

由于背负式弥雾机在大田作业时，操作人员是边摆动喷管边行走，其喷幅可参照公式 8-2 来计算

$$B = 2L\sin(\theta/2) \tag{8-2}$$

式中：B——喷幅(m)；

L——有效射程(能保证 2 m/s 以上风速的距离；m)；

θ——喷管摆动角度(°)。

测得喷量和喷幅后，按单位面积施药量确定行走速度。

2. 大田喷雾时的操作方法　进行大田作业时，为避免药物吹到作业人员身上，喷管应指向下风向，并应侧风向行进。喷管口稍朝下并左右摆动，使雾滴分布开，并保持一定喷幅，风速和方向的变化能使枝叶翻动，雾滴有可能附着在叶片背面上。摆动的次数应与行走速度配合协调，做到有规律，使药液沉积均匀。喷口与作物距离 2 m 左右为宜。

（七）地面超低量漂移喷雾方法的使用

1. 漂移喷雾作业与气象因子的关系　使用超低量喷雾，施药量在 4.95 L/hm^2 以下，为达到有效覆盖要求的沉积密度，要求雾滴直径小，一般为 80 μm 左右，但药液为高效和高浓度。超低量喷雾是利用自然风力将小雾滴输送和雾滴自重沉降到作物上的，受到气象因子的影响。直径小于 100 μm 的水滴在气温较高、较干燥时，在 1 min 内就会因蒸发而无法沉降，因此，超低量喷雾采用低挥发性的油剂溶液。

雾滴直径小，受风的影响大。因此喷雾时要求风速在 1～5 m/s，使雾滴能飘散开又不至于漂移过远。

对叶片水平生长（如棉花、油菜）和垂直生长（如水稻、小麦）作物的喷雾，对风速的要求有所不同。风速大，雾滴漂移角小，雾滴主要沉积在垂直面上；风速小，雾滴漂移角大，雾滴主要沉积在水平面上。所以，在微风的情况下，适合于对小麦和水稻的喷雾；而风速较小时适合于对棉花、油菜的喷雾。如有辅助风力输送雾滴，则在无风条件下喷雾，效果较好。

2. 漂移喷雾有效喷幅的确定　有效喷幅就是能够达到有效覆盖密度区域的距离，亦即每次喷药行走相隔的距离。因为漂移喷雾的雾滴距喷头近处密度高，远处密度小，覆盖密度是不均匀的。为改善这一状况，可以采用累计性的喷雾雾滴沉积方法（图 8-15），即在一段距离内可有数次累计沉降，以达到均匀分布。有效喷幅是在田间利用编了号的纸片承接雾滴来实际测定。

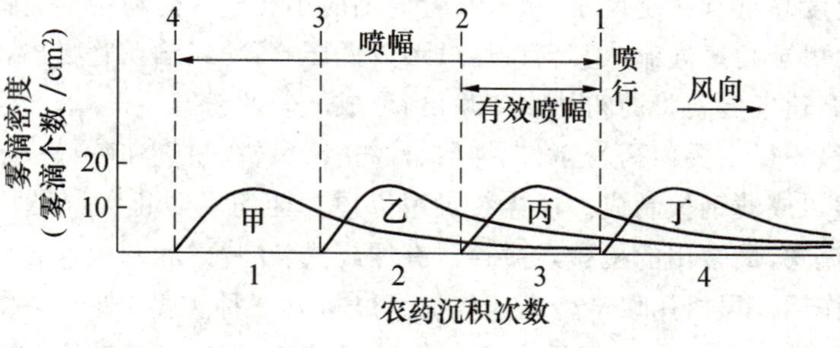

图 8-15　漂移累计性喷雾雾滴密度分布示意图

3. 喷量的测定方法　根据施药量选择调整喷头上的流量挡位开关，将黏度与药液相同的液体加入药箱内，盖好盖，使发动机达到额定转速，喷头高度与实际喷药时相同，承接 1 min 的流量的方法测定。

4. 田间行走速度的确定　测得有效喷幅和喷量后，即可计算作业时的行走速度。

5. 地面超低量喷雾的操作方法　田间作业时，根据自然风向确定走向和喷雾方向，喷头应指向下风向（与风向垂直或与风向成小于 45°夹角）。喷头距作物顶端 0.5～1 m（根据风速大小而定）以使雾滴分散和达到一定的喷幅，并注意保持喷头稳定，不要上下晃动。喷施时应从下风向的第一个喷幅的一端开始。

第二节 喷粉机

喷粉机(器)是利用气流把药粉喷施到目标物的机械,有人力、畜力和动力喷粉机。喷粉和喷雾相比具有如下特点:没有必要配药液,用水量少;喷粉机重量轻,价格便宜;没有药液箱、管子等部件,使用比较方便;水源远或不足的情况也可以打药。但也有不利的一面,即粉剂不易黏附于目标物。容易被雨水冲洗掉,防治效果差等。

喷粉机一般由药粉箱、搅拌装置、排粉装置、调节排粉量装置、送风装置、喷头和驱动装置所组成。

一、人力喷粉器

农用喷粉机以手摇式为主,有背负式、胸挂式,具有手把和增速机构,其增速比可达 40 倍,当以 40～60 r/min 的转速转动手把时,送风机叶轮以1 200～2 000 r/min 转速回转。药粉箱的容量为 4～10 L,喷粉量利用设在喷粉箱和送风机之间的调节板来调节。丰收 - 5 型胸挂喷粉器的药粉箱的容量为 5 L,增速比为 49.20,当以 36 r/min 转动摇把时,风扇转速为1 771 r/min,风量不小于 0.8 m^3/min,出口风速不小于 10 m/s,喷幅为 2.6 m,用直管单喷头时,喷幅为 0.5 m。适用于大田蔬菜、仓库和卫生防疫等。

二、动力喷粉机

动力喷粉机种类有背负式、担架式、装载式等。现以东方红 - 18 型弥雾喷粉机为例,说明喷粉机工作过程(图 8 - 12)。

喷粉机工作时,风机产生高速气流,大部分流经喷管,一部分经进风门进入吹粉管。进入吹粉管的气流,速度高且有一定风压,从吹粉管周围的小孔进入药粉箱后,将药粉吹松,并送往排粉门,输粉管内由于高速气流从其出口经过形成低压,药粉经输粉管吸出,通过弯头到喷管,这时流经喷管的高速气流就将药粉从喷口喷出,形成均匀的粉雾。

一般的动力喷粉机主要由药粉箱、搅拌器、输粉管、风机、喷管和喷粉头等组成。药粉箱用以贮放药粉,由塑料或薄钢板制成。搅拌装置用以搅拌药粉以防止吸湿结块和架空。搅拌装置有机械式和气流式,最常用的机械式搅拌器有螺旋式、叶片式和刮板式。气流式搅拌装置则同时具有输粉的作用。风机用以产生高速气流。风机有三种类型,即产生高速和小流量气流的风机,气流速度大于 66 m/s,气流量小于 141.5 m^3/min;产生中等速度和中等流量气流的风机,气流速度 55～66 m/s,气流量为 141.5～700 m^3/min;产生低速和大流量气流的风机,气流速度小于 55 m/s,气流流量大于 700 m^3/min。风机采用离心式的较多。离心式风机主要由风扇叶片和风扇壳体组成。风扇叶片呈直立或前倾地焊接在轮轴上,风扇壳则成蜗壳形。喷管和喷粉头安装在气流出口处,喷管前端安装一个或几个喷头。喷头是控制喷粉方向的部件,有扇锥形、匙形和圆筒形等几种型式(图 8 - 16)。

三、喷粉机的使用

(1)作业开始前,应对喷粉机进行检修和保养,并用滑石粉进行喷施试验。

(2)根据农业技术要求,决定农药浓度,并用滑石粉进行稀释。加入药箱内的药粉应干燥,

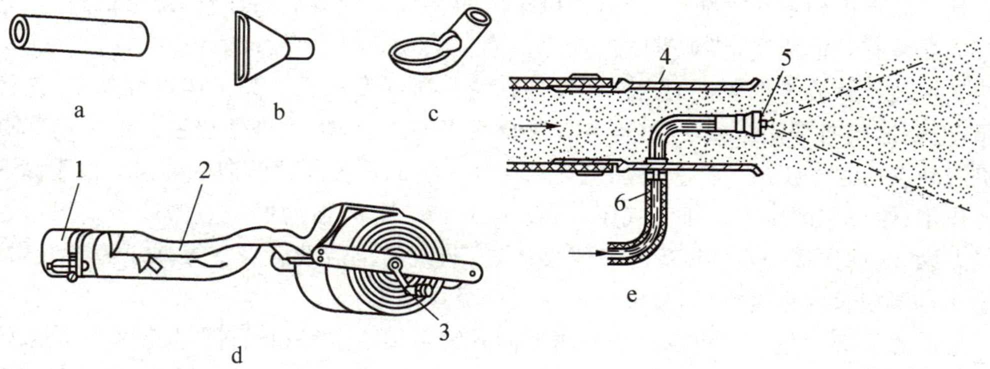

图 8-16 喷粉头的类型

a. 圆筒形 b. 扁锥形 c. 勺形 d. 长薄膜喷粉管 e. 湿润喷粉头

1. 接头 2. 塑料薄膜喷管 3. 手摇柄 4. 喷管 5. 喷头 6. 水管

并过筛，以防作业时架空或堵塞排粉孔。

(3)根据农业技术要求选择不同的喷头。喷粉作业最好在早晨露水未干前进行。作业结束后要将药粉全部倒掉，将残存在风机和管路内的药粉全部排出。

(4)喷粉量的调整：喷粉量的调整可通过排粉门开度和作业时的行走速度来进行。若单位面积施药粉量和行走速度已确定，则喷粉机每分钟喷粉量 q 可用下式计算。

$$q = VBQ/600(\mathrm{L/min}) \tag{8-3}$$

式中：V——作业时的行走速度(km/h)；

Q——施药粉量($\mathrm{L/hm^2}$)；

B——喷粉机喷幅(m)。

调整时，手动喷粉器以作业时的手摇速度摇转喷粉器，测定每分钟的排粉量；机动喷粉机则应发动机达到额定转速时测定每分钟排粉量，如与计算不符，可调节排粉门大小。

第三节 烟雾机

烟雾机是利用冷凝或分散的方法把药剂变成空中漂浮的烟雾。它应用于农业、卫生消毒和消防。烟雾机按形成烟雾的方式分热烟雾和常温烟雾两种。

一、热烟雾机

热烟雾机是利用燃烧产生的高温气体使油溶剂受热，迅速热裂挥发呈烟雾状，随同燃烧后的废气喷出，遇到空气冷凝成细小雾滴，然后被自然风力或烟雾机产生的气流向目标物输送。其烟雾粒子的直径一般为 5～20 μm。在农业、林业和蔬菜病虫害防治方面有所应用。由于雾滴小，受风和地面上升气流影响大，故多用于温室、仓库和郁闭森林。

热烟雾机按其工作原理分为脉冲式、废气预热式和增压燃烧式。它们都由热能发生器、药液雾化装置、燃料和药液的调控系统等部分组成。烟雾机要求使用油剂药液。

1. 废气预热式　其工作原理是利用发动机排出的废气热量加热药液，使其形成烟雾排出。这种烟雾机用烟雾装置替代排气管的消音器。风机的部分气流先将药液从药液箱中压出，经预热管预热后再由药液喷嘴喷出，与汽油机排出的废气混合被加热挥发，排出机外，在风机出口的弯头处装有导流装置，将烟雾吹向远方。

2.脉冲式 脉冲式烟雾机的工作部件是脉冲式喷气发动机。其工作过程如下：先使燃油箱增压，把燃油压向雾化器和喷嘴，与空气混合成可燃混合气，喷进燃烧室。由火花塞点燃后发动机启动工作。燃烧后的高温高压气体以450 m/s的速度经喷管向外喷射。由于高速气流的惯性作用，燃烧室的压力低于大气压，而吸入空气和汽油，借助燃烧室的残余火焰和燃烧室壁预热点燃，就这样按一定的频率连续爆发燃烧；药液箱也借助燃烧室爆炸压力充气增压，使药液输送至尾喷管内热裂挥发，喷出后遇空气冷凝成烟雾。

3.增压燃烧式 是由风机以一定的压力向燃烧室供给空气和燃料。从离心风机来的空气分成两股：一股直接进入燃烧室与喷入的雾状汽油形成可燃混合气进行燃烧；另一股气流进入位于燃烧室和外罩间的环行通道，经过一系列小孔进到燃烧室使燃烧更加充分，药液则送到喷嘴后热裂挥发形成烟雾。

二、常温烟雾机

常温烟雾机是指在常温下利用压缩空气使药液雾化成5～10 μm雾滴的设备。由于在常温下雾化，农药有效成分不会被分解，且水剂、乳剂、油剂和可湿性粉剂等均可使用。主要用于防治温室内作物的病虫害。常温烟雾机的一种主要形式是使用气液喷头，由喷头体和喷头帽组成，压缩空气先进入喷头体的共鸣腔，产生超声波，形成涡流，使压缩空气以接近超声波的速度喷出，由于排液孔前端的负压，药液被吸入喷头体中。共鸣腔产生超声波的作用主要靠选择适当的共鸣腔和喷头帽之间的距离来实现。

三、烟雾机使用中应注意的问题

农业上一般使用小功率的烟雾机，可以固定在一个地方或手提喷施烟雾，主要用于防治密闭仓库、温室、塑料大棚以及郁闭森林的害虫。

由于烟雾机使用的是油溶剂，又形成细小的雾滴，与空气混合后，很容易点燃发生火灾。所以，在密闭室内使用烟雾机时，必须熄灭所有明火和切断电源。通常要求烟雾剂的喷施量不大于0.002 5 L/m^3(此时明火还能点燃)。如果在15 m^3 空间内含有1 L煤油制剂的烟雾，则一个小火花就能引起爆炸燃烧。因此，喷施烟雾剂时必须仔细计算和严格掌握施药量。喷施烟雾剂时，温度在18～29℃为宜，植物的枝叶应是干燥的，而且尽量不在高湿度条件下施用，同时还应避免太阳直射，以免植物中毒。

在室内喷施时，应将所有通气口密闭，且保持一段时间，否则影响效果。

在室外喷施烟雾剂时，应在早晚没有上升气流时进行，以保证雾滴沉降在作物枝叶上。喷施时，使烟雾尽可能贴近地面分散在作物丛中，风速不应超过1.6 m/s，以减少漂失。

第四节 除草剂喷施机和土壤消毒机

田间的除草方法有利用中耕除草机的机械式除草和利用除草剂的间接除草。液剂除草剂可以利用人力或动力喷雾机，但也有专门用于喷施除草剂的机械，一般称为除草剂喷施机。

土壤消毒是指消除土壤中有害动植物的作业，有物理和化学两种方法。物理方法包括烧土、蒸汽消毒和电气消毒；化学方法主要向土壤中注入药剂。用于土壤中注入药剂的机具称为土壤消毒机。

一、除草剂喷施机

除草剂喷施机按喷施时的压力分为常压式和加压式两种。

1. 常压式除草剂喷施机　容积为15～20 L的镀锌板制的药箱底部出口上安装长度70～80 cm的橡胶管，在管子的端部套上喷头就构成喷施机。喷头的型式有圆盘形、扇形和“T”字形，喷头具有30～50个直径0.1～0.8 mm的小孔，很像喷壶。还有梳子形喷头(图8-17)，这种喷头可以把药液喷施到水稻根的周围而不喷到叶上，效果较好。

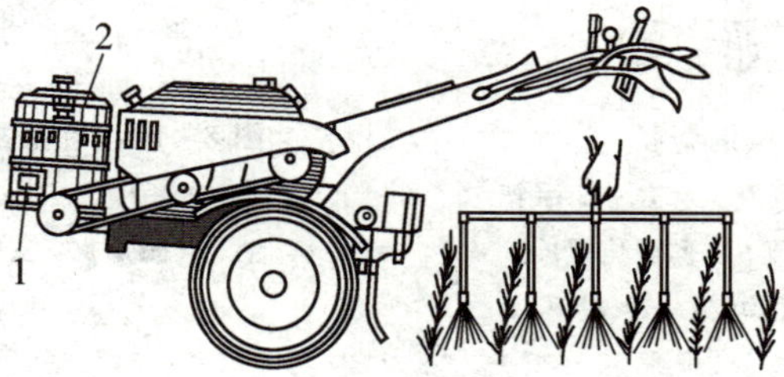

图8-17　手扶拖拉机配套喷施机及其梳子形喷头

1. 喷出口　2. 料斗

常压式的喷射压力小而雾滴较粗，不能把药液喷施到繁茂的杂草丛里，因此，作业时多装药液增加水位差来增加压力。一般生产率为0.4～0.8 hm^2/d。

2. 加压式除草剂喷施机　它的结构与人力喷雾机相同，有背负式、腰跨式。加压式喷施机喷射压力大，雾滴细小，可以均匀地喷施。一般生产率为0.6～1 hm^2/d。

二、土壤消毒机

可分为人力和动力土壤消毒机。

(一)人力土壤消毒机

它是上部有手把，手把下方设有药液箱，药液箱下方装有注入用喷嘴和深度调节板，长1 m、宽28 cm，总重量约2.5 kg的简单机具。只要按一下杆状按钮可以把药液注入到地里(图8-18)。

(二)动力土壤消毒机

有小型拖拉机配套的和大型拖拉机配套的两种，前者多为牵引式，而后者多为悬挂式。按注入机构可分为注入刀刃式和注入棒式。

1. 注入刀刃式土壤消毒机　一般为牵引式，结构如图8-19所示。注入刀刃安装在拖拉机的后部，药液由隔膜泵加压后经过管子和安装在管子前端的注入刀刃点注。药液箱的容积一般为20 L，常用压力为49～69 kPa。

2. 注入棒式土壤消毒机　一般具有两根注入棒，利用双曲柄连杆机构带动注入棒，使注入棒上下垂直运动，避免残根、作物秸的挂阻。喷嘴的一次喷施量为 0～0.5 mL，注入间距为 30 cm，注入深度为 22 cm 左右，可用尾轮来调节。

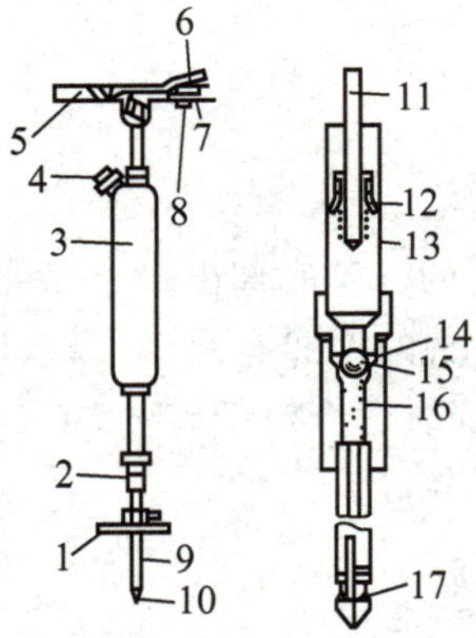

图 8-18　人力土壤消毒机

1.深度调节板　2.阀门　3.药箱　4.盖　5.手把　6.注射手柄　7.喷量调节阀　8.阀限位螺栓　9.注入管　10.喷头　11.活塞杆　12.活塞　13.缸筒　14.阀座　15.球阀　16.弹簧　17.喷头

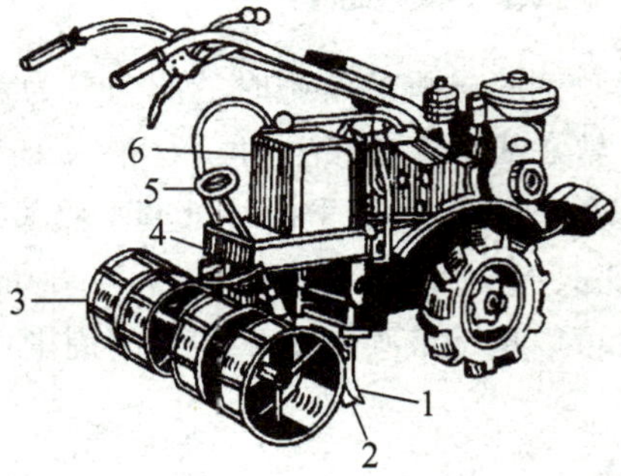

图 8-19　手扶拖拉机配套土壤消毒机

1.注入刀刃　2.注入口　3.镇压轮　4.注入开闭龙头　5.注入深度调节手柄　6.药箱

第五节　航空植保机械

航空植保机械的发展已有几十年的历史，近年来发展很快，除了用于病虫害防治以外，还用于播种、施肥、除草、人工降雨、森林防火等许多方面。我国在农业航空方面使用最多的是运 -5 型双翼机和运 - 11 型单翼机，前者是单发动机，后者是双发动机。运 - 5 型飞机是一种多用途的小型机，设备比较齐全，低空飞行性能好，在平原地区作业时，可距离作物顶端 5～7 m，在山区作业时，可距离树冠 15～20 m，作业速度 160 km/h。起飞、降落占用的机场面积小，对机场条件要求比较低。在机身中部安装喷雾或喷粉装置，可以进行多种作业。

图 8 - 20 是一种安装在机翼上的喷雾装置。其药箱是喷雾和喷粉通用的，药箱上的加液管在需要加液时，可与加液泵的出液管相连，进行自动加液；在不需要加液时，作透气管用。药箱顶部的加液口用于人工加液。药液泵的吸液管与药箱相连，两个排液管由一个活门操纵，从排液管上分出的一根支管通入药箱内，用来搅拌药液。药液泵为离心式，由风力驱动，从药液泵排出的压力较高的药液经过排液管进入横向分列两侧的喷液管，喷液管安装在机翼下面，其横截面呈流线形，以减少空气阻力。喷液管上等距离地焊有许多分管，分管轴线与喷管垂直并向机身水平线前下方倾斜 60°，分管前端安装喷头。

喷头的结构如图 8 - 21 所示。喷雾时，支管内具有较高压力的药液顶开单向阀，从挡环中进入半球形喷孔片的空间内，经过喷孔喷射形成雾状。喷出的药雾受到高速气流的冲击作用，进一步雾化形成更细小的药雾颗粒，最后飘落到植物和地面上。

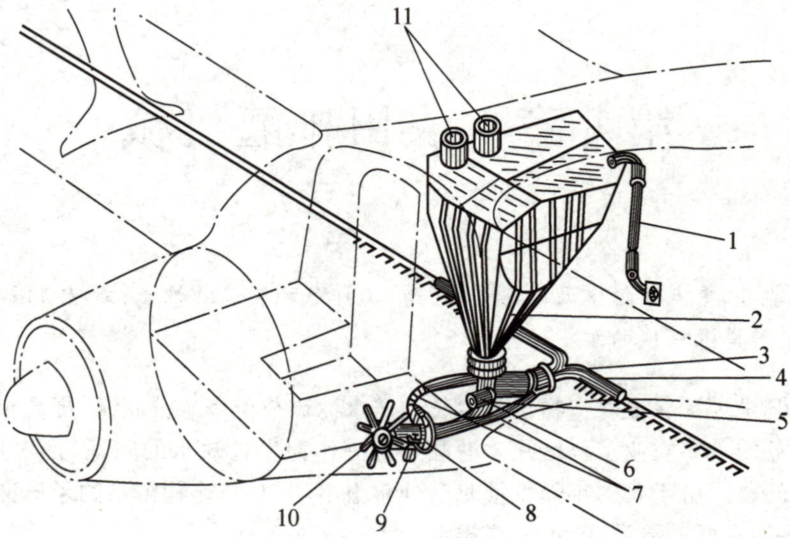

图 8-20 飞机喷雾装置

1.加液管 2.药箱 3.出液管 4.喷液管 5.吸液管 6.活门气力动作筒 7.排液管 8.药液泵 9.风车制动气力动作筒 10.风车 11.加液口

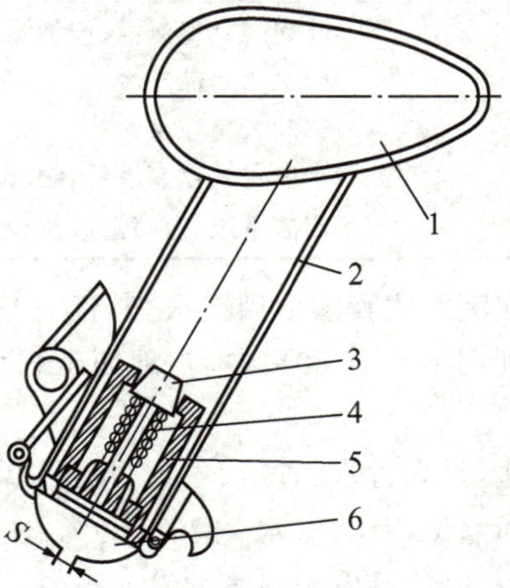

图 8-21 航空喷雾机的喷头

1.喷液管 2.分管 3.阀门 4.弹簧 5.阀座 6.喷嘴

思 考 题

1. 喷雾机中空气室的功用是什么？
2. 喷雾机由哪些部分构成？试简述喷雾机的工作过程。
3. 简述药液喷头的类型、工作原理以及影响雾粒尺寸的参数。
4. 常见的植物保护方法有哪些？各有何特点？

第九章　农田排灌机械

◈**学习目标**

通过本章学习，重点掌握水泵的类型、构造、工作原理与工作性能；掌握喷灌机械与设备的构成与使用；了解排灌机械的维护保养。

排水与灌溉是为了保证农作物正常生长的需水而调节土壤水分状况，提高土壤肥力，为农业生产增产服务的重要农业工程措施。灌溉是解决作物生长缺水的问题，排水是解决作物生长水分过多的问题。由于我国年降水量时空分布很不均匀，与作物需水的矛盾突出，为了获得农业丰收，许多地区既需要灌溉，也需要排水。

农田灌溉的方法及分类，见表 9-1。

表 9-1　灌溉方法及其分类表

灌溉方法	类　型
地面灌溉	畦灌、沟灌、淹灌、波涌灌、膜上灌
喷灌	固定式喷灌系统
	移动式喷灌系统
	半固定式喷灌系统：滚移式、端拖式、绞盘式、时针式
微灌	滴灌系统、微喷灌系统、小管出流灌溉系统、渗灌系统

沟灌、畦灌和淹灌等地面灌溉方式我国沿用已久，其优点是简便易行，耗能少，投资小，主要缺点为用水浪费大，田间水利用率只有 50%左右，地面工程大，只改变土壤湿度，不改变田间小气候，生产率低。

喷、滴灌等先进的灌溉方法，具有省水、省工、省地、保土、保肥、适应性强及便于实现灌溉机械化、自动化等优点。与地面灌溉相比，省水 30%～50%，作物增产 10%～30%，工效提高 20～30 倍，节省沟渠占地 7%～13%，是农田灌溉的发展趋向。

近年来，世界特别是我国水资源日趋紧张。在我国，目前的灌溉用水有效利用率低，水的浪费大，在规划不当和粗放的灌溉下也产生了一些生态环境问题。因而应当大力发展节水型农业，它是农业摆脱水危机的战略选择。围绕发展节水农业的工程输水、田间储水和作物蒸腾三大关键环节，节水农业形成了工程节水、农艺化学节水和管理节水三大基本节水技术系统。工程节水是节水农业的基本组成部分，主要包括低压管道输水、渠道防渗、喷微灌、地面灌溉技术改进和水稻节水灌溉。发达国家高质量、高科技含量的节水灌溉硬件设备的研制生产已经产业化、规模化，不仅供应国内市场，而且还大量出口。

排灌机械是实施排灌工程的基本条件和手段，是农业机械化的重要组成部分，它对改变农业生产的自然条件、抵御自然灾害、确保农作物的高产、稳产具有十分重要的作用。

第一节　水　　泵

一、农用水泵的构造、工作原理和特点

目前农田排灌机械中使用最多的是离心泵、混流泵和轴流泵。在北方地区，还广泛用井泵、潜水泵等抽地下水来灌溉。而在南方的丘陵山区，水力资源丰富，有时则利用水轮泵来提水灌溉。

(一)离心泵

1. 构造　离心泵的结构主要有泵体、泵盖、叶轮、泵轴、轴承、支架及填料等部分组成(图9-1)。

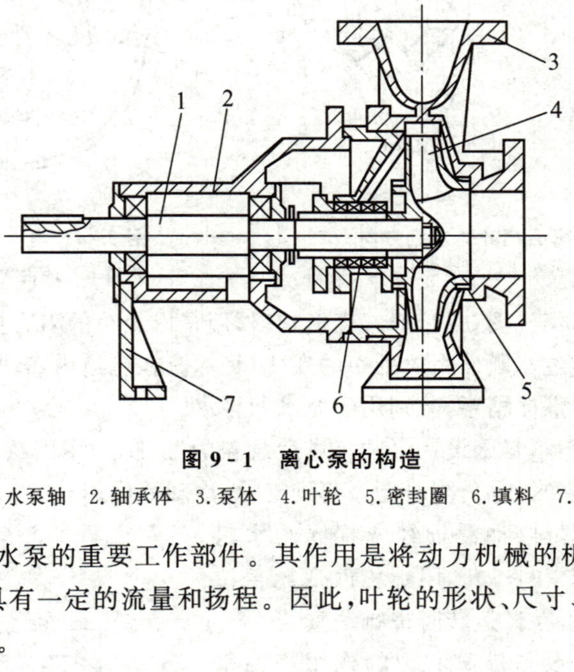

图 9-1　离心泵的构造

1. 水泵轴　2. 轴承体　3. 泵体　4. 叶轮　5. 密封圈　6. 填料　7. 支架

(1)叶轮：叶轮是水泵的重要工作部件。其作用是将动力机械的机械能传递给水体，使被抽送的水获得能量，具有一定的流量和扬程。因此，叶轮的形状、尺寸、材料和加工工艺对水泵性能有决定性的影响。

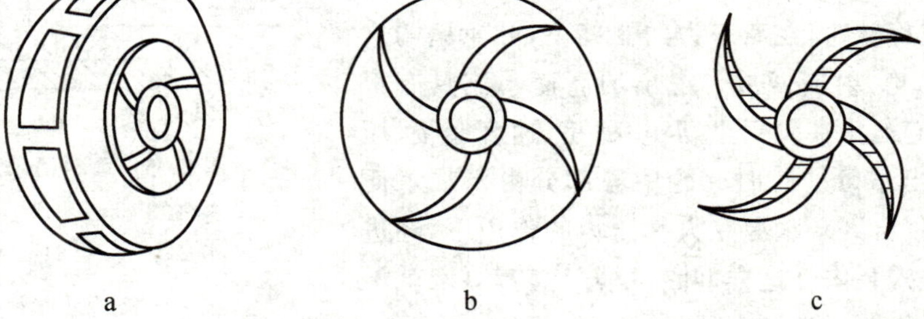

图 9-2　离心泵叶轮

a. 封闭式　b. 半开式　c. 开敞式

根据水泵使用场合的要求，离心泵的叶轮分为封闭式、半封闭式和开敞式三种（图 9-2）。封闭式叶轮两侧有盖板，里面有吸入口，适合抽送清水。半开式叶轮只有后盖板和叶片，叶片比较少，叶槽较宽，开敞式叶轮只有叶片，没有盖板。由于半开式和敞开式叶轮不易堵塞，因此适用于抽送污水。

只有一个叶轮的离心泵，叫单级泵，具有若干个串联叶轮的离心泵称为多级泵。多级泵的扬程等于同一流量下各个叶轮所产生的扬程之和。

工作时，单级离心泵的水流沿轴向单侧吸入。双级离心泵的水流沿轴向双侧吸入（图 9-3），进、出水方向互成 90°角。

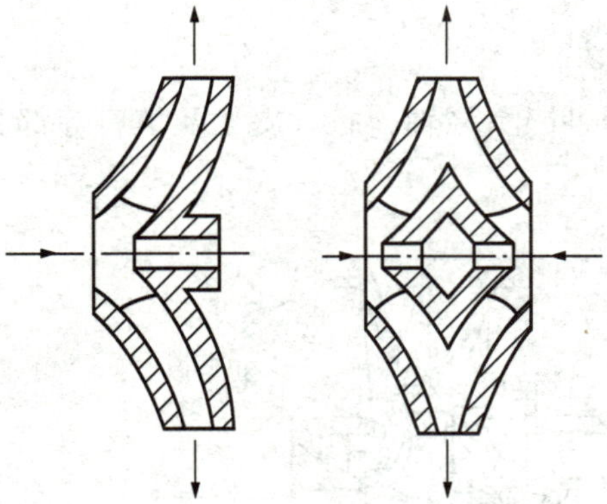

图 9-3　离心泵叶轮水流方向

a. 单吸泵　b. 双吸泵

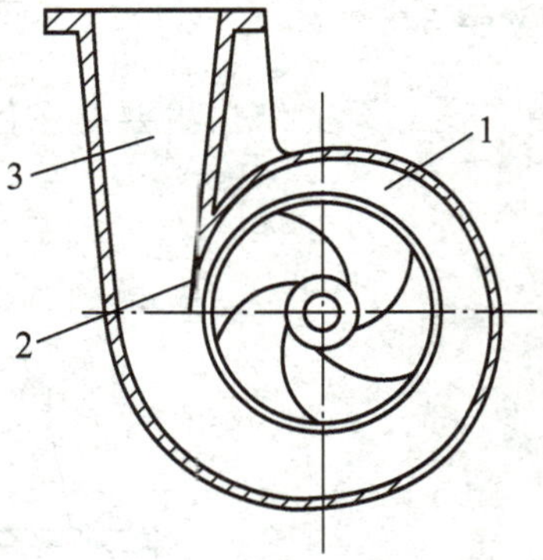

图 9-4　离心泵泵壳

1. 蜗道　2. 隔舌　3. 扩散管

（2）泵体：离心泵的泵壳（图 9-4）似蜗壳形，其作用是以最小的阻力损失，将从叶轮甩出的水汇集起来，借助蜗壳形过水断面由大到小的变化，将水流在流道内实现能量的转换。在蜗壳的顶部各有一个螺孔，用螺栓堵塞，分别用于充水和排水。

（3）填料函密封装置：填料函设在泵轴穿过后泵盖的轴孔处，用以减小压力水流出泵外和防止空气进入泵内。起密封作用，同时还可起到支承、冷却等作用。

填料函由填料座、填料（油浸棉纱或棉绳）、水封环、压盖和填料盒组成（图 9-5）。用螺栓改变压盖位置可调整松紧度。通常可在试运转时进行调整。

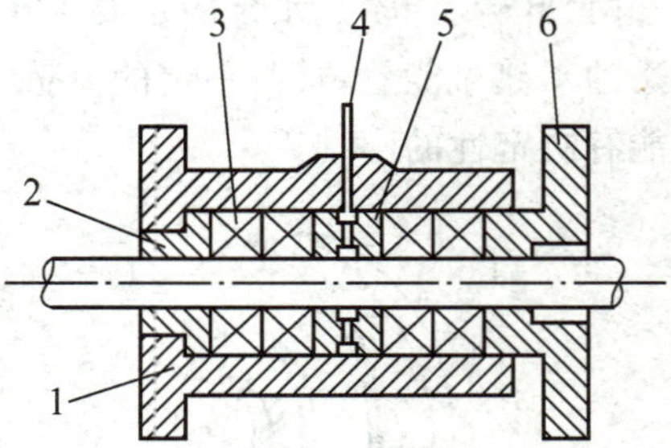

图 9-5　填料函示意图

1. 填料盒　2. 填料座　3. 填料
4. 水封管　5. 水封环　6. 压盖

2. 工作原理　离心泵是借离心力的作用来抽水的。如图 9-6 为单级离心泵的工作原理。当水泵叶轮在泵壳内高速旋转时，在离心力的驱使下，叶轮里的水以高速甩离叶轮，射向四周。射出的高速水流具有很大的能量，它们汇集在泵壳里，互相拥挤，速度缓慢，压力增加，压向出水管。此时叶轮中心部分由于缺水而形成低压区（负压区），水源在大气压力的作用下，经进水管不断地进入泵内。这样，叶轮不停地转动，水就不停地被吸入泵内并压送到高处。

3. 特点　单级离心泵的扬程较高、流量较小，水泵出水口方向可以根据需要作上、下、左、右的调整。这种水泵结构简单，体积小，使用方便。

单级双吸式离心泵的泵体与泵盖内部构成双向进入流道。特点是扬程较高，流量较单级泵大。因为泵盖可以方便掀开，所以检修较方便，适合于丘陵和较大灌区使用，但其体积较大，所以固定使用比较方便合适。

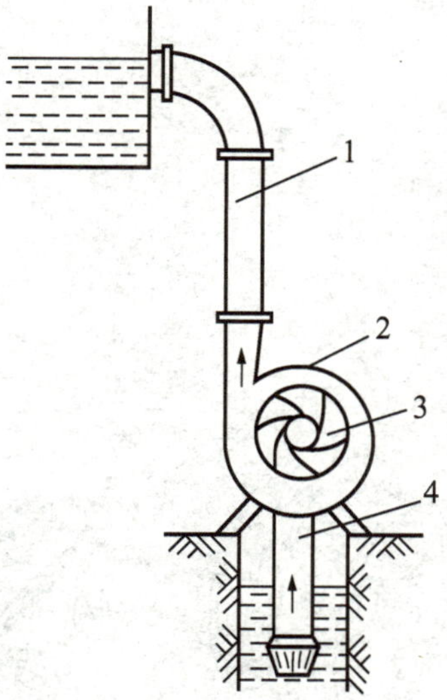

图 9-6 离心泵工作原理

1.出水管 2.泵体 3.叶轮 4.进水管

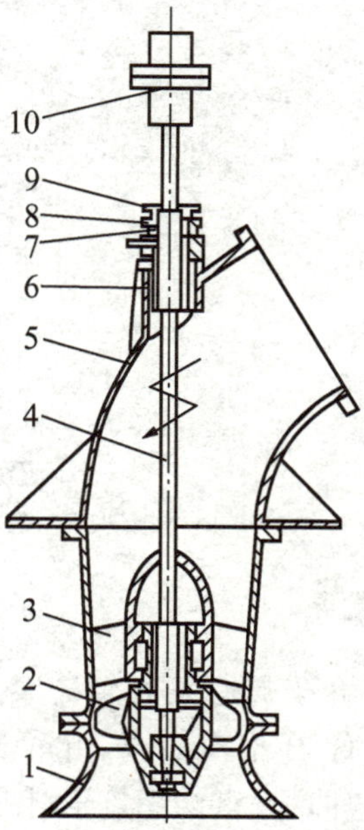

图 9-7 立式轴流泵

1.喇叭管 2.叶轮 3.导水叶 4.泵轴 5.出水弯管 6.橡胶轴承 7.填料盒 8.填料 9.填料压盖 10.联轴器

(二)轴流泵

轴流泵的结构由喇叭管、叶轮、导水叶、出水弯管、泵轴、橡胶轴承和填料函等组成(图9-7)。

泵壳、导水叶和下轴承座铸为一体，叶轮正装在导水叶的下方，在水面以下运转。泵轴在上下两个用水润滑的橡胶轴承内旋转。轴流泵叶轮由2～6片扭曲型叶片、轮毂、导水锥等组成(图9-8)。轴流泵的叶轮有固定叶片的叶轮(叶片与轮铸成一体)、半调节叶片的叶轮和全调节叶片的叶轮三种。大型泵叶轮的叶片安装角可以调整，从而可改变水泵的工作性能。

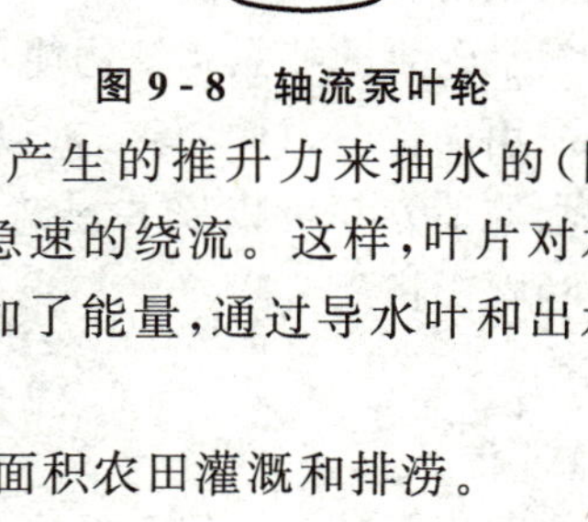

图 9-8 轴流泵叶轮

轴流泵的导水叶片有6～8片，它可以形成流线型弯曲面，其作用是消除离开叶轮后水流的旋转运动，把动能转变为部分压能，并引导水流流向出水弯管。它的工作是利用叶轮旋转所产生的推升力来抽水的(图9-9)，其叶轮浸没在水里，当叶轮旋转时，水流相对叶片就产生急速的绕流。这样，叶片对水产生升力作用，不断把水往上推送，水流得到叶轮的推力从而增加了能量，通过导水叶和出水弯管送到高处。

轴流泵是一种低扬程大流量的水泵，适于平原河网地区的大面积农田灌溉和排涝。

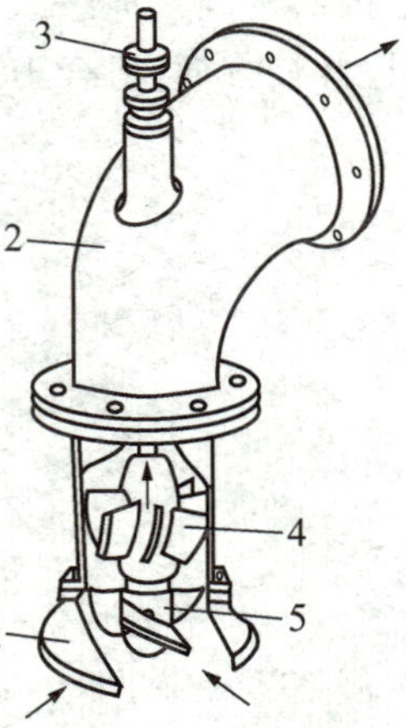

图 9-9　轴流泵的工作原理

1. 喇叭管　2. 出水弯管　3. 联轴器　4. 导水叶　5. 叶轮

(三)混流泵

混流泵是介于离心泵和轴流泵之间的一种泵型，其外观构造很像 B 型离心泵，叶轮形状粗短，叶槽比较宽阔，叶片扭曲，且多为螺旋形(图 9-10)。

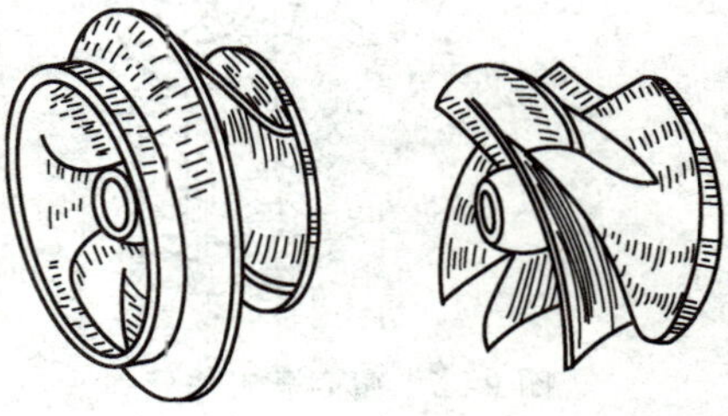

图 9-10　混流泵叶轮

混流泵工作时，其叶片既对水产生离心力，又对水产生推升力，靠这两种力来完成抽水。它的特点是扬程适中，流量较大，高效范围较宽，适合于平原河网地区和丘陵地区使用。

(四)水轮泵

水轮泵是利用水流能量进行抽水的机械，由作为动力用的水轮机和离心泵所组成(图 9-11)。水轮机转轮与泵叶轮同装在一根轴上，当具有一定水头的水向下流动时，冲击水轮机的转轮，从而带动水泵叶轮旋转。水轮机的转轮为四叶片螺旋桨式，叶片与轮毂铸在一起，水轮机进水口处装有导流轮，导流轮上固定着 12～18 片流线形导叶，用来使水流均匀平顺地进入转轮，在转轮下部有混凝土浇筑的吸出管。

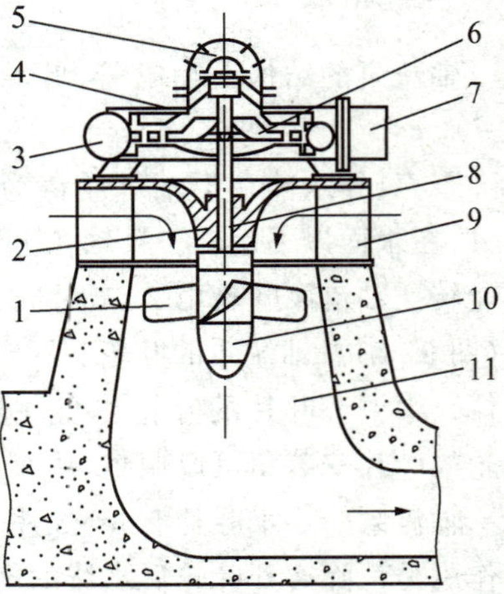

图 9-11　水轮泵

1. 转轮　2. 导流轮毂　3. 泵壳　4. 泵盖　5. 滤网　6. 叶轮　7. 出水管　8. 主轴　9. 导水轮　10. 轮毂　11. 吸出管

水轮泵的特点是结构简单紧凑，因靠水力作用运转，无需用油耗电，只要有 1 m 以上的水头，流量一定的溪流跌水的地方都可以安装建筑水轮泵站，适用于山区的抽水和农田排灌。

(五)井用泵

井用泵是专门用于抽提井水的水泵。根据井水面的深浅和扬程的高低分成深井泵和浅井泵两种。井泵机组由带有滤水器的泵体部分、输水管和传动轴部分以及泵座和电动机组成。深井泵是一种立式、多级(叶轮一般 2～20 个)离心泵,泵体部分浸没在井水内,动力机安装在井上,中间用泵轴相连(图 9-12)。

深井泵能从几十米到上百米的井下抽水,多用于小口径机井。其特点是结构紧凑,性能稳定,效率较高,使用方便,适用于平原井灌地区。浅井泵为单级立式离心泵,其扬程一般在 50 m以下,常用于大口井或土井。

(六)潜水泵

潜水泵是立式电动机与水泵的组合体,工作时电动机与水泵都浸没在水中。电动机在下方,水泵在上方,水泵上面是出水管部分。

在构造上,潜水泵由电动机、水泵、进水部分和密封装置等四部分组成(图 9-13)。

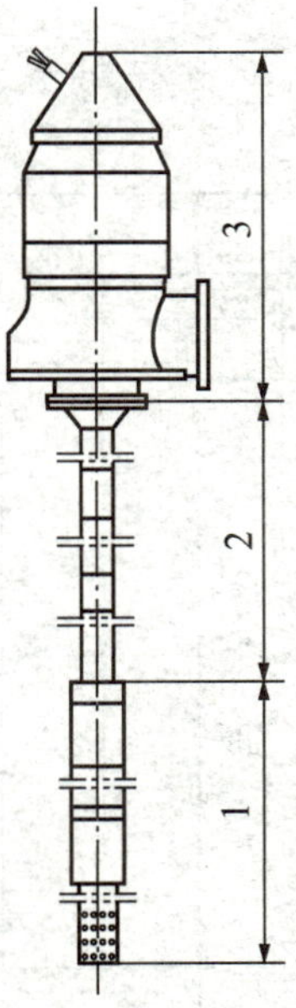

图 9-12 井泵外形

1. 泵体部分 2. 扬水管部分 3. 传动部分

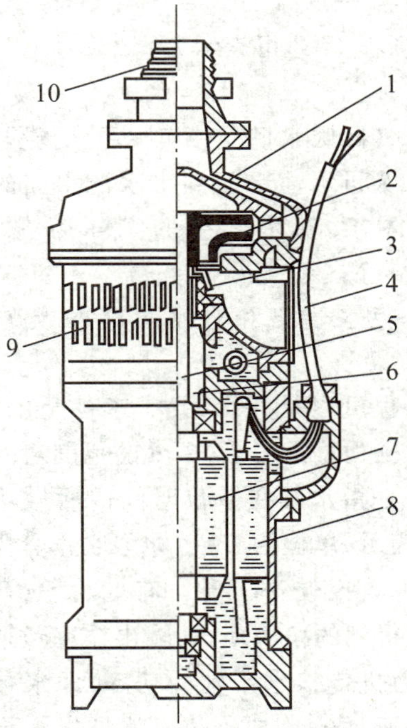

图 9-13 潜水泵构造

1. 上泵盖 2. 叶轮 3. 甩水器 4. 电缆 5. 轴 6. 密封盒 7. 电机转子 8. 电机定子 9. 滤网 10. 出水接管

潜水泵密封装置包括整体式密封盒和大小橡胶密封环,分别装在电动机伸出端及电动机与各部件的结合处。密封盒内有上、下两副动、静磨块,用弹簧压紧,起到密封作用。密封盒周围有一油室,可以冷却和润滑盒中的动静磨块。磨块之间的密封面要求有很高的光洁度和平整度,以防止水从轴的伸出端漏进电机内。泵体部分由叶轮,上、下泵盖,导流壳,进水节等零部件组成。电动机为普通三相鼠笼式电动机。

潜水泵具有结构紧凑,体积小,重量轻,安装使用方便,不怕雨淋水淹等特点。潜水泵供电线路应具有可靠的接地措施,以保证安全。严禁脱水运转,潜水深度为 0.3～3 m,最深不超过

10 m，潜水泵放置水下时，应垂直吊起，被抽的水温不高于 20℃，一般为无腐蚀性的清水，水中含沙量不应大于 0.6%。

二、水泵的工作性能和选型

（一）水泵的主要性能参数

1. 流量　又称出水量，是指水泵在单位时间内能抽出的水量，用符号 Q 表示，单位为 L/s 或 m^3/h（1 L/s＝3.6 m^3/h）。

2. 扬程　又称水头，是指水泵能够扬水的高度。用符号 H 表示，单位为 m。

水泵总扬程，以泵轴线为界，分为吸水扬程 $H_{吸}$ 和压水扬程 $H_{压}$ 两部分（图 9-14），即

$$H = H_{吸} + H_{压} \tag{9-1}$$

其中，$H_{吸}=H_{实吸}+H_{吸损}$，$H_{压}=H_{实压}+H_{压损}$。

因此，总扬程 H 还可表示为

$$H = (H_{实吸} + H_{实压}) + (H_{吸损} + H_{压损}) \tag{9-2}$$

式中：$H_{实}$——实际吸水扬程和实际压水扬程之和，为进水池水面到出水池水面的垂直高度，称为水泵的实际扬程（净扬程）；

$H_{损}$——吸水管路和进水管路的损失扬程之和。

水泵的扬程可以是几米，几十米甚至上百米，而其中的吸水扬程总是在 3～7 m 的范围之内。

3. 功率　是指水泵在单位时间内所做功的大小，用符号 P 表示，单位为 kW。水泵功率分为有效功率、轴功率和配套功率三种。有效功率（$P_{效}$）是指水泵中水流得到的净功率，即输出功率。轴功率（$P_{轴}$）是指动力机传给水泵轴的功率，即水泵的输入功率。通常所说的水泵的功率就是指水泵的轴功率。$P_{轴}=\eta/P_{效}$，其中 η 为水泵的效率。配套功率（$P_{配}$）是指一台水泵应配套动力机的功率数值，它应大于水泵的轴功率，以防意外过载。

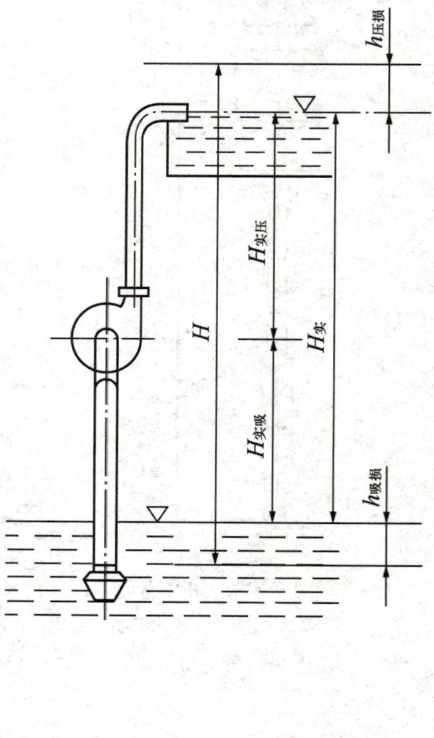

图 9-14　水泵的扬程示意图

4. 效率　指水泵的抽水效能，反映水泵对动力的利用情况。它可以表示为有效功率和轴功率之比，用符号 η 表示。一般农用水泵的效率在 60%～80%之间，有些大型轴流泵可达 90%。水泵铭牌上的效率是指水泵有可能达到的最高效率。

5. 转速　指水泵叶轮每分钟转数，用 n 表示，单位为 r/min。水泵铭牌上的转速值称为额定转速（设计转速）。

6. 允许吸上真空高度（或汽蚀余量）　它反应水泵不产生汽蚀时的吸水性能，是用来确定水泵安装高度的重要数据。离心泵和混流泵用允许吸上真空高度 H_S 来反映其吸水性能，轴

流泵则用汽蚀余量 Δh 来反映其吸水性能，其单位为 m。

（二）水泵的选型

水泵选型的原则：满足生产中提出的流量和扬程要求；水泵常年运行中年均效率高，工作稳定，其工作点尽量落在高效区内；建站投资和所需用的功率应为最小，运行费用最低；装机台数不宜过多或过少，尽量选用同一型号的水泵，以便于操作、维修和管理。

1. 设计流量的确定　根据作物的灌水定额、灌溉面积、灌水时间、土壤性质及水泵每天工作小时数等条件通过下式计算得

$$Q = \frac{M \cdot A}{T \cdot t \cdot \eta} \tag{9-3}$$

式中：Q——灌溉实际所需流量（m^3/h）；

M——作物最大一次需水量（m^3/hm^2）；

A——灌区面积（hm^2）；

T——作物轮灌延续天数（d）；

t——水泵每昼夜开机时数（h）；

η——灌溉水的利用系数，一般取 $\eta=0.75 \sim 0.85$。

2. 设计扬程的确定　考虑灌区的实际扬程和管路损失扬程，可得到灌溉设计扬程，它是用来作为泵选型的主要依据，用公式表示为

$$H_{灌} = h_{上} - h_{下} + h_{损} \tag{9-4}$$

式中：$h_{上}$——出水池的设计水位（m）；

$h_{下}$——进水池的设计水位（m）；

$h_{损}$——管路损失扬程（m）。

在选择水泵时须注意：水泵铭牌总扬程必须符合使用条件下装置总扬程的要求，且应先满足吸程要求。

3. 水泵型号的确定　根据设计流量和设计扬程，利用《水泵性能表》、《水泵性能综合型谱图》等技术资料初步选择所需的水泵型号。

表 9-2　离心泵铭牌

清水离心式水泵	
型号　200S-42	转速　2 950 r/min
扬程　42 m	效率　82%
流量　288 m^3/h	轴功率　40.2 kW
允许吸上真空高度　3.6 m	重量　219 kg
出厂编号　10-23	
××水泵厂	出厂日期　年　月

表 9-2 为某离心泵铭牌，其型号 200S-42 的含义：200 为水泵进水口直径（mm）；S 为单级双吸卧式离心泵；42 为最佳工况时扬程（m）。

第二节　喷灌机械与设备

一、概述

喷灌是将灌水通过由喷灌设备组成的喷灌系统(或喷灌机具)形成具有一定压力的水,由喷头喷射到空中,形成水滴状态,洒落在土壤表面,为作物提供必要的水分。

喷灌的优点:一是可提高农作物产量,实践表明,喷灌比地面灌溉可提高产量15%～25%。二是可节约用水量,灌水均匀度可达80%～85%。水的有效利用率为80%以上,用水量比地面灌溉节省30%～50%。三是具有很强的适应性,可用于各种类型的土壤和作物,受地形条件的限制小。四是可节省劳动力,各种喷灌机组可提高工效20～30倍。五是可提高土地利用率,减少田内沟渠、田埂的占地,提高耕地利用率7%～15%。

喷灌的缺点是:受风的影响大,一般在3～4级风时应停止喷灌;蒸发损失大,尤其在干旱季节,水滴降落在地面前可蒸发掉10%,可能出现土壤底层湿润不足的问题;喷灌系统消耗能量较大。

喷灌系统通常由水源工程、首部装置、输配水管道系统和喷头等部分组成。

二、喷头

喷头是喷灌系统最重要的工作部件。其作用是将水流的压力能转变为动能,喷射到空中形成雨滴,对作物进行灌溉。它的性能好坏对整个喷灌系统的工作质量、可靠性和经济性起决定性的作用。

(一)喷头的分类及工作性能指标

1. 分类　按喷头的工作压力和射程,可分为微压、低压、中压和高压四类(表9-3)。按喷头的结构形式和喷洒特征,可分为旋转式(射流式)、固定式(散水式、漫射式)和喷洒孔管三类。

表9-3　喷头按工作压力和射程分类表

类　别	工作压力(kPa)	射程(m)	流量(m^3/s)	特点及适用范围
微压喷头	50～100	1～2	0.008～0.3	耗能省,雾化好,适于微灌系统,可用于花卉、园林、温室作物的灌溉
低压喷头(近射程喷头)	100～200	2～15.5	0.3～2.5	耗能少,水滴打击强度小,主要用于菜地、果园、苗圃、温室、公园、草地、连续自走行喷式喷灌机等
中压喷头(中射程喷头)	200～500	15.5～42	2.5～32	均匀度好,喷灌强度适中,水滴合适,适用范围广,如公园、草地、果园、菜地、大田作物、经济作物及各种土壤等
高压喷头(远射程喷头)	>500	>42	>32	喷灌范围大,生产率高,耗能高,水滴大,适用于对喷洒质量要求不太高的大田、牧草等的灌溉

2. 工作性能指标

(1)压力:喷头压力包括工作压力和喷嘴压力,单位为kPa,工作压力指喷头工作时,其进水口前的静水压力;喷嘴压力是指喷头出口处的水流总压力(即流速水头)。

(2)流量:指单位时间内喷头喷出的水量,单位为 m^3/h 或 L/min。影响喷头流量的主要因素是工作压力和喷嘴直径。

(3)射程:射程是指无风情况下喷头正常工作时的喷洒润湿圆半径,即指喷洒有效水所能达到的最远距离,又称喷洒半径,单位为 m。

(4)喷灌强度:喷灌强度是指单位时间内喷洒到单位面积上水的体积或单位时间喷洒的水深,单位为 mm/h。

(5)水滴的打击强度:是指喷洒作物受水面积范围内,水滴对作物或土壤的打击动能。一般用雾化指标或水滴直径大小来表示。

(6)喷洒水量分布特性:常用水量分布图来表示喷洒水量分布特性。水量分布图是指在喷灌范围内的等水深(量)线图,能准确直观地表示喷头的特性。图 9-15 为一个作全圆喷洒的旋转式喷头,在转速均匀,无风情况下,水量分布等值线图及其两个直径方向的剖面,给出了喷头径向水量分布曲线。

图 9-16 为有风情况时的水量分布,可见风对喷灌的影响之大。

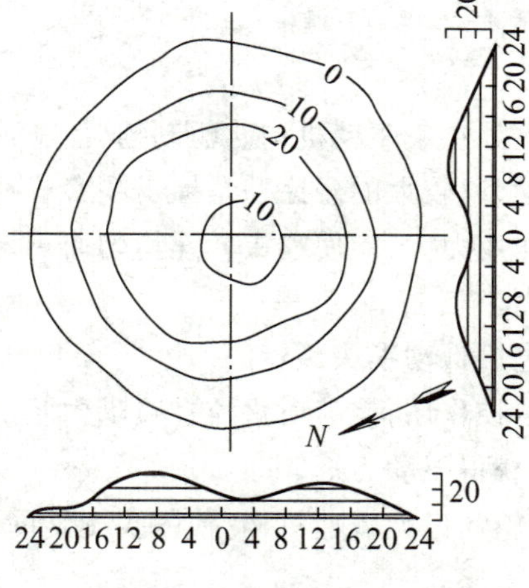

图 9-15　喷头水量分布图

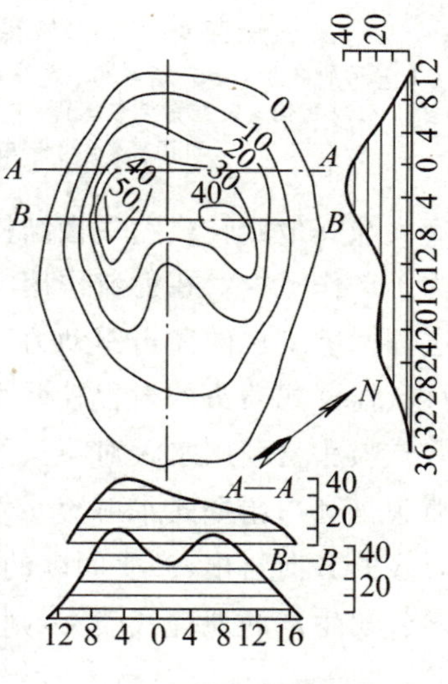

图 9-16　风对喷头水量分布的影响

(二)旋转式喷头

旋转式喷头包括摇臂式、垂直摇臂式、全射流式和地埋式等。

摇臂式喷头是一种使用广泛的旋转式喷头,图 9-17 为该喷头的典型结构,它由下列几部分组成。

1.旋转密封机构　常用的有径向密封和端面密封两种形式,由减磨密封圈、胶垫(或胶圈)、防沙弹簧等零件组成。

2.流道　水流通过喷头的流道,包括空心轴、喷体、喷管稳流器、喷嘴等零件。

3.驱动机构　由摇臂、摇臂轴、摇臂弹簧、弹簧座等零件组成,用以驱动喷头转动。

4.扇形换向机构　由换向器、反转钩、限位环(销)等零件组成,其作用是使喷头在规定的扇形范围内喷洒。

5.连接件　摇臂式喷头与供水管常用螺纹连接,其连接件多为喷头的空心轴套。

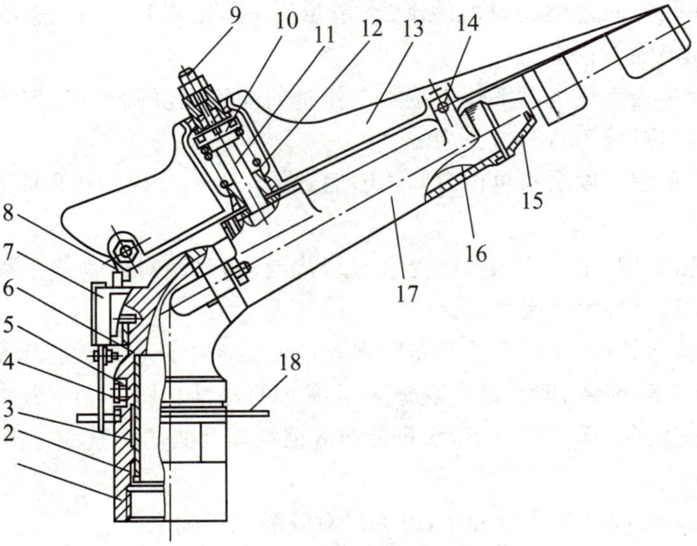

图 9-17 单嘴带换向机构的摇臂式喷头结构图

1.空心轴套 2.减磨密封圈 3.空心轴 4.防沙弹簧 5.弹簧罩 6.喷体 7.换向器 8.反转钩 9.摇臂调位螺钉 10.弹簧座 11.摇臂轴 12.摇臂弹簧 13.摇臂 14.打击块 15.喷嘴 16.稳流器 17.喷管 18.限位环

摇臂式喷头与其他旋转式喷头在结构上的不同之处在于驱动机构。驱动摇臂式喷头旋转的是摇臂机构。工作时摇臂在射流作用下绕自轴摆动,以较大的碰撞冲量撞击喷管或喷体,使喷头旋转。这种间歇施加的撞击驱动力矩,时间短,作用力大,能使喷头转速均匀而稳定,射流集中定向,所以,摇臂式喷头的射程较远而均匀度较高。

垂直摇臂式喷头是利用水舌对喷头的反作用力直接推动喷头旋转的。

全射流喷头是利用俯壁式水射流元件的互控或自控作用,使喷射水流在喷嘴内腔附壁,以偏离喷嘴中心线的方向射出,产生间歇的反作用力而获得驱动力矩。

美国雨鸟公司生产的地埋式喷头,则是利用水涡轮和齿轮减速机构,使喷头旋转的。

(三)固定式喷头

按照固定式喷头的结构和喷洒特点,分为折射式(图 9-18)、缝隙式和离心式三类。

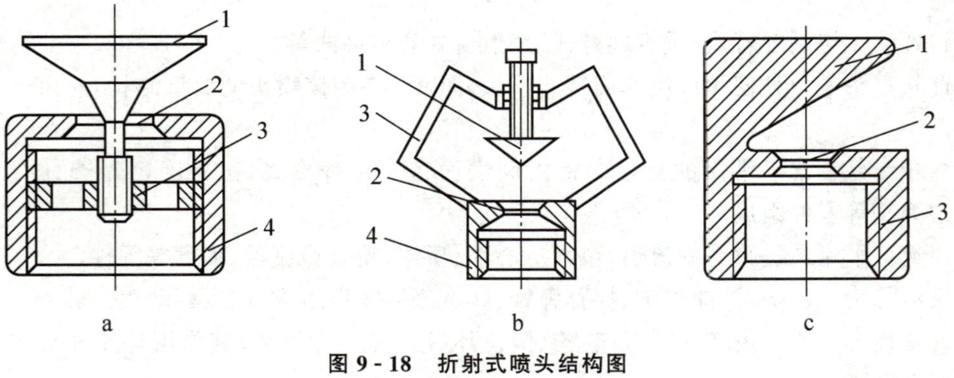

图 9-18 折射式喷头结构图

a.内支架式 b.外支架式 c.整体式

1.折射锥 2.喷嘴 3.支架 4.管接口

折射式喷头的工作原理：当喷头工作时有压水流由喷嘴直接射出后，遇到折射锥的阻挡，形成薄水层向四周射出，在空气阻力作用下，伞形的薄水层就散裂为小水滴而降到地面。

缝隙式喷头的工作原理与折射式喷头的工作原理基本相同。

固定式喷头的优点是结构简单，没有旋转部分，工作可靠，喷洒水滴对作物的打击强度小，要求的工作压力较低(100～200 kPa)，常用在温室、菜地、草坪、苗圃、园林等处。缺点是喷孔易被堵塞。

三、喷灌系统的使用

在使用喷灌系统时，除参照一般动力机和离心水泵的使用保养要求外，还要根据灌溉面积的大小、地形、作物品种、不同生长期的需水量等因素合理选择喷灌机组和喷头，正确安装调整，定期检查保养，保证作业质量，以达到省水、增产、改土、节省劳力、增加收入、降低成本的目的。

1. 喷头的选择　要考虑喷头的水力性能适合于喷灌作物和土壤的特点。对于蔬菜和幼嫩作物要选用具有细小水滴的喷头，如低压喷头，而一些大田作物则可选用水滴较粗的喷头，如中、高压喷头。对于黏性土，要选用喷灌强度低的喷头，而沙质土，则可选用喷灌强度稍高的喷头。此外，根据喷洒方式的要求不同，可选用扇形或圆形喷洒的喷头。

2. 喷头的配置　喷头的配置合理与否，直接影响喷洒的均匀性。一般在固定式、半固定式及移动式喷灌机组中多采用全圆喷洒。它允许喷头有较大的间距，且喷灌强度低；但由于边角地的喷洒需要、风力的影响，以及移动机组行走道路等因素，所以也要求扇形喷洒。

喷灌系统多数是定点喷灌，因此存在各喷头之间如何组合的问题。喷头组合的原则在于保证喷洒不留空白，并有较好的均匀度。常用的组合形式有四种(图 9-19)。这四种组合的支管间距 b 和沿支管喷头的间距 l 如表 9-4 所示，从表上可以看出全圆喷洒的正方形和正三角形布置有效控制面积最大，但在风力影响下，往往不能保证灌水的均匀性。有风时也有的采用

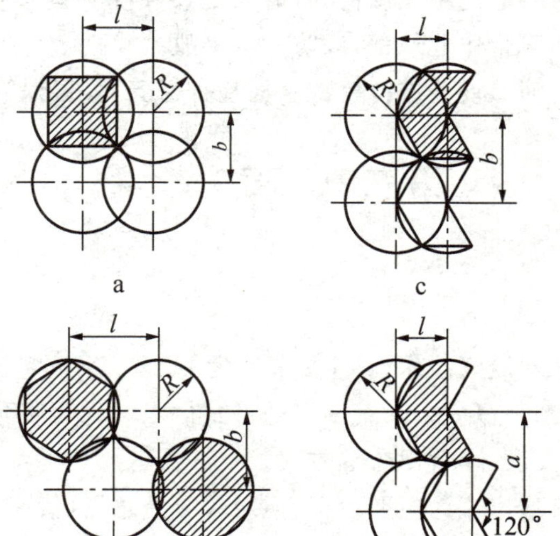

图 9-19　喷头组合形式

a. 正方形　b. 正三角形　c. 矩形　d. 三角形

(注：图中阴影面积为一个喷头控制面积)

矩形和等腰三角形。其间距选择视风力大小和对喷灌的均匀度要求而定。

表 9-4 常用喷头组合形式

喷洒方式	组合形式	支管间距	喷头间距	有效控制面积	图形编号
全圆	正方形	$1.42R$	$1.42R$	$2R^2$	a
	正三角形	$1.5R$	$1.73R$	$2.6R^2$	b
扇形	矩形	$1.73R$	$1.0R$	$1.73R^2$	c
	三角形	$1.865R$	$1.0R$	$1.865R^2$	d

3. 管路配置　管路配置应根据地区、喷灌面积及主风向决定其安装位置和管道直径。一般干管直径 75～100 mm。固定式喷灌机干管应埋在冻土层以下。支管路应与干管路垂直或按等高线方向安装，支管不宜太长，以便拆卸或移动。支管直径一般为 38～75 mm。支管应按选定的喷头组合形式配置，并尽量与作物耕作方向一致。这样对于固定式喷灌系统可减少对机耕作业的影响。在经常刮风的地区，配置支管要与主风向垂直，这样在有风时可加密支管上的喷头，以补偿由于风造成的喷头横向喷幅的缩小。支管上各喷头的工作压力要求接近一致。

4. 喷灌系统的使用管理　为了充分发挥喷灌的优越性，要正确使用和管理喷灌系统。

(1)每年根据作物的种植情况制订合理的喷灌制度和用水计划；并根据土壤水分和作物需水量确定每次实际喷灌时间和喷水量。

(2)喷灌前要对喷灌设备进行一次全面检查，各部件要齐全紧固，技术状态要良好，进行试运转完全正常，才能投入正式喷灌作业。

(3)喷灌系统的水泵大多数选用离心泵。注意关阀启动，以防止动力机超载和管道振动。

(4)在多风的地区常根据风速和风向来改变喷头配置方法而保证喷灌均匀，一般应尽量在无风或风小时喷灌。当风力达到 3 级，风速 3.4～5.4 m/s 时就不宜喷灌。

(5)喷灌时，为了适应不同的土质和作物，需要更换喷嘴和调整喷头体转速。在整个操作过程中，要注意安全，遵守安全作业规程，以防发生事故。

(6)喷灌完毕后，要对喷灌设备进行一次全面检查保养，妥善保管。

第三节　微　　灌

一、概述

微灌技术是新兴的节水灌溉技术，其主要特点是以低压小流量出流将灌溉水供应到作物的根区土壤，可以实现局部灌溉。以断续滴出的形式供水时称为滴灌；以喷洒的方式供水时称为微喷灌。此外，还有涌泉灌、小管出流等方式。

微灌虽然以低压小流量出流为主要特征，但对单个灌水器(滴头、微喷头)的流量并无统一标准。国际上，滴头的流量一般不超过 8 L/h，但国内曾研制过 20 L/h 的滴头。微喷头的流量比较常见的在 150 L/h 以下，但有的产品也可达到 240 L/h，甚至更多。从实用的角度看，上述范围足以充分反映出两种技术的各自特点，可以作为参考的划分标准。

微灌的优点是省水，省工，节能，灌水均匀度高，增产优质，对土壤和地形的适应性强，可以充分利用小水源。其主要缺点是灌水器过水断面小，容易堵塞，影响系统的正常工作。因此对水质要求严格。

二、微灌系统的组成与分类

(一)微灌系统的组成

微灌系统由水源、首部枢纽、输配水管网、灌水器以及流量、压力控制部件和测量仪表等组成,如图 9-20 所示。

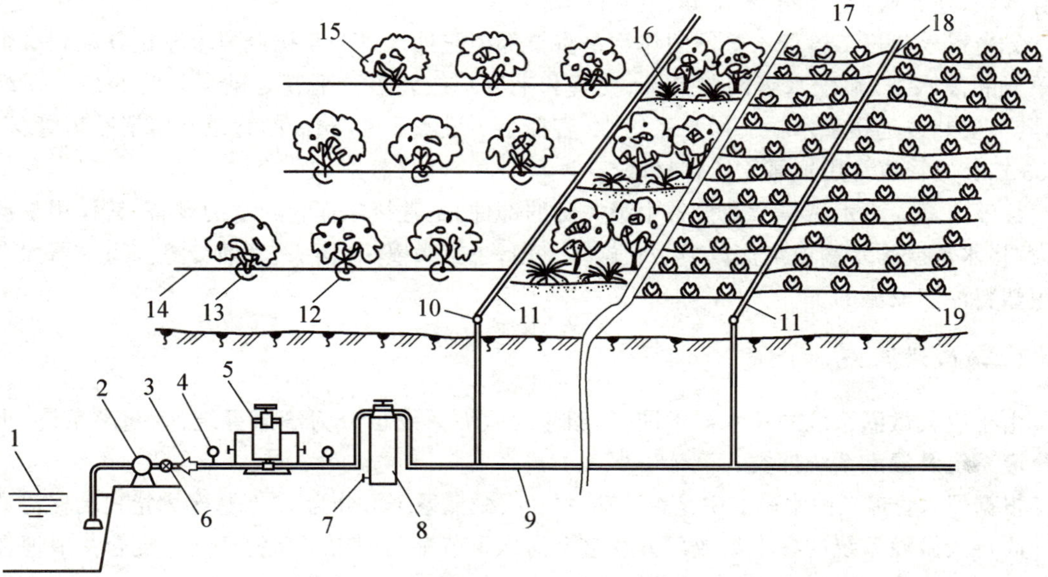

图 9-20　微灌系统组成示意图

1.水源　2.水泵　3.流量计　4.压力表　5.化肥罐　6.阀门　7.冲洗阀　8.过滤器　9.干管　10.流量调节器　11.支管　12.滴头　13.分水毛管　14.毛管　15.果树　16.微喷头　17.条播作物　18.水阻管　19.滴灌管

1.水源　江河、渠道、湖泊、水库、井、泉等均可作为微灌水源,但其水质需符合微灌要求。

2.首部枢纽　首部枢纽包括水泵、动力机、肥料和化学药品注入设备、过滤设备、控制阀、进、排气阀、压力及流量测量仪表等。其作用是从水源取水增压并将其处理成符合微灌要求的水流送到系统中去。

微灌常用的水泵有潜水泵、深井泵、离心泵等。动力机可以是柴油机、电动机等。在有足够自然水头的地方可以不安装水泵。

对供水量需要调蓄或含沙量很大的水源,常要修建蓄水池和沉淀池。沉淀池用于去除灌溉水源中的大固体颗粒,为了避免在沉淀池中产生藻类植物,应尽可能将沉淀池或蓄水池加上盖。

过滤设备的作用是将灌溉水中的固体颗粒滤去,避免污物进入系统,造成系统堵塞。过滤设备应安装在输配水管道之前。

肥料和化学药品注入设备用于将肥料、除草剂、杀虫剂等直接施入微灌系统,注入设备应设在过滤设备之前。

流量及压力测量仪表用于测量管线中的流量或压力,包括水表、压力表等。水表用于测量管线中流过的总水量，根据需要可以安装于首部，也可以安装于任何一条干、支管上。如安装在首部，须设于施肥装置之前，以防肥料腐蚀。压力表用于测量管线中的内水压力，在过滤器和密封式施肥装置的前后各安设一个压力表，可观测其压力差，通过压力差的大小能够判定施肥量的大小和过滤器是否需要清洗。

控制器用于对系统进行自动控制，一般控制器具有定时或编程功能，根据用户给定的指令操作电磁阀或水动阀，进而对系统进行控制。

阀门是直接用来控制和调节微灌系统压力流量的操纵部件，布置在需要控制的部位上，一般有闸阀、逆止阀、空气阀、水动阀、电磁阀等。

3. 输配水管网　输配水管网的作用是将首部枢纽处理过的水按照要求输送分配到每个灌水单元和灌水器，输配水管网包括干、支管和毛管三级管道。毛管是微灌系统的最末一级管道，其上安装或连接灌水器。微灌系统中，直径小于或等于 63 mm 的管道常用聚乙烯管材，大于 63 mm 的管道常用聚氯乙烯管材。

4. 灌水器　灌水器是微灌设备中最关键的部件，是直接向作物施水的设备，其作用是消减压力，将水流变为水滴或细流或喷洒状施入土壤，包括微喷头、滴头、滴灌带等。灌水器大多数是用塑料注塑成型的。

（二）微灌系统的分类

由于组成微灌系统的灌水器不同，其相应的微灌系统也分为滴灌系统、微喷灌系统、小管出流灌系统及渗灌系统四类。

根据配水管道在灌水季节中是否移动，每一类微灌系统可分为固定式、半固定式和移动式。

固定式微灌系统的各个组成部分在整个灌水季节都是固定不动的，干管、支管一般埋在地下，根据条件，毛管有的埋在地下，有的放在地表或悬挂在离地面几十厘米高的支架上。固定式微灌系统常用于经济价值较高的经济作物。

半固定式微灌系统的首部枢纽及干、支管是固定的，毛管连同其上的灌水器是可以移动的。根据设计要求，一条毛管可在多个位置工作。

移动式微灌系统各组成部分都可移动。在灌溉周期内按计划移动安装在灌区内不同的位置灌溉。

半固定式和移动式微灌系统提高了微灌设备的利用率，降低了单位面积微灌的投资，常用于大田作物。但操作管理比较麻烦，适合在干旱缺水、经济条件较差的地区使用。

三、微灌设备

（一）灌水器

微灌是利用微灌设备组装成微灌系统，将有压水输送分配到田间，通过灌水器以微小的流量湿润作物根部附近土壤的一种局部灌水技术。微灌可以按不同的方法分类，按所用的设备（主要是灌水器）及出流形式不同，主要有滴灌、微喷灌、小管出流灌和渗灌等。

灌水器是微灌系统的出流部件，它的质量好坏直接影响整个系统的质量及灌水质量的高低。

1. 灌水器的种类和结构特点　按结构和出流形式的不同，灌水器主要有滴头、滴灌管

(带)、微喷头、滴水器、渗灌管(带)等。

(1)滴头：通过流道或孔口将毛管中的压力水流变成滴状或细流状的装置称为滴头。按滴头的结构可分为如下几种。

①长流道型滴头是靠水流与流道壁之间的摩擦消耗来调节出水量的大小。如微管滴头(图 9-21)、内螺纹式滴头等。

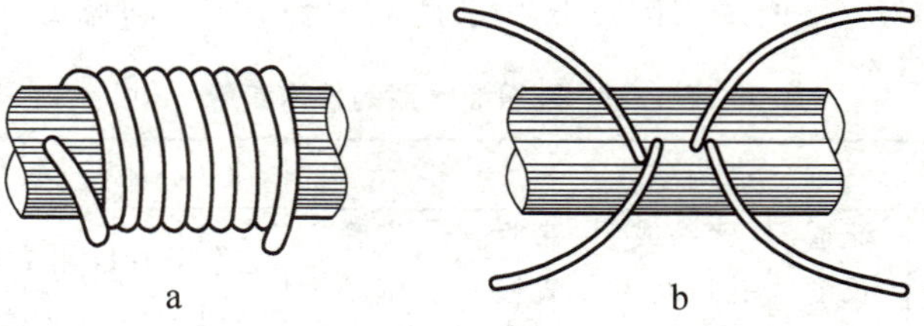

图 9-21　微灌滴头

a. 缠绕式　b. 散放式

②孔口型滴头是靠孔口出流造成的局部水头损失来消耗调节出水量的大小。

③涡流型滴头是靠水流进入灌水器的涡室内形成的涡流来调节出水量的大小。

④压力补偿式滴头是利用水流压力对滴头内弹性体(片)的作用，使流道(或孔口)形状改变或过水端面面积发生变化，即当压力减小时，增大过水断面面积；当压力增大时，减小过水断面面积，从而使滴头流量自动保持稳定，同时还有自清洗功能。

(2)滴灌管(带)：滴头与毛管制成一体，兼具配水和滴水功能的管称为滴灌管(带)。按滴灌管(带)的结构可分为两种。

内镶式滴灌管是指在毛管制造过程中，将预先制造好的滴头镶嵌在毛管内的滴灌管。

薄壁滴灌带有两种，一种是在 0.2～1.0 mm 厚的薄壁软管上按一定间距打孔，灌溉水由孔口喷出，湿润土壤；另一种是在薄壁管的一侧热合出各种形状的流道，灌溉水通过流道以滴流的形式湿润土壤。

(3)微喷头：微喷头是指将压力水流以细小水滴洒在土壤表面的灌水器。单个喷头的喷水量一般不超过 250 L/h，射程一般小于 7 m。

按结构和工作原理，微喷头分为射流式、离心式、折射式和缝隙式四种，如图 9-22、图 9-23分别为射流旋转式和折射式微喷头的结构示意图。

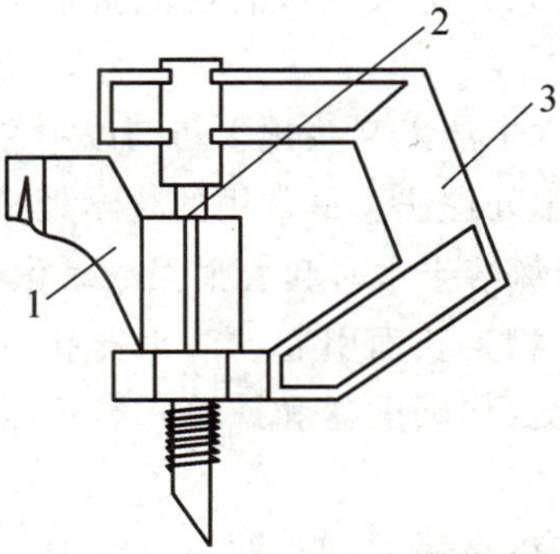

图 9-22　射流旋转式微喷头

1. 旋转折射臂　2. 喷嘴　3. 支架

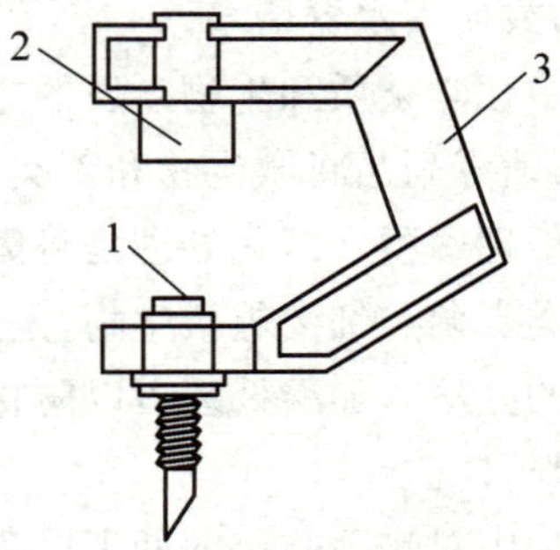

图 9-23　折射式微喷头

1. 喷嘴　2. 折射锥　3. 支架

(4)小管灌水器:它是由 φ4 mm 塑料小管和接头连接插入毛管壁而成。它的工作水头低,孔口大,不易被堵塞。

(5)渗灌管:渗灌管是用 2/3 的废旧橡胶(为旧轮胎)和 1/3 的 PE 塑料混合制成可以渗水的多孔管,这种管埋入地下渗灌,渗水孔不易被泥土堵塞,植物根也不易被扎入。

2. 灌水器的结构参数和水力性能参数　结构参数和水力性能参数是灌水器的两项主要技术参数,见表 9-5。其中 C_v 值是我国行业 SL/T. 67. 1～3—94 的规定。

表 9-5　微灌灌水器的技术参数

灌水器种类	结构参数					水力性能参数			
	流道或孔口直径(mm)	流道长度(cm)	滴头或孔口间距(cm)	带管直径(mm)	带管壁厚(mm)	工作压力(kPa)	出流量(L/h)	X	C_v
滴头	0.5～1.2	30～50				50～100	1.5～12	0.5～1.0	<0.07
滴灌带	0.5～0.9	30～50	30～100	10～16	0.2～1.0	50～100	1.5～3.0	0.5～1.0	<0.07
微喷头	0.6～2.0					70～200	20～250	0.5	<0.07
涌水器	2.0～4					40～100	80～250	0.5～0.7	<0.07
渗灌管				10～20	0.9～1.3	40～100	2～4	0.5	<0.07
压力补偿型								0～0.5	<0.15

注:X——流态指数,反映灌水器的流量对压力变化的敏感程度;C_v——灌水器的制造偏差系数,反映制造偏差对流量的影响程度。

(二)过滤设备

微灌系统中灌水器出口直径一般都很小,灌水器极易被水源中的污物和杂质堵塞。任何水源,都不同程度地含有各种污物和杂质。因此,对灌溉水源进行严格的净化处理是微灌中必不可少的首要步骤,是保证微灌系统正常运行,延长灌水器使用寿命和保证灌水质量的关键措施。

灌溉水中所含污物及杂质分为物理、化学和生物三类。物理污物及杂质是悬浮在水中的有机的或无机的颗粒。化学污物或杂质主要指溶于水中的某些化学物质,如碳酸钙、碳酸氢钙等。在一定情况下,这些物质会变成不可溶的固体沉淀物,造成灌水器的堵塞。生物污物或杂质主要包括活的菌类、藻类等为生物和水生动物等。它们进入系统后可能繁殖生长而造成管道端面减小,或使灌水器堵塞。

清除水中化学杂质和生物杂质的方法是在灌溉水中注入某些化学药剂以中和有碍溶解的反应,或加入消毒药品将微生物和藻类杀死,称为化学处理法。最常用的化学处理方法有氯化处理和化学处理两种。氯化处理是将氯加入水中,当氯溶于水时起着很强的氧化剂作用,可以杀死水中藻类真菌和细菌等微生物,是解决由于微生物生长而引起的灌水器孔口堵塞问题的有效而经济的办法。加酸处理可以防止可溶物的沉淀(如碳酸盐和铁等),酸可以防止系统中微生物的生长。

微灌系统中对物理杂质的处理设备与设施主要有:拦污栅(筛、网)、沉淀池、过滤器(水砂分离器、砂石介质过滤器、筛网过滤器)。

1. 旋流水砂分离器　又称离心式过滤器或涡流式水砂分离器。常见的结构型式有圆柱形和圆锥形两种。这种分离器能连续过滤高含沙量的灌溉水，其缺点是不能除去与水比重相近和比水轻的有机质等杂物，一般作初级过滤器使用。

2. 砂过滤器　又称砂介质过滤器。它是利用砂石作为过滤介质的。

3. 筛网过滤器　它是一种简单而有效的过滤设备，过滤介质是尼龙筛网或不锈钢筛网。这种过滤器造价便宜，在国内外微灌系统中使用最广泛。其结构如图 9 - 24 所示。

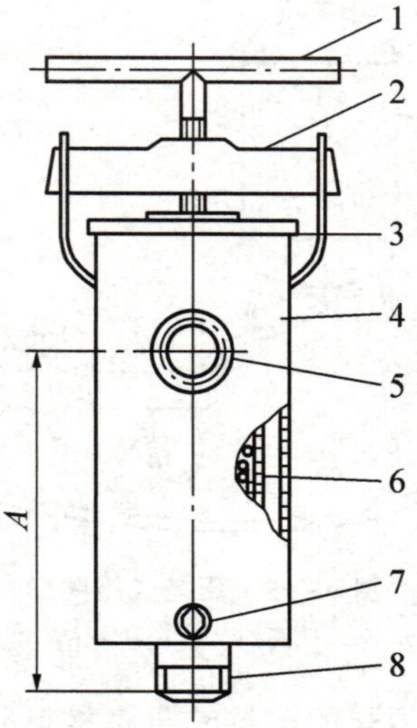

图 9 - 24　筛网过滤器

1. 手柄　2. 横旦　3. 顶盖　4. 壳体　5. 进水口　6. 不锈钢滤网　7. 冲洗阀门　8. 出水口

筛网的孔径大小即网目数的多少，要根据所用灌水器的类型及流道端面的大小而定。根据实践经验，一般要求所选用的灌水器的滤网孔径大小应为所用灌水器孔径大小的 1/10～1/7。滤网的目数与孔径尺寸关系见表 9 - 6。

表 9 - 6　滤网规格与孔口大小的对应关系

滤网规格（目）	孔口尺寸（mm）	土粒类别	粒　径（mm）
20	0.711	粗砂	0.50～0.75
40	0.420	中砂	0.25～0.40
80	0.180	细砂	0.15～0.20
100	0.152	细砂	0.15～0.20
120	0.125	细砂	0.10～0.15
150	0.105	极细砂	0.10～0.15
200	0.074	极细砂	<0.10
250	0.053	极细砂	<0.10
300	0.044	粉砂	<0.10

筛网过滤器用于过滤灌溉水中的粉粒、砂和水垢等污物，过滤有机污物的效果较差。

(三)施肥施药装置

微灌系统中向压力管道内注入可溶性肥料或农药溶液的设备及装置称为施肥(药)装置。

常用的施肥装置有以下几种。

1. 压差式施肥罐　压差式施肥罐的结构组成如图 9 - 25 所示。其工作原理是在输水管上的两点形成压力差，利用这个压力差，将化学药剂注入系统。储液灌为承压容器，承受与管道相同的压力。

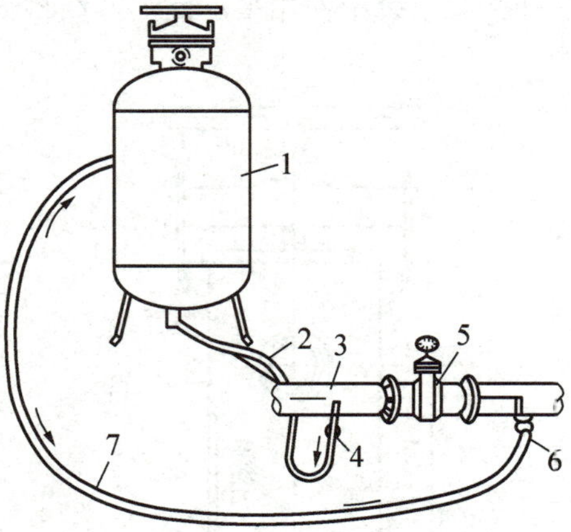

图 9 - 25　压差式施肥罐

1. 储液罐　2. 进水管　3. 输水管　4. 阀门　5. 调压阀门　6. 供肥液管阀门　7. 供肥液管

施肥罐应选用耐腐蚀、抗压能力强的塑料或金属材料制造。罐的容积应根据微灌系统控制面积的大小及单位面积施肥量和化肥溶液浓度等因素确定。

压差式施肥罐的优点是加工制造简单，造价较低，不需外加动力设备。缺点是溶液浓度变化大，无法控制。罐体容积有限，添加化肥次数频繁。输水管道因设有调压阀而造成一定的水头损失。

2. 开敞式肥料箱自压施肥装置　在自压灌溉系统中，使用开敞式肥料箱(或修建一个肥料池)非常方便。只需把肥料箱放置于自压水源如蓄水池的正常水位下部适当的位置上，将肥料箱供水管及阀门与水源相连接，将输液管及阀门与微灌主管道连接，打开肥料箱供水阀，水进入肥料箱可将化肥溶解成肥液。关闭供水管阀门，打开肥料箱输液阀，化肥箱中的肥液就自动地随水流输到灌溉管网及各个灌水器，对作物施肥。

3. 文丘里注入器　它可与敞开式肥料箱配套组成一套施肥装置，主要适用于小型微灌系统(如温室微灌)向管道注入肥料或农药。

4. 注射泵　根据驱动水泵的动力来源又可分为水驱动和机械驱动两种形式。它的优点是肥液浓度稳定不变，施肥质量好，效率高。

为了确保微灌系统施肥时运行正常并防止水源污染，必须注意：化肥或农药的注入一定要放在水源与过滤器之间，肥液经过滤后再进入灌溉管道；施肥、施农药后必须利用清水把残留在系统内的肥液或农药全部冲洗干净，防止设备被腐蚀；在化肥或农药输液管出口处与水源之间一定要安装逆止阀，防止肥液或农药进入水源，严禁直接把农药和化肥加进水源造成环境污染。

(四)管道与连接件

管道是微灌系统的主要组成部分，各种管道与连接件按设计要求组合安装成一个微灌输配水管网，按作物需水要求向田间和作物输水和配水。它在微灌工程中的用量大，规格多，所占投资比重大，因而所用的管道与连接件型号规格和质量的好坏，不仅直接关系到微灌工程费用的大小，而且也关系到微灌能否正常运行和寿命的长短。

对微灌用管与连接件的基本要求是：能承受一定的压力；耐腐蚀抗老化性强；规格尺寸与公差必须符合技术标准；价格低廉，安装施工容易。

1. 微灌管道的种类　微灌系统常用的塑料管主要有聚乙烯管和聚氯乙烯管两种。聚乙烯管(PE管)常用于ϕ63 mm以下的管，它分为高压低密度聚乙烯管和低压高密度聚乙烯管。前者为半软管，管壁较厚，对地形的适应性强；后者为硬管，管壁较薄。聚氯乙烯管(PVC管)。常用于ϕ63 mm以上的管。按使用压力可分为轻型和重型两类，微灌系统中多数使用轻型管，即在常温下承受的内水压力不超过600 kPa。每节管的长度一般为4～6 m。

2. 微灌管道连接件的种类　连接件是连接管道的部件，亦称管件。它包括接头、三通、弯头、堵头、旁通、插杆、密封紧固件等。

四、微灌系统的维护保养

(一)微灌系统的维护

1. 管道维护　管网运行时若发现渗水，应在停机后按相应管材的维修方法进行维修。对于金属管件，每年要涂防锈漆两次。

对螺杆和丝扣，要定期涂黄油，防止锈蚀，便于拧动。

2. 保护装置维护　保护装置如安全阀、过滤器等要经常进行检查维修，保证其安全可靠地运行。

3. 滴头的维护　滴头的维护保养是滴灌系统保养的重要内容之一。它的主要任务是清理堵塞和预防堵塞。滴头堵塞的原因有悬浮固体堵塞、化学沉淀堵塞和有机物堵塞等。

(二)处理堵塞的方法

1. 酸液冲洗法　即在水中加入0.5%～2%的盐酸(其浓度为36%)，用1 m的水头压入滴灌系统中滞留10 min，可以有效地清除管道中的碳酸钙，使局部堵塞的滴头恢复工作。但完全堵塞的滴头用此法无效。

2. 压力疏通法　即用700 kPa的高压空气或水冲洗滴灌系统，对疏通有机物堵塞效果甚好。但因压力过大，薄壁的滴头可能被压裂。这种方法对碳酸盐堵塞无效。

预防堵塞的措施是选择可靠的过滤设备，进行必要的观察工作，定期测定滴头流量。采用可拆卸清洗的滴头。

思考题

1. 水泵一般包括哪几部分？各自的作用是什么？
2. 喷灌系统包括哪几类？各有什么优缺点？
3. 根据组成微灌系统的灌水器不同，相应的微灌系统分为哪几类？

第十章　谷物收获机械

◉学习目标

通过本章的学习，重点掌握联合收获机械分类和一般构造，脱粒机械主要工作装置的类型、基本构造、工作原理和农业技术要求；掌握清选机械的一般构造、工作原理和方法；了解掌握稻麦联合收获机的使用调整和工作过程。

谷物的收获过程一般包括收割、运输、脱粒、分离和清粮等作业环节。目前采用的机械化谷物收获工艺有以下几种。

1.分别收获　分别用机械或人工完成收获过程的各项作业，如将作物割倒、铺放在田间，打捆运输，在田间或打谷场进行脱粒，最后进行分离和清粮。

2.联合收获　用联合收获机在田间一次完成切割、脱粒、分离和清粮等全部作业。

3.分段收获　也称两段收获。先用割晒机将谷物割倒，成条状铺放在具有一定高度的割茬上。经 3～5 d 晾晒和后熟，然后用装有捡拾器的联合收获机进行捡拾、脱粒、分离和清粮。这种收获方法多用于北方地区，不适应南方水稻地区。

谷物收获的农业技术要求有：适时收获，收获质量好，损失少，割茬高度适宜，茎秆和颖壳分别堆放或将切碎的茎秆均匀撒于田间。谷物收获机械主要包括收割机、脱粒机、联合收获机和清选机械等。

第一节　收割机械

一、收割机的功用和类型

收割机的功用是将作物的茎秆割断，并按后继作业的要求铺放于田间，它是分段收获和两段收获中常采用的机具。

按铺放方式不同，收割机可分为收割机、割晒机和割捆机。收割机将作物割断后进行转向条铺，即把作物茎秆转到与机器前进方向基本垂直的状态进行铺放，以便于人工捆扎。割晒机将作物割后进行顺向条铺，即把茎秆割断后直接铺放于田间，形成禾秆与机器前进方向基本平行的条铺，适于用装有捡拾器的联合收获机进行捡拾联合收获作业。割捆机将作物割断后进行打捆，并放于田间。收割机按割台输送装置的不同，可分为立式割台、卧式割台和回转割台收割机。按收割机的挂接方式不同，可分为牵引式、悬挂式和自走式。悬挂式应用较普遍，且一般采用前悬挂，以便工作时自行开道。

二、收割机的构造与主要工作部件

收割机的类型很多，但其主要构成部分基本相同，主要工作部件有切割装置，拨禾、扶禾装置，输送器，分禾器等。

(一)切割装置

切割装置又称切割器,用来切断作物茎秆。按动刀的运动方式不同,切割器分为回转式和往复式两类。回转式切割器的动刀片在水平面内作回转运动,一般为无支撑切割。优点是切割速度高,切割能力强,机具振动小。允许机器高速作业,刀片更换方便。但其传动机构复杂,功率消耗大,不适合大割幅和多行作物收割机使用,常用于割草机。往复式切割器动刀作往复运动在定刀的配合下切割作物,适应性强,工作可靠。适于宽幅作业,但惯性力较大。谷物收割机多用往复式切割器。

1. 往复式切割器的构造及类型　构造如图 10 - 1 所示。按国家标准规定,标准型往复式切割器分为Ⅰ型、Ⅱ型、Ⅲ型三种。其工作性能基本相似,只是零件的几何尺寸和装配关系上稍有差异。

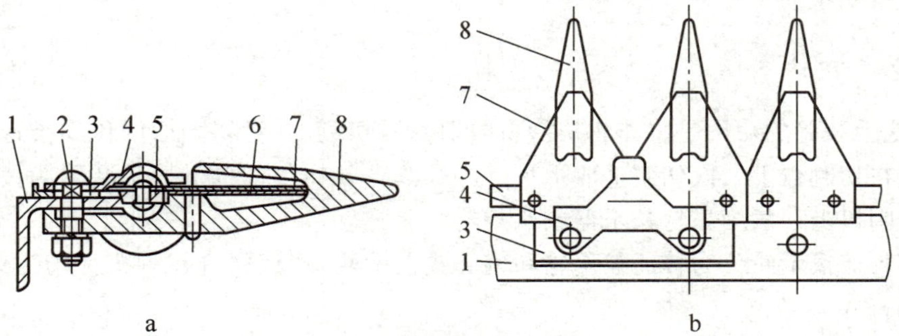

图 10 - 1　往复式切割器

a. 切割器端面图　b. 切割器简图

1. 护刃器梁　2. 螺栓　3. 摩擦片　4. 压刃器　5. 刀杆　6. 定刀片　7. 动刀　8. 护刃器

2. 往复式切割器的传动机构　该切割器的传动机构的作用是将传动轴的回转运动变为割刀的往复运动,使割刀平稳地工作。该机构有曲柄连杆机构(图 10 - 2)和摆环传动机构(图 10 - 3)两种。

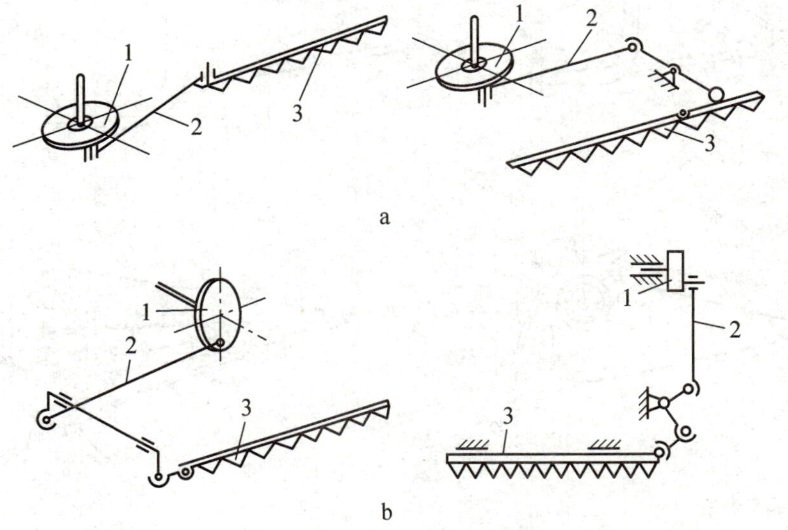

图 10 - 2　曲柄连杆机构

a. 立轴式　b. 卧轴式

1. 曲柄盘　2. 连杆　3. 割刀

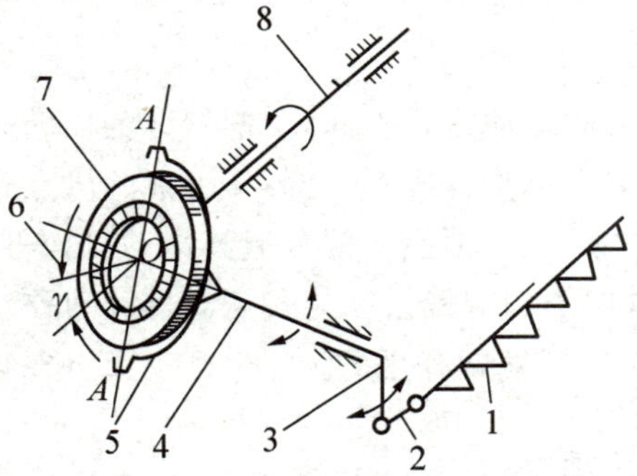

图 10-3　摆环传动机构

1. 割刀　2. 连杆　3. 摆杆　4. 摆动轴　5. 摆叉　6. 圆环轴　7. 圆环　8. 主动轴

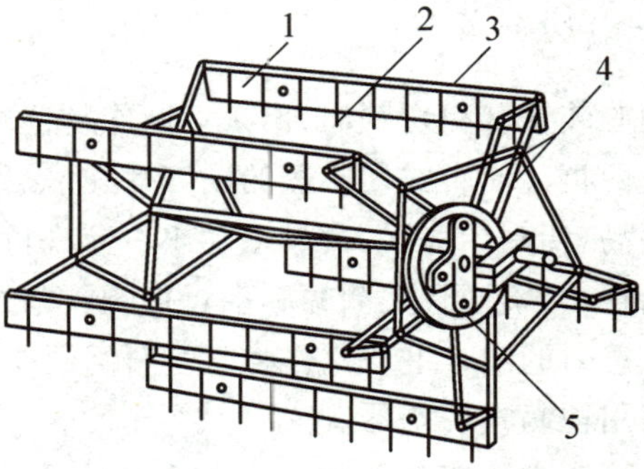

图 10-4　偏心式拨禾轮

1. 压板　2. 弹齿　3. 钢管　4. 辐条　5. 偏心环

(二)拨禾和扶禾装置

拨禾、扶禾装置的功用是将作物扶持引向切割器切割,并将切割后的作物推送到割台,以免作物堆积在切割器上二次切割造成损失。卧式割台谷物收割机上拨禾装置为拨禾轮,立式割台谷物收割机上一般为星轮扶禾器或八角轮。

1. 拨禾轮　拨禾轮分为普通拨禾轮和偏心式拨禾轮,现代联合收割机上均为偏心式拨禾轮(图 10-4)。

2. 星轮扶禾器　星轮扶禾器(图 10-5)分装扶禾齿带和不装扶禾齿带两种型式。星轮和

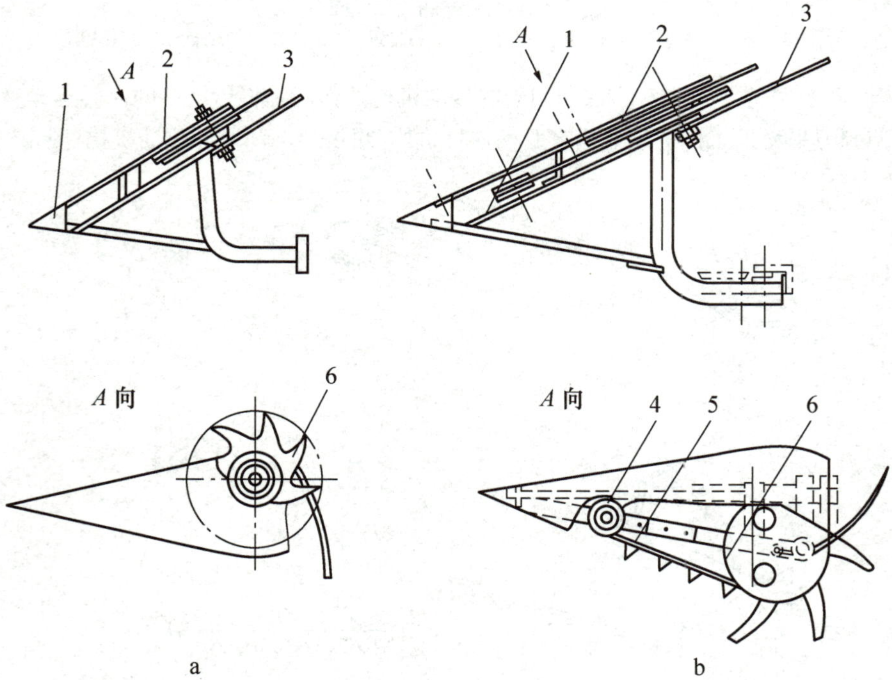

图 10-5　星轮扶禾器

a. 不装扶禾齿带　b. 装扶禾齿带

1. 扶禾器架　2. 扶禾罩　3. 压力弹簧　4. 张紧轮　5. 扶禾齿带　6. 星轮

扶禾齿带由输送带上的拨齿拨动，在与地面成一定夹角的平面内回转，扶禾齿带与倾斜盖板配合将倒伏作物扶起。星轮将作物引向割台起拨禾作用，与压力弹簧配合将作物压向挡板，保持直立输送。由于扶禾齿带对轻倒伏作物的扶起效果不甚明显，且易缠草，有些割台不装扶禾齿带。

（三）输送和铺放装置

在立式割台谷物收割机上输送铺放装置一般由直立的带有拨齿的上、下输送带，主动轴及其带轮，被动轴及其带轮等组成。拨齿高度通常约为 50 mm。在卧式割台谷物收割机上输送铺放装置一般由卧置的前、后帆布输送带，主动轴及其带轮，被动轴及其带轮等组成。为了加强输送效果，通常在帆布表面每隔一定距离铆有木条或小角铁。上、下输送带或前、后输送带的速度可以是一致的，也可以稍有差别。

三、几种收割机工作简介

1. 4GL-1.85 型收割机　机组进入收割区时，先由割台前面扶禾器的扶禾带拨齿和星轮相配合，将谷物上部拨送到割台的上输送带。此时谷物的下部被切割。当谷物被切割后，星轮又和上、下输送带拨齿相配合将谷物夹持向右输送，压力弹簧则使谷物在输送过程中紧贴台面以防止前倾造成堵塞。当谷物输送到割台右端时，由导向板辅助被抛送出去，转向 90°成条铺放在机具的右侧（图 10-6）。

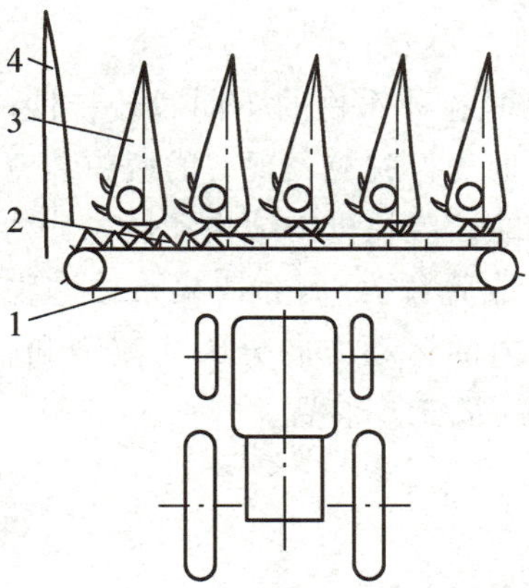

图 10-6　4GL-1.85 型收割机

1. 输送带　2. 切割器
3. 扶禾器　4. 分禾器

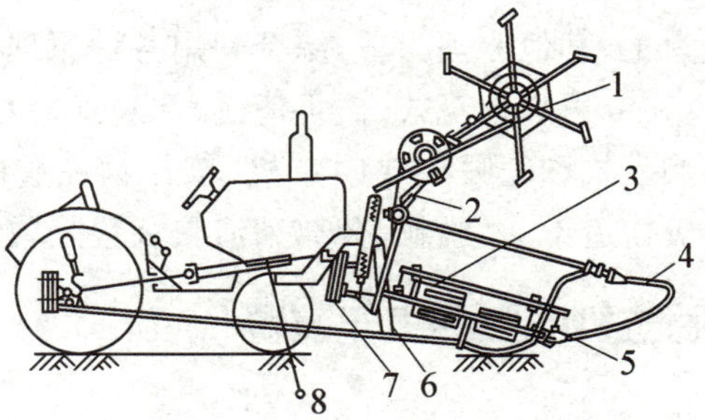

图 10-7　4GW-1.7 型收割机

1. 拨禾轮　2. 机架　3. 输送装置　4. 分禾器
5. 切割器　6. 悬挂架　7. 传动带　8. 传动联轴器

2. 4GW-1.7 型收割机　4GW-1.7 型收割机（图 10-7）机组进入收割区时，分禾器将待割和暂不割作物分开，拨禾轮把待割作物扶持引向切割器切割，割下的禾秆被拨禾轮推送倒在帆布输送带上，向左输送，由于后输送带较长也较高，作物在输送带的推送作用和机组前进速度的配合下，以螺旋扇形运动离开割台向左侧连续成条地横向铺放在茬地上。

常用谷物收割机的主要技术参数见表 10-1。

表 10-1 常用谷物收割机的主要技术参数

机型		北京 1.85	4GL-x185	工农 69-108	4GW-1.7	4SG-3.8
类型		收割机	收割机	收割机	收割机	割晒机
配套动力		北京工农-12 (190 柴油机)	东方红-12、 泰山-12	工农-11	泰山-25、 东方红-20	东方红-54/75
生产率(hm^2/h)		120～150	120～210	67.5	90～187.5	375
割幅(m)		1.85	1.89	1.08	1.7	3.8
割台型式		立式			卧式	
切割器型式		往复式				
拨禾装置		星轮扶禾器	星轮扶禾器	八角轮	拨禾轮	拨禾轮
机重(kg)		125	111	85	260	565
外形尺寸(mm)	长	3 900	2 100	1 150	4 550	6 100
	宽	2 200	900	1 060	1 980	4 210
	高	1 170	630	440	1 720	2 300
生产厂		通县收割机厂	藁城机械厂	宝山县农机修造厂	泰安农机修造厂	四平市农机厂

第二节　脱粒机械

脱粒是谷物收获中继收割之后的一个重要环节。根据各种作物的不同脱粒特性，脱粒机的脱粒装置采用冲击、揉搓、梳刷和碾压等不同的工作原理进行脱粒。现有的脱粒装置是以某一种原理为主，其他原理为辅，综合利用各种原理进行脱粒。脱粒机按结构和性能分为简易式(需再分离和清选)、半复式(需再清选)和复式脱粒机(完成脱粒、分离和清粮)；按作物喂入方式分为半喂入式和全喂入式脱粒机；按作物在脱粒装置内的运动方向分为切流型和轴流型。各种脱粒机构造不一，脱粒、分离和清粮装置是脱粒机的主要工作装置。

一、脱粒机的主要工作装置

(一)脱粒装置

1. 纹杆式脱粒装置　纹杆式脱粒装置由纹杆式滚筒(图 10-8)和栅格凹板(图 10-9)组成。纹杆直接固定在多角形辐盘上，表面有沟纹。为了提高脱粒时沟纹对作物的揉搓作用，沟纹方向和滚筒回转时的切线方向成一角度，且沟纹前低后高。在大多数情况下，纹杆的安装方向都是沟纹的小头朝着喂入方向，以加强纹杆对作物的揉搓作用。相邻两纹杆的沟纹方向相反，以避免作物移向滚筒的一端，造成负荷不均匀。

栅格式凹板(凹板筛)与滚筒构成脱粒腔，一般腔的入口间隙是出口间隙的 3～4 倍。

2. 钉齿式脱粒装置　钉齿式脱粒装置由钉齿滚筒和钉齿凹板组成(图 10-10)，常用的钉齿有楔形齿、刀形齿和杆形齿。脱粒时，谷物进入脱粒装置，被高速旋转的滚筒钉齿抓取并拖

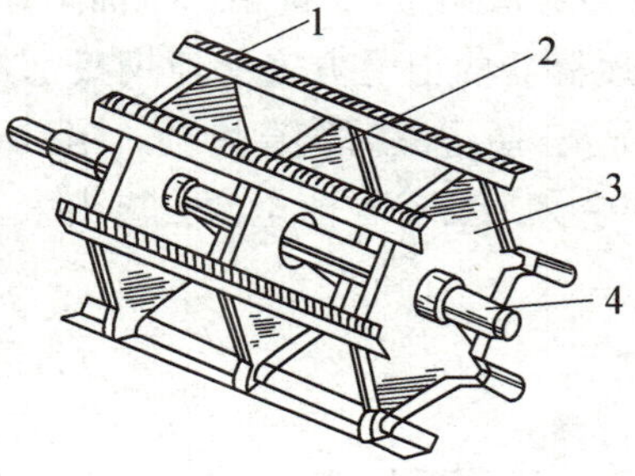

图 10-8 纹杆式滚筒

1. 纹杆 2. 中间支撑圈
3. 辐盘 4. 滚筒轴

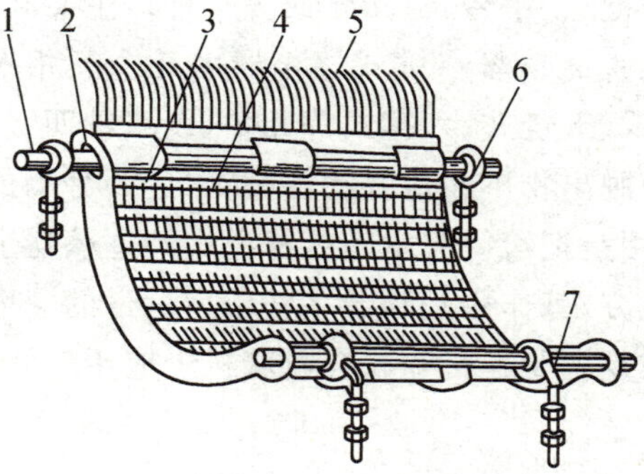

图 10-9 栅格凹板

1. 凹板轴 2. 侧板 3. 横板 4. 钢丝
5. 延长筛 6. 出口调节螺钉 7. 入口调节螺钉

入脱粒腔，谷粒在钉齿的冲击和揉搓作用下脱落，并使谷物通过脱粒腔，沿滚筒切线方向在凹板后部排出。

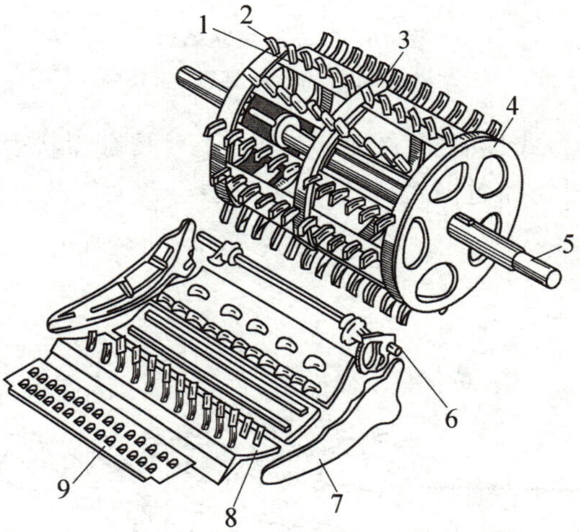

图 10-10 钉齿式滚筒、凹板

1. 齿杆 2. 钉齿 3. 支撑圈 4. 辐盘 5. 滚筒轴 6. 凹板调节机构 7. 侧板 8. 钉齿凹板 9. 漏粒格

3. 弓齿式脱粒装置 弓齿式脱粒装置(图 10-11)的弓齿按螺旋线排列在滚筒体上，滚筒体上各部位的弓齿分为脱粒齿、加强齿和梳整齿三种。凹板是由铁丝编织成的网状筛。弓齿式脱粒装置主要用于水稻脱粒机上。工作时，作物沿滚筒的轴向移动，穗部受弓齿的冲击和梳刷作用而脱粒。

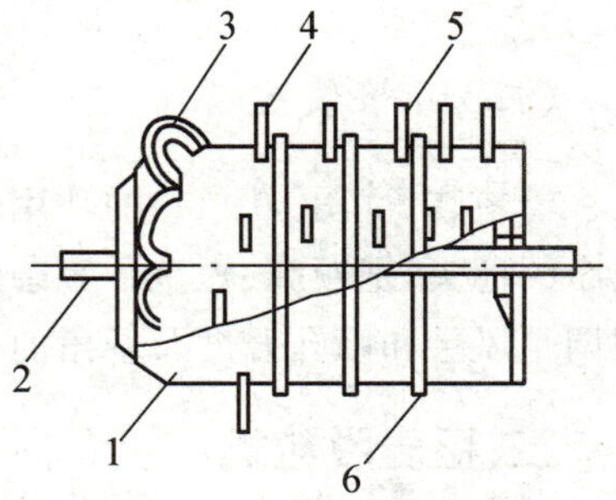

图 10-11 弓齿式滚筒

1. 滚筒体 2. 滚筒轴 3. 梳整齿
4. 加强齿 5. 脱粒齿 6. 加强筋

(二)分离装置

分离装置的功用是将以长茎秆为主的脱出物中夹带的谷粒及断穗分离出来，并将茎秆排出机外。分离装置的结构型式有键式、平台式、转轮式等几种。主要利用抛扬原理或离心原理进行分离。

1. 键式逐稿器　键式逐稿器由几个互相平行的键箱组成，根据键箱的数量不同，有三键式、四键式、五键式、六键式等几种，以双轴四键式(图 10 - 12)应月最广，键箱作平面运动，将其上的滚筒脱出物不断地抖动和抛扔，达到分离的目的。逐稿器的前上方安有薄钢板制成的逐稿轮，作用是把滚筒脱出的茎秆抛送到逐稿器上方进行分离，防止滚筒缠草堵塞。挡帘装在逐稿器的上方，其作用是降低茎秆向后运送的速度，使茎秆中夹杂的谷粒能全部分离出来。键式逐稿器在复式脱粒机和联合收获机上应用广泛。

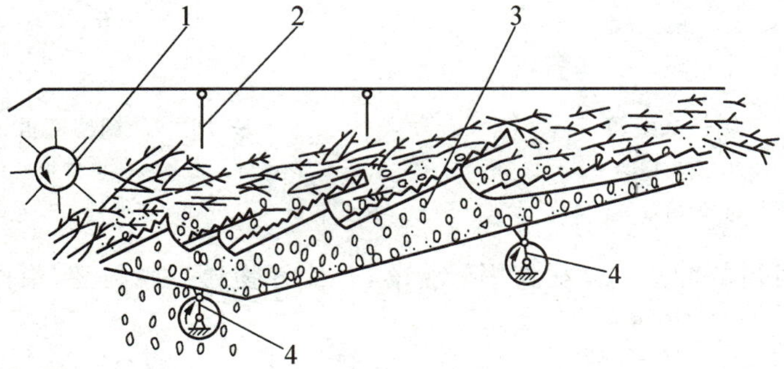

图 10 - 12　键式逐稿器

1. 逐稿轮　2. 挡帘　3. 键箱　4. 曲轴

2. 平台式逐稿器　平台式逐稿器(图 10 - 13)的平台具有筛状表面，其运动近似直线往复运动，脱出物受到台面的抖动和抛扔，谷粒穿过茎秆层经台面筛孔分离。一般用于中小型半复式脱粒机上。

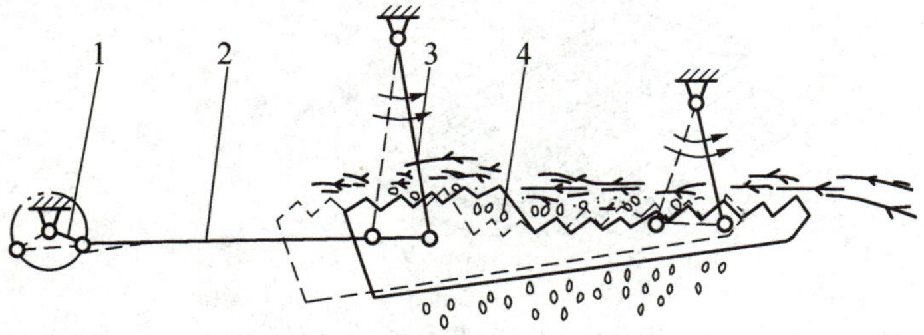

图 10 - 13　平台式逐稿器

1. 曲柄　2. 连杆　3. 吊杆　4. 平台

(三)清粮装置

清粮装置(图 10 - 14)的功用是从来自凹板和逐稿器的短小脱出物中，清选出谷粒，回收未脱净的穗头，把颖壳、短茎秆等杂余排出机外。使用时，应依据谷粒的清洁率和损失率情况，合理调整风量和筛孔开度及倾角的大小。

二、稻麦脱粒机

1. 丰收 - 1100 型复式脱粒机　该机构造如图 10 - 15 所示，可完成脱粒、分离和清粮作业。以脱小麦为主。工作时，谷物经输送喂入装置，进入钉齿式滚筒和冲孔式凹板组成的第一脱粒

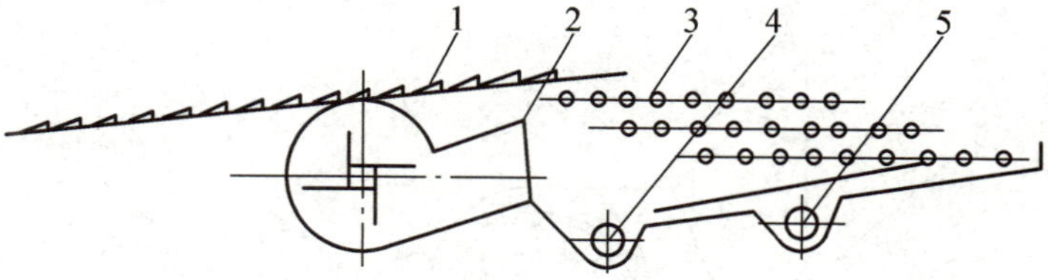

图 10-14 清粮装置

1.阶梯抖动板 2.风扇 3.筛子 4.谷粒推运器 5.杂余推运器

装置,进行第一次脱粒。脱下的谷粒颖壳、短茎秆等穿过冲孔凹板筛分离出来。未脱净的谷物及茎秆随即进入纹杆式的第二滚筒进行复脱。两凹板筛分离出来的籽粒颖壳、短茎秆等落在阶梯板上。茎秆及其夹杂物经逐稿轮抛到键式逐稿器上。夹在茎秆中的谷粒被抖出,穿过键面筛孔,沿键箱底板滑落到阶梯板上。键面上的茎秆运动到键尾被排出机外。阶梯板上夹杂着的颖壳和短茎秆等由气流配合经筛子被分离清除出机外;穗头经杂余推运器送到复脱器,并由抛掷器抛回阶梯板,再次进入第一清粮室。第一清粮室的谷粒,由推运器推送至除芒器,而后进入第二清粮室。在第二清粮室风扇的清选作用下,清除谷粒中的颖壳和短茎秆,清洁的谷粒则分成两个等级,从两个出粮口排出。

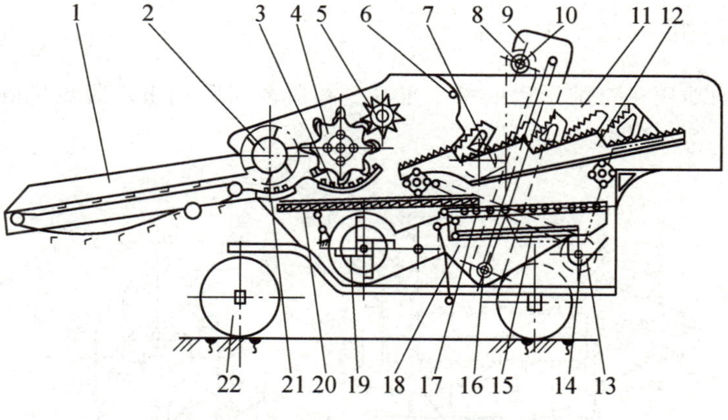

图 10-15 丰收-1100 型复式脱粒机

1.输送装置 2.第一滚筒 3.第二凹板 4.第二滚筒 5.逐稿轮 6.挡草帘 7.第二风扇 8.除芒器 9.升运器 10.除芒螺旋推运器 11.第二清粮室 12.逐稿器 13.复脱器与输送器 14.杂余螺旋推运器 15.冲孔筛 16.谷粒螺旋推运器 17.鱼鳞筛 18.第一清粮室 19.第一风扇 20.阶梯板 21.第一凹板 22.行走轮

2. 5TZ-100B 型轴流式脱粒机 是一种以脱稻麦为主,兼脱其他作物的脱粒机(图 10-16)。谷物从喂入台喂入脱粒装置,在滚筒杆齿和上盖导向板的共同作用下,沿凹板从喂入口向排草口轴向螺旋脱粒,脱下的籽粒经栅格凹板筛分离;长茎秆不断抖动分离夹带的谷粒后,经排草板从排草口排出。脱下的谷粒、颖壳、短茎秆等通过凹板落在振动筛面上,随着筛面的振动和风扇气流的清选,谷粒经筛孔落入水平搅龙,被推送至叶轮抛射器。抛射叶轮将谷粒从抛射筒抛出机外。颖壳、短茎秆等从排杂口送出。其特点是不设专门的分离装置,利用谷物在脱粒装置中脱粒时间较长,在较低的滚筒转速和较大的脱粒间隙条件下,用凹板筛直接分离籽粒。轴流式脱粒机,谷物的脱净率高,籽粒破损少,所以不仅大田收获应用,且适于育种收获的机械化。

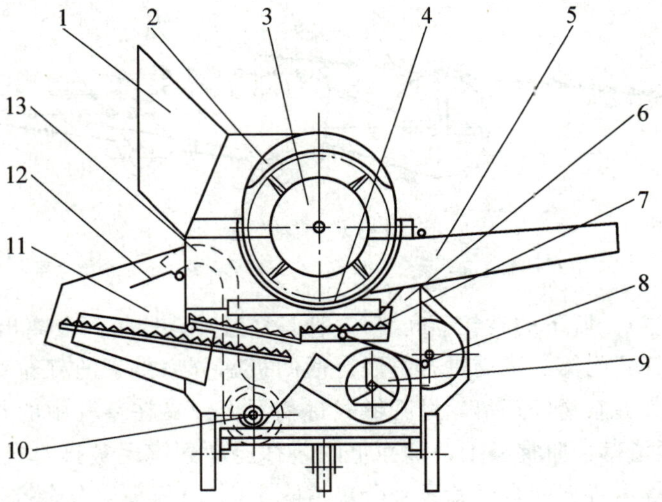

图 10-16 5TZ-100B 型轴流式脱粒机

1. 排草口 2. 导向板 3. 杆齿滚筒 4. 凹板筛 5. 喂入台 6. 机架 7. 振动筛 8. 偏心轮 9. 风扇 10. 谷粒搅龙 11. 排杂口 12. 调节滑板 13. 谷粒抛射器

三、玉米脱粒机

玉米脱粒机的功用是对晾干后的玉米果穗进行脱粒。常用玉米脱粒机的构造如图 10-17 所示。

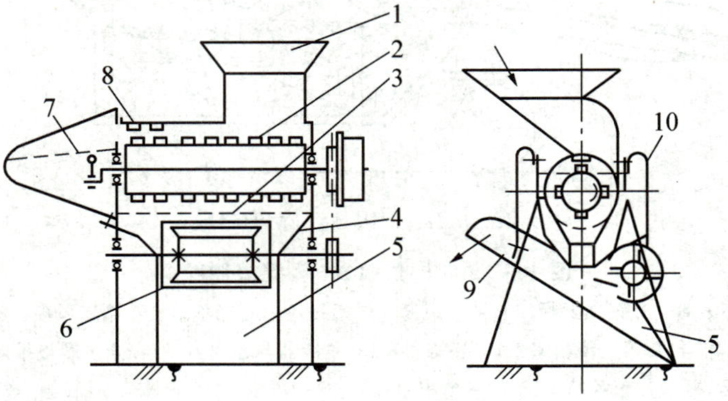

图 10-17 玉米脱粒机

1. 喂入斗 2. 滚筒 3. 凹板 4. 滑板 5. 出粮口 6. 风机 7. 振动筛 8. 螺旋导板 9. 出糠口 10. 弹性振动杆

工作时，人工将玉米果穗从喂入斗喂入，经滚筒和凹板脱粒，脱出物通过凹板孔由风机气流清选，轻杂物经出糠口吹出，玉米粒沿出粮口送出，玉米芯借助螺旋导板排到振动筛上，混杂在其中的玉米粒从振动筛孔漏到出粮口，玉米芯从振动筛上排出机外。

第三节 谷物清选机械

谷物清选包括清粮和选粮。清粮是从脱粒后的谷物中清除夹杂物，选粮是从谷物中清除夹杂物，并将干净的粮食分级，以分别做种子、食用和饲料。目前常用的清选机有清粮机（只能完成清粮）、选粮机（只能完成选粮）和复式精选机（可完成清粮和选粮）。

一、清选原理与方法

清选是利用被清物料各成分的物理性质不同而进行的。

1. 气流清选　由于各种谷粒及混杂物在气流中依其重量和对气流的接触面积的大小不同，可以将种子分成轻、重不同的等级，重量小体积大能被吹走，重量大体积小则先落下。所以，按重量不同利用气流将谷粒和混杂物分离。

某物体在垂直气流的作用下，当气流对物体的作用力等于该物体本身的重量而使物体保持飘浮状态时气流所具有的速度称该物体的飘浮速度（临界速度）。可利用谷物与混杂物飘浮速度不同而分离。

2. 筛选　筛选是使混合物在筛上运动，由于混合物中各种成分的尺寸和形状不同，可把混合物分成通过筛孔和通不过筛孔两部分，以达到清选的目的。常用的有编织筛、鱼鳞筛和冲孔筛。筛孔形状有圆孔和长孔。圆孔筛按谷粒的宽度分选，长孔筛按谷粒的厚度分选。

3. 窝眼筒清选　窝眼筒又称选粮筒，它是按谷粒的长度进行分选。窝眼筒是用金属板围成的圆柱筒，内壁上有许多直径一致的圆凹形的窝眼，窝眼筒稍作倾斜放置，筒内装有固定的分离槽。工作时，谷粒从窝眼筒的一端进入筒内，在窝眼筒旋转过程中，长度小于窝眼直径的谷粒，进入窝眼内，随窝眼旋转到一定高度时，靠自身的重量落入分离槽从末端出口排出；长度大于窝眼直径的谷粒，不能进入窝眼被带走，即沿窝眼筒轴向运动到另一端流出，完成分选。

4. 按谷粒的密度分离　谷粒的密度依种类、湿度、成熟度和受害虫损害程度等不同而不同。根据密度的大小可将混合物分离。在一定浓度的液体中，密度小的物体易浮起，比重大的物体易下沉。因此，可以利用密度进行分选。所用液体的浓度，依混合物的种类和要求而不同。

5. 按谷物的表面特性分离　可根据种子表面光滑和粗糙程度的不同而将其分离，如按谷粒摩擦系数的不同，谷粒沿斜面下滑的倾角和速度不同而分离。

二、常用清选机械

（一）扬场机

扬场机是谷物收获后和加工前初清（去除颖壳、短茎秆、草籽、尘土等轻杂物）最常用的机具。它结构简单，使用方便，效率高。其构造如图 10-18 所示，利用空气阻力和谷粒重量来分离的。当联合收获机收获的谷粒湿度较大或含杂物较多时，收后可立即用它清选，可使谷物清洁，并减少水分。

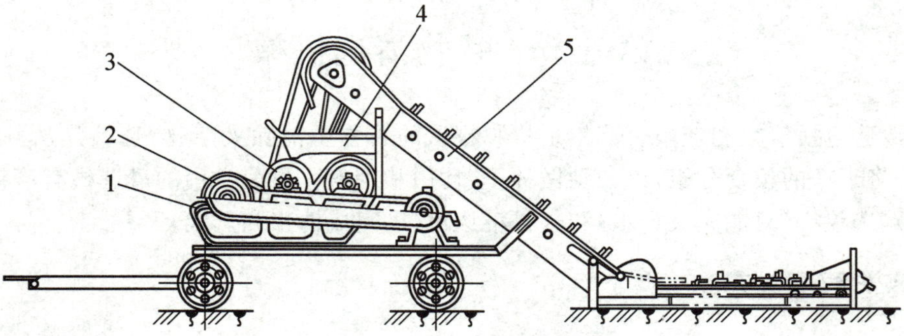

图 10-18 扬场机

1.机架 2.扬谷带 3.压紧辊 4.料斗 5.输送带

(二)5XF-1.3A 型复式精选机

图 10-19 为复式精选机的结构及工作过程简图。

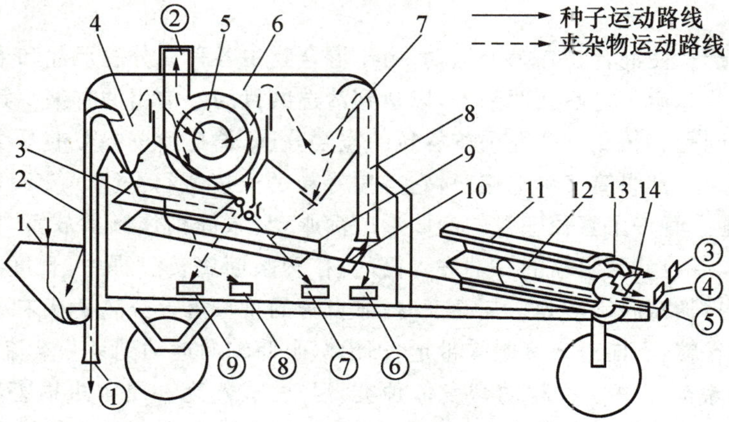

图 10-19 5XF-1.3A 型复式精选机

1.料斗 2.前吸风道 3.上筛 4.前沉积室 5.风机 6.中间沉积室 7.后沉积室 8.后吸风道 9.下筛 10.后筛 11.选粮筒 12.承种槽 13.叶轮 14.排种槽

①重夹杂物出口 ②风机出风口 ③④⑥种子出口 ⑤短种子及夹杂物出口 ⑦⑧⑨夹杂物出口

1.精选机的结构 该机主要由以下三部分组成。

(1)风选部件:由前吸风道、前沉积室、中间沉积室、后沉积室、后吸风道、风机、风量调节机构及活门组成。

(2)筛选部件:由上筛、下筛、后筛等组成。

(3)选粮筒等。

2.工作原理 复式种子精选机主要利用种子几何尺寸和垂直气流的清选原理进行去杂和分级的。

工作时,在风机产生的垂直气流的作用下,种子等由料斗经喂入辊来到前吸风道。由于前吸风道气流速度小于重杂的飘浮速度,于是重杂逆流而下,从出口①排除;但此时的气流速度大于种子的飘浮速度,于是种子等随气流来到前沉积室。由于前沉积室断面积大于前吸风道的断面积，所以气流速度降到小于种子的飘浮速度，而大于杂质的飘浮速度，于是种子沉积下来；杂质随气流进入中间沉积室。中间沉积室断面积又大于前沉积室的断面积，气流速度进一步下降，飘浮速度比较大的杂质沉积下来，通过机械开闭的活门由出口⑦排出；飘浮速度小的轻杂随气流经过风机由出口②吹出。前沉积室的种子压开常闭活门进入上筛，在上、下筛的作用下，尺寸较大的粗杂从⑨排出，细杂从⑧排出。留在下筛面上的种子流向后筛，后筛正对后吸风道，在垂直气流作用下病弱的、虫蛀的种子被吸入后沉积室沉积下来，后从出口⑦排出，轻的夹杂物从出口②排出；留在后筛的优良种子如不再按长度进行分级，就从出口⑥装袋。如还要按长短分级，盖住出口⑥，打开去选粮筒的通道，种子在选粮筒作用下，长度较长的种子进入盛种槽，向后运动由出口⑤排出；而较短的种子沿选粮筒底部向后运动进入叶轮，叶轮随选粮筒转动将短种子带到上方，从出口③、④排出。

气流速度可通过风量调节板调整，以适应不同种子。为防止筛片堵塞，上筛安有打击锤，下筛安有毛刷等清筛装置。

(三)5XZ-1.0 重力精选机

重力精选机是在种子经过初选以后，再按其密度的不同进行分级时使用。

图 10-20 为 5XZ-1.0 重力精选机结构简图。它由风机、吸气管路、分离筒、闭风箱、振动电机、分级台等部分组成。

工作时料斗里的种子被输料管内的垂直气流送到分离筒，夹在种子中的重杂质逆流由管子下端排除。由于分离筒体积增大，气流速度下降，种子沉积下来，经伸缩管进入压力式闭风

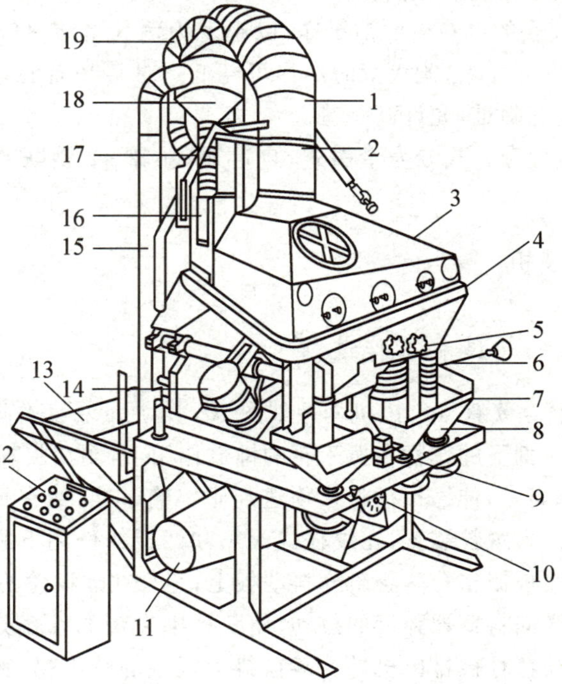

图 10-20 5XZ-1.0 重力精选机

1.吸风管 2.伸缩风管 3.密封罩 4.分级台 5.分级挡板调整手柄 6.纵向倾角调整机构 7.闭风袋 8.接种斗 9.横向倾角调整机构 10.电机 11.风机 12.控制箱 13.料斗 14.振动电机 15.输料管 16.闭风箱 17.伸缩输料管 18.分离筒 19.支管

箱;种子中的轻杂物随气流经支管、风机排出机外。闭风箱中堆积的种子重力克服弹簧力时推开压力门流进分级台。

分级台由台体、密封罩、回料管、分级挡板等组成。台体由网状的台面盛接种子,下面是隔板,起支撑台面和导流的作用,再下面是冲孔板,起匀布气流作用。台体的一侧长槽内设有可调节的分级挡板。整个台面用密封罩封闭,空气只能从下面冲孔板进入分级台。分级台面沿纵向和横向各有一倾角。

工作时,分级台在振动电机的作用下纵向振动,将来到分级台上的种子均匀地分布在台面上,风机工作气流由冲孔板吸入,流向筛网式台面作用于种子层,种子在机械振动和向上气流的作用下,按密度不同上下分层,轻的在上层、重的在下层,并以不同运动路线流向出种槽的不同位置、排出,没有分开的混淆的种子经回料口回到分级台重新进行分级。台面上轻杂由吸风管、风机排出。

重力精选机的振动方向、振幅、分级台的纵向和横向倾角、吸风管的风压等都可调整,以适应不同密度的种子进行分级。

第四节　联合收获机

联合收获机融收割机和脱粒机的工作部件为一体,在田间一次完成作物的切割、脱粒、分离和清粮等全部作业,直接获取清洁的粮食,并依要求对茎秆作适当处理。对谷物联合收获机的农业技术要求为:收割、脱粒、分离、清粮等总的损失不超过籽粒总收获量的 2%,籽粒破碎率一般不超过 1.5%;收获的籽粒应清洁干净,以小麦为例其清洁率应大于 98%;割茬高度愈低愈好,一般要求在 15 cm 左右,割大豆时应尽可能低。对某些需要茎秆还田地区,或因客观条件限制降低割台高度有困难,允许高一些。

联合收获机按动力配套方式分为牵引式、自走式(新疆 - 2 型联合收获机)、悬挂式(背负式)及自走底盘式。

一、稻麦联合收获机

(一)联合收获机的构造和工作过程

1. JL1065 型谷物联合收获机　该机构造如图 10 - 21 所示。工作时,作物在拨禾轮的扶持作用下,被切割器切割。割下的作物在拨禾轮的铺放作用下,倒在收割台上。收割台推运器将作物从两侧向割台中部集中,伸缩扒指将作物送到倾斜输送器,如有石块或坚硬物,则落入滚筒前的集石槽内;作物进入脱粒装置,在纹杆式滚筒和凹板的作用下脱粒。大部分脱出物(谷粒、颖壳、短碎茎秆)经凹板栅格孔落到阶梯抖动板上;茎秆在逐稿轮的作用下抛送到键式逐稿器上,经键式逐稿器和横向抖草器弹齿的翻动,使茎秆中夹带的谷粒分离出来,经键箱底部滑到抖动板上,键面上的长茎秆被排出机外。落在抖动板上的脱出物,在向后移动的过程中,颖壳和碎茎秆浮在上层,谷粒沉在下面。脱出物经过抖动板尾部栅条,又被蓬松分离,进入清粮筛,在筛子的抖动和风扇气流的作用下,将大部分颖壳、碎茎秆等吹出机外,未脱净的穗头经尾筛落入杂余推运器,经升运器进入脱粒装置再次脱粒;通过清粮筛筛孔的谷粒,由谷粒推运器和升运器送入粮箱。

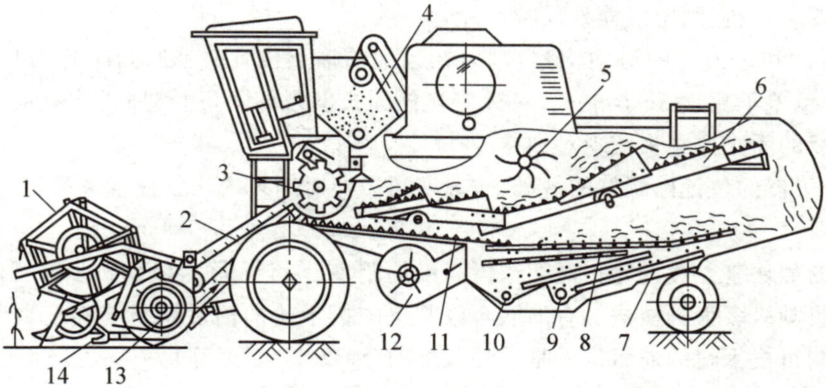

图 10-21 JL1065 型谷物联合收获机

1.拨禾轮 2.倾斜输送器 3.滚筒 4.粮箱 5.横向逐稿轮 6.键式逐稿器 7.滑板 8.筛子 9.杂余螺旋推运器 10.谷物螺旋推运器 11.抖动板 12.风扇 13.割台输送器 14.切割器

2.新疆-2型谷物联合收获机 新疆-2型联合收获机(图 10-22)是一种小型自走式联合收获机,以收割小麦为主,还可兼收水稻、大豆等作物。其特点是结构紧凑、操作方便、机动灵活,特别适应于小块地和作物含水量大或在潮湿地收获作业。该机脱粒部分采用双滚筒结构。第一滚筒为齿板式滚筒,抓取作物的能力强,便于作物均匀连续地喂入脱粒脱置,脱粒效果好。第二滚筒为多种脱粒元件组合的轴流式滚筒,可对第一滚筒排出的脱出物多次反复的冲击和搓擦,确保脱粒干净。由于采用轴流滚筒,茎秆中的籽粒在脱粒的同时就与稿草全部分离,稿草由第二滚筒抛出机外。所以,该机省去了庞大的逐稿器,整机小巧玲珑。

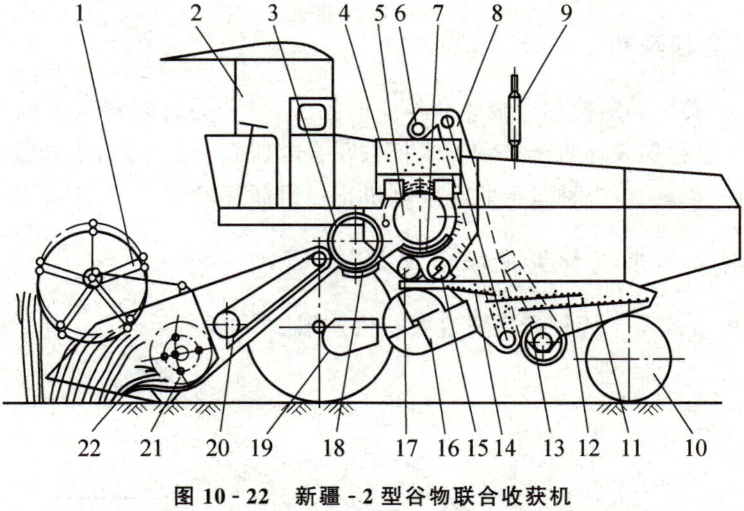

图 10-22 新疆-2型谷物联合收获机

1.拨禾轮 2.驾驶台 3.板齿滚筒 4.粮箱 5.轴流滚筒 6.卸粮搅龙 7.凹板 8.籽粒升运器 9.发动机 10.后桥 11.下筛 12.上筛 13.复脱器 14.抖动板 15.第二分配搅龙 16.离心风扇 17.第一分配搅龙 18.板齿滚筒凹板 19.前桥 20.倾斜输送器 21.割台输送器 22.切割器

(二)谷物联合收获机的使用调整

1.切割器的调整

(1)护刃器安装位置的调整:相邻护齿的间距应相等,护刃器上的定刀片应在同一平面内。

否则应重新安装，或在固定螺栓处加减垫片。

(2)动刀片和定刀片的对中调整：割刀在行程的极点位置时，动刀片、定刀片中心线应重合，一般允许偏差不超过 3～5 mm。可改变连杆的长度来调整，用摆环机构驱动的割刀，可移动刀头与弹片的固定位置来实现对中。

(3)在护刃器的位置已调好的基础上，改变压刃器对割刀的压紧程度来调整动刀片和定刀片的间隙。

2. 拨禾轮的调整　拨禾轮相对切割器高度的调整，自走式联合收割机多采用液压操纵；一些小型联合收割机多为机械式。有的联合收割机的拨禾轮的前后调整与高度调整是连动的。多数联合收割机拨禾轮的前后位置是单独调整的(如新疆-2 型等)。

改变拨禾轮偏心机构中偏心吊杆的偏转方位，可改变弹齿(拨板)的倾角。

3. 脱粒装置的调整　脱粒间隙和滚筒转速直接影响脱粒质量。间隙小，脱净率高，谷粒破碎和功耗增加；间隙大，脱净率低，损失率增加。工作中应根据作物湿度等情况适当调整脱粒间隙。纹杆滚筒式脱粒装置的脱粒间隙为滚筒和凹板之间的间隙，进口间隙大于出口间隙。调整脱粒间隙一般用升降凹板调整，要注意左右间隙均匀一致。钉齿式脱粒装置的脱粒间隙是指滚筒钉齿和凹板钉齿的侧面间的垂直距离。上下调节凹板，可改变其脱粒间隙。

滚筒的圆周线速度的大小影响脱粒质量，速度高，脱净率高。脱净率和破碎率在切流式脱粒装置中是相矛盾的，其解决措施是采用轴流滚筒脱粒装置或双滚筒脱粒装置(如新疆-2 型)。

4. 清粮装置的调整　为适应不同谷物和各种工作情况，用改变风机转速和进风口的大小调节风量；调整导风板的位置可改变气流吹向筛子的位置；改变鱼鳞筛的开度或更换编织筛和冲孔筛，可调整筛孔的大小，有些筛子的倾角也可调整，以改变筛上物料的后移速度。

二、玉米联合收获机

玉米联合收获机按其结构和完成收获作业的程度，可分为卧辊式玉米摘穗剥皮联合收获机、立辊式玉米摘穗剥皮联合收获机和玉米籽粒联合收获机。近年来，玉米收获机已成为我国农机化发展中的一个热点，多种玉米联合收割机正在研制开发中。

(一)纵卧辊式玉米摘穗剥皮联合收获机

4YW-2 纵卧辊式玉米摘穗剥皮联合收获机如图 10-23 所示。

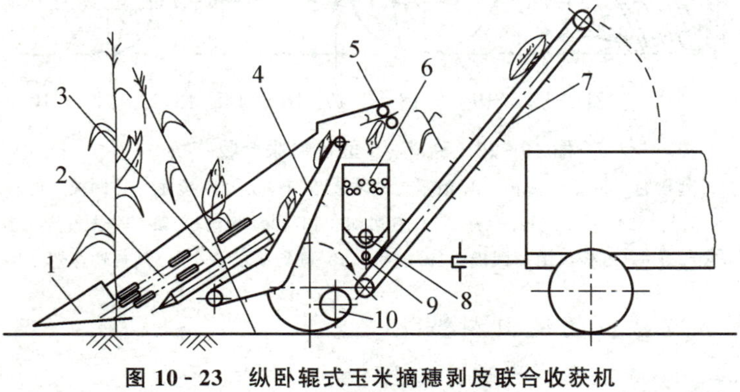

图 10-23　纵卧辊式玉米摘穗剥皮联合收获机

1. 扶导器　2. 喂入链　3. 摘穗辊　4. 第一升运器　5. 排茎辊　6. 剥皮装置　7. 第二升运器　8. 苞叶螺旋推运器　9. 籽粒回收螺旋　10. 茎秆切碎器

工作时，分禾器将秸秆导入秸秆输送装置，在拨禾链的拨送和挟持下，经纵卧辊前端的导锥进入摘穗间隙，摘下果穗，落入第一升运器送向升运辊，摘下残存的茎叶，落入剥皮装置。剥下苞皮的干净果穗落入第二升运器，送入机后的拖车中。剥下的苞皮及夹在其中的籽粒、碎断茎叶一起落入苞皮螺旋推运器，在向外运送过程中，籽粒通过底壳上的筛孔落入籽粒回收螺旋推运器中，经第二升运器，随同清洁的果穗送入机后的拖车中，苞皮被送出机外。

作业前，应进行全面检查与调整，使机具的技术状态达到正常要求，适宜本地待收玉米的具体情况。主要的调整有以下几个方面。

1. 摘穗辊间隙的调整　是通过调整摘辊前轴承的位置来实现的。摘辊工作间隙增大，可以改善抓取条件，但会增加果穗的咬伤并减小拉引茎秆的能力。收获乳熟期和蜡熟期的玉米时，需适当增大摘辊的工作间隙，以提高抓取能力，并防止过多地拉断压碎茎秆。收获完熟期特别是过熟期的玉米时，摘辊工作间隙应适当调小，以提高摘穗可靠性，并减少果穗损伤。一般两摘辊的工作间隙为 12～17 mm，调节范围为 11～13 mm。

2. 剥皮装置的调整　剥皮装置在使用中需调整剥辊贴紧程度和输送器位置。每对剥辊应有适度的贴紧力，并且整个长度上贴紧力应该一致，若入口端有间隙，剥皮效果会下降，若出口端有间隙，会造成堵塞。所以两端必须协调调整。在 4YW-2 型玉米收获机上，剥辊间压紧力是通过调压螺母来调整的。每对剥辊间的压力不能过大，否则会使胶辊磨损过快。压送器相对剥辊的高低位置也是可调的。在果穗粗、产量高、苞叶松散的情况下，压送器应调高。反之，应降低。一般压送器的橡胶板与剥辊的距离为 20～40 mm。

3. 扶导器与摘穗辊入禾高度的调整　扶导器的功用是将倒伏的玉米植株扶起来，使之进入喂入机构和摘穗辊之间，防止漏收。依据玉米结穗部位的高低和倒伏情况，扶导器尖和摘穗辊尖的一般调整原则为：结穗部位低、倒伏严重时，摘穗辊尖和扶导器尖都应尽量低。摘辊尖低到不致刮地为止，扶导器尖贴近地面滑动；结穗部位高、倒伏严重时，摘辊尖可以适当提高，而扶导器尖仍应贴近地面滑动；结穗部位高、茎秆直立时，摘辊尖和扶导器尖均应提高。摘穗辊尖的高低是通过机架的起落机构来调整的。扶导器尖的位置除随起落机构变动外，还可通过专用机构进行调整。扶导器尖与扶导器体铰接，改变多孔连接板的固定孔位，即可调整扶导器尖的高低。

（二）立辊式玉米摘穗剥皮联合收获机

立辊式玉米摘穗剥皮联合收获机（图 10-24）工作时，茎秆在分禾器、拨禾链的作用下，进入夹持链，当茎秆被喂入链轮抓取夹住后，被切割器从根部切断。割下的茎秆继续被夹持输送链向后输送，经挡禾板的阻挡转一角度后从根部喂入摘穗辊。果穗在摘穗辊的作用下被摘下，落入第一升运器（横向）并被送入剥皮装置。果穗受到剥辊的作用，在向后滚动的过程中，被剥下苞皮，落入第二升运器。剥下的苞皮和其中的籽粒在随苞皮螺旋推运器向外运动的过程中，籽粒通过底壳上的筛孔落到下面的回收螺旋推运器中，经第二升运器，随同清洁的果穗一起送入机后的拖车中，苞皮被送出机外。

（三）玉米籽粒联合收获机

目前使用较广泛的玉米籽粒收获机是专用的玉米摘穗台（又称玉米割台）配套于谷物联合收获机上，由摘穗台摘下玉米果穗，利用谷物联合收获机上的脱粒、分离、清粮装置来实现直接

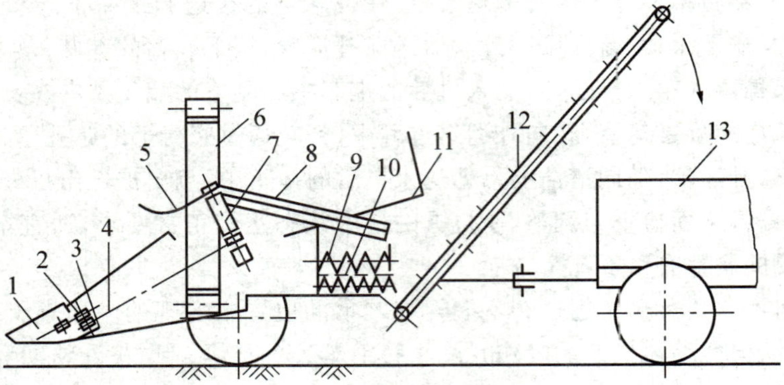

图 10-24　立辊式玉米摘穗剥皮联合收获机

1. 分禾器　2. 拨禾链　3. 切割器　4. 夹持输送链　5. 挡禾板　6. 第一升运器　7. 摘穗辊　8. 剥皮装置　9. 苞叶螺旋推运器　10. 籽粒回收推运器　11. 茎秆铺放装置　12. 第二升运器　13. 拖车

收获玉米籽粒。专用玉米摘穗台简化了玉米收获机的结构，提高了谷物联合收获机的利用率，经济效益高，是玉米收获机械化发展的趋势。玉米摘穗台有摘穗板式、切茎式、摘板切茎式等几种，目前主要采用的是摘穗板式摘穗台(图 10-25)。

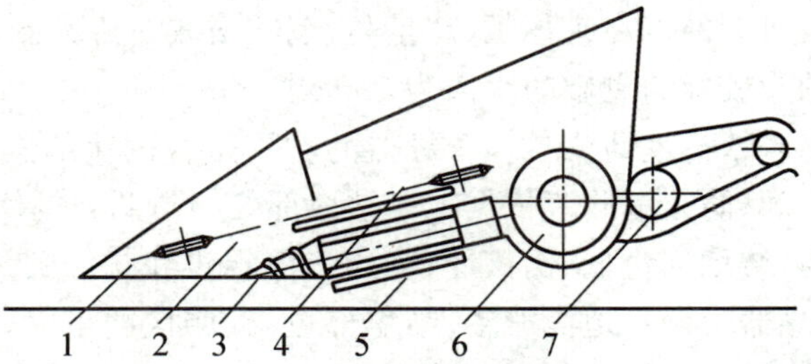

图 10-25　摘穗板式摘穗台

1. 分禾器　2. 拨禾链　3. 拉茎辊　4. 摘穗板　5. 清除刀　6. 果穗螺旋推运器　7. 倾斜输送器

玉米摘穗台工作时，分禾器从茎秆根部将茎秆扶正，导向拨禾链(两组相向回转)，拨禾链将茎秆引进摘穗板和拉茎辊的间隙中。每行有一对拉茎辊，将茎秆向下拉引。在拉茎辊的上方设有两块摘穗板，两板的间隙小于果穗的直径，便于摘落果穗。摘下的果穗被拨禾链带向果穗螺旋推运器，将果穗从割台两侧向中部输送，经中部的伸缩拨指送入倾斜输送器，再送入谷物收获机的脱粒装置去脱粒。拉茎辊的下方设有清除刀，能及时清除缠绕在拉辊上的杂草，防止阻塞。

将摘穗台配置在谷物联合收获机上收获玉米时，应对脱粒、分离、清粮等装置根据所收获玉米的参数要求进行适当的调整。收获的行数，根据谷物联合收获机的收获能力确定。联合收获玉米时，要求玉米的成熟程度基本一致，籽粒湿度在 30%以下；应有相应的干燥设备，及时使籽粒湿度降到 13%，达到安全贮存要求。

思　考　题

1. 简述脱粒机的构成及工作原理。
2. 简述谷物联合收获机的使用方法及调整内容。
3. 谷物脱粒的方法有哪些？脱粒装置的常见类型有哪些？
4. 玉米联合收获机有几种结构形式？主要由哪几部分组成？

第十一章　谷物干燥机械

◈**学习目标**

通过本章的学习，掌握谷物干燥原理和干燥方法；了解典型谷物干燥机分类、一般构造及其工作原理。

降低或除去物料中的水分称为干燥。谷物干燥是谷物收获后的一个重要环节。为了减少落粒损失而要适时收获，收获后的谷物含水量较大，如不及时干燥则必将造成霉烂变质。在农产品加工和食品加工领域中，干燥具有十分重要的意义。干燥能使农产品的水分降低到不易引起霉变、酶化和虫害的状况，从而减少损失；干燥能保持和改善农产品的品质；干燥后的某些农产品(如干果、干菜等)具有较高的经济价值，并能调节市场供应。

第一节　谷物干燥原理

一、谷物水分及存在形式

我国各地的谷物干燥对象有所不同，南方省份主要是水稻，中原省份主要是小麦和水稻，而北方省份主要是玉米、小麦和水稻。由于北方气候寒冷，除考虑一般的谷物干燥外，还要注重种子安全越冬时的水分。种子水分大时易遭冻害，严重地降低发芽率，因此北方的种子(主要是指玉米和水稻)要求在外界环境温度下降到－5℃之前必须干燥到安全水分(14%)，以保持旺盛的生命力。

我国几种主要谷物在收获时的水分及其安全贮存的水分如表 11－1 所示。

表 11－1　几种谷物收获时的水分及安全水分　　%

谷物	最高水分	适时收获水分	一般水分	安全贮藏水分
小麦	38	18～20	9～17	13～14
大麦	30	18～20	10～18	13
燕麦	32	15～20	10～18	1
大豆	20～22	16～20	14～17	13
玉米	35	28～32	14～30	13～14
高粱	35	30～35	10～20	12～13
水稻	30	25～27	16～25	13～14

物料中的水分是影响物料安全贮藏的一个重要因素。为使物料能长期地安全贮藏，必须使物料的水分降低到安全水分范围内。水分在谷物中的存在形式有三种：化学结合水、物理化学结合水和机械结合水。

化学结合水是化学反应的结果，与干物质结合最牢固，只能通过化学反应除去。

物理化学结合水包括吸附水分和渗透水分，通常谷物可视为由许多细小颗粒或纤维组成的复杂网状结构体。吸附水分存在于物料细小颗粒(或纤维)的表面，渗透水是指物料细胞壁或纤维皮壁内的水分，这两种水分均可用干燥的方法除去。

机械结合水包括物料表面水和毛细管水，其与物料结合较松弛，以液态存在并易于蒸发，干燥时首先除去这部分水分。

二、谷物干燥机理

进行谷物干燥就是使谷粒中的水分汽化而释放出来，被周围介质带走，从而降低其含水量。因此，谷物干燥都要利用一种介质与谷物接触，常用的干燥介质有空气、加热的空气、烟气和空气的混合气等。

谷物是多孔性胶质体，水分以不同结合形式存在于谷粒表面、毛细管中及细胞内。当介质参数使它具有发散条件，即介质水蒸气分压力小于谷粒表面水蒸气压力时，则谷粒中的水分以液态或汽态由谷粒里层向外层扩散，并由表面蒸发。理想的干燥过程，应使谷粒内部的水分扩散速度与表面的蒸发速度相等，但一般情况下由于选择干燥参数的不当及谷物本身特性所限，常出现两种速度不等的现象。

谷粒表面水分蒸发速度低于谷粒内部的水分扩散速度，这往往在谷粒细小或谷物水分含量大时会出现这种状态。为了提高谷物干燥速度，可适当提高介质温度，降低介质相对湿度或增加介质流速。

当谷粒内部扩散速度小于表面蒸发速度时，为了提高干燥速度，可有两种措施：一种措施是调整介质状态参数，即在提高介质温度的同时降低介质流速；介质温度提高，谷物温度也升高，谷温升高，则使其水的黏滞性下降，内部水蒸气分压力增加，会增加内部扩散的速度；因其介质流速减小，则其蒸发速度下降或保持不变，以达到两种速度的一致。另一种是提高介质温度的同时增加介质相对湿度，这样也能调整两者速度关系。

三、谷物干燥过程及影响因素

将谷物含水量干燥到适宜贮存的水分，要经历一段过程，此过程的长短受许多因素的影响，如用低温气体作干燥介质，所需时间长，效率较低，因此目前所用干燥机械，多采用加温气体干燥谷物，以缩短干燥时间，提高工效。谷物水分、温度及干燥速度随干燥时间而变化的规律称为谷物干燥特性(图 11-1)。谷物干燥过程通常分为预热、等速干燥、减速干燥、缓苏及冷却五个阶段。

1. 谷物预热　在这个阶段，由气体传来的热量主要用来使谷物加温，此时谷物水分汽化甚微，但干燥速度(dM/dt)却由零迅速增大。

2. 等温干燥　谷物加热至一定温度后，由于谷物水分由里向外扩散速度较大，则干燥速度较快并维持稳定不变，谷物保持在湿球温度，谷物水平直线下降。经过一段时间，谷温上升到允许的最高温度，含水量下降变缓。

3. 减速干燥　此阶段的水分已较等速干燥阶段有显著的减少，其内部扩散速度比表面蒸发速度低，因而干燥速度逐渐减小，谷物温度逐渐上升，谷物水分按曲线下降。

4. 谷物缓苏　谷物经过高温快速干燥后，为了减少内外温差，需将谷物保温贮存，让水分

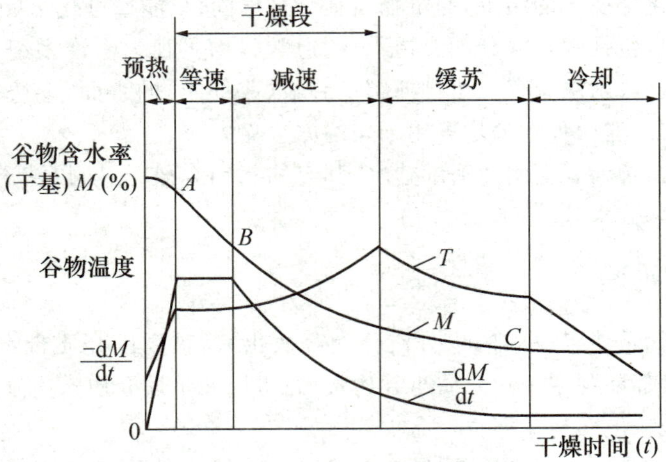

图 11-1　谷物干燥特性曲线

逐步由内向外移动。此过程谷物表面温度有所下降，水分也少许降低，干燥速度变化很小。

5. 冷却　将谷物温度下降到常温。冷却阶段谷物水分基本不变。

四、影响干燥速度的因素

谷物干燥速度与干燥工艺和干燥参数有关，也与谷物自身特性有关。

介质与谷物接触时能带走多少水分，主要取决于它的温度、相对湿度、速度及其变化规律等因素。由于谷粒内的水分含量不是固定不变的，而是随环境温度和相对湿度的变化产生相应的变化。在一定的气温和相对湿度条件下，谷粒的吸湿及散湿处于平衡状态，其含水量相对稳定在一定数值上，称为平衡水分。要打破这种平衡，必须先降低环境中空气的相对湿度，因此提高空气的温度，可以降低空气中的相对湿度，谷粒中的水分便容易释放出来，使谷物得到干燥，所以加热干燥是广泛采用的一种方式。

(一)介质状态参数

热介质状态参数包括热介质温度、相对湿度和流速(质量流速或容积流速)。一般是介质温度高、相对湿度小和流量大时，谷物干燥速度加快，特别是介质温度的增高，其作用比提高介质流量的作用要大得多。因为介质温度提高时其相对湿度同时减小，而且减少得很快。每提高 1℃介质温度，其相对湿度可减少 4.5%，若把介质温度提高 11.5℃，则相对湿度可减少 50%，两者相辅相成，对提高干燥速度有显著的作用。但在提高介质温度时，要注意使谷粒内部水分扩散速度与其表面蒸发速度相一致。

(二)谷物种类、状态和水分

谷物种类不同，其化学组成的成分和结构组织也不同。因而不同谷物在同样介质状态下表现出和内部扩散速度与外部蒸发速度的关系也不同。一般是含淀粉成分多、含脂肪成分少、籽粒尺寸小、结构较松弛、含水量较大的谷物则内部扩散速度较大。在外部蒸发速度高时其干燥速度较大；反之，若含脂肪多、含淀粉少、谷粒尺寸大、结构紧密和原始水分小的谷物，则内部扩散速度小，即使外界蒸发速度快时也难以增大干燥速度。此外，各种谷物的一次降水幅度也因此有所不同，小麦、玉米等禾本科谷物一次降水幅度较大，可达 5%～6%；而大豆、水稻等一次降水幅度较小，一般为 1%～3%。

（三）谷物与介质的接触状态

现有对流换热式谷物干燥机，其热介质与谷物接触状态有以下几种：介质平行于谷层表面流动、介质穿过静止的谷层、介质穿过流动的谷层、介质穿过谷层并使谷物处于半悬浮的"流化状态"或"沸腾状态"及介质在输送谷物中对谷物进行加热等。由于介质与谷物接触方式不同，其干燥速率有很大差别。各种接触形式如图 11-2 所示。

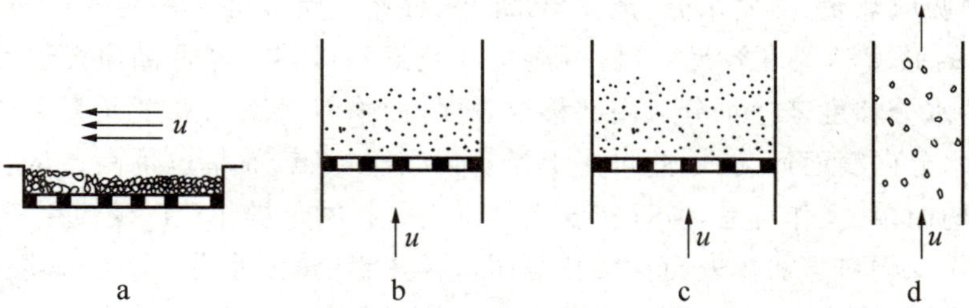

图 11-2　介质与谷物接触状态

a. 介质平行于谷层表面流动　b. 介质穿过谷层（静止状态）
c. 介质穿过谷层（处于流化或沸腾状态）　d. 介质在输送谷物中干燥

1. 介质平行于谷层表面流动　这种干燥方式效果较差，因为热介质与谷物接触的面积很小，谷层内部的大量水分难以得到蒸发。

2. 介质穿过静止的谷层　这种方式较上者为佳，但由于热介质只能从谷粒间的缝隙中通过，故接触表面积有一定限度；加之这种干燥一般气流阻力较大，风速（谷层断面的平均风速）较低，一般为 0.1～0.5 m/s，因而干燥速度较慢。其降水速率较小，为每小时 0.5%左右。

3. 介质穿过谷层并使谷物流态化　这种干燥方法的介质流速较高，为 1～2 m/s，使谷物在干燥中处于半悬浮状态，因而介质可与谷粒表面全面接触。其降水速率较大，为每小时 30%～40%；但由于这种干燥方法只能短时间（高温）加热，故其每次降水幅度并不大，为 1%～2%。

正在发展的振动式干燥机，其干燥过程与此种干燥机有类似之处。即该机使通风底板作高频振动（沿倾斜方向），使谷物向一定方向跳跃性流动，同时也受到由孔板下方吹来的热风加热干燥。由于谷粒振动中增加了孔隙度和不断改变谷粒与介质的接触位置，则该机干燥速度较快。

4. 介质穿过流动中的谷层　由于谷物流动中孔隙度有所增加，介质流速有所增大（为 0.2～1 m/s），其干燥速率较高，为每小时 2%～5%。

5. 介质带动谷物流动　热介质在输送谷物中对谷物进行加热。由于介质流速较高（6～8 m/s），并与谷粒面积接触较充分，其干燥速率较高，为每小时 40%以上。但该机的输送过程和干燥时间较短，其每次降水幅度并不大，为 1%～2%。

第二节　谷物干燥方法

在农产品特别是谷物干燥作业中，广泛应用加热方法而使物料中的水分去除。根据换热方式和作业方式的不同，可对干燥方法进行分类。

一、按换热方式分类

1. 对流干燥　将加热的空气或烟气与冷空气的混合气以对流方式接触物料，从而进行湿热交换，即物料吸收热量、蒸发水分，蒸发出来的水分则由干燥介质带走。这种方法的主要特点是干燥介质的温度和湿度容易控制，可避免物料发生过热而降低品质。但是，由于靠物料内、外层之间的水分梯度来使水分从内部移至表面，而物料表面的温度又高于内部，这样的温度梯度会阻碍水分向表面运动，因此对流干燥较为缓慢，且热效率也不高。尽管如此，由于对流干燥设备结构简单、操作容易，所以在农产品特别是谷物干燥作业广泛应用。

2. 传导干燥　物料与加热表面直接接触而获得热量、蒸发水分。若物料层很薄或物料很潮湿，则采用传导干燥较为适宜，因为蒸发水分的热量是从热表面经过物料，热经济性好。例如，在热炕上烘干谷物；在蒸气式烘干机中谷物边运动边与蒸气管接触而被烘干，均属此法。这种方法的缺点是干燥慢而且不均匀、温湿度不易控制、成本较高。

3. 辐射干燥　这种方法是利用阳光或红外辐射器发出的辐射热能来干燥物料。用红外线辐射热能可以干燥谷物、蔬菜、食品等。

当辐射波长与物料吸收波长一致时，物料则大量吸收红外线，分子振动加剧，温度升高，内部水分随温度梯度及水分梯度的作用向表面转移并蒸发。在远红外线干燥中，被干燥物料表面水分不断蒸发吸热，物料表面温度下降，造成内部温度比表面高，则物料的热扩散方向由内向外。同时，由于物料内水分梯度引起的水分移动，总是由水分较多的内部向水分较少的外部进行湿扩散。这样物料内部的水分湿扩散与热扩散方向一致，从而加速了水分由内向外的扩散过程，即加速了干燥过程。干燥后的物料内外水分比较均匀，因此，远红外干燥装置正越来越多地被采用。

二、根据物料的运动方式分类

（一）物料固定床式干燥

物料层静止不动，干燥介质作相对运动，物料烘干后一次卸出。干燥时，物料颗粒间彼此的接触点不变，与气流接触的有效面积较小，气流阻力与物料的压实程度密切相关。这种干燥方法所用机具结构简单（图 11 - 3），使用成本低，但干燥速度慢，干燥后的物料水分不均匀。

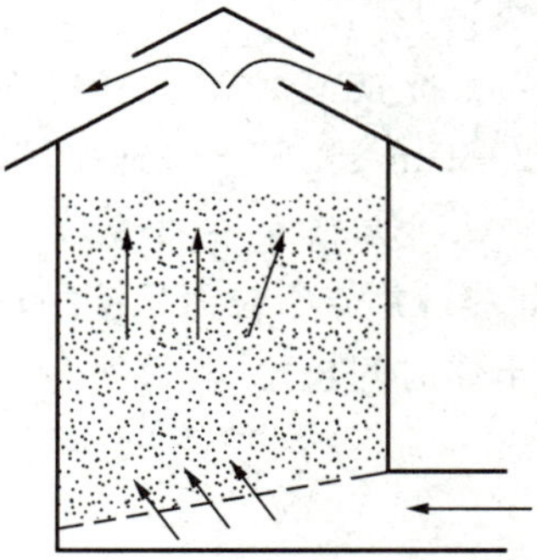

图 11 - 3　物料固定床干燥

（二）物料移动床式干燥

物料一面与干燥介质接触，实现湿热交换，一面靠重力或机械方法自上而下流动，以增加与介质的接触面积，因而干燥较为均匀。图 11 - 4 是物料移动床干燥示意图。图 11 - 4a 中的气流通过百叶窗进入物料层，物料下落时，由于有百叶窗板，能产生交错位移。图 11 - 4b 中的气流由筛网进入物料层，物料在由筛网围成的柱体中下落，中间有换向板，使里、外层交换。

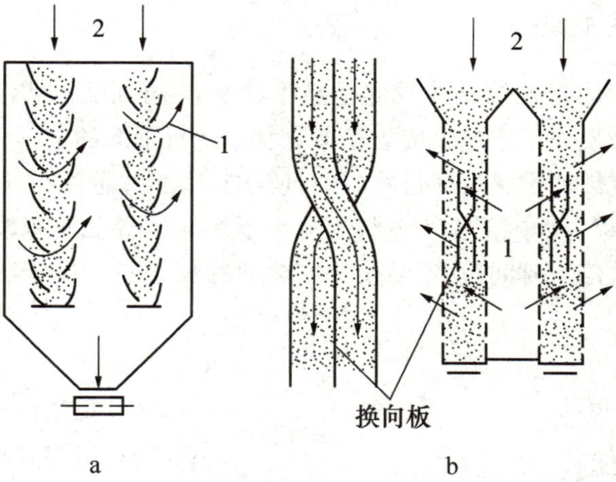

图 11 - 4　物料移动床干燥

a. 百叶窗式　b. 筛网式

1. 干燥介质流向　2. 物料流向

在物料移动床干燥中，根据气流与物料的相对运动方式不同，对流干燥又可分为横流式、逆流式和并流式三种(图 11 - 5)。

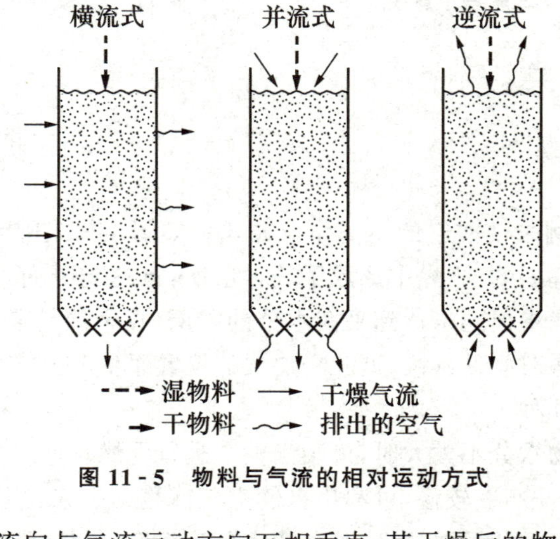

图 11 - 5　物料与气流的相对运动方式

1. 横流干燥　物料流向与气流运动方向互相垂直，其干燥后的物料水分不匀，靠近气流入口的物料降水多，而靠近气流出口的物料则降水少。

2. 逆流干燥　物料流向与气流运动方向相反，其最热的气流遇到的是较干的物料，如果物料层不移动，最下面的物料最先达到平衡水分，并逐渐向上扩展；如果物料层移动，干燥不匀的问题可以得到改善。

3. 并流干燥　物料流向与气流运动方向相同，其最热的气流遇到的是最潮湿和温度最低的物料，因此气流温度下降很快，物料快速蒸发水分，温度升高却不多。此外，最干的物料所在区的气流温度不高，对于谷物，就不会产生裂纹现象，干燥后的谷物品质好。在初始段可以采用较高的气流温度(150～250℃)，但作用时间要短。这些特点是逆流式及横流式干燥方法没有的，对于容易爆腰的水稻更为适合。

(三)物料流化床干燥

所谓"流化"是指固体颗粒被流体吹起呈悬浮状态，粒子相互分离，并作上下、前后运动。流化干燥就是在干燥介质作用下使物料处于流化状态进行干燥的过程。图 11-6 为物料流化床干燥的示意图。气流以一定速度通过物料层，使物料吹起并悬浮在气流中激烈翻动、纵向沸腾，在向出料口运动过程中得到干燥。该法物料与干燥介质接触面积较大，传热效果好，温度分布均匀，干燥速度快，停留时间短，不易使一些热敏物料过热。但该法不适用于含水量较高或结团物料的干燥。

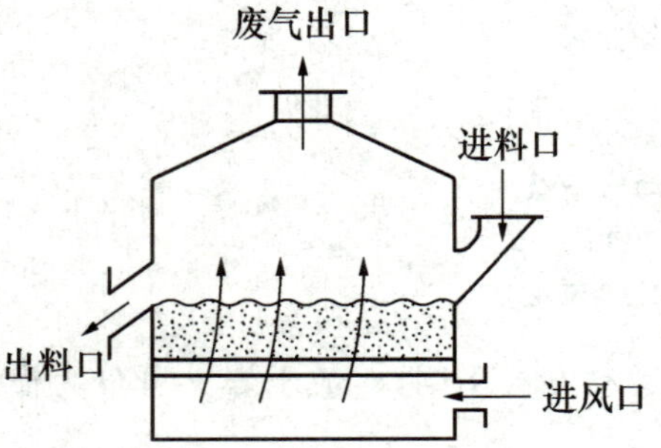

图 11-6　物料流化床干燥示意图

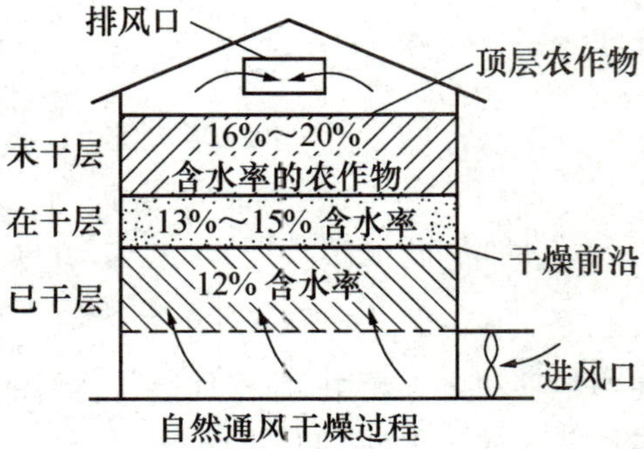

图 11-7　低温干燥仓干燥过程

三、按作业方式分类

(一)批量式干燥

现以低温干燥仓为例来说明它的不同作业方式。如图 11-7 所示，因为谷物干燥是从最低的谷层开始逐步向上发展的，干燥中形成了三种层次：已达到平衡水分的已干燥层(称为已干层)，其上方是正在干燥中但还未达到平衡水分的谷层(在干层)，最上层的是保持原水分的谷层(未干层)。随着干燥时间的延续，这三个层次的位置逐步向上推移。根据保物层的厚薄，批量式干燥可分为以下几种。

1. 整仓干燥　当谷物水分不太大时，可装满整仓进行干燥。这时由于谷层阻力大，通过谷层断面的风速较小，则干燥速度较慢，可利用自然空气或稍高一点的热风进行作业，工作比较方便，但要选择好热风温度，如风温过高，其平衡水分将很低，如长时间干燥会使全仓的谷物达到过干程度。

2. 浅层干燥　为了加速干燥，可将谷物按一定的厚度进行干燥，这时可采用较高的热风温度(45℃以下)，使该谷物的平均水分能较迅速地达到安全水分(14%左右)。由于谷层较浅，上下层的水分级差较小，经充分混合后贮存，谷物水分会自然达到一致，这种方法目前在我国采用较多。

3. 分层干燥　在国外有的小型农场采用这种干燥方法，即每天将收获的湿粮装入低温仓进行干燥,虽然谷层较薄但也要在当天使它干燥到安全水分。第二天再将收获的湿粮装入已干燥粮之上进行干燥,也在当天干燥到要求的水分。第三、第四天如此同样进行,直到全仓装满谷物并干燥后一起卸出。这种方法使用管理方便,但气流阻力较大、电耗较多。

(二)连续式干燥

连续作业不需要辅助上料和卸料的时间,生产有效时间利用率较高,干燥质量也比较稳定。我国粮食部门(粮库和粮油加工厂)和国营农场多采用这种方式作业。

(三)循环式干燥

循环式干燥目前有两种形式,即封闭循环式干燥(简称循环式干燥)和分流循环式干燥(干、湿粮混合式干燥)。

1. 封闭循环式干燥 为了提高干燥谷物的降水幅度和缩小设备体积及重量,出现了封闭循环式干燥,该方法是作业时将谷物先装满全机,然后把它封闭起来让谷物在机中进行循环流动和干燥,直到谷物水分达到要求时为止,然后将干粮放出。

2. 分流循环式干燥 其特点是通过调节干、湿粮混合比,可使任何高水分湿粮一次降到安全水分,该干燥工艺虽热风温度较高(200℃左右),但由于粮食受热时间短(4～8 min),谷物在循环干燥的过程中其温度仍保持在30～40℃,故谷物干燥后的品质较好。由于有较长时间的缓苏过程和干湿谷物混合干燥的特殊机理,干燥的单位热耗较小,有20%～30%的节能效果。

第三节 典型谷物干燥机

根据干燥原理、方法、热源和谷物的不同,干燥机有几种分类方法和不同的类型。按气流温度的高低可分为常温、低温慢速干燥机和高温快速干燥机;按干燥室内谷物的状态可分为固定床、移动床、流化床和喷动床式干燥机;按干燥室的结构可分为平床式、圆筒(仓)式、柱式、塔式、转筒式等类型;按作业方式可分为连续式、间歇式和循环式。谷物干燥机械还分为固定式和移动式两大类。

谷物干燥机械种类虽多,但都是由送风设备、承料容器以及加热装置等主要部分组成。

一、仓式太阳能干燥机

利用太阳能作为干燥热源,可以节约燃料。虽然在目前条件下设备投资大、干燥成本较高,但从长远来看,太阳能干燥机是有发展前途的。图11-8所示为一种仓式太阳能干燥机,由圆形仓、集热器、风机等组成。集热器安装在圆仓壁向南处(称南竖式),有的安装在仓房的南房顶(称南斜式)。由太阳能加热后的空气用风机从仓底部送到仓内,对谷物进行干燥。热空气通过谷层后,由上部排气口排出。该机属于固定床整仓干燥机。

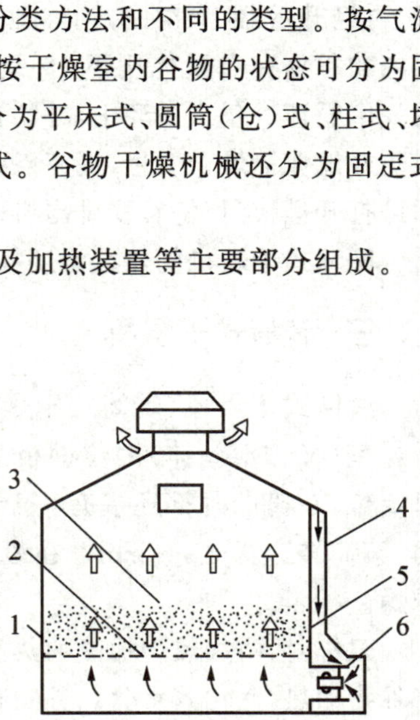

图11-8 仓式太阳能干燥机

1. 圆筒仓 2. 透风板 3. 谷物 4. 集热器 5. 风道 6. 风机

整仓干燥是在贮存仓内干燥和冷却物料,并且多数是将谷物就留在仓内贮藏。干燥介质从仓底向顶部流动,与物料产生湿热交换。随着干燥过程的进展，干燥区由底部向上移动。

固定床整仓干燥所需的气流量较小，干燥过程比较缓慢，即干燥区上移缓慢，这就容易使上层物料产生霉变。为此上部物料的水分不能太高，如小粒谷物的原始水分应小于20%，玉米的原始水分应小于25%。

整仓干燥管理简单，热能利用充分，物料不会过热，谷粒不易出现裂纹，其缺点是管理周期长。

二、闭式循环干燥机

封闭式循环干燥机主要是采用低温、大风量、薄层干燥工艺的干燥机械，干燥机工作时谷物不断循环。全机由热风炉、温度自控装置和主机三部分组成(图11-9)。主机由干燥箱、定时排粮轮、搅龙、升运器、风机等组成。

循环式干燥机工作时，待干燥的谷物由喂入斗经升运器、上搅龙进入主机的干燥箱(干燥箱的上部为缓苏段，下部为干燥段)，干燥箱装到一定数量后，可关闭盛料斗闸门，停止上粮，进行干燥作业。

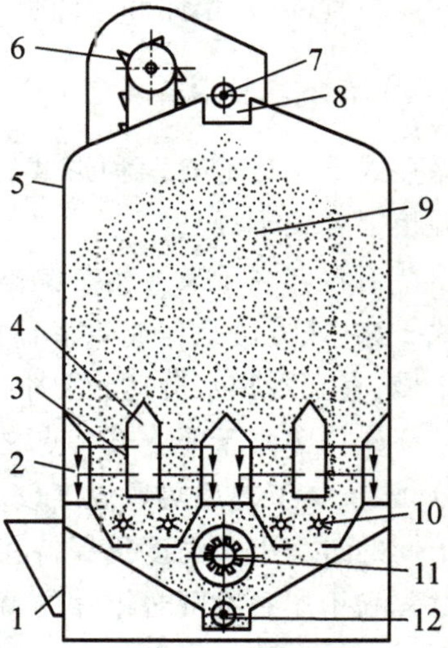

图11-9　循环式干燥机

1.盛料斗　2.废气室　3.孔板　4.热风室　5.烘干箱　6.提升器　7.上搅龙　8.均布器　9.谷物　10.排粮轮　11.吸气风扇　12.下搅龙

主机工作过程：打开吸气风机，将加热后的热空气引入干燥段的热风室，使热空气与干燥段内的谷物接触，实现热交换，带走汽化的水分，经废气室排出机外。受热干燥后的谷物，被排粮轮定时下排到下搅龙处，再经升运器、上搅龙，均匀地撒布到缓苏段。缓苏段内的谷物在自重作用下，又缓慢地移到干燥段，完成一个循环。每个循环中，谷物在干燥段的时间很短，只有几分钟，缓苏段的时间却较长，这样能更好地保证烘干质量，提高谷物的品质。经多次循环干燥，直到谷物含水量达到入仓标准，即可打开排粮门，将谷物排出机外。

循环式干燥机的热风温度控制在60℃以下，一次循环的降水率约为1%。

三、滚筒式干燥机

滚筒式干燥机(转筒式干燥机)由加热炉、筒式干燥室和风机等组成(图11-10)。筒式干燥室(又称滚筒体)由薄钢板焊成，并成倾斜状态安装。筒体外装有两个滚圈，由托辊支撑定位，在筒的外部还装有一个齿圈，由电动机通过变速箱上的小齿轮带动齿圈使滚筒转动，滚筒转速为15 r/min。在滚筒内部装有抄板，用来均匀的撒布谷物，使谷物能得到均匀干燥。

工作时，由加热炉加热的热空气，被风机吹入滚筒，谷物也从头罩进入滚筒与热空气混合，将谷物加热，汽化其水分。谷物在筒内受到抄板的作用，不断随滚筒的旋转被抄起又落下、不断地翻动，并逐步使谷物由筒的前端向后移动，废气及烘干后的谷物都通过尾罩排出。

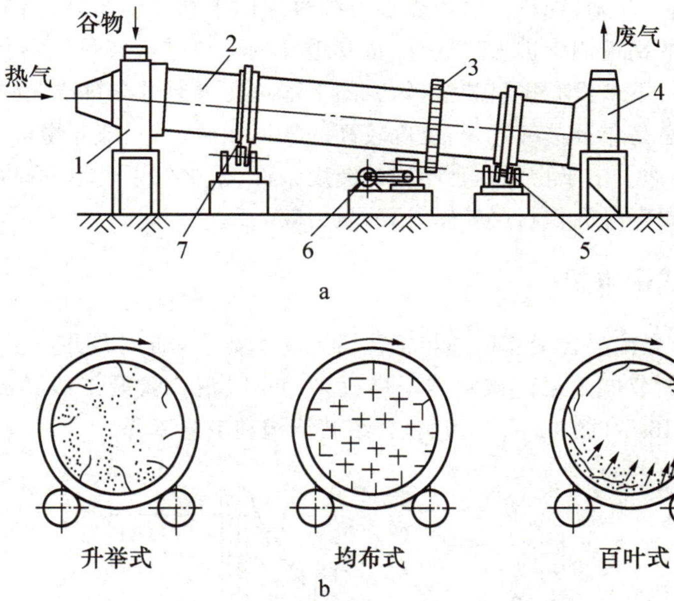

图 11 - 10　滚筒式干燥机

a. 结构示意　b. 内部结构示意

1. 头罩　2. 滚筒体　3. 齿圈　4. 尾罩　5. 托辊　6. 电动机　7. 滚圈

四、塔式干燥机

塔式干燥机（竖箱式干燥机）是一种大型固定式干燥设备，由加热炉、干燥室、风机等组成（图 11 - 11）。

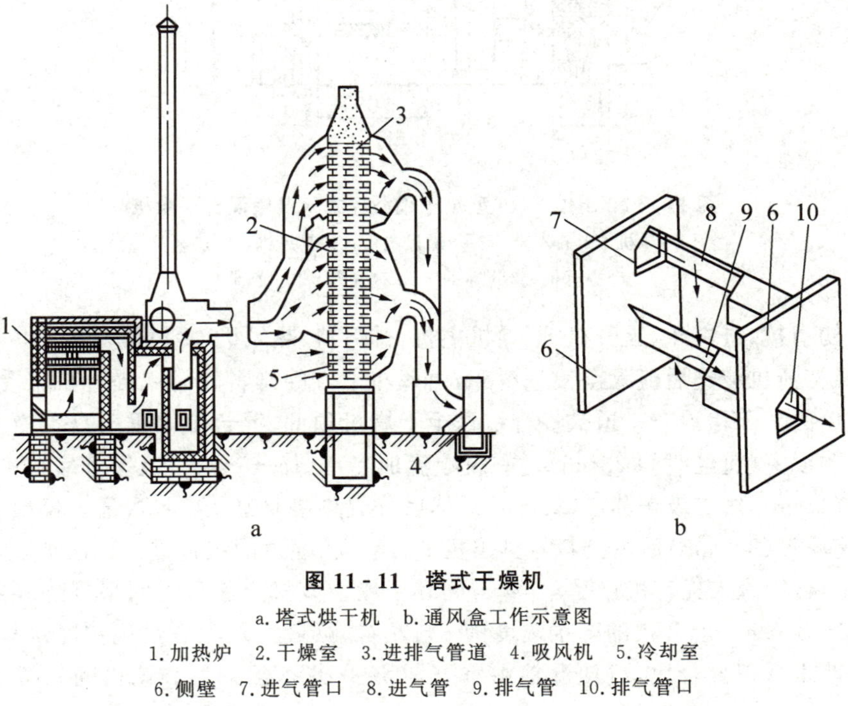

图 11 - 11　塔式干燥机

a. 塔式烘干机　b. 通风盒工作示意图

1. 加热炉　2. 干燥室　3. 进排气管道　4. 吸风机　5. 冷却室

6. 侧壁　7. 进气管口　8. 进气管　9. 排气管　10. 排气管口

塔式干燥机高达十几米，物料在塔内靠重力缓慢地向下移动。塔内有许多交叉排列的通风盒，气流从通风盒的钢板侧壁进入进气管，从其敞开的下口进入谷物层，再进入排气管的下口，从排气管口排出。下部设有排料装置，物料的下落速度可通过排料装置调节。这种干燥机工作时，一部分物料总是靠近进气管，与温度较高的气流相遇；另一部分物料总是靠近排气管，与温度较低的气流相遇。由于物料处于不同的温度条件，干燥效果也不一样，这就导致水分不均匀。此外，气流需要穿过的物料层较厚，因而阻力较大。

五、分流循环式干燥机

我国在开展对干湿粮混合干燥机理与工艺研究的基础上，研制并开发了系列干湿粮混合干燥机，具有更显著的节能效果。该系列干燥机采用二级混流式及二级顺流式干燥机结构。现以典型的 5HGS－15 型(图 11－12)为例，介绍其结构和工艺流程。

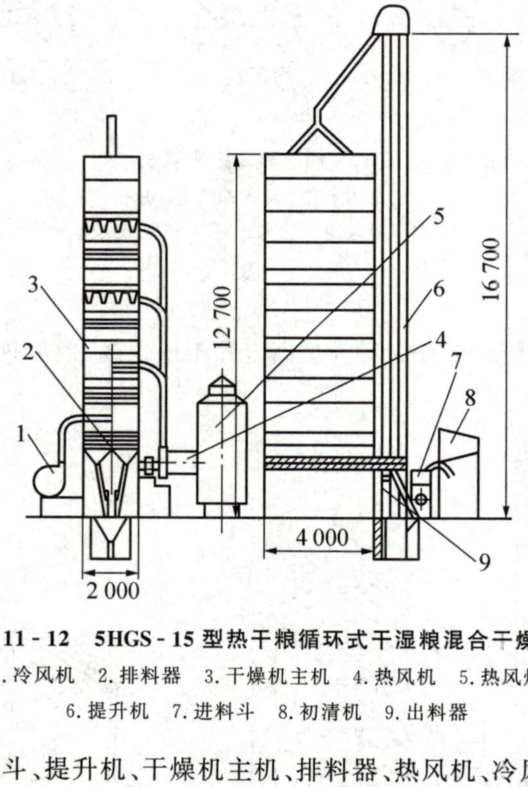

图 11－12　5HGS－15 型热干粮循环式干湿粮混合干燥机

1. 冷风机　2. 排料器　3. 干燥机主机　4. 热风机　5. 热风炉
6. 提升机　7. 进料斗　8. 初清机　9. 出料器

该机由初清机、进料斗、提升机、干燥机主机、排料器、热风机、冷风机及热风炉等组成。工作中，湿粮经初清机清选后流入湿粮进料斗，由该斗下方的排料轮排入提升机接受斗，与从干燥机内部排出的热干粮混合一道被提升机送至干燥机顶部，混合粮靠重力自上而下的缓慢流动。首先经预混室(流经时间 25 min)、一级顺流加热室(15 min)、一级缓苏室(30 min)、二级顺流加热室(15 min)、二级缓苏室(30 min)，然后分成热粮通道及冷粮通道。经冷粮通道的粮食经逆、顺流冷却(30 min)后由排料器排出机外；经热粮通道的粮食进行三次加热(15 min)及缓苏室(15 min)后流入提升机接受斗，参与循环干燥。该机全流程时间根据外界温度状况可调，一般为 2～2.5 h。混合粮的降水幅度为 4％左右，可最大限度满足湿粮降水幅度的要求，但需适当调节干湿粮混合比，可使湿粮由水分 30％一次降至 14％。该机的一级热风温度为

125℃，二级、三级热风温度为 85℃，粮食受热温度为 35～37℃。该机热风温度自控、粮食温度有跟踪显示系统及险情报警系统。5HGS 系列现有东北农业大学、八一农垦大学工程学院、黑龙江省农业仪器设备厂及哈尔滨烘贮设备厂等四家工厂生产。

六、圆形仓低温干燥机

自 1980 年以来我国开始定型生产圆形仓底板通风干燥机。该机结构如图 11 - 13 所示，由供热风设备、仓体、仓内的通风底板和底板的“扫仓搅龙”（能自转和公转）、底板下面的卸粮搅龙、提升机及上料搅龙等所组成。

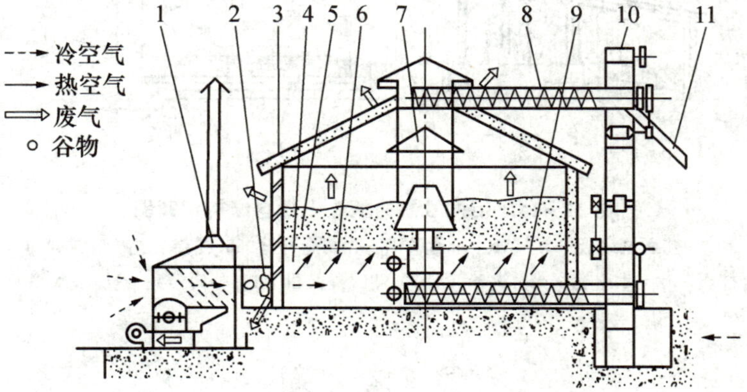

图 11 - 13　5HD - 25Y 圆形仓低温干燥机原理图

1. 热风炉　2. 轴流风机　3. 圆形仓体　4. 风室　5. 谷床　6. 公转搅龙　7. 均分器　8. 进仓搅龙　9. 出仓搅龙　10. 提升机　11. 出粮槽

作业时，先将湿粮装入仓内，当谷物高度堆积达 1 m 左右时，则停止进料，然后开动热风机向地底下方的配风室供给热风（温度为 50℃左右），当谷物干燥到要求水分时（即平均水分接近于安全水分 14%），则开始卸粮。

卸粮时，首先开动提升机和卸粮搅龙，让谷仓内的谷物自然流向中心卸粮口，经卸粮搅龙及升运器送出机外。当谷物流到自然堆角状态时，则开动“扫仓搅龙”清除仓底部的积粮。因为低温干燥仓干燥的谷物上下层谷物水分差较大，卸出的谷物应充分混合，使干、湿谷粒能均匀分布，靠其自然水分平衡使水分逐步达到一致。干后的热粮要堆成薄层晾凉，直到谷温不高于环境温度 5℃为止。

有的通风仓为了提高生产率，在仓内装有可移动的垂直搅龙，称其为搅松器（图 11 - 14）。该搅龙回转时能使下层谷物向上方翻动，而上方谷物流入下方。装有搅松器的通风仓，其谷层高度可达 2～3 m。

圆形干燥仓目前国内无统一规格，其仓壁为水泥和砖，有的为波纹形钢板。仓的直径一般为 6 m 左右、8 m 左右和 10 m 左右几种。

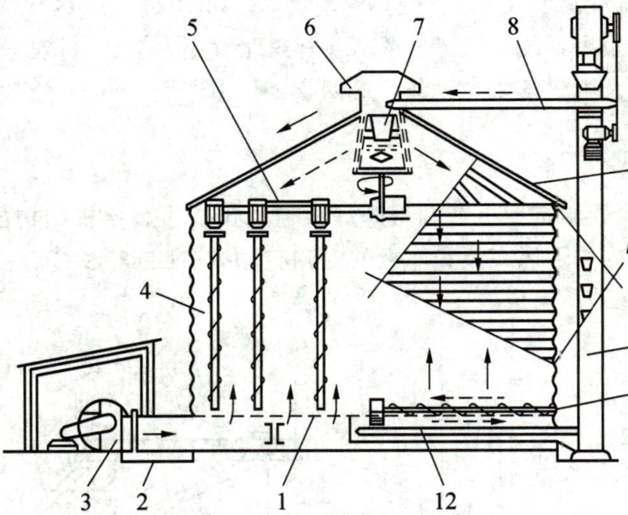

图 11-14 带搅松器的低温干燥仓结构示意图

1.冲孔通风底板 2.风管 3.通风机 4.筒仓外壁 5.搅拌装置 6.排风口 7.均布器 8.上水平输送带 9.仓顶 10.斗式提升机 11.公转搅龙 12.下水平输送带

思 考 题

1.谷物干燥过程及其影响因素有哪些?

2.试述谷物干燥机的分类与常见机型。

第十二章　设施园艺机械与设备

◈**学习目标**

通过本章的学习，重点掌握设施园艺机械构成特点及工作原理；熟悉温室内的环境调控设备的种类、作用及工作原理；了解温室、塑料大棚等园艺设施的种类及特点。

在我国北方地区受到自然气候条件的影响，冬天很难露地生产。如北京地区只有半年多时间可以露地生产，东北地区全年无霜期仅有 120 d 左右，个别地方甚至更少。在这种情况下，发展人工温室、塑料大棚等保护地栽培，即在不适于作物生长、发育的季节里，人为地创造适于作物生长、发育的小气候条件进行设施园艺作物的生产，可摆脱自然气候条件的制约。

常见的园艺设施有：温室、塑料大棚及塑料薄膜等。随着设施园艺栽培技术的迅速发展，用于设施园艺中的机械设备也得到了迅速的发展和广泛的应用。如：栽培管理机械、地膜覆盖机械、通风机械、环境调控设备、电气设备及控制系统等。

第一节　温　　室

温室是比较完善的保护地设施。我国长江流域以北的广大地区，冬季气温低，大多不能进行露地栽培。温室能改善栽培环境条件，实现超时令的栽培和生产各种产品，所以温室在我国北方广大地区有着广阔的应用前景。

按照不同的分类方法可将温室分成很多种类型。

一、按加温方式分类

1. 加温温室　冬季生产时，室内的热源主要来自采暖设备进行供热，否则不能维持冬季生产。这种温室称为加温温室。

2. 日光温室　冬季生产时，室内的热源主要来自太阳光。不仅白天的光和热来自于太阳辐射，而且夜间的热量也基本上是依靠白天贮存的太阳辐射来供给。只有连续阴天和极冷天才少量加温(指加温的时间短并且消耗的燃料少)。这要靠合理的设计和齐全的配套设施来实现。称这种温室为日光温室。

二、按用途分类

1. 育苗温室　专门用来培育各种蔬菜、花卉、果树幼苗或水稻秧苗的温室。一般每年可培育 3～4 批苗。生产的苗子可移栽至栽培温室、大棚或露地，或供出售用。这种温室一般都有加温设备。

2. 栽培温室　苗子移入栽植直至收获全过程都在这种温室进行。有的育苗温室在育苗季节结束后，又可当栽培温室使用。

3. 专门用途温室　如用于水产(鱼、虾、鳖等)养殖或饲养猪、鸡、牛等畜禽的温室,也有的用于生产菌类和药材。各地方发展起来的适于庭院生产的四位一体(指猪舍、沼气池、厕所和温室)已成为北方能源生态的一种模式。人和猪的粪尿在沼气池内发酵,产生的沼气用于做饭或点灯,沼液沼渣作为温室肥料,猪呼出的二氧化碳作为植物的气肥,形成种、养互补的良性循环。

三、按骨架材料分类

1. 竹木结构温室或大棚　这类温室大棚室内多用木杆、竹竿做柱、梁,竹片做拱杆。因其造价低,可就地取材,在多竹木的山区、林区或较贫困的地区还在大量采用。但其承载能力和耐久性受到限制,空间小,遮挡严重,室内多柱使操作不便,不适于工厂化种植与管理,在经济较发达的大、中城市郊区已逐步淘汰。

2. 焊接钢管或钢筋骨架温室或大棚　多用塑料薄膜覆盖。骨架常做成平面桁架,上弦用厚壁管,下弦和腹杆用钢筋焊接而成,纵向设 4～5 道系杆用螺栓与桁架连接,便于安装和拆卸。室内无柱,跨度大,空间大,便于机械作业,承载力强,遮挡少。如较早生产销售的鞍Ⅰ型大棚和鞍Ⅱ型日光温室骨架(图 12－1 和图 12－2),由沈阳农业大学等单位研制的辽沈Ⅰ型日光温室(图 12－3)等。

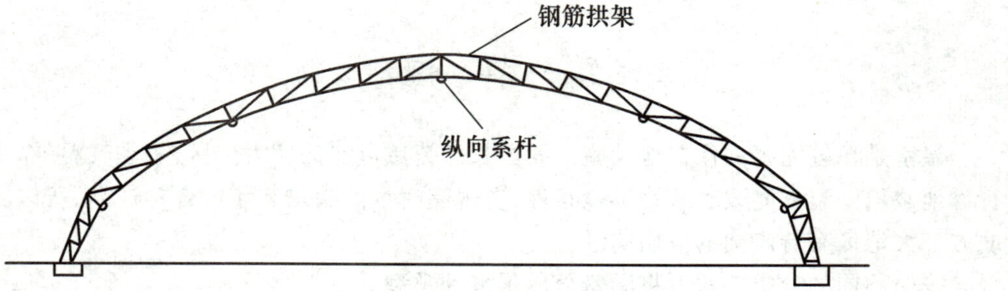

图 12－1　鞍Ⅰ型塑料大棚骨架

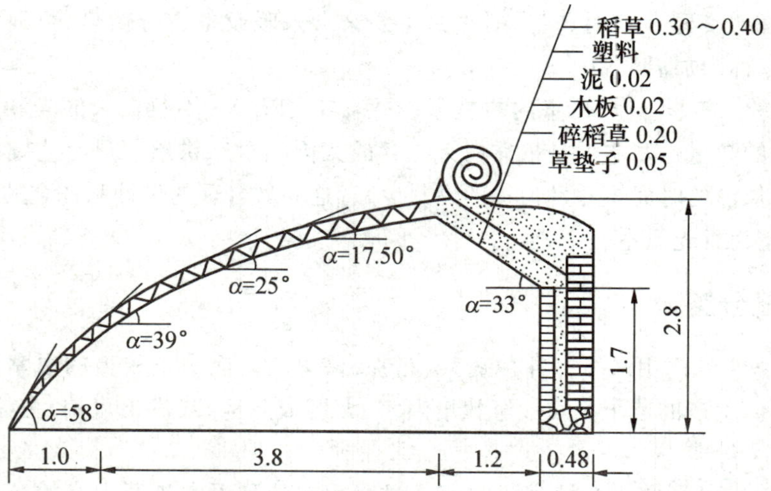

图 12－2　鞍Ⅱ型日光温室剖面(单位:m)

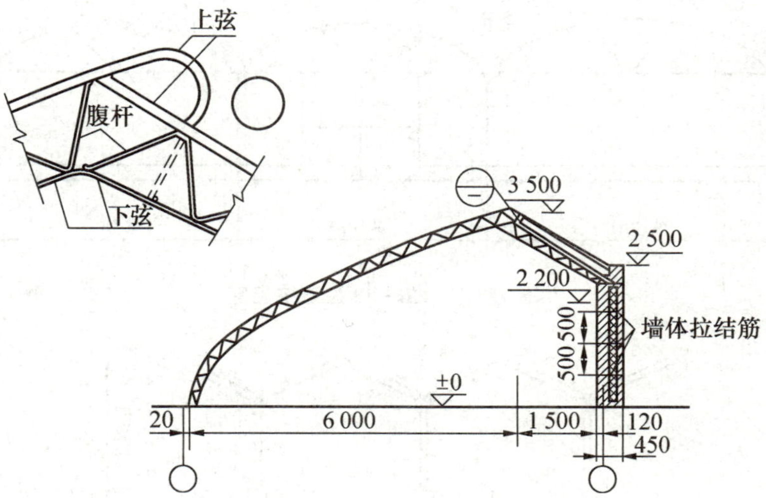

图 12-3 辽沈Ⅰ型 7.5 m 日光温室剖面

3. 镀锌薄壁钢管骨架塑料大棚或温室 采用热浸镀锌防锈,其镀层较厚并可双面镀。

四、按建筑形式分类

1. 单栋温室 常用于小规模的生产和试验研究。又可分为单坡屋面和双坡屋面两种形式。

单坡屋面温室一般为坐北朝南或稍微偏西或偏东,屋脊东西走向,具有朝南的透光单坡用屋面,折线形的常用玻璃覆盖,曲线形的可用塑料薄膜覆盖。这种形式在我国最为普遍,尤其是在北方地区大量建造的日光温室数量居世界首位。通常把北墙、山墙、北坡做成不透明的围护结构,就墙体而言多做成异质复合墙体,以便增加热阻,减少厚度。后坡的保温材料也是不可少的。前坡夜间通常用草帘、纸被或特制保温被等材料覆盖,以便减少夜间散热。

双坡屋面温室的屋面形成有“人”字形对称双坡屋面(常用玻璃覆盖)、不对称双坡屋面、折线形屋面、拱形屋面(常用塑料覆盖)等。这种温室采光量比单坡屋面的大,但保温性较差。如果在北方越冬生产,通常需要加温。

2. 连栋温室 如果把两栋以上单栋温室在屋檐处连接起来,去掉相连处的侧墙,加上檐沟(即天沟),就构成了连栋温室。连栋温室节省土地和建筑材料,土地利用率高,内部空间大,便于机械作业及多层立体栽培,适合工厂化生产。但在北方寒冷地区,冬季生产耗能大,天沟积雪排除困难并加大遮挡的阴影、加大骨架的载荷,栋数较多时自然通风困难,常用机械排风,夏季降温也较困难(图 12-4、图 12-5、图 12-6、图 12-7、图 12-8)。

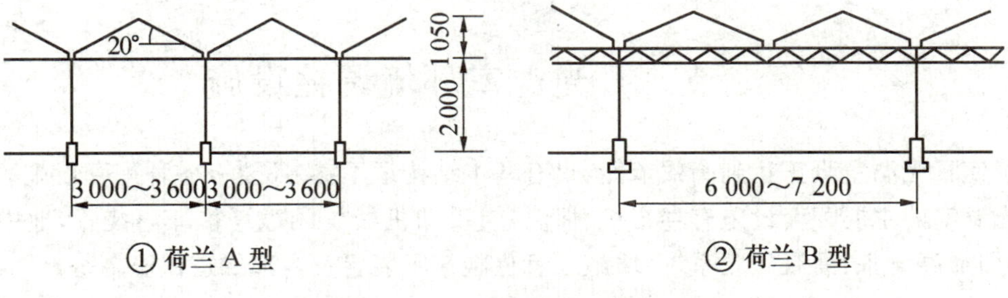

① 荷兰 A 型 ② 荷兰 B 型

图 12-4 荷兰型连栋温室

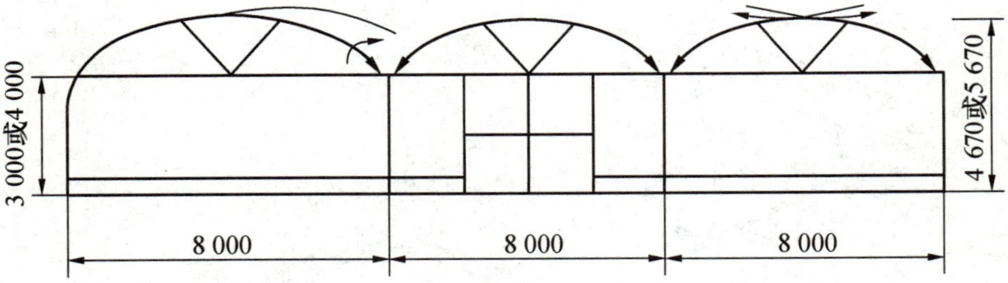

图 12-5　GK-80 型连栋温室

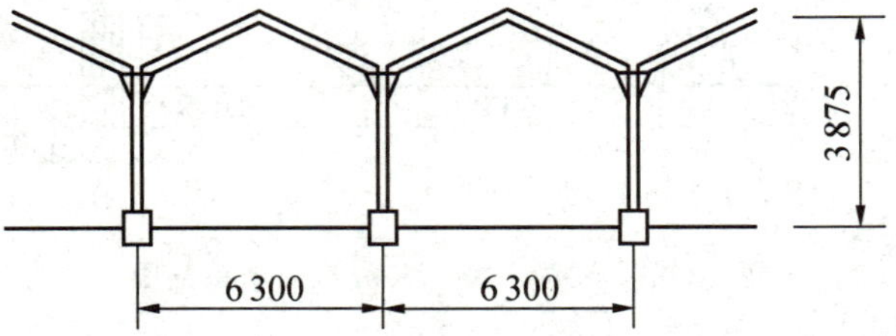

图 12-6　门式钢架连栋温室

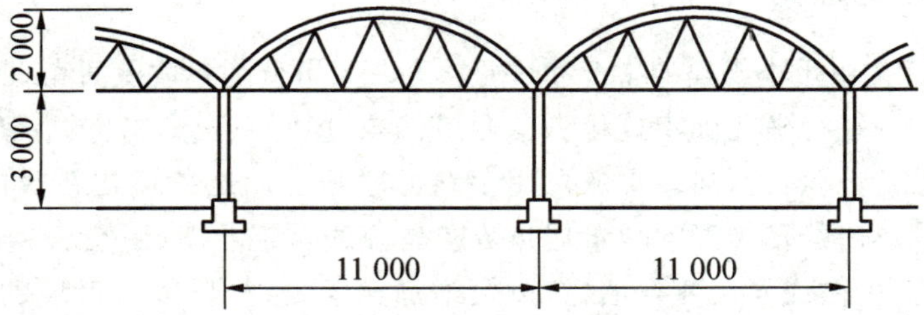

图 12-7　FRP 板连栋温室

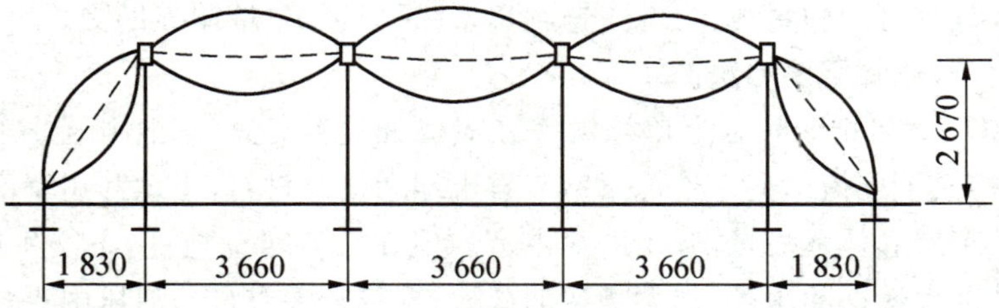

图 12-8　双层塑料薄膜充气温室

第二节　日光温室环境调控设施

为了使日光温室真正达到高效节能，只有基本结构还不够，还要有各种配套设施。

日光温室的主要配套设施有卷帘机、保温被、手动机械放风等夏季降温装置，地中热交换系统、备用加温设备、灌溉施肥系统、增施二氧化碳气肥装置及内部二道保温幕等。

一、卷帘机

我国的日光温室在冬季绝大多数是人工卷、放草帘或草帘加纸被。据调查，667 m^2 温室，两个人卷草帘一般需要 1.5 h，并且要有一人站在屋顶上，费工费时，劳动强度大。一般来说，纸被(多层牛皮纸等物缝制而成)的宽度大，草帘的宽度小，二者不能同步，在这种情况下，卷、放工作还较麻烦。如果用卷帘机卷、放，情况就大不相同了，电动卷、放帘一般只需要 5 min 左右，而且人不必上屋顶，只在室内按开关就行了，不但极大地节省时间，减轻劳动强度，而且每天增加进光时间 2 h 以上，停电时手摇也只需 20～30 min。

卷帘机由减速机、电动机、摇把、机架、大轴及其支架、卷绳等组成(图 12-9)。

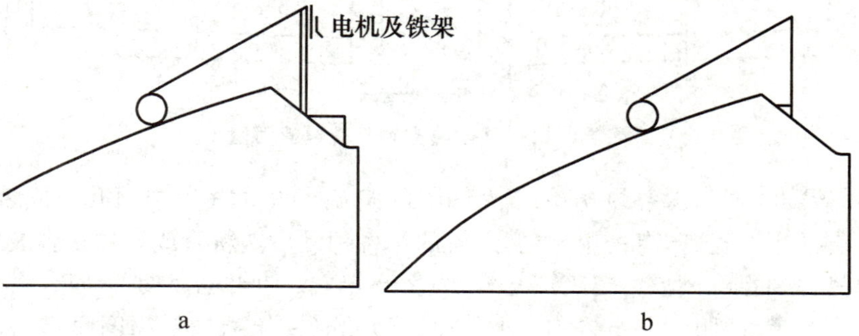

图 12-9　卷帘机安装示意

a. 卷帘机架　b. 大轴支架

在承重骨架安装就位后，上后坡之前，先把机架和大轴支架焊在骨架上(要求在同一铅垂面内)，机架应放在温室长度的中央，以便使大轴所受的扭矩均衡。做完后坡以后，安装各机械及大轴(图 12-10)，在卷帘机大轴支架底部后侧焊一根 6 分管，以便固定压膜线、保温被(或草帘)及其卷绳等用。

通电以后，电动机通过皮带将动力传给减速机，减速机通过输出轴(与大轴连在一起)带动大轴转动，大轴在转动过程中就把卷绳绕在轴上，从而带动保温被不断卷起升高直至到达屋脊预定位置处停机；放帘时反转即可，这由倒逆开关来控制。停电时手摇，直接把手摇的动力传给减速机。值得注意的是，保温被下端要平齐，放下时整齐地靠紧在前地垄墙外侧(前地垄墙也要平直，否则漏缝影响保温效果)；各卷绳长短一致，上端与大轴连接处不要有相对运动，应用粗尼龙绳，如果用麻绳则吸湿后易冻结在大轴上。应采取有效措施保证各绳在轴上缠绕的范围一致，否则各绳有松有紧，使保温被卷不齐，造成遮光。

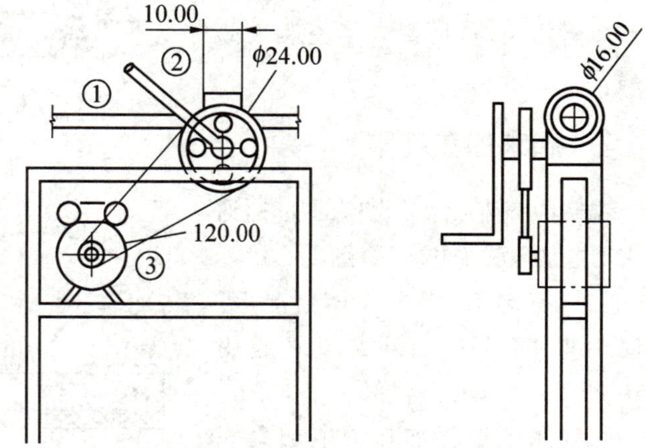

图 12-10　卷帘机结构示意图

二、地中热交换系统

日光温室在晴天的中午室内气温经常达到 30℃以上，有时超过作物生长所需要的温度；而凌晨揭帘之前室内气温往往较低(是一天中室内气温最低的时刻)，为了缓解这种矛盾，把白天多余的热量贮入地下增加地温，在凌晨再把地中贮存的热量打出来以提高凌晨的最低气温，采用地中热交换系统是个有效的方法，其纵断面如图 12-11 所示。

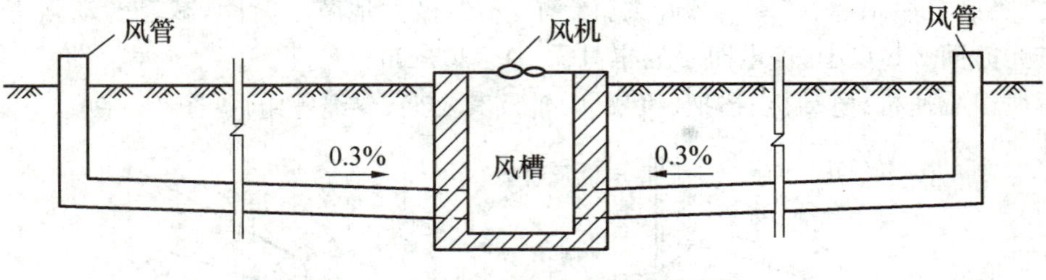

图 12-11　地中热交换系统纵断面图

集风槽用砖砌成，宽、深各约 0.5 m，上部用盖板盖严，中间留有风机孔可安装风机。风管材料有多种，有的用缸瓦管，有的用砖砌，还有的用各种硬质塑料管或软质塑料波纹管，管的一端通向风槽，另一端在距风槽一定距离之外(为 20～25 m)伸出地面约 20 cm，上面罩上纱布，防止掉入杂物。内管间距 0.5 m 左右，埋深 30～40 cm(视作物根系深度而定)。当室温升至超过作物生长所需要的温度时，打开风机，热量就经由内槽流入各风管，风管中的热量与周围的土壤进行热交换，从而提高了地温；当凌晨室温较低时再打开风机，地中贮存的热量又从风管流出，从而提高了凌晨最低气温。

三、温床加热装置

温室中育苗或栽培温床的加热，通常采用电加温线加热方法(图 12-12)。

在同一温室，根据具体情况，可同时用两种系列的加温线，也可选用其中之一。

目前用于温室加热的电加温线有 DV 和 DKV 两个系列。DV 系列加温线主要用于土壤的加温，而 DKV 系列电加温线主要用作空气的加温。

一定容积的空间，需要布多少根加温线，是与室内所需达到的温度、

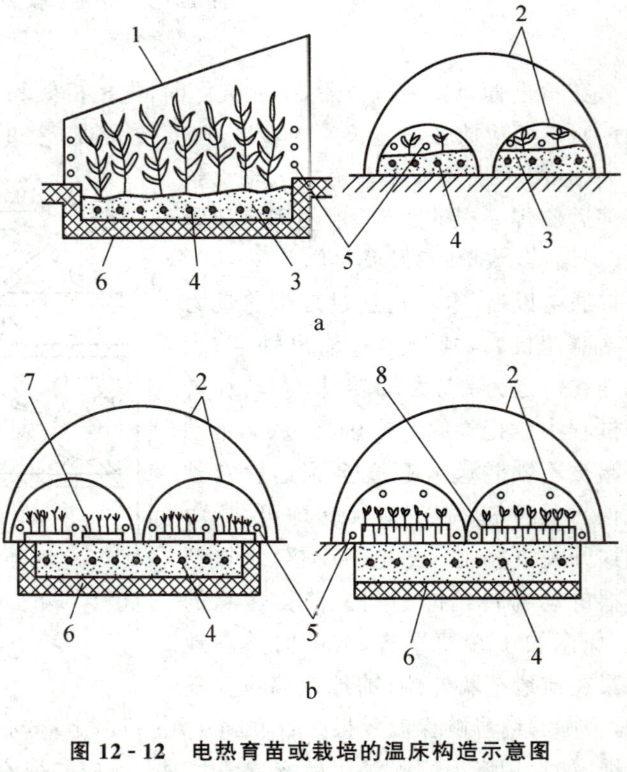

图 12-12　电热育苗或栽培的温床构造示意图

a. 电热栽培温床　b. 电热育苗温床

1. 玻璃　2. 塑料薄膜　3. 床土　4. 电加温线　5. DKV 电加温线　6. 隔热层　7. 育苗盘　8. 营养钵

外界气温及建筑物保温等因素有关的。

电加热线电压为 220 V，一般功率 250～1 000 W，长度为 50～120 m，使用温度为 35～40℃。电加热线的接线方法如图 12-13 所示。

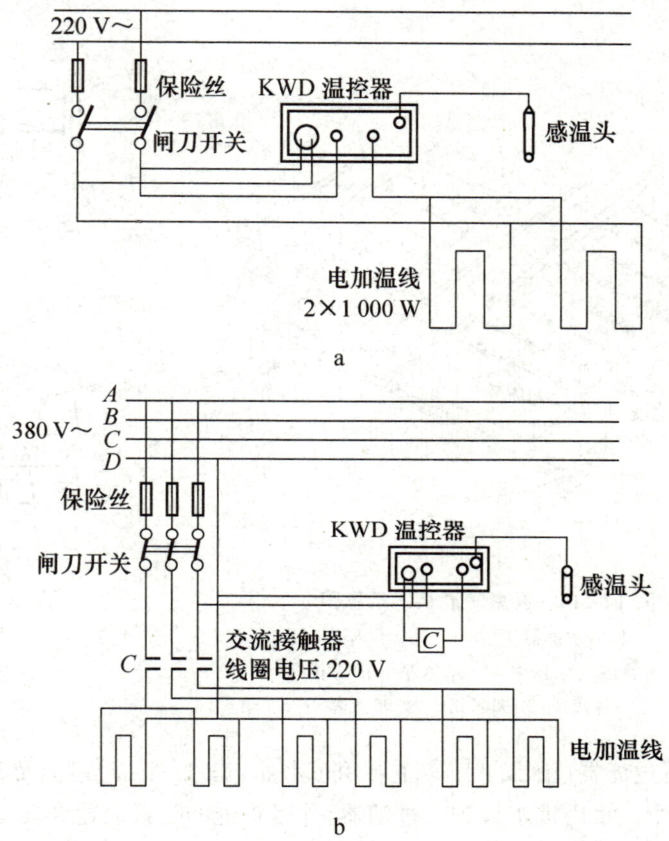

图 12-13 电加热线接法

a. 单相温控接法（功率≤2 000 W，用 KWD 温控器）

b. 三相四线温控接法（用 KWD 温控器＋交流接触器）

四、温室中的滴灌设备

温室中的滴灌系统是由水泵、仪表、控制阀、施肥罐、过滤器等组成的首部枢纽及担负着输配水任务的各支、干管组成的管网系统和直接向作物根部供水的各种形式的灌水器三部分组成的。其中灌水器是完成灌水任务中最末级关键设备，被称为滴灌工程的心脏，其性能的高低反映着一个国家滴灌的档次水平。图 12-14 为温室滴灌系统示意图。

1. 过滤设备　滴灌要求灌溉水中不含有造成灌水器堵塞的污物和杂质，因此，对灌溉水进行严格的净化处理是滴灌中的首要步骤，是保证滴灌系统正常进行、延长灌水器使用寿命和保证灌水质量的关键措施。

滴灌系统中的净化设备与设施主要包括拦污栅（筛网）、沉淀池、离心式过滤器、滤网式过滤器等。在使用时，主要根据灌溉水源的类型、水中污物种类、杂质含量及流道断面大小等进行选配。

(1)离心式过滤器(图 12-15):其主要用于清除井水中的泥沙。靠离心过滤原理推动沙石及其他比水重的固体颗粒向管壁移动形成涡流,促使泥沙进入集沙罐。

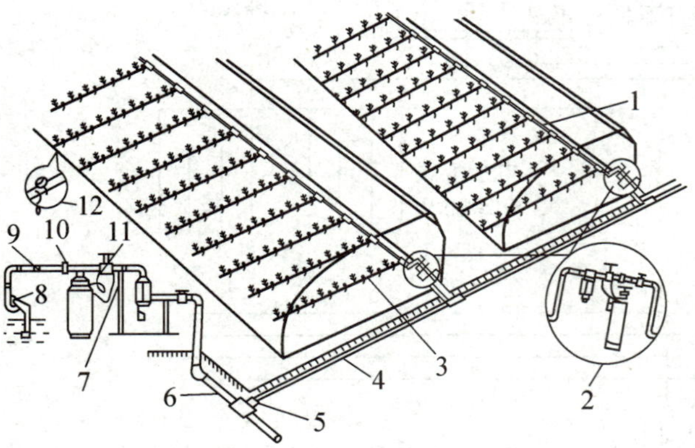

图 12-14　温室滴灌系统示意图

1. 支管　2. 棚内首部枢纽　3. 毛管　4. 干管　5. 三通　6. 主管道　7. 压力表　8. 水泵　9. 逆止阀　10. 球阀　11. 调压阀　12. 灌水器

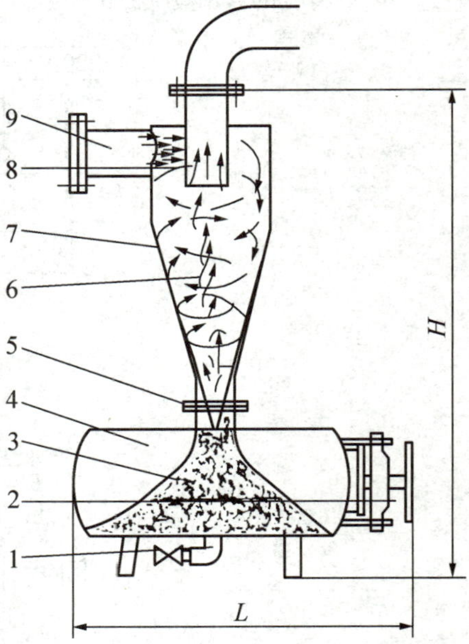

图 12-15　离心式过滤器

1. 冲洗口　2. 排沙口　3. 沙石　4. 集沙罐　5. 亥沙口　6. 水流　7. 外壳　8. 出水管　9. 进水管

(2)沙石过滤器(图 12-16):主要用于水库、塘坝、渠道、河流及其他敞开水面水源中有机物的前级过滤。水由进水管进入过滤器,并以渗透的方式通过介质层,水流在介质层孔隙中的运动过程即为过滤过程。过滤后的水通过过滤元件进入出水管。

2. 压差式施肥罐　由储液罐、罐盖、进水管、出水管、输水管、调压阀及进出水管控制阀等部分组成(图 12-17)。具体操作如下。

首先在系统正常运行情况下,关闭进出水管控制阀,打开罐盖,将溶解好的化肥溶液倒入储液罐内,并盖好罐盖。此时打开进出水管控制阀,逐渐关小输水管控制阀,使其产生局部阻力损失,造成控制阀前压力大于阀后压力而形成一定压差(一般为 2 m 水柱左右)。这样使控制阀前一部分压力水由进管进入储液罐内,而罐中的肥液便通过出水管进入滴灌管网并对作物进行灌溉施肥,经过一段时间后待储液罐内的肥液稀释为零时,关闭进出水管控制阀,打开罐盖,将罐内存水排出并对其进行清洗。如继续施肥则按以上步骤重复进行。

3. 脉冲滴灌　脉冲滴灌系统是微灌中的又一种新的灌水形式。它是通过水的自压形成脉冲能,以连续积累和释放的方式将灌溉水冲出灌水器的滴灌系统。其特点是灌水均匀、抗堵塞、成本低并主要用于温室大棚经济作物的灌溉。该系统设备主要包括过滤器、施肥器、脉冲发生器(图 12-18)、脉冲滴灌管及所需的输配水管材、管件等,其中脉冲发生器是该系统的关键部件。它的整体由壳体、型芯和脉冲胶囊三部分组成,工作时脉冲胶囊在压力水的作用下不断地扩张与收缩,使连续进入胶囊体内的压力水间歇地以脉冲形式输入作物灌溉区域。系统中滴灌管是内径为 6 mm 微管，且在其管壁上用激光间隔一定距离均匀地打出直径 0.6 mm 的出水孔。

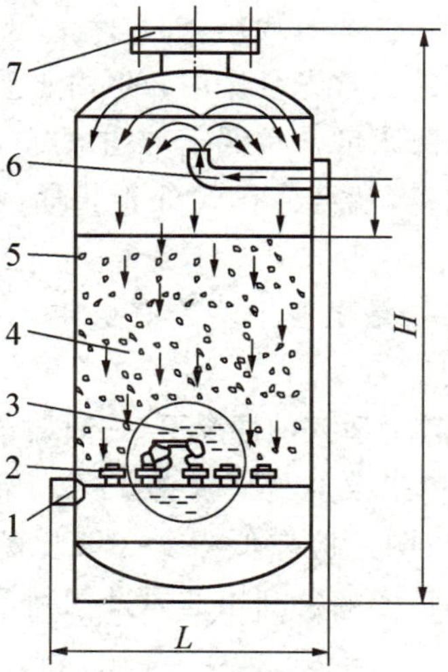

图 12 - 16 沙石过滤器

1. 出水口 2. 过滤元件 3. 出水孔 4. 过滤介质 5. 罐体 6. 进水口 7. 封盖

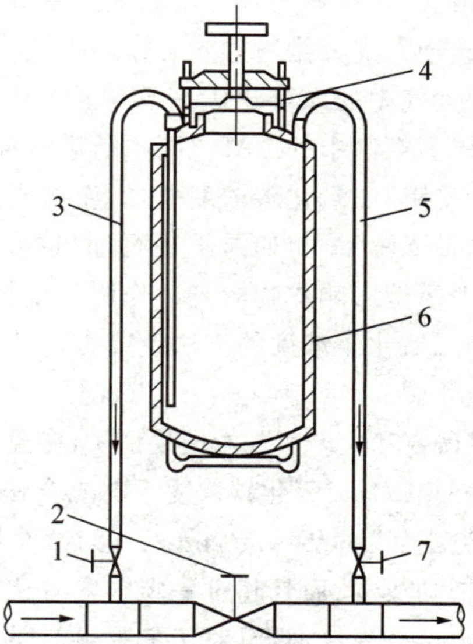

图 12 - 17 压差式施肥罐

1. 进水管控制阀 2. 输水管控制阀 3. 进水管 4. 罐盖 5. 出水管 6. 贮液罐 7. 出水管控制阀

脉冲滴灌系统的特点在于脉冲过程中产生的频率振动，使灌水器在形成一个脉冲的同时被强力冲洗一次，使浮在灌水器出水口的沙粒或污物容易被冲掉。所以脉冲滴灌系统的最大优点是在相同条件下抗堵塞能力优于其他滴灌方式，并且造价低。

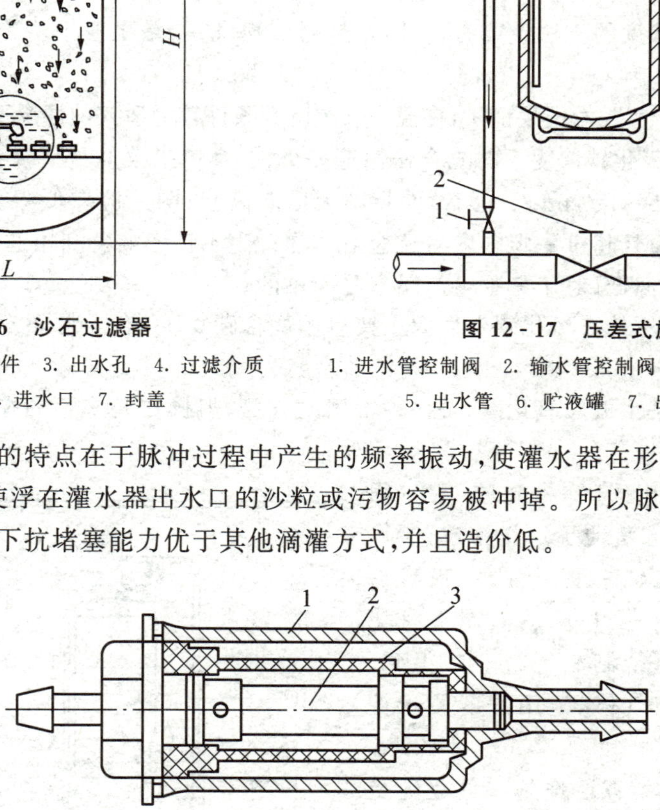

图 12 - 18 脉冲发生器

1. 壳体 2. 型芯 3. 胶囊

4. 迷宫式滴灌带 滴灌带是目前滴灌工程中所采用的一种较为先进的灌水设备(图 12 - 19)。滴灌带是在内径 15 mm 的薄壁管上(壁厚 0.25 mm)按照一定间距(300 mm)均匀地加工成出水流道，像迷宫一样。它是一种带灌水器的薄壁毛管。因此，具有造价低、使用方便、铺设距离长且灌水均匀度高等优点，广泛用于大田及大棚的作物灌溉。

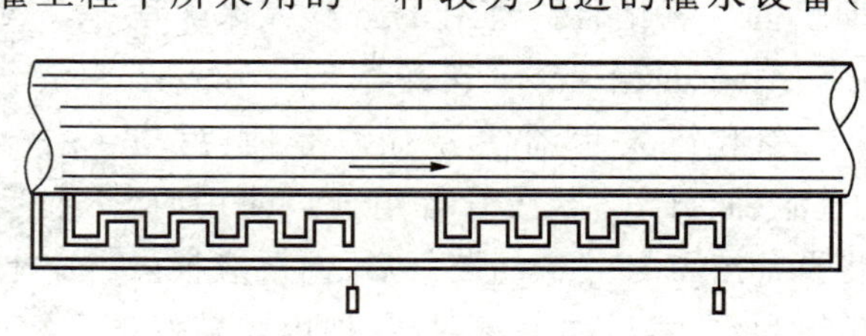

图 12 - 19 滴灌带灌水器

五、二氧化碳调控方法与设备

二氧化碳是作物光合作用的重要原料之一。蔬菜产品的干物质中，有将近一半的元素是碳，这些碳绝大部分是通过光合作用吸收空气中的二氧化碳得来的。

通常大气中的二氧化碳平均浓度大约为 0.33 mL/L。在露地栽培条件下，由于空气流动，作物周围空气中的二氧化碳不断进行补充，能维持作物的正常光合作用。但由于温室内外空气流动受阻，二氧化碳浓度下降，作物群体内部的二氧化碳浓度常常低于平均浓度。特别是在封闭的日光温室内，如果不进行通风换气或增施二氧化碳，就会使作物处于长期的饥饿状态，从而严重地影响作物的光合作用和生长。

提高二氧化碳浓度的方法主要有三种：一是通风换气；二是土壤中增施有机质；三是人工施用二氧化碳。

许多研究和生产实践的结果证实，在温、光、湿度等条件较为适宜的情况下，一般蔬菜作物在 0.61～1.5 mL/L 二氧化碳浓度下的光合作用速率最快，其中果菜类蔬菜以 1.0～1.5 mL/L 为宜，叶菜类蔬菜以 0.6～1.0 mL/L 为宜，而且晴天应取高限，阴天应取低限。二氧化碳浓度过高，不仅增加成本，而且超过一定限度后还会对作物产生不良影响。利用通风换气调控二氧化碳浓度，由于外界气温低，对于冬季生产温室是困难的。

目前，国内外采用的二氧化碳发生源主要有燃烧含碳物质、施放纯净二氧化碳和化学反应产生二氧化碳三种方法。

燃烧含碳物质来生成二氧化碳，是一种常用的方法，但操作起来不易控制，容易对作物产生不利影响。

施放纯净二氧化碳：一是施放干冰（固体二氧化碳），这种方法便于定量施放，所得气体纯净，但干冰成本高，贮运不便，而且易造成干冰吸热降温。二是施放液态二氧化碳，这种二氧化碳可从制酒等行业中得到，它纯度高，不含有害气体，施用浓度便于控制，但成本较高。

近几年来，用化学方法增施二氧化碳受到重视。这种方法主要是采用强酸与酸盐反应而产生二氧化碳。目前我国北方一些日光温室中常用稀硫酸中加碳酸氢铵的方法来产生二氧化碳。适用于温室等保护地栽培的蔬菜、瓜果、苗木、花卉等。

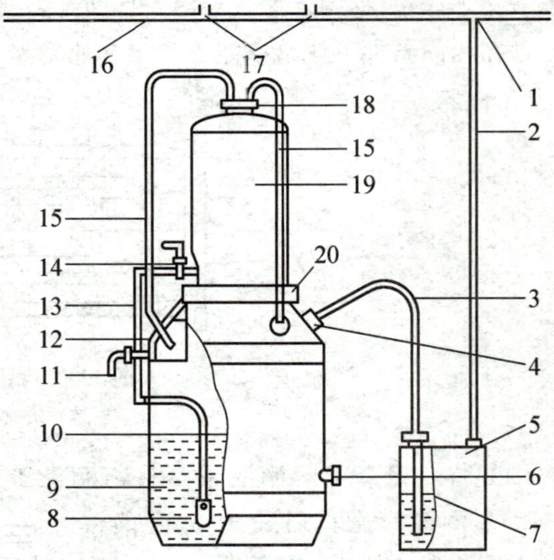

图 12-20 BZ7-2 型平衡式二氧化碳气肥发生器

1. 三通 2. 导气管 3. 排气管 4. 出气口 5. 过滤桶 6. 排液口 7. 水位线 8. 沉降头 9. 反应桶 10. 装料线 11. 阀门 B 12. 定量桶 13. 导酸管 14. 阀门 A 15. 平衡管 16. 输气管 17. 出气孔 18,20. 压盖 19. 贮酸桶

二氧化碳发生器主要有贮酸桶、反应桶、过滤桶、导气、导酸管等组成。使用时，先将设备按图 12-20 组装好后，向反应桶内加碳铵和水，然后加上密封圈，把内盖盖好，拧紧外盖。根据室内面积确定定量管长度，剪好定量管后，插入进酸口，并拧紧。向贮

酸桶加硫酸，把贮酸桶放到反应桶上方，处于工作位置。接通平衡管、导气管和导酸管。将过滤桶加水至水位线。先把阀门B手柄旋转朝上，再打开阀门A，让硫酸注满定量桶（可从回气管观察到），关闭阀门A，把阀门B手柄旋转朝下即可反应。施用时间在育苗和作物生长的前期、中期，一般定植移栽后即开始使用。每天早晨日出后1 h开始使用，遇阴雨、寒流等光线弱和低温天气停止使用；春季放风季节应照常使用，使用后须适当推迟放风时间，一般施后1 h即可放风，因二氧化碳密度大于空气，最好采用顶部放风。

使用时应注意：①所用硫酸对人体皮肤、衣服有腐蚀性，搬运操作要小心。②62%的稀释方法：先取一定体积的水置入塑料或陶瓷容器内（不能用铁容器），再在木棒慢慢搅动下将同体积的98%浓硫酸缓慢倒入水中。不能将水倒入硫酸中。③每使用5次要更换一次过滤桶中的水，并分两次打开排液口放出部分反应液。④放出的反应液不能直接使用，应把它稀释100倍以上。⑤不可在反应时更换过滤桶中的水和放出液体。⑥在安装各连接件、阀门时注意加放垫片。⑦经常检查各密封件是否完好。

第三节 设施园艺机械

由于设施园艺是人为地创造适于作物生长、发育的小气候条件进行作物生产的，所以在作物生产过程中应用的各种机械设备也有着不同于大田机械的特点。特别是在温室、大棚中作业的机械，由于棚室高度较低，中脊高度为2.4～2.8 m，跨度为5.5～10 m，前坡面弯折处高度为1 m左右，大田机械无法在棚室内正常作业。所以必须发展小型化、多功能适于在设施园艺中作业的农机具。

一、小型耕整地机械

（一）小型耕整地机械的发展概况

国外已有许多生产小型耕耘机的公司，例如美国专门生产小型拖拉机的吉尔森公司生产的自走式旋耕机。该机的主要特点是旋耕机直接由底盘驱动轴带动，机体重量全部压在旋耕刀片上，刀盘直径为35.5 cm，耕幅为30.4～66 cm，传动形式为链传动和蜗轮蜗杆传动两种型式。功率为3.68 kW左右，适于菜园、温室等地作业。不旋耕时可换上轮子配带其他农具：翻转犁、除草铲、中耕铲、齿耙等作业。

意大利M·B公司生产一种单轮驱动的旋耕机，动力为3.3 kW汽油机，单机重量为40 kg。适于菜园、花圃中耕作业，一次完成旋耕培土两项作业。

该公司还生产5.89～7.36 kW多用自走底盘，由驱动轴配带旋耕机完成田间旋耕作业，换上轮胎后又可完成犁耕、运输、喷雾等作业。

日本和韩国，蔬菜育苗、种植、田间管理、收获、产品处理与加工等工序都已实现机械化。机具的突出特点是小而精，耐用，使用起来轻松自如。例如日本生产的适于温室作业的带驱动轮行走式旋耕机（图12-21）；韩国生产的万能管理机，一台主机配带40多种农机具，可用于农田作业；果树低矮树枝下、温室大棚等地作业。

日本、美国、韩国等国家的小型耕耘机多以2.2～8 kW的汽油机为动力。为减少对棚室内的空气污染出现了用电动机作动力的小型自走式旋耕机。

近几年，我国也相继出现了很多适于保护地作业的小型机具。许多地区由大专院校、科研院所和工厂相结合研制的小型自走式旋耕机，适于棚室耕整地作业。

图 12-22 为蓝天牌 IDN 多功能微型耕作机，该机配套动力为 4.4 kW 柴油机，整机重不足 100 kg，适用于平原、水田、果园、棚室等地旋耕作业，配有三刀式、四刀式、五角滚筒式三种旋耕器，作业效果较好。配上相应机具可喷雾作业。

图 12-21　带驱动轮行走式旋耕机

图 12-22　蓝天牌 IDN 多功能微型耕作机

DTJ4 型多功能田园管理机（图 12-23）配套动力 2.2 kW，输出轴转速 58～109 r/min，重量 70 kg，手柄可作水平方向 360°、垂直方向 30°调整，可进行旋耕、除草、开沟、培土、覆膜等作业。

图 12-23　DTJ4 多功能田园管理机

由江苏地区生产的微型耕整机如图 12-24 和图 12-25 所示。ZL-1GZ-3 微耕机结构新颖，犁头前置，动力在后，采用单履带行走，附着性能好，适于旱地、水田、大棚、果园、菜田等作业。配套动力 2 kW。

图 12 - 24 ZY - DTJ - 3 多功能田园管理机

图 12 - 25 ZL - 1GZ - 3 微耕机

图 12 - 26 是金牛大兴万能管理机，它是沈阳金牛总厂从韩国引进和开发的新产品。最大功率为 5.52 kW，以四行程单缸汽油机为动力，一台主机可与深旋耕机、犁、开沟机、覆土机、铺膜机、根茎收获机等 20 多种农机具配套使用。扶手可旋转 360°，便于在棚室内前端较低矮的土地上作业，适于果园低矮树枝下狭窄空间作业，此外，还适于旱田、温室、蔬菜大棚等地作业。

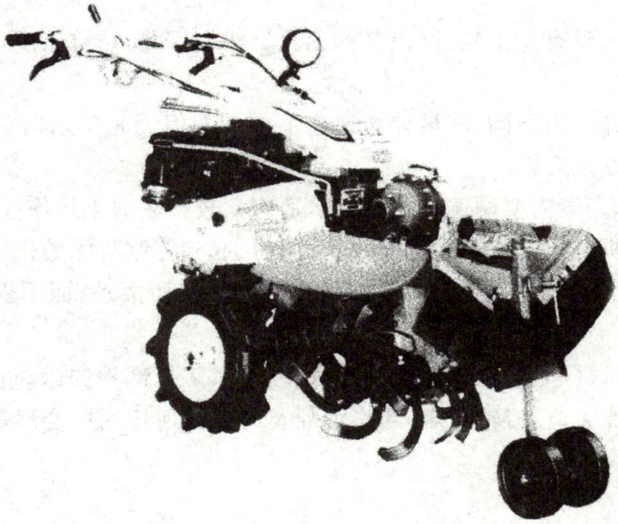

图 12 - 26 金牛大兴万能管理机

(二)小型自走式旋耕机基本构造及工作原理

尽管适应棚室耕整地的旋耕机种类繁多，但它们的结构、特点及工作原理基本相同，主要由动力部分、旋耕部件、传动部件、操纵部件、阻力铲等部分组成(图 12 - 27)。

工作时，发动机旋转，动力经变速箱传给变速箱下方的驱动轴，驱动安装在轴上的、并分别

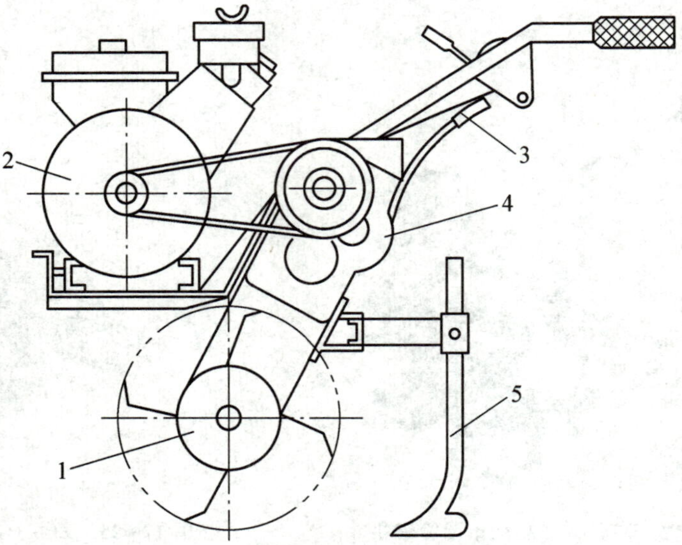

图 12-27 自走式旋耕机结构示意图

1. 旋耕部件 2. 发动机 3. 操纵部件 4. 变速箱 5. 阻力铲

位于变速箱两侧的两组旋耕部件旋转，切削土壤，将切下的土壤向后抛扔、破碎，同时通过土壤反力推动机器前进；变速箱下方的土壤被阻力铲耕松，从而防止漏耕，同时还可以起到稳定耕深和限制耕深的作用。

结构特点：

(1)自走式旋耕机没有行走轮，所以又称无轮旋耕。因此，结构紧凑，体积小、重量轻，适应于棚室等地作业。

(2)该机根据选择动力不同，其最佳转速也不相同。但无轮旋耕时的转速不能太高，否则机器不能前进，只在原地旋转。

(3)耕深比较浅，一般需要两遍作业，因此，适应比较松软的土地作业。

(4)自走式旋耕机必须安装阻力铲，除防止漏耕、起到控制耕深的作用外，更重要的作用是能保证机器稳定作业。如不安装阻力铲，则机器只能在地面滚动，而不能入土，因此不能正常作业。

自走式旋耕机在我国是近几年出现的新机型，虽然工作部件的运动轨迹仍为余摆线，但它的切土节距、旋转速比 λ 值、刀轴扭矩、功率消耗及刀片如何排列更合理等理论问题还需完善，有待进一步研究。

二、地膜覆盖机

地膜覆盖栽培就是用机械或人工将农用薄膜直接铺在垄(畦)面上，膜的两侧边用土压牢，然后在膜上破膜直接播种或栽培秧苗；也可以先播种，而后再铺膜，当作物出苗时，由人工破膜引苗。但是不论采用哪种方法，都必须用土把苗眼处封严，防止透气。地膜覆盖栽培的主要优点是：保温、保水、保肥，抑制杂草生长，预防病害和自然灾害，增产效果显著，铺膜方法和栽培技术容易推广和应用，同其他技术措施相比，具有投入少、效益高的特点。

我国自 20 世纪 70 年代开始研制地膜覆盖机械，已有多种机型，如单一型地膜覆盖机、旋耕地膜覆盖机、覆膜播种联合作业机等。

(一)地膜覆盖机构造和工作过程

地膜覆盖机虽然种类和型号较多,但其结构和工作原理基本相似,下面以旋耕地膜覆盖机为例说明其构造和工作过程。

该机可同时完成整地和覆膜作业,作业质量好,效率高。目前用于生产的有1GF-2型旋耕覆膜机(用于畦作)和1DG-210型旋耕覆膜机(垄畦兼用)。此外还有一些与中小型拖拉机配套使用的旋耕覆膜机。

1. 机器组成和工作过程　图12-28为1DG-210型旋耕覆膜机结构示意图,该机包括旋耕机、机架、弹性折叠架、覆膜工作部件和喷洒农药装置等部分,作业时可同时完成旋耕整地、起垄、压实、覆膜和覆土等多项作业环节,需要时还可喷洒农药。

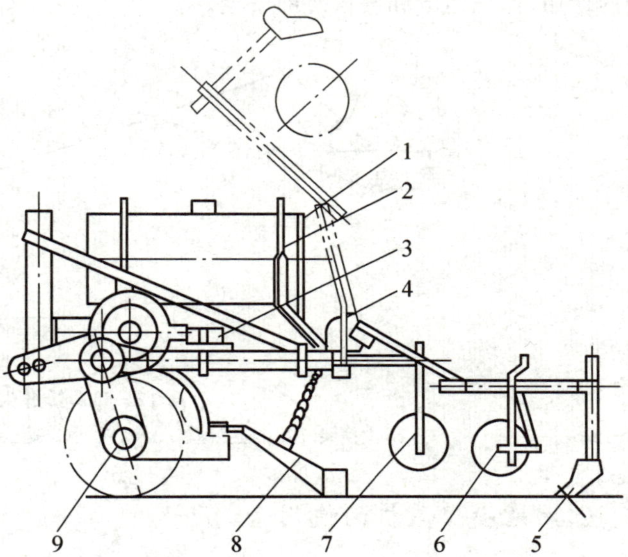

图12-28　1DG-210型旋耕覆膜机

1. 支柱　2. 喷药装置　3. 座位　4. 划印器　5. 覆土铧　6. 压膜轮　7. 挂膜架　8. 整形器　9. 旋耕刀

该机为悬挂式,与大功率拖拉机配套使用。作业时,拖拉机牵引旋耕覆膜机前进,其动力输出轴驱动旋耕机旋耕土壤,并将土壤抛向后方,由整形器接纳并收缩成垄,形成覆膜主垄。在垄的两侧由整形器的分土板开出压膜沟,挂膜架上的膜卷沿垄面滚动,将垄顶压实,并把薄膜覆在垄上,由两侧的压膜轮分别把薄膜边缘压入沟内,覆土器将垄间的余土覆盖在膜边上。由于是旋耕覆膜联合作业,整地质量好,有利于保墒,薄膜贴实垄面,能较好地满足覆膜作业的技术要求。

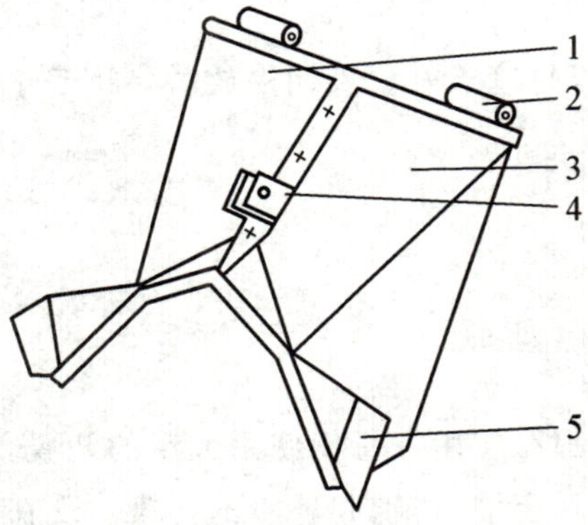

图12-29　整形器

1. 左铧板　2. 销套　3. 右铧板　4. 耳板　5. 分土板

2. 主要工作部件　包括整形器、挂膜架、压膜轮和覆土器等。整形器采用单体仿形全封闭结构(图12-29)。由左铧板、右铧板、左右分土板、连接销套及弹簧加压装置等组成。装配时把旋耕机后托板去掉,整形器通过铰连轴与旋耕机相连。作业时,依靠旋耕机向后抛掷的土流成垄,形成主垄。在两整形器之间留有泄土通道,形成一小垄,即覆膜用土。全机有3个垄作整形器,当由垄作改为畦作时,将整形器左、右铧板拆开,在中间加装一块连接盖板,即构成畦作整形器。

挂膜架、压膜轮和覆土器与其他类型地膜覆盖机基本相同，其中覆土器为铧式，中间两个为双翼铧，左、右侧的为单翼铧。

3. 折叠架　旋耕覆膜机机组较长，覆土铧和压膜轮都装在后部的折叠架上，工作时用弹簧加压，保证覆土铧的入土能力，运输时将折叠架折起，缩短机组长度便于运输。折叠架装在主横梁上，由折叠架座、直梁及加压弹簧等组成(图 12-30)。折叠架座与主横梁上平面成 45°角配置。这种结构在工作时弹簧拉力可以调到比较大的值，直梁折起后弹簧又有限制直梁回位的作用，保证运输和停放时的安全。

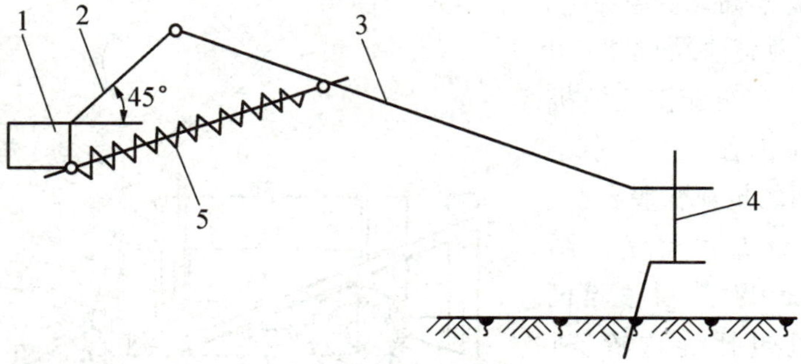

图 12-30　折叠架

1. 主横梁　2. 折叠架座　3. 直梁　4. 覆土铧　5. 加压弹簧

(二)地膜覆盖机的使用

1. 作业前应检查土地条件，整地质量要满足覆膜要求。地膜覆盖栽培是一项精耕细作的栽培方法，覆膜前应对土地进行耕翻和细耙，然后起垄或做畦。土壤含水量为适耕状态，地表无大的残株杂物。良好的整地条件是保证覆膜质量的前提。

2. 覆膜机作业时必须保证各工作部件之间有正确的工作位置，因此作业前应按要求对覆膜机进行调整，调整和安装后，应将各部件固定螺栓拧紧，防止松动。

3. 根据要求调整和润滑转动部件，保持其转动的灵活性。

4. 覆膜机调节部位较多，作业时常需随时进行调节，以保证作业质量。要注意保持各调节部件的完好性，防止锈蚀、损坏或丢失。调节时要注意安全，严禁在机组运行中调节工作部件。

5. 作业结束后应清除机器上的泥土和缠绕物，把压膜轮遮盖好。长期停放时要将各主要工作部件拆下存放，防止变形或丢失。

三、残膜回收机械

(一)残留地膜对农业环境的影响及治理途径

目前，全国各地使用农膜的面积很大，从菜地到大田都有应用。每年使用大量的地膜，由于不能及时回收，田间残膜存留量也在不断增加，已构成对土壤、作物和环境的污染。现在使用的地膜是一种高分子化合物，在通常的自然条件下很难分解，它在土壤中的存留，使土壤透气性变差，妨碍水分的流动和作物根系的发育。

1994 年以来，我国每年地膜覆盖种植总面积稳定在 530 万 hm^2 左右，约有 1/3 的地膜碎片残留在土壤中，不能被回收，致使土壤结构遭到破坏，不仅使作物减产、污染环境，而且影响机械作业，主要表现是缠绕农机工作部件，严重时会使机器无法作业。因此，解决田间残膜的污染，是农业生产上亟待解决的问题。

通过多年的调查研究与实践，人们认识到田间残膜治理必须采用综合技术措施来解决，其中捡拾是一项有效的方法。捡拾方法有人工和机械两种，人工捡拾只要组织得法，可以捡拾干净。但在生产上由于时间紧、地膜质量差，往往捡拾不净，甚至根本不捡而直接翻地。因此，发展机械捡拾残膜是一项有效的措施，机械回收残膜生产率高，有利于抢农时，收净率可达 85%以上，回收的残膜可以再利用。目前，我国已经研制成功的几种残膜回收机，通过在生产上的应用证明，其工作性能基本上能满足生产要求，机型也符合我国农村实际，可以推广和应用。

(二)收膜机的结构和工作过程

图 12-31 为 1LS-2 型收膜机结构简图，该机适用于蔬菜垄作地区秋季和春季收膜，主要由工作部件、机架、护板、行走轮、传动机构和集膜箱等组成，工作部件包括拾膜轮、推板和松土器三大组件。拾膜轮为拾膜部件，其上装有弹齿，每根齿用护板隔开，弹齿的运动轨迹由一个滑道控制。每根齿的上部有一块推板，推板机构的功用是协助弹齿脱膜，防止返带，并将捡起的残膜推进集膜箱内。松土部件为曲面圆盘式，在机器上成复合倾角配置，全机共有 4 个，配置在拾膜轮的前部。

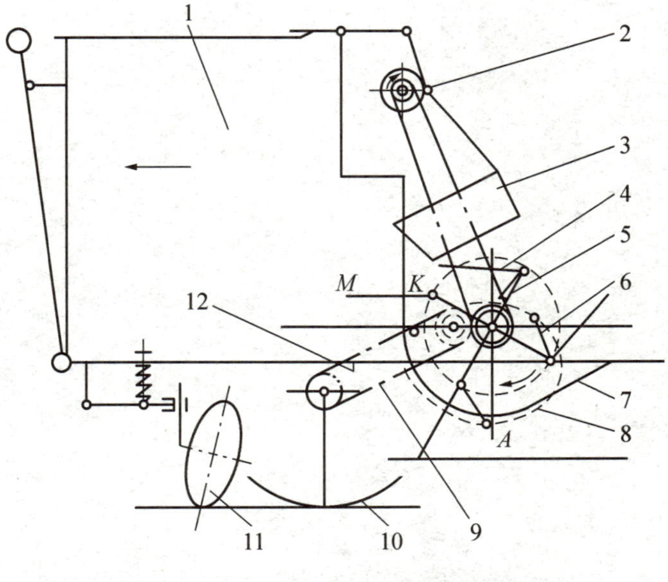

图 12-31 1LS-2 型收膜机结构简图

1. 集膜箱 2. 曲柄 3. 推板 4. 弹齿 5. 拾膜轮 6. 控制杆 7. 护板 8. 控制滑道 9. 链条 10. 行走轮 11. 松土器 12. 集膜箱活底

作业时，先由松土器将垄两侧的压膜土疏松。弹齿拾膜轮由行走轮驱动，在转动过程中弹齿由后下方入土，将垄面上的残膜向上方挑起，并送入集膜箱内，然后弹齿以水平状态从护板间隙中抽出。与此同时，位于弹齿上方的推板，由护板间隙处从外部向箱内运动，将已捡起的残膜推入箱内，并协助弹齿脱膜及清除护板间隙中可能存留的残膜，避免弹齿返程时回带。当集膜箱装满后，可打开箱底活门把残膜卸掉，作业 300 m 左右卸一次。

思 考 题

1. 简述温室的种类及特点。
2. 温室中的环境调控设施有哪些，各起什么作用？
3. 简述小型自走式旋耕机基本构造及工作原理。
4. 简述地膜覆盖机构造及工作过程。
5. 简述收膜机的结构及工作过程。

第十三章　果蔬收获与加工机械

◉**学习目标**

通过本章的学习，重点掌握果实采收机械、根类蔬菜收获机械的种类、结构及工作原理；熟悉果蔬清洗机械的种类及工作原理；了解果蔬分选机械的类型及分选原理。

水果和蔬菜不但种类多，而且成熟期不一致，收获期持续时间长；可食用部分差异大，有根、茎、叶、果等，且鲜嫩多汁极易碰伤。人工收获常根据尺寸、颜色、形状或其他一些直观因素进行选收，摘离的方法一般涉及切、掐、拉、弯、折、扭等动作中的一种至几种，机器收获很难达到这一点，因此实现果蔬收获机械化难度较大。但是，很多水果和蔬菜极易腐烂，收获季节性强，必须将成熟的果蔬及时收获、装运、挑选、分级、出售或立即加工。作业的工序多、工时多，质量要求高，劳动强度大。要保证增产增收，并以优质产品供应市场，果蔬的收获和加工必须依靠科学技术和机械设备。

第一节　果实采收机械

果实采收的方法主要有手工采收、半机械化采收和机械化采收三种。

手工采收是在果实收获季节，依靠大量劳动力，用采收提篮、挂篓和采收梯架进行单个采收。这种方法采收的果实损伤少，质量高，但生产率低。

半机械化采收是利用采摘工具(摘果钳等)进行选择性采摘，并借助采果作业台车移动工作位置，采用机械输送和搬运果品。这种由人工与机械结合的半机械化采收方法，比人工借助梯架直接采摘的方法提高工效50%～80%。鉴于我国目前劳动力资源丰富以及有食用新鲜果品的习惯，应用这种采收方法不但提高工效，而且减轻劳动强度，比较适合我国国情。

机械化采收是利用机械振动式或气动式采果机，使果实振摇掉落，由设置在果树下面的承接装置接收，并由输送装置输送至运输车上。机械振摇采果的工效高，但造成果品的损伤率也高，需要及时加工。应用这种无选择性的采收方法时，由于未成熟与过成熟果品都掉落，致使损失较多，产量降低。进行多次采收可以减少过熟果品的数量，但又会加重果树的损伤。

一、摇动式采果机

(一)工作原理

利用机械推摇果树，使果树振摇产生惯性力，从而对果柄施以弯曲、扭转、拉扯等作用，当惯性力大于果实与果枝的结合力时，果实就与果枝脱离掉落。摘果率的高低与惯性力有关，而惯性力的大小与振摇频率及振幅有关，振摇频率和振幅取决于推摇器往复运动的频率、运动的行程和作用于树干的部位。振摇的频率高，产生的惯性力就大。振幅大，产生的惯性力也大；

但是振幅过大，使树干和树枝变形过大，容易损伤果树，一般是以提高振摇频率的方法获得较大的惯性力。推摇器作用于树干的部位要低，采用的振幅要小，否则容易损伤果树。但为了获得一定大小的惯性力，就要提高振摇频率，而且需要较大的作用力，所以作用部位过低，振幅过小，振摇效果差，也容易损伤果树。作用的部位过高，枝干柔软，缓冲、吸收振动的能力强，需要的振幅大。因此，选择好推摇器的振摇频率、振幅和作用部位，才能获得较好的振摇效果。推摇器的作用部位一般在树干高度的 2/3 处；振摇频率为每分钟 800～2 500 次，振幅为 1～2 cm。振摇树枝的频率为每分钟 400～1 400 次，振幅为 4～5 cm。

（二）一般构造

摇动式采果机主要由推摇器、夹持器和接果装置组成（图 13 - 1）。

图 13 - 1　摇动式采果机

1. 推摇器　推摇器有固定冲程式和偏心作用式两种。固定冲程式推摇器采用偏心轮或曲柄连杆机构，由拖拉机的动力输出轴或其他动力驱动。这种机构的质量小，冲程大，由质量产生的惯性力小，推摇果树的振幅大，容易损伤果树；偏心作用式推摇器（图 13 - 2）在机构上附加偏心重块，由于不平衡的偏心重块在旋转时产生惯性力，所以也称为惯性式推摇器，这种偏

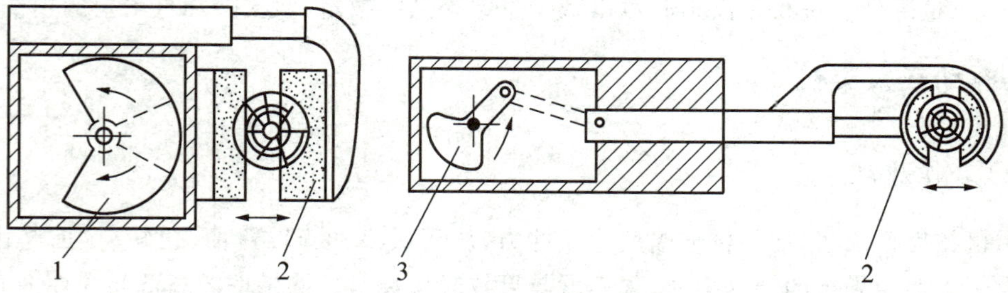

图 13 - 2　偏心作用式推摇器

1. 偏心重块　2. 夹持器　3. 曲柄滑块机构

心推摇器产生的惯性力大，可以减小冲程，因此采用较多。

2. 夹持器　夹持器用于将推摇器的振动传递给果树，由活动夹头、固定夹头和弹性衬垫组成（图 13 - 3），弹性衬垫用于适应树干形状和避免损伤树皮，夹持器的开闭利用液压系统操纵。

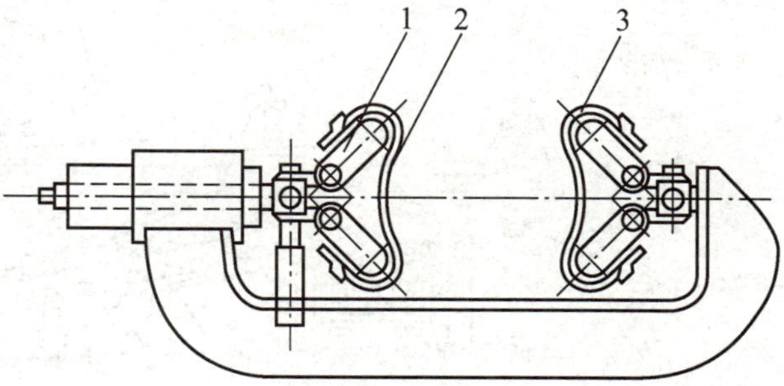

图 13 - 3　夹持器

1. 活动夹头　2. 弹性垫　3. 固定夹头

3. 接果装置　接果装置用于接收并输送果实，一般由收集面、缓冲条带和输送装置等几部分组成（图 13 - 4）。收集面有倒伞形围绕式和双斜面合拢式两种，在收集面上方设置有 1～4 层的缓冲条带，使果实先落在条带上，减速后再滚落至收集面上，以减少果实撞伤；果实沿收集面的斜面滚到中间，并导入中间输送装置。接果装置一般设置有行走机构，可自行推进合拢。

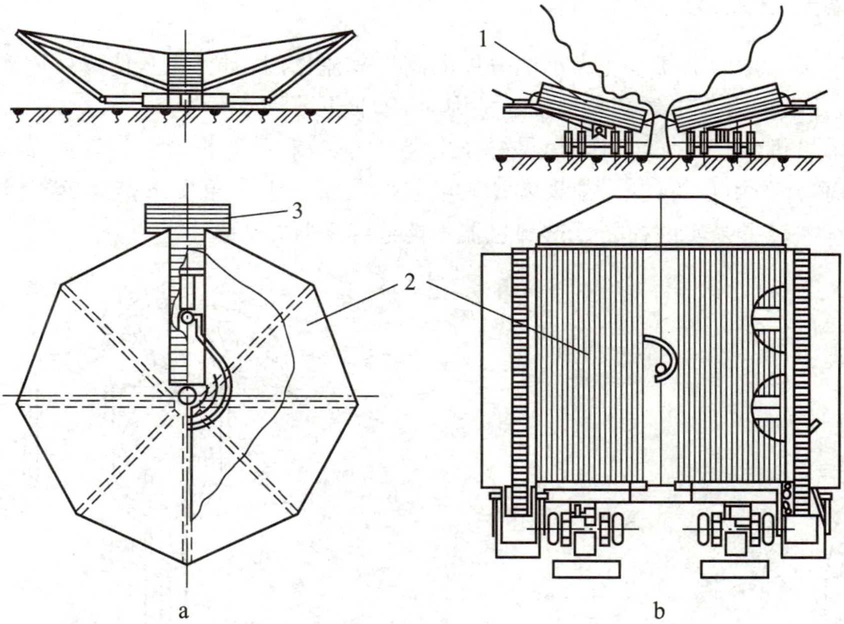

图 13 - 4　接果装置

a. 倒伞形围绕式　b. 双斜面合拢式

1. 缓冲条带　2. 收集面　3. 传送装置

（三）采收作业过程

采收时，先将夹持器夹住树干（或大树枝上），再将接载装置推靠在树干周围，并安装好运输车（图 13 - 5）。由推摇器推摇果树，果实经缓冲条带落于收集面上，沿斜面滚向中间输送装置，借输送带送至运输车中。在输送过程中由风扇清除轻杂物，完成初步清理。在每棵果树的采收作业全过程中，采果只需 1～2 min，而较多的时间用于转移工作位置、固定夹持器和安装接载装置等辅助作业上。

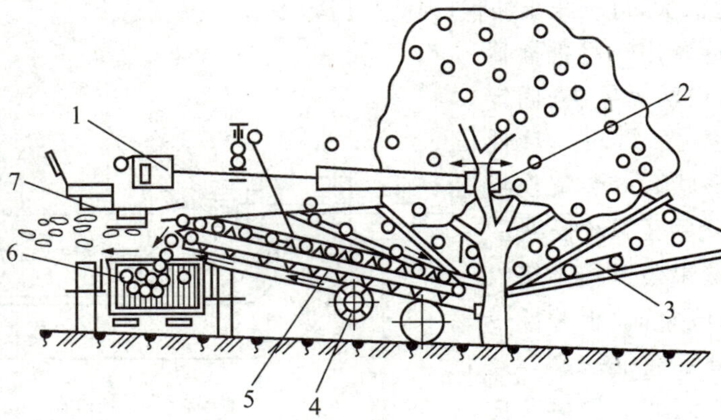

图 13 - 5　摇动式采果机作业过程示意图

1. 推摇器　2. 夹持器　3. 接果装置　4. 风扇　5. 输送装置　6. 运载车箱　7. 操作座位

二、气动式采果机

气动式采果机是以不断改变大小和方向的高压气流作用在树枝上，使树枝摇动，果实产生惯性力，当这种惯性力大于果柄与树枝连接力时，果实下落。

气动式采果机(图 13 - 6)工作时，果树枝由竖直筒包围，鼓风机产生的气流，经断续器断续地吹向竖直筒，并作用在树枝上，使果实掉入网状的集果器上。果实下落时，受气流的阻力作用，速度减慢，减轻了果实的损伤。这种机器不能连续采收。

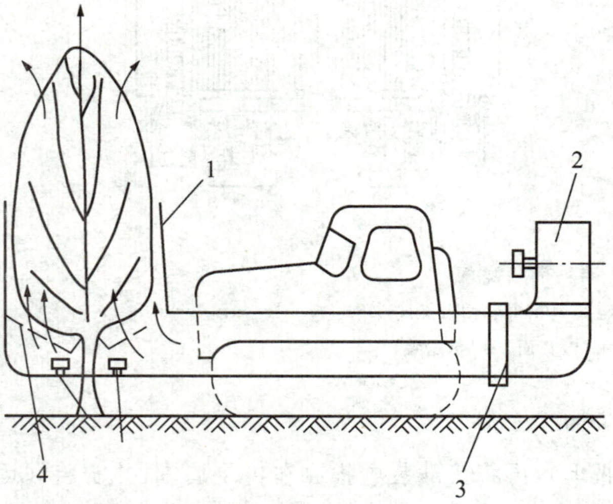

图 13 - 6　气动式采果机

1. 竖直筒　2. 鼓风机　3. 断续器　4. 集果器

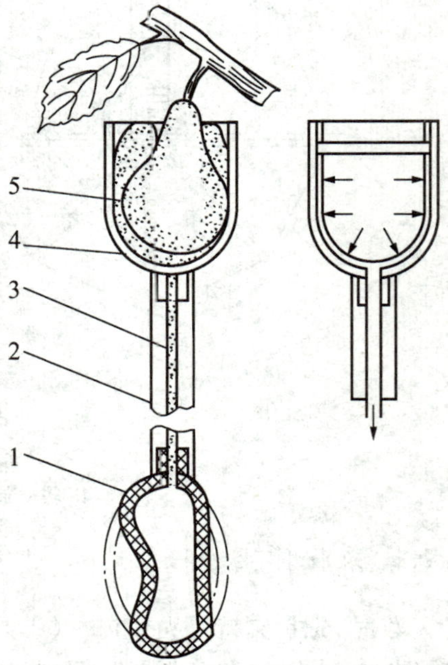

图 13 - 7 摘果钳

1. 充气胶囊　2. 铝合金管　3. 通气孔道
4. 果囊托　5. 摘果囊

三、人工采摘机具

人工采摘过程中应用的机具有摘果钳和作业台车。

摘果钳有多种形式。图 13 - 7 所示是一种充气的摘果钳，作业时，将摘果囊托住果实，然后用手压紧充气胶囊，气体通过孔道进入果囊，使果囊内气压增高，抱紧果实，再扳动或扭动摘果钳将果实摘下。这种充气摘果钳，能够适应果实形状，不会损伤果实。

采果作业台车有升降式和固定式两种。升降式作业台车即高空作业车；固定式作业台车的两侧设置几个不同高度的作业台，台车中间设置输送装置和放置果箱。作业时，台车沿篱壁式栽植的果树行间行走，不同工作位置的工人采摘不同高度的果实。摘下的果实放入收容器后自动落入果箱。装满果实的果箱由滚道送到地面或平板车上。

第二节　蔬菜收获机械

蔬菜的种类多，生态差异大，尤其是食用部分的形态和生长部位的差异很大，采用的收获方法也不同。

食用根菜（萝卜、胡萝卜等）和有些食用茎菜（洋葱、马铃薯等）生长于土壤中，收获的方法一般采用挖掘法和拔取法，其收获机械有挖掘式和拔取式两种。挖掘式收获机械的收获工序是先切除蔬菜露于地面的茎叶，然后把土中的食用根、茎挖出，再分离土块和杂草等混杂物。拔取式收获机械的收获工序是先把植株从土壤中拔出，然后分离非食用的茎叶和土块。

食用茎菜和食用叶菜分结球（莴苣、甘蓝和白菜）和不结球（芹菜、菠菜）两种形态。结球蔬菜的收获有切割法和拔取法；不结球蔬菜都采用切割法，其收获机械也有切割式和拔取式两种。切割式收获机是将茎、叶切割下来并输送至菜箱，根部留在土壤中；拔取式收获机是将结球蔬菜拔出后再切根和分离零散外叶。茎、叶蔬菜的收获机械多为一次性收获。

番茄、黄瓜等果菜的收获工序有两种：一种是不切割植株，收获机进入行间摘果，然后分离掉落的茎叶；另一种是先切割植株，送入机器内再摘果，并分离茎叶。无论哪一种方法，都采用一次性收获，然后再进行分选。

一、根类作物收获机械

（一）马铃薯收获机

马铃薯收获机有挖掘机和联合收获机两种。前者分为简易畜力挖掘机和大型挖掘机，大型挖掘机分为升运链式、离心滚筒式和抛掷式三类。

1. 升运链式挖掘机　它可用畜力或拖拉机牵引，如图 13 - 8 所示。我国目前生产的 4WM - 2型马铃薯挖掘机与之类似（图 13 - 9），它由限深轮、挖掘铲、升运链和集条器等工作部件组成，适用于较平坦的大面积沙土或沙壤土作业，与 30 kW 以上的带液压提升装置的轮式拖拉机配套。工作时，挖掘铲将掘起的薯块和土层送往第一升运链，升运链条可随抖动轮上、下抖动，以增强粉碎和分离土块的能力。第二升运链进一步分离薯块与泥土，并降低薯块的高度，把薯块送到机器后部，由集条器将薯块积聚，在地面上铺放成条。升运链式挖掘机虽然结构复杂而笨重，升运链易磨损，但工作较为稳定可靠，并可兼用于其他块根、块茎作物的挖掘收获。

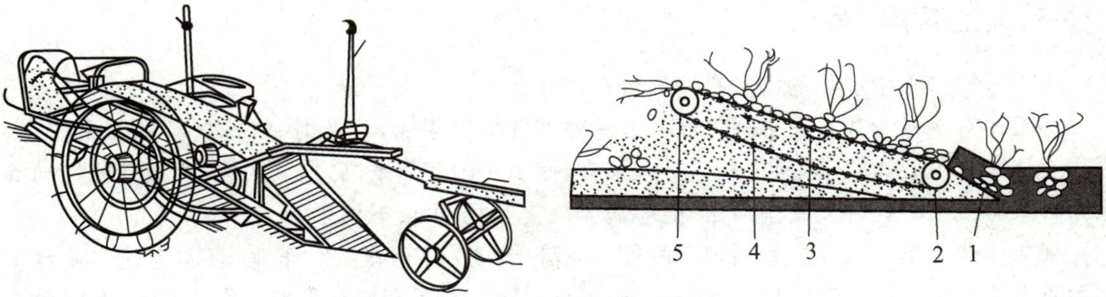

图 13-8　升运链式挖掘机

1. 挖掘铲　2,5. 链轮　3. 椭圆轮　4. 升运链

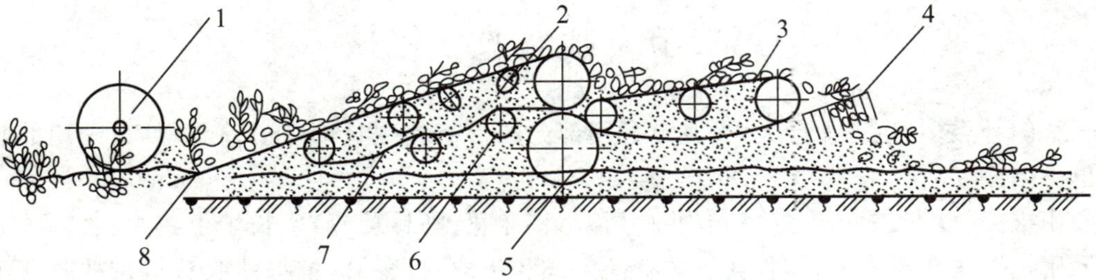

图 13-9　WM-2 型马铃薯挖掘机工作示意图

1. 限深轮　2. 抖动轮　3. 第二输送链　4. 集条器　5. 行走轮　6. 托链轮　7. 第一输送链　8. 挖掘铲

2. *旋转分离栅式挖掘机*　它由圆盘挖掘铲和旋转分离栅组成(图 13-10)。工作时,圆盘挖掘铲切入土壤,并由地面阻力带动,圆盘一边滚动一边前进。土壤连同掘起物一起沿圆盘面升起并翻转,表层土壤在下,薯块多在上,落入旋转分离栅上。分离栅由动力输出轴带动旋转,使土壤分离出去,并将薯块向后方输送,甩在地表上。圆盘挖掘铲适合于多草多石地,但结构复杂,价格高。

3. *马铃薯联合收获机*　马铃薯联合收获机一次可完成挖掘、分离、初选和装箱等作业,主要工作部件包括挖掘铲、分离输送机构和清选台。分离机构包括抖动输送链、充气辊筒、分离筛、茎叶分离器和圆筒筛等部件(图 13-11)。

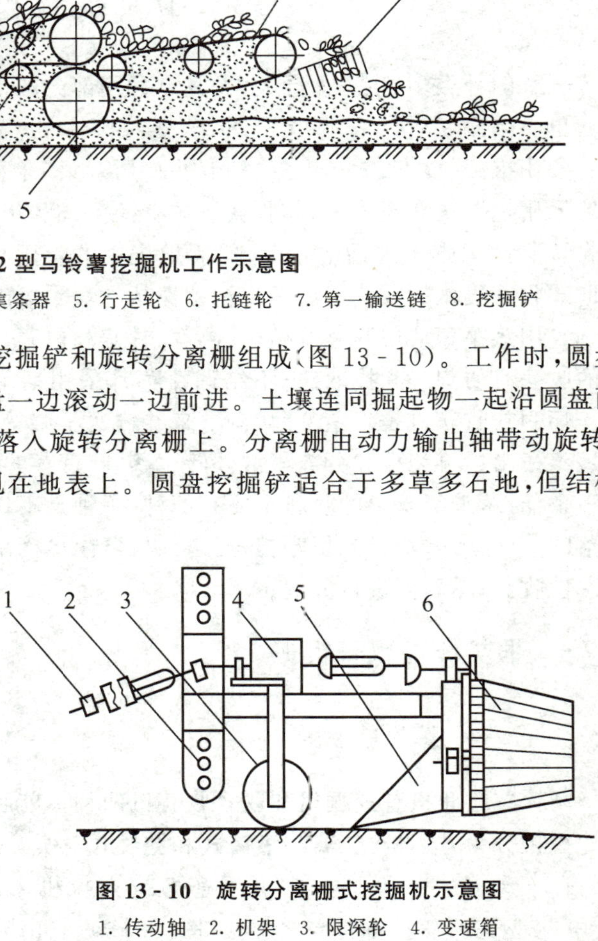

图 13-10　旋转分离栅式挖掘机示意图

1. 传动轴　2. 机架　3. 限深轮　4. 变速箱　5. 挖掘铲　6. 分离滚筒

机器工作时,靠仿形轮控制挖掘铲的入土深度,被挖起的薯块和土壤送至输送链初次分离,在输送链下方设有强制抖动机构强化输送链的碎土和分离能力。输送链的末端有一对充气的土块压碎辊(气压为 1～5 N/cm^2),辊长与输送链宽度相等,直径为 30 cm,两辊之间留有 1～3 cm的间隙。当土壤和薯块在辊间通过时,土块被压碎,薯块上的泥土被清除掉,还可使薯块与茎叶分离;薯块和泥土进入摆动筛后进一步分离,再送到后部宽间距杆条输送器上,茎叶及

杂草等长杂物由夹持输送带排出机外，薯块则从杆条缝隙落入圆筒筛。旋转的圆筒筛将薯块带到分选台上，同时作进一步分离，分选台两侧通常设有站台，工人可站在上面捡出杂物，薯块经分选台输送器和装载输送器装入薯箱或拖车。

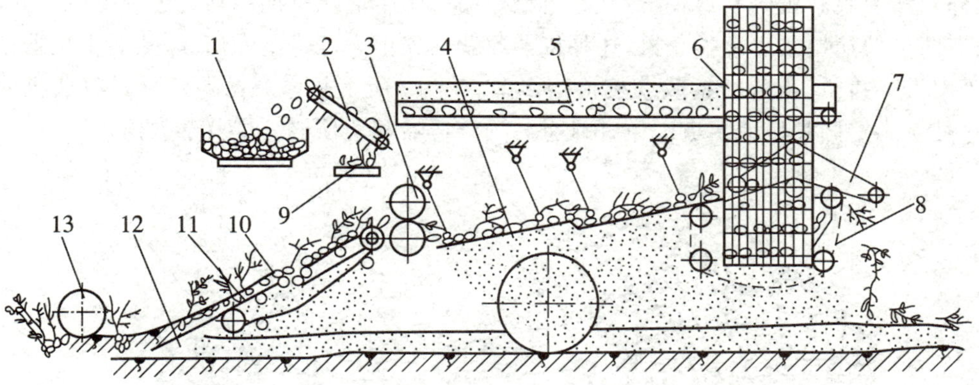

图 13-11 马铃薯联合收获机工作示意图

1. 薯箱 2. 输送器 3. 土块压碎辊 4. 摆动筛 5. 分选台 6. 圆筒筛 7. 夹持输送带 8. 杆条式输送器 9. 排杂器 10. 抖动器 11. 输送器 12. 挖掘铲 13. 仿形轮

马铃薯收获机在国内外发展得都比较早，应用也很普遍，近几年又有新的发展，由双行发展到三行、四行作业，在机器上增设辅助设备以扩大机器的使用范围，采用弹性材料的工作部件，以减少对薯块的损伤，研制了马铃薯的分选装置，可以将马铃薯按要求的规格进行分选，提高其商品化标准。

(二)胡萝卜收获机

胡萝卜收获机一般使用甜菜挖掘机或马铃薯挖掘机收获胡萝卜，辅以人工捡拾和装运。专用胡萝卜收获机的收获工艺有两种：一种工作原理和马铃薯收获机相似，即先切除茎叶、挖掘块根，然后使块根和土壤分离；另一种工作原理是用夹持器夹住茎叶拔出块根，这种机器工作时块根损失较大，可达 20%。图 13-12 所示为拔取式胡萝卜收获机工作过程示意图，作业时，挖掘铲挖掘一行块根，扶茎器从地上把茎叶扶起，并把它引向夹持拔取皮带，皮带夹着茎叶，并将块根从挖掘铲疏松了的土壤中拔出，然后送往茎叶切除装置，切下的茎叶被送到侧边槽内，并抛到已收获过的地里，而块根则落到纵向输送器上，再由横向输送器将块根装入拖车，在整个输送过程中

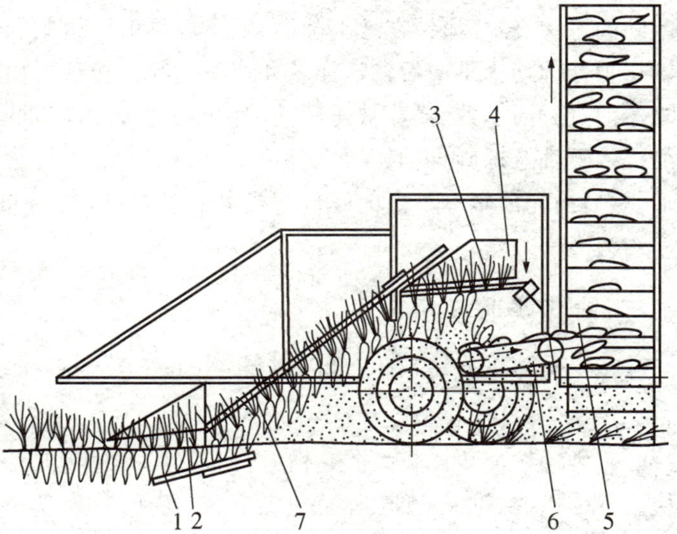

图 13-12 EM-11 型胡萝卜联合收获机工作过程示意图

1. 挖掘铲 2. 扶茎器 3. 茎叶切除装置 4. 侧边槽 5. 横向输送器 6. 纵向分离输送器 7. 夹持拔取皮带

对泥土进行分离。试验表明，当工作速度为 1.2 km/h 时，该机收净率为 98.4％。

（三）洋葱收获机

国外对洋葱收获机研制得较早，已有定型产品用于生产。早期用马铃薯挖掘机收获洋葱，后来又有简单的挖掘式洋葱收获机，这种机器收获前先由人工将茎叶切除，然后由机器挖出葱头，最后用人工捡拾，或用捡拾收获机捡拾。图 13 - 13 所示是一台挖掘切顶式收获机的结构简图，它可完成挖掘和切顶两道工序，由挖掘铲、升运器和切顶器等主要部件组成。

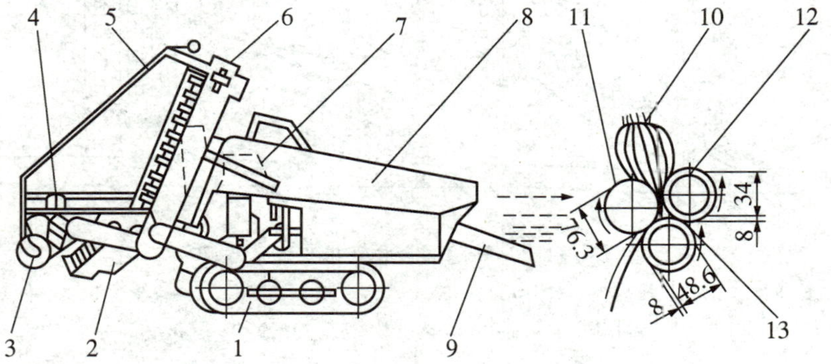

图 13 - 13　挖掘切顶式洋葱收获机结构简图

1. 橡胶履带　2. 挖掘铲　3. 限深轮　4. 滚筒　5. 调节杆　6. 升运器　7. 驾驶座
8. 切顶器　9. 导槽　10. 洋葱　11. 平滑辊轴　12. 喂入辊轴　13. 螺旋辊轴

工作时，洋葱由挖掘铲挖起，在喂入滚筒的帮助下，进入升运器，由升运器送入切顶器，切掉茎叶的葱头，经导槽铺在地上晾晒，晒干后再由捡拾收获机捡拾装车，也可不经晾晒直接装车。切顶器的功用是向后输送洋葱并切除茎叶。切顶器由许多组辊轴组成，辊轴的轴线方向与机器前进方向一致，洋葱被送到其工作面上。每组辊轴有三个辊，即光面辊轴、带塑料螺旋纹的喂入辊轴及螺旋辊轴。喂入辊轴使葱头茎叶喂入切顶器，并使之沿辊轴的轴线方向向后移动，然后由光面辊和下面的螺旋辊配合将茎叶切除。切顶后，葱头的残基为 3.5～4 cm，漏切率约为 2％。

二、叶菜类收获机械

叶菜类收获机有白菜收获机、菠菜收获机及芹菜收获机等，这类机器有些已用于生产，有些正处于研制阶段。

叶菜类种植面积比较大的是白菜，而且可一次性收获，收获量大，时间紧，机械化作业发展较快。下面以 MCK - 1 型白菜联合收获机（图 13 - 14）为例说明其结构及工作过程。

该机一次收单行，与拖拉机半悬挂联结，生产率大约是 0.18 hm^2/h。由一名拖拉机手和两名检查工人操作。收割机由喂入搅龙、平整搅龙、割刀、叶子分离器及输送装置等组成，可一次完成切割、除叶和装车等作业。

当联合收割机沿行间作业时，喂入搅龙和平整搅龙绕到白菜叶子的下面，整平白菜，并把白菜引到圆盘刀的前面，圆盘刀把白菜切下。利用吊索式传送装置将白菜送到搅龙式叶子分离器，分离出老叶或残叶。然后白菜被输送带式检查台输送到卸菜升运器，送至拖车。

在卸菜升运器的尾部装有可按高度调整的弹性托盘，以减轻向拖车上装载白菜时的撞击损伤。白菜联合收获机行距的允许误差为±3 cm，而在接行处行距的允许误差为±5 cm，白菜头部的中心应该在离每行基线±10 cm的范围内。

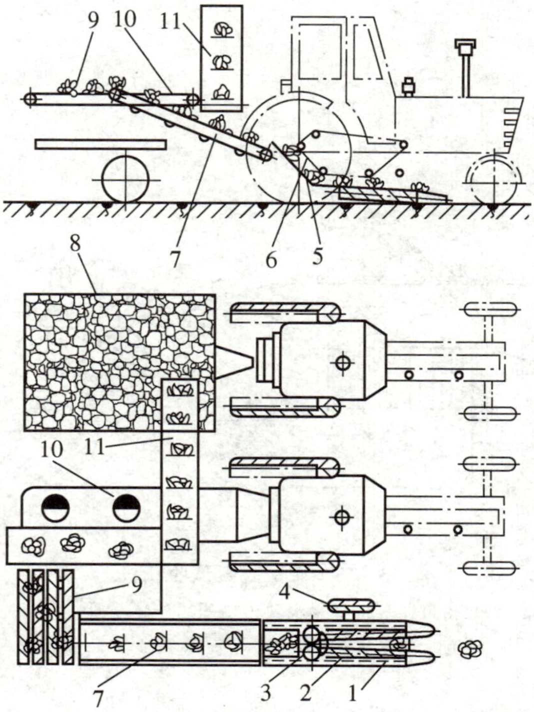

图 13-14 MCK-1型白菜联合收获机结构示意图

1. 喂入搅龙 2. 平整搅龙 3. 圆盘刀 4. 仿形轮 5. 提升托盘 6. 吊索式传送装置 7. 接收输送装置 8. 拖车 9. 叶子分离器 10. 检查工作台 11. 卸菜输送器

三、果菜类收获机械

果菜类包括番茄、黄瓜、辣椒、茄子、丝瓜等。这类蔬菜的特点是果实鲜嫩，成熟期不一致，对机械作用很敏感。例如番茄，在成熟的果实上作用50～60 N的压力就可以使表皮破裂；当果实从0.5 m高度自由落到胶合板上时，大约有40%的果实受到损伤，表皮产生裂纹；由于这类蔬菜极易碰伤，故适于选择性收获，机械化作业难度大，同其他类蔬菜相比，机械化程度较低。现有的机械多适用于加工用产品的一次性收获，选择性收获机械还处于研制阶段，生产上应用较少。国外研制和应用较多的果菜类收获机为黄瓜收获机和番茄收获机。

1. 黄瓜收获机 图13-15为牵引式黄瓜收获机，该机的主要工作部件是割刀、捡拾输送器和摘果辊轴。工作时，黄瓜植株被割刀切下，并被波纹捡拾输送器夹住，瓜蔓被输送器送至摘果辊轴，在离开输送器时，瓜蔓被风扇吹出的气流推动，叶子被气流吹向辊轴，黄瓜蔓被辊轴夹住，果实被摘掉，落到下部横向果实收集输送器上，送入装箱台。

2. 番茄收获机 番茄收获机种类很多，但应用较为广泛的是一次性收获的联合收获机(图13-16)。该机由割刀、拨禾轮、输送器及摘果器等组成。作业时，用割刀把番茄植株切下，利用拨禾轮送至捡拾输送器上，捡拾输送器再把植株送入摘果器，摘果器很像谷物联合收获机的键式逐稿器。键体的孔中水平安装有橡胶栅条，以免番茄的秧棵掉到摘果器的下面。摘果器利用振动和撞击的原理分离果实。摘下的番茄落到纵向果实收集输送器上，植株被键式摘果器从尾部抛到地上。为降低植株的运动速度，在摘果器上方装有梳齿。番茄由纵向输送器送到横向输送器，同时通过风扇吹出的气流吹除轻的杂物，然后转送到机器两侧的剔选台上。番茄从纵向输送器到横向输送器上时，在剔选台上，工人把土块、杂物和青绿的、压碎的或腐烂的番茄挑出。挑选后的番茄送到倾斜输送器上，再由倾斜输送器送到与联合收获机并行的专用拖车上。机器的关键工作部件是果实分离器。目前在联合收获机上装有两种形式的果实分离器：输送带—振动筛式和键式。

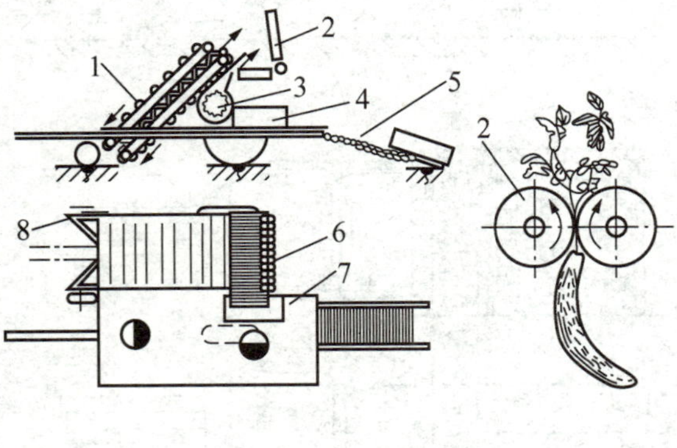

图 13-15　牵引式黄瓜收获机

1. 波纹捡拾器　2. 摘果辊轴　3. 风扇　4. 黄瓜收集箱　5. 滚道　6. 果实收集输送器　7. 装箱台　8. 割刀

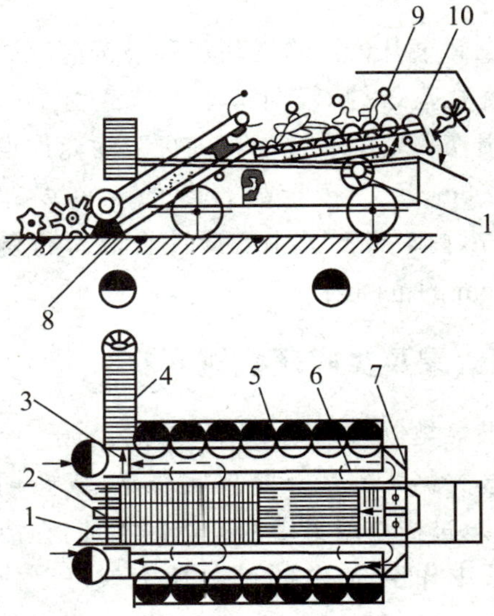

图 13-16　番茄联合收获机

1. 割刀　2. 拨禾轮　3. 横向输送器　4. 倾斜升运器　剔选台　6. 纵向输送器　7. 倾斜输送器　8. 捡拾输送器　9. 梳齿　10. 键式摘果器　11. 风扇

第三节　果蔬清洗机械

用水清洗果蔬的机械即清洗机。果蔬的清洗方法有浸泡法、喷射冲洗法、摩擦清洗法、超声清洗法。

浸泡法是将物料放在静止或流动的洗涤液中浸泡以去除污垢，它适用于洗涤污垢少而松散的果蔬，常作为预洗涤用，以减少污垢与洗涤物表面的附着物。对于杨梅、草莓等浆果类物料，为防止机械损伤和影响色泽、口味，浸泡时间应短。

喷射冲洗法是靠压力从喷嘴喷出来的洗涤液或蒸汽来清除物料表面的污垢的方法，该法能清除黏着较牢固的污垢。根据喷射压力的大小，可分为高压(3～4 MPa)、中压(1～2 MPa)和低压(0.5～0.7 MPa)三种喷射类型。提高喷射压力可提高去污效果，但增加动力消耗和洗涤液的耗量。

摩擦去污法是靠旋转滚筒、旋转刷子、旋转推运器等工作部件与物料之间的摩擦力来去除污垢。这种方法简单可靠，生产率高，应用极为广泛。

超声波洗涤法是在洗涤液中用超声波振动去除污垢的方法。目前对它的机理还不十分清楚，但一般认为可能是由于在物料表面与污垢界面之间产生空穴作用而产生的冲击使污垢解离分散。

另外还有一种清洗法，它是以干洗方式对西瓜、甜瓜及番茄等蔬菜类进行抛光，使其外表光泽，提高外观质量。主要工作部件是无毒泡沫塑料或毛刷，它们在摇动和旋转时与加工对象轻柔接触起到磨刷作用。

一、鼓风式清洗机

它是属于浸泡式清洗机。鼓风式清洗机的工作原理是用鼓风机把空气送进洗槽中，使清洗原料的水产生剧烈的翻动，物料在水的剧烈搅拌下进行清洗的。利用空气进行搅拌，既可加速污物从原料上洗去，又能使原料在剧烈的翻动下不破坏其完整性。因而最适合于果蔬原料的清洗。鼓风式清洗机的结构如图 13 - 17 所示。主要由洗槽、输送机、喷水装置、送空气的吹泡管、支架、鼓风机、电动机及传动系统、拉紧装置等组成。工作时，输送机借星形轮、压轮和传动装置而运转，输送部分的水平段处在洗槽的水面之下，原料就在这里浸洗。鼓风机产生的空气由管道送入安装于输送机轨道下面的吹泡管中。被浸洗的原料在带上沿轨道移动，在移动过程中被吹泡管吹出的空气搅动翻滚。由洗槽溢出的水顺着两条斜槽排入下水道，污水可从排水管排出。鼓风机和输送机由同一个电动机带动。

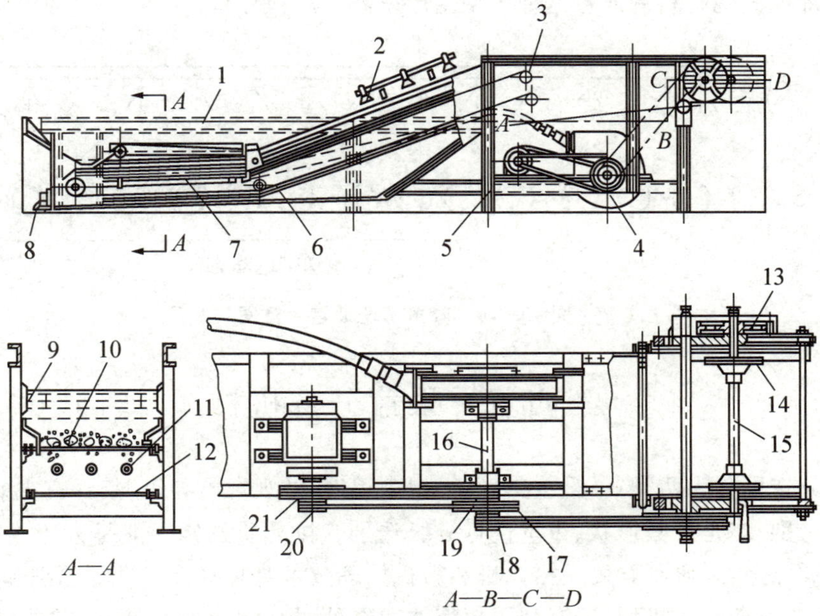

图 13 - 17　鼓风式清洗机

1. 洗槽　2. 喷水装置　3. 压轮　4. 鼓风机　5. 支架　6. 链条　7. 送空气的吹泡管　8. 污水排水管　9. 斜槽　10. 原料　11. 吹泡管　12. 输送机　13. 齿轮　14. 行星轮　15. 输送机轴　16. 轴　17,18,19,20,21. 皮带轮

二、滚筒式清洗机

它是属于摩擦式清洗机。该机结构简单，生产率高，还可以与喷射法组合使用，清洗效果好，广泛用于块根、块茎和谷物类的清洗。根据滚筒的结构型式，有栅条滚筒式和甩板滚筒式等类型。在果蔬清洗中常用栅条滚筒式清洗机。而甩板滚筒式多用于麦类清洗。

栅条滚筒式清洗机由水槽、栅条滚筒、喂料斗、出料口、传动装置等组成（图 13 - 18）。工作时，栅条滚筒在水槽内转动，从喂料斗送入的物料与物料之间产生摩擦，将物料表面的污垢清洗掉。栅条滚筒分为前后两段，前段为粗洗滚筒，后段为精洗滚筒。滚筒的下半部浸在水槽内，两水槽的底部为半锥体形，侧端有排污口。在滚筒的出口端装有勺铲，舀出洗过的物料。

三、喷射式清洗机

图 13-19 所示为喷射式清洗机的工作示意图。物料放在旋转的转子上，而转子又随传动带向前运动，因而物料一面转动一面通过喷头的下方，受到喷射液的冲洗。该类机型适用近于球形的果蔬的清洗，如苹果、马铃薯等。

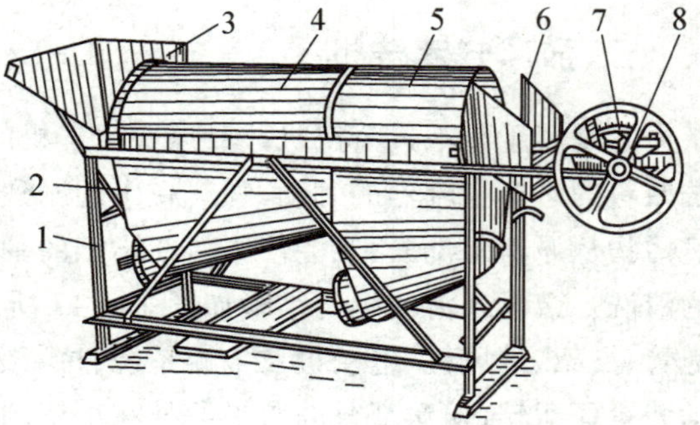

图 13-18 栅条滚筒式清洗机

1. 机架 2. 水槽 3. 喂料斗 4,5. 栅条滚筒 6. 出料口 7. 传动装置 8. 传动皮带

四、转刷式清洗机

它是属于摩擦式清洗机。利用旋转的刷子来去除污垢和农药残留物等。转刷可用尼龙、橡胶、海绵或其他材料制成。这种机型生产率高，应用很广。

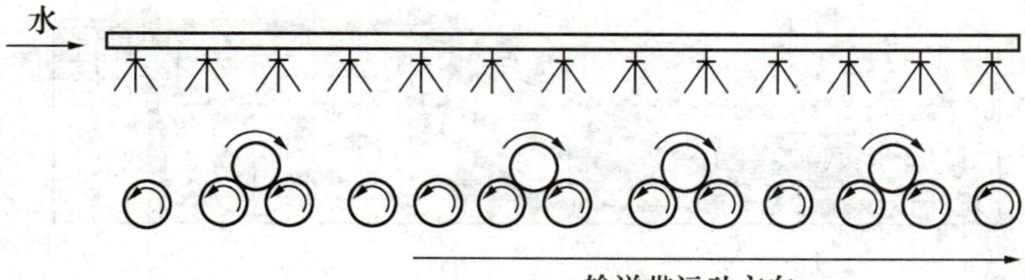

图 13-19 喷射清洗装置示意图

第四节 果蔬分选机械

果蔬的分选可分为两类：一是按其颜色、饱满程度、外观规整与否、是否有虫蛀以及斑痕等品质方面的选别；二是按其形状、重量进行分级选别。按品质选别一般是人工进行的，随着电子技术的发展，近年来研制开发用摄像机和微机处理技术对某些果蔬进行选别和分级，现已有同时按重量、颜色分选的机型，还有利用超声波和红外线来测定糖度、酸度的非破坏性选别方法。但目前我国还是以机械式分级分选机为主。分选机型有滚子筛式、回转带式、圆孔回转带式和称重式。最近国内外还有利用果品的光电特性来进行分选的机型。

一、滚筒筛式分选机

滚筒筛式分选机的结构如图 13-20 所示，滚筒上有圆形孔。物料从一端喂入，在滚筒筛表面运动，并落入滚筒筛的筛孔后，尺寸小于筛孔的物料穿过筛孔进入筒内，从侧向排出，尺寸大于筛孔的物料则被筛孔带动作回转运动，在滚筒筛上方排出，物料被分成两级。要使物料分成多级，可将多个不同筛孔大小的滚筒平行配置即可。

二、回转带式分选机

图 13-21 为回转带式分选机的原理图。将水果或蔬菜置于两选果带上，则直径小于两条选果带间距离的水果从中下落。由于两选果带间的距离沿运动方向逐渐加大，故不同尺寸的

物料掉落下方的相应的输送带上。该装置结构简单、故障少、工效比较高,但分级精度不高,故适用于精度要求不高的水果分级。图 13 - 22 所示为另一种回转带式分选机。分级部件由 3 条回转选果带组成,各条带上按等级要求开有不同大小的圆孔,选果带中间设有集料输送带,每条选果带将物料分成大小不同的两部分,直径小于圆孔的水果落在集料输送带上,大于圆孔的物料被送至下一输送带。果蔬物料由倾斜输送器升运后,先经手选装置,由人工剔除损伤果,然后通过叶片式刷子,将大部分物料引向选果带,惟有进入叶片间的特小物料被带向等外级集料输送带。3 条选果带将物料分成小、中、大、特大等几个级别。

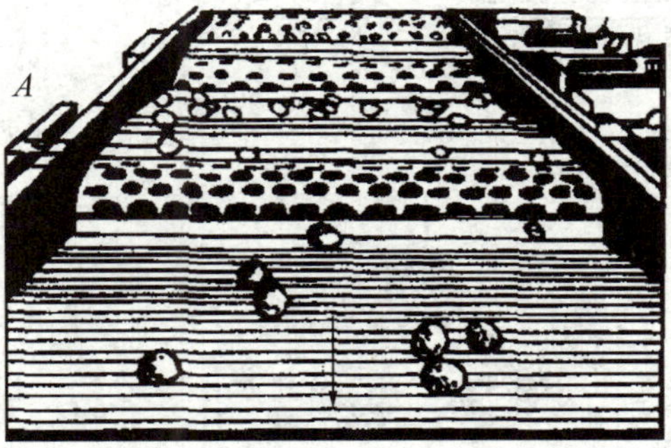

图 13 - 20 滚筒筛式分选机

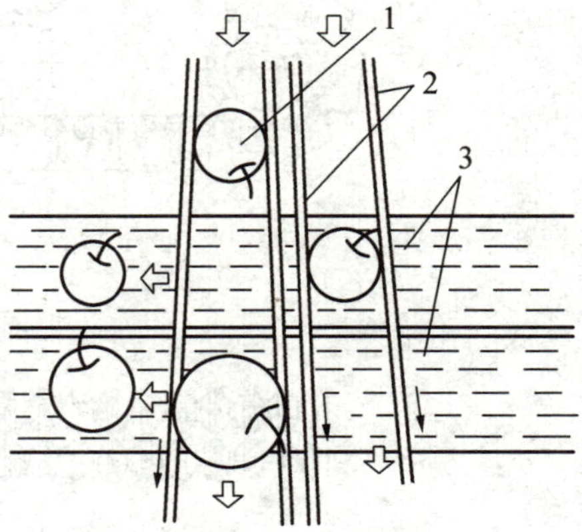

图 13 - 21 回转带分选原理

1. 物料 2. 选果带 3. 输送带

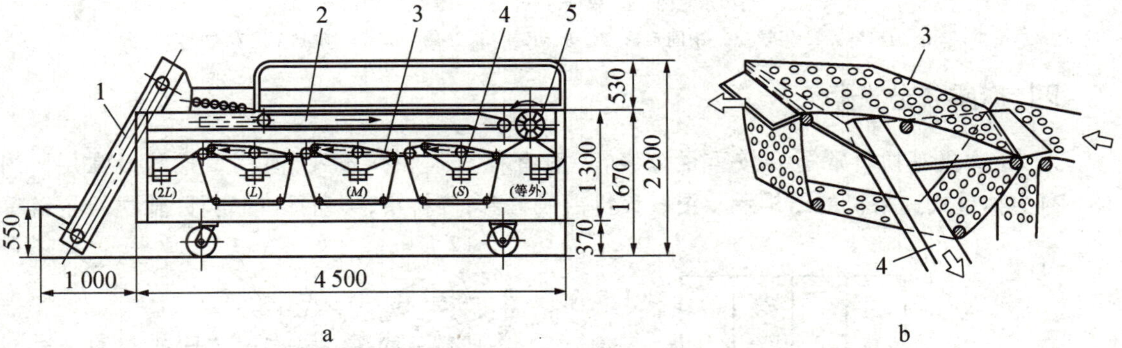

图 13 - 22 圆孔回转带式分选机

a. 结构示意图 b. 圆孔回转带分级部件

1. 倾斜输送器 2. 手选装置 3. 圆孔选果带 4. 集料输送带 5. 叶片式刷子

三、辊轴式分选机

辊轴式分选机适用于近似球形的果蔬——苹果、柑橘、番茄、马铃薯和桃等的分级,其主要特点是分级快,损伤少。图 13 - 23 为辊轴式分选机的结构示意图。

分选作业在一条由许多辊轴组成的输送带上进行。辊轴开有梯形槽(图 13 - 23b)。相邻两辊轴间装有一能升降的辊轴(图 13 - 23c),这样 3 根辊轴形成两组分级口。辊轴一面自转,一面随输送带前进,同时,由于中间辊轴的上下位置受到轨道控制而不断升起,分级口不断加大。进入分级口的物料受辊轴自转的影响而转动，使其可能以最小直径对准分级口，当物料直径小于某一分级口时，即从此分级口下落；不能通过分级口的物料，则随输送带向前运动，直至中间辊轴上升到分级口大于其最小值时下落。这样，在出料输送带不同位置上可以获得不同等级的物料。

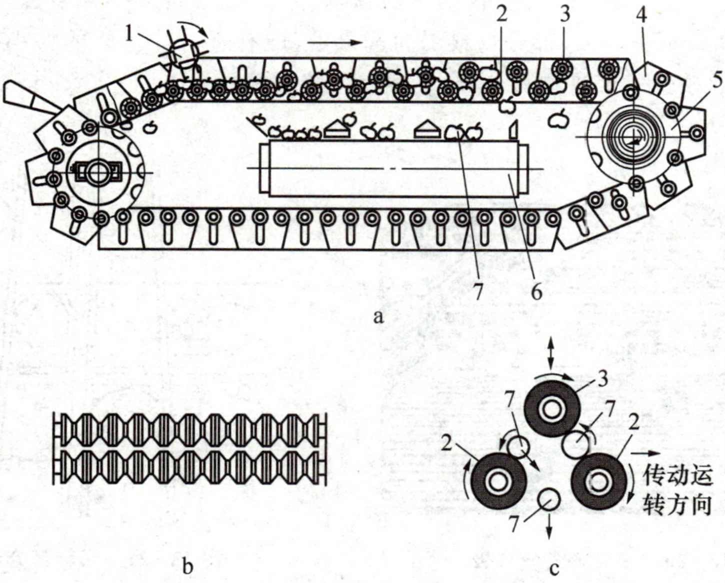

图 13 - 23　辊轴式分选机

a. 结构示意图　b. 辊轴形状　c. 三辊轴工作原理

1. 理料辊　2. 辊轴　3. 中间辊轴　4. 驱动链　5. 链轮　6. 出料输送带　7. 物料

四、称重式分选机

水果、禽蛋等物料常需要按重量分级，一般有称重式和弹簧式，但称重式为最常用。图 13 - 24为称重式选果机的结构示意图。该机由喂料台、接料箱、移动秤、固定秤、输送辊子链等

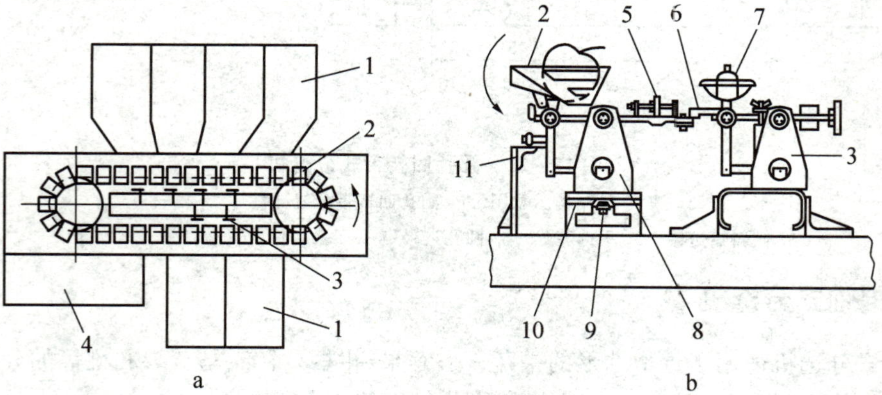

图 13 - 24　称重式分选机

a. 整机结构示意图　b. 称重装置结构图

1. 接料箱　2. 料盘　3. 固定秤　4. 喂料台　5. 调整砝码　6. 分离针　7. 砝码　8. 移动秤　9. 辊子链　10. 移动秤轨道　11. 小导轨

组成。移动秤有40～80个,料盘上装水果,随辊子链在轨道上移动。固定秤装有6台(分成六级),固定在机架上,其托盘中安装两级砝码。移动秤在非秤重位置时,物料重量靠小导轨支承,使移动秤杠杆保持水平。当移动秤到达称重位置(固定秤处)时,即与小轨道脱离,移动秤杠杆与固定秤的分离针相接触。此时,物料和砝码在移动秤杠杆的两端,通过比较,若物料重大于设定值,则分离针上抬,料盘随杠杆转动而翻转,物料被排至相应的接料箱。经过6台固定秤,物料由重到轻分成六级。该机分级精度高,调整方便,物料在分级中不易受到损伤,适用范围很广,但结构复杂,价格高。

此外,还有利用果蔬的光电特性进行分选、分级和检查成熟度的机型。

思 考 题

1. 简述摇动式采果机构造及工作原理。
2. 简述马铃薯收获机构造及工作原理。
3. 简述番茄收获机构造及工作原理。
4. 果蔬清洗方法有哪些？简述其清洗原理。
5. 简述辊轴式分选机的工作原理。

第十四章　草业机械

◆学习目标

通过本章的学习，重点掌握草坪建植与管理机械、草地建植机械的类型、结构及工作原理；熟悉牧草收获机械的种类、构造及工作原理；了解草地保护机械的种类、结构及工作原理。

草业科学是一门新兴的学科，以良好的生态效益和经济效益而受到世界上各发达国家的青睐，并取得了长足的发展。我国作为世界上仅次于澳大利亚的草地资源大国，经过十几年的建设，草业发展已初具规模，涉及草业的公司已有几百家，优质饲草已实现每年万吨级规模的出口。另外，随着我国城市绿化的发展，草坪绿地面积也在迅速增加。草业的发展为草业机械的开发和使用提供了广阔的空间，各类草业机械的年需求量也以每年十几万台的速度在增长。

草业机械主要包括：草坪机械、草地机械以及牧草收获机械等。

第一节　草坪机械

草坪机械是指在草坪作业过程中使用的各种机械和设备，包括草坪建植机械和草坪养护管理机械。

一、草坪建植机械

目前草坪建植中最常用的方法是草坪播种和草坪移植。播种质量的好坏直接影响到建坪质量的高低，草坪播种要求草籽适量、撒播均匀。它所采用的设备简单，操作方便，建植费用低。移植草坪是将草坪卷移植到待建草坪上，它具有成形快、见效快等特点，因而被广泛采用。

1. 草坪播种机　草坪播种机主要分为撒播机和喷播机。草坪撒播机是一种靠转盘的离心力将种子抛撒播种的机械，有的撒播机还可用于草坪施肥作业。撒播机的排种器为离心式排种器，其高速旋转的圆盘上部有四条齿板，种子箱内的种子，通过排种口落到圆盘上的齿板之间，此时圆盘在驱动机构作用下高速旋转，种子在离心力的作用下不断沿径向由内向外滑动，当种子脱离圆盘后，继续沿径向运动，在空中散开，均匀撒落到地面上。

草坪喷播机是利用气流或液力进行草籽播种的机械。目前使用比较广泛的是液力喷播机。它以水为载体，将草籽、纤维覆盖物、黏合剂、保水剂及营养素经过喷播机混合、搅拌后按一定比例均匀地喷播到所需种植草坪的地方，经过一段时间的人工养护，形成初级生态植被。草坪喷播具有以下优点：特别适合在山地、坡地进行施工。喷播形成的自然膜和覆盖在地表的无纺布可有效地起到抗风保湿、抗雨水冲刷的作用。

2. 草坪起草机　草皮机一般分为手扶自行式起草皮机和拖拉机悬挂起草皮机。手扶自行式起草皮机是目前使用最广的一种机型，一般由机架、驱动轮、被动轮、起草皮刀、发动机等部件组成（图 14 - 1）。发动机为汽油机或柴油机；驱动轮用于驱动机组前进，为了增加起草皮机的牵引力，常采用加宽的驱动轮，并套上带有特种花纹或直齿形花纹的橡胶轮胎胎面。这样既可提高起草皮机的附着性能；同时由于与地面接触面积加大而不致破坏草皮。但起草皮机在道路上作较长距离行驶时，应在驱动轴上加装直径较大的行走轮，以提高行驶速度和通过性。起草皮刀由两把L形的垂直侧刀和一把水平底刀组成，侧刀形成草皮宽度，底刀使草坪与土壤分离。

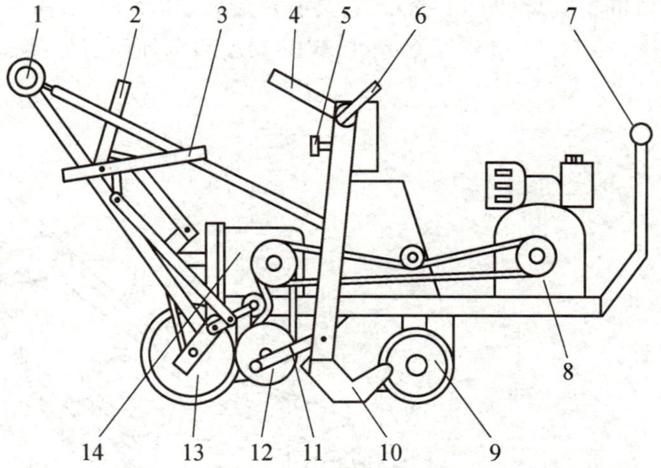

图 14-1　起草皮机结构示意图

1. 油门　2. 行走离合器手柄　3. 切刀离合器　4. 切刀深度调整手柄　5. 定尺锁紧螺栓　6. 固定把手　7. 前把手　8. 发动机　9. 驱动轮　10. L形割刀　11. 连杆　12. 偏心轮　13. 后支撑轮　14. 减速箱

工作时发动机的动力通过带和链传动或齿轮传动，驱动位于铲刀前面的驱动轮，使起草皮机行走。进行起草皮作业时，首先调节切刀深度达到规定的要求，L形切刀用其前刃将未起草皮和已起草皮分开，水平底刀将草皮于地表分开，根据需要长度可用铲刀将草皮铲断，根据铺植和运输的需要打卷（图 14-2）。

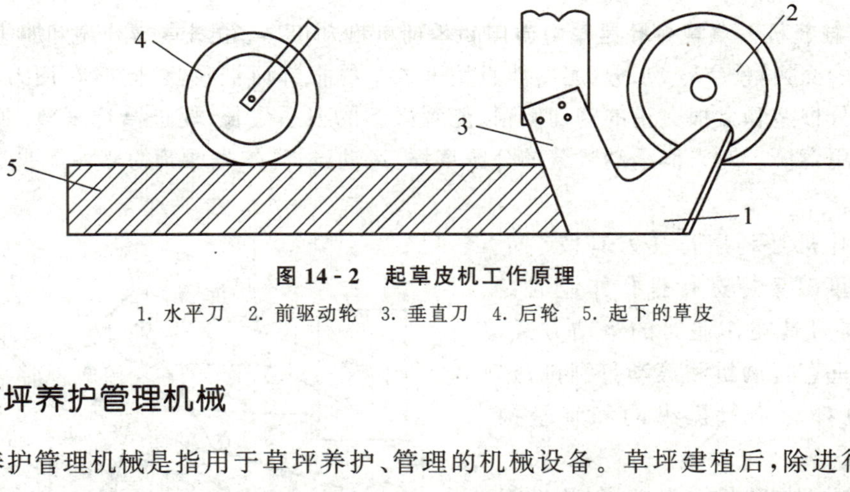

图 14-2　起草皮机工作原理

1. 水平刀　2. 前驱动轮　3. 垂直刀　4. 后轮　5. 起下的草皮

二、草坪养护管理机械

草坪养护管理机械是指用于草坪养护、管理的机械设备。草坪建植后，除进行定期的修建、施肥、灌水以维持草坪生长外，还要针对草坪的不同生长状况，不定期地进行打孔、梳草、滚压和病虫害防治等工作。因此草坪修剪机、施肥机、草坪打孔机等都是必不可少的。

1. 草坪修剪机　草坪修剪机种类很多，按驱动方式分为手推式、自走式和拖拉机牵引式和悬挂式；按工作部件的运动方式分为滚刀式、旋刀式和往复式等。

G-Ⅲ型草坪修剪机是一种机动滚刀式剪草机，由发动机、闭式链传动系统、滚刀、草斗、操纵系统和行走系统等组成。发动机为二冲程汽油机，功率 2.2 kW。它具有结构简单、紧凑，闭式链传动磨损小，维护保养简便等特点。适用于公园、体育场等大面积草皮修剪。

机动旋刀式草坪修剪机是草坪养护工作中主要的作业机械。旋刀式剪草机是依靠安装在机器腹部下方的旋刀高速旋转将草剪下，并通过护罩内形成的涡流运动将剪下的草屑经引导管抛进集草袋(图 14 - 3)。它具有重量轻、功率大、结构紧凑、操作方便、生产率高等特点,应用广泛。XJ - 50 型草坪修剪机,WB530A 型草坪修剪机都是机动旋刀式剪草机。

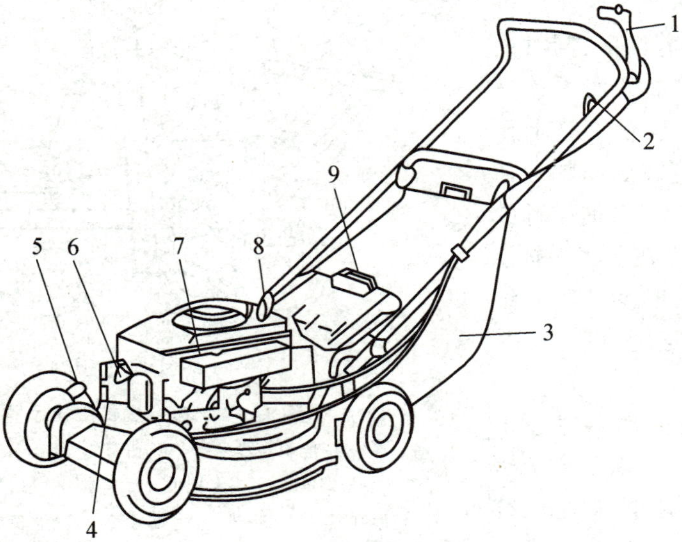

图 14 - 3 机动旋刀式草坪修剪机

1. 离合器操纵杆 2. 油门手柄 3. 集草袋 4. 消声器 5. 调高手柄 6. 火花塞帽 7. 空气滤清器 8. 启动绳 9. 集草袋把手

2. 草坪打孔机 草坪打孔是草坪养护的有效措施,可以增强土壤透气性,加速气体在草株根系附近的交换,使空气、水分、肥料能直接进入草株根部而被吸收,同时在用刀具通气时,通过切断部分根茎和盘根交错的匍匐侧根,能刺激新的根系生长,促进草坪复壮,延长其绿色观赏期和使用寿命。对人群活动频繁的公园草坪、运动场、高尔夫球场的草坪都非常有必要进行通气养护。

草坪打孔机是利用打孔刀具按一定的密度和深度对草坪进行打孔作业的专用机械,根据刀具在作业时的运动方式,打孔机分成垂直打洞机和滚动打洞机,这两种打孔机都有步行操纵的和乘坐操纵的。

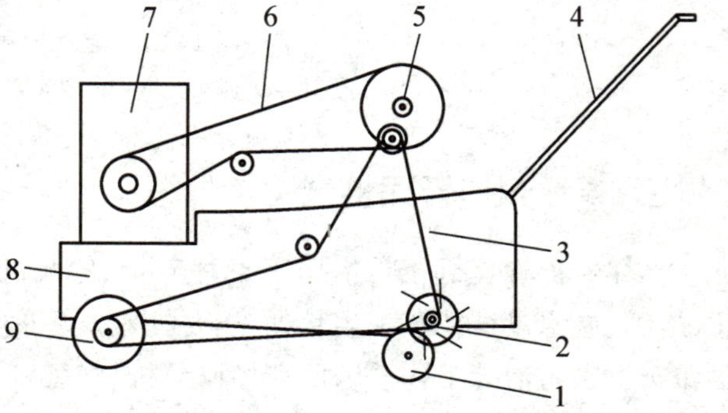

图 14 - 4 手动滚动式打孔机组成示意图

1. 行走地轮 2. 刀盘 3. 链传动 4. 把手架 5. 减速齿轮传动 6. 带传动 7. 发动机 8. 机架 9. 行走驱动轮

手动滚动式打孔机由发动机、传动系统、打孔装置、行走轮、操纵机构等组成(图 14 - 4)。如北京可尔 CK30A - 50H2 型滚动式打孔机,其发动机一般为四冲程风冷汽油机,通过减速传动系统将动力传给打孔装置的刀盘轴,使固定在轴上的刀盘滚动前进,在刀盘滚动的过程中,安装在刀盘上的管刀在草坪上依次连续插入和拔出进行打孔作业。其管刀内径为 19 mm,共有 30 枚管刀,打孔深度为 75 mm,孔距 165 mm,行距 95 mm,工作速度 4.75 km/h,工作效率

2 300 m^2/h。

3. 草坪施肥机　草坪施肥一般喷洒颗粒状或粉状肥料，用于草坪施肥作业的施肥机械的重要指标就是施肥均匀，使每一棵草都能得到生长所需要的养分。施肥机械要适用于颗粒状、粉状甚至液体肥料，施肥量可以调节；可用于已建成草坪的施肥作业和播撒草种作业。

转盘式施肥机由料斗、转盘、搅拌器、传动装置等组成(图 14 - 5)，转盘式施肥机的肥料装载斗是一个倒锥形，下部有调节侧板，用以调节料斗下部边缘与转盘之间的间隙，即施肥量。转盘安装在料斗的底部，转盘上有沿径向布置的挡板，转盘由拖拉机动力输出轴通过传动机构驱动旋转。在料斗中还安装有搅拌器，它与转盘一起转动，以保证料斗中的肥料能源源不断地向转盘供料。作业时，转盘高速旋转，搅拌器也高速旋转，肥料从料斗与转盘的间隙落入转盘，在旋转离心力的作用下，肥料从转盘甩出撒向草坪。

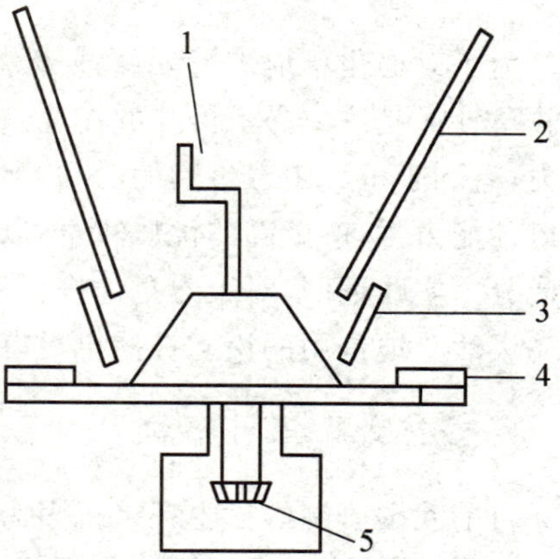

图 14 - 5　转盘式施肥机工作原理

1. 搅拌器　2. 料斗　3. 料斗调节侧板　4. 转盘　5. 锥齿轮

第二节　草地牧草建植与保护机械

根据联合国粮农组织统计，世界草地总面积约 6.812×10^9 hm^2，占陆地总面积的 24%，约为耕地面积的 4.4 倍。每年植物的初级生产能力为 1.483×10^{10} t，占陆地生态系统生产的有机质生物产量的 13.82%。

我国是世界草地资源大国，草地植物种类组成较为复杂，生物多样性强，草地植物多数适口性好，具有较高的饲用价值。

然而，随着畜牧业的迅速发展和天然草地的退化，仅靠天然草地已不能满足畜牧业发展的需求。人工草地和半人工草地可以很好地解决这一问题。

我国草地面积居世界第二位，但是，与草地畜牧业发达国家相比，我国草地的生产能力还比较低，百亩草场的载畜量约为 5 个羊单位，而美国为 33 个羊单位，新西兰为 77 个羊单位。为促使我国草地畜牧业的快速发展，我们应加强草地保护和草地建设，提高草地建植与保护过程中的机械化程度。

一、牧草播种机

建植人工草地首先要将原草地进行完全耕翻，然后进行碎土、整地，达到种植要求后进行牧草播种。其机械化作业主要包括耕、耙、播、施肥、镇压等环节。作业机械除因牧草种子的特殊性对播种机提出特殊要求外，其余与农业种植工艺中对农机的要求基本相同。

一般牧草种子含杂率高，籽粒小而轻，形状不规则，有的还有芒、绒毛等，流动性极差。因此，播种时不容易实现播量的准确、均匀。同时，由于牧草种子流动性差，易在种箱内出现种子架空或堵塞排种器现象。为此，播种牧草种子常采用专用播种机。

牧草种子专用播种机与农用播种机基本相同，只是排种器差别较大。

二、天然草地牧草建植机械

为了对退化草地进行改良，使天然草地逐步恢复，提高其生产能力，对天然草地进行松土和牧草补播是一项必不可少的作业。松土可以改变土壤的板结状况，增强土壤透气性和吸水能力，有利于土壤中微生物的活动，促进土壤中有机质的分解。在松土的同时补播一些耐寒、抗风蚀能力强，产量高的优质牧草，以增加天然草地牧草的覆盖量，增加天然草地优良牧草植被成分。实践证明，对天然草地进行松土补播，效果显著。

天然草地常用的松土补播机械有铲式松土补播机和松土施肥补播机等。

（一）铲式松土补播机

目前我国研制的松土补播机多为铲式松土补播机。一般由机架、松土铲、圆犁刀、播种装置、镇压器、限深轮、深浅调节装置等组成，如图 14 - 6 所示。

工作时，圆犁刀首先切入土壤内，将草根切断。接着松土铲进行开沟、松土。当土壤尚未完全复原闭合时，排种器将牧草种子播入沟内，土壤继续闭合，将种子覆盖，然后由镇压器进一步覆土压平。松土铲是松土工作部件，其包括锄铲和锄柄两部分。锄铲有凿形铲、鸭掌铲和双翼铲三种。凿形铲宽度较小，双翼铲宽度较大，鸭掌铲和双翼铲应用较多。

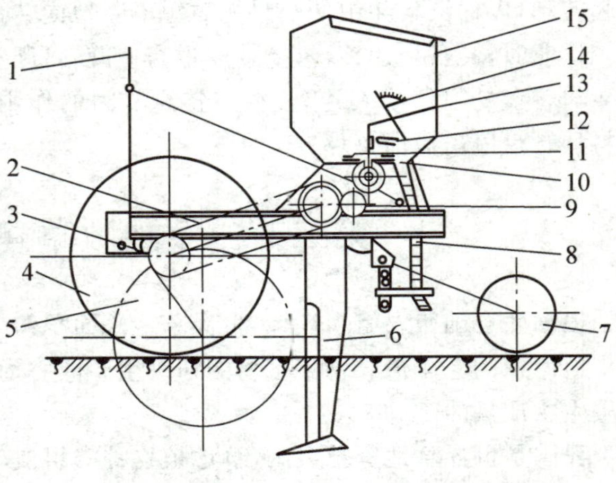

图 14 - 6　松土补播机示意图

1. 悬挂架　2. 链条　3. 链轮　4. 限深轮　5. 犁刀　6. 松土铲　7. 镇压器　8. 输种管及接头　9. 传动齿轮　10. 漏斗　11. 星轮搅拌器　12,13,14. 播量控制装置　15. 种子箱

通常锄铲在地表下松土，为了减少松土阻力及避免破坏草地植被，一般铲柄厚度较小，且铲柄正面制成刃口状。松土铲入土工作时，在入土深度范围内，土壤在被锄铲向前推动的同时，还向两侧推动。当松土铲过后，形成一葫芦形松土区，松土区内的土壤得到松碎，坚实度变小。

铲式松土补播机一般采用星形轮式、外槽轮式和双橡胶辊式排种器，双橡胶辊式排种器对牧草的适应性较强，对大、小粒种子，带芒、绒毛种子均能工作，且排量稳定性较好。

（二）松土施肥补播机

为了减少作业工序，提高劳动效率，降低作业成本，改善作物生长条件，为作物生长提供足够的肥力，目前国内外常将松土、播种和施肥作业工序合并在一起，研制出松土施肥补播机，如 9SB - 2 型草地松土施肥补播机。该机主要由松土铲总成、传动装置、播种（排肥）器、开沟器、覆土器、镇压器和机架等组成，见图 14 - 7。

该机排种器的结构如图 14 - 8 所示，它由搅拌轮、播量调节器和一对排种橡胶辊组成。不论何种种子，只要种子箱内种子在搅拌器作用下，经排种口进入两橡胶排种辊与种箱底间的三角区，即可在该排种器两橡胶辊表面摩擦力和种子重力作用下，将种子强制排出并经输种管播入种沟内。

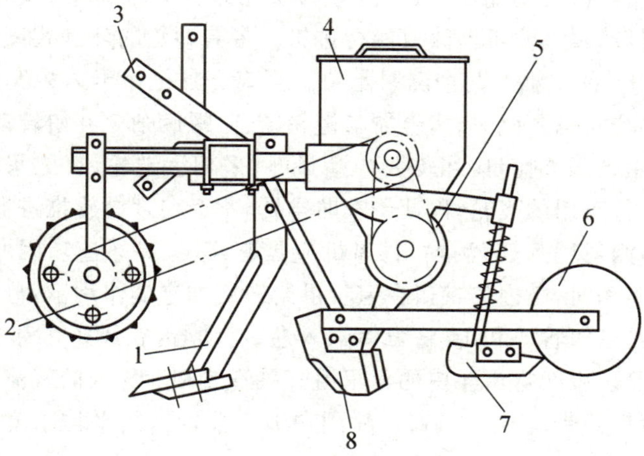

图 14-7　9SB-2 型草地松土施肥补播机示意图

1. 松土铲　2. 地轮　3. 机架　4. 排种装置　5. 传动链轮　6. 镇压器　7. 覆土器　8. 开沟器

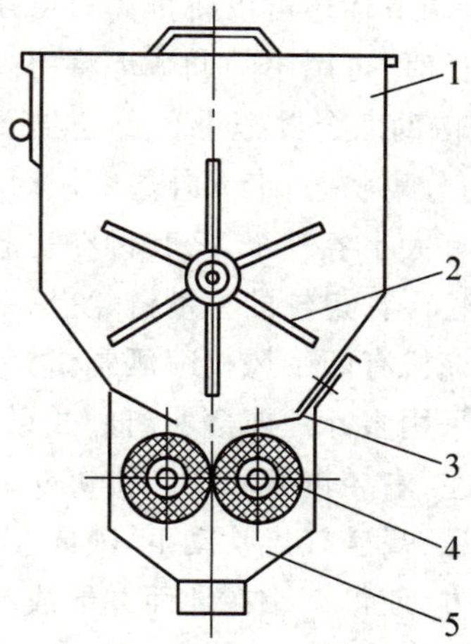

图 14-8　排种器示意图

1. 种子箱　2. 搅拌轮　3. 播量调节板　4. 排种橡胶辊　5. 排种漏斗

作业时，松土铲首先入土并逐渐达到要求松土深度，同时由地轮经两级链传动将动力分别传给排种轴和搅拌轴。搅拌器将种子拨向排种口，种子进入排种区，在双橡胶辊的作用下，将种子强制排出，经输种管落入开沟器开出的种沟内，然后由覆土、镇压器进行覆土、镇压。

三、草地保护机械

我国草地面积大，而且草地鼠害、虫害十分严重。据估算，2002 年因鼠、虫害全国损失鲜牧草约 1.51428×10^{7} t，折合经济损失 30.29 亿元。因此，搞好草地鼠、虫害防治对于防止草地退化、确保草地可持续发展和促进草地畜牧业的发展具有极其重要作用。

草地灭鼠可分为化学法和生物法两种。目前，在我国草地灭鼠中采用化学法（即撒施毒饵法）较为普遍，采用的机械主要有将毒饵撒施于草地表面的毒饵撒播机和将毒饵撒施于机器打出之洞内的草原灭鼠投饵机。草地灭虫主要以化学法防治为主，即通过超低量喷雾机等设备在草地撒施化学药剂进行灭虫。

（一）9DS-80 型毒饵撒播机

该机主要适用于大面积草地灭鼠作业。图 14-9 是该机外形图，其主要由毒饵箱、毒饵定量供给装置、风机、传动系统、机架和行走装置等组成。其中，毒饵箱由薄钢板冲压和铆焊制成，通过支架固定在机架上。毒饵定量装置由螺旋推进器、左、右轴套、螺旋推进器外壳、张紧弹簧、牙嵌式离合器和传动链等组成（图 14-10）。

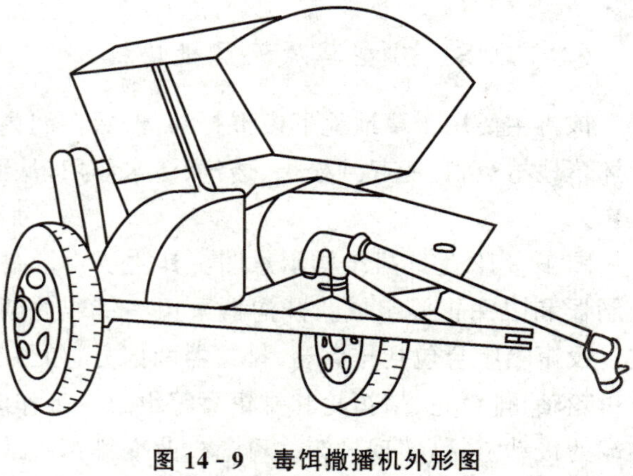

图 14-9　毒饵撒播机外形图

当机器行走时，由机器行走轮通过一级链传动带动螺旋推进器转动，当螺旋推进器转动时，毒饵被均匀地从箱内排出，在毒饵箱出口设有调节环 9，用来调节毒饵排量，当机器停止作业时，调节环还可以将排饵口堵住，防止毒饵自动流出。此外，该机被用来消灭采食半径较大的鼠类时，可用中间调节环将中间排饵口堵住，使机器改成两行排饵。带有棘轮的牙嵌式离合器 7，借助离合器把手 8 安装在螺旋轴上，并用轴上两个窝眼定位。当离合器把手卡入内窝眼时，为分离状态；卡入外边窝眼时，为结合状态。此时，离合器与链轮结合，螺旋轴 3 开始转动。链轮有大小各一个，将其铆在一起，可用来调节播量，当需要小播量时，采用大链轮，反之采用小链轮。行走轮的主动链轮上，采用自行车用的飞轮，以便倒车时空转，不会堵塞螺旋推进器。

该机有两个风机喷洒毒饵，为使喷洒射程远、喷洒均匀，风机应具有高压、高风速。因此，该机采用多叶片前弯曲离心式风机。工作时，箱内的毒饵在定量供给螺旋推进器作用下，分别进入左、右导饵管和中间排饵斗内，左右导饵管 5 和 10 将毒饵送入左、右喷管，在风机 2 和 11 的高压、高速气流吹动下，喷向左右两侧。中间排饵斗内的毒饵由分风管 3 和 9 导入的气流吹向后方，使毒饵撒在地面并形成三条毒饵条带（图 14 - 11）。喷洒在地面上毒饵的平均密度为每平方米 5～10 粒。

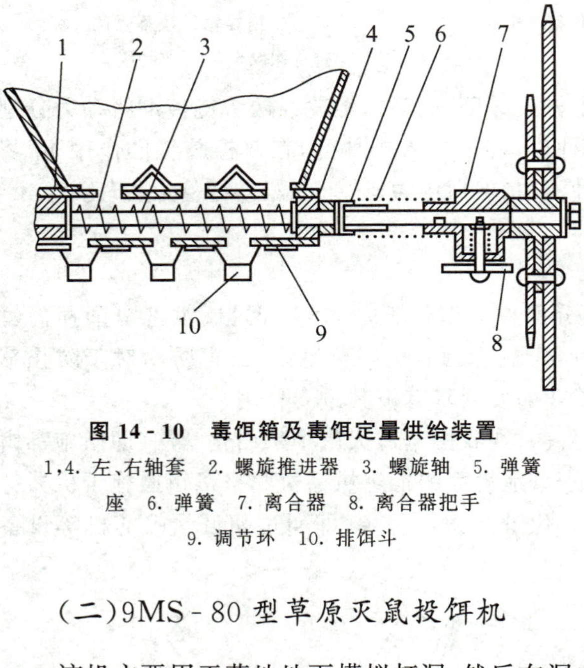

图 14 - 10　毒饵箱及毒饵定量供给装置

1，4. 左、右轴套　2. 螺旋推进器　3. 螺旋轴　5. 弹簧座　6. 弹簧　7. 离合器　8. 离合器把手　9. 调节环　10. 排饵斗

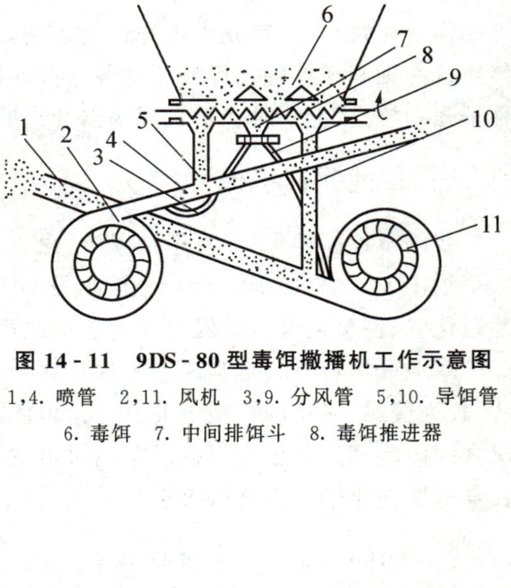

图 14 - 11　9DS - 80 型毒饵撒播机工作示意图

1，4. 喷管　2，11. 风机　3，9. 分风管　5，10. 导饵管　6. 毒饵　7. 中间排饵斗　8. 毒饵推进器

（二）9MS - 80 型草原灭鼠投饵机

该机主要用于草地地下模拟打洞，然后在洞内投饵、镇压。这种灭鼠方法不影响放牧，不破坏草地植被，且能起到松土、透气、渗水作用，从而促进牧草生长，适于草地各种鼠类的消灭工作。

图 14 - 12 是该机结构示意图。其主要由圆盘开沟器、机架、投饵箱组合、传动机构、模拟打洞器和限深轮等组成。开沟器采用三铧犁的圆盘开沟器，安装在机架主梁上，用于划破草皮。投饵箱组合包括排饵箱、排饵器两部分，如图 14 - 13 所示。排饵器安装在排饵箱下面，由排饵轮轴、排饵轮、堵饵轮和排饵盒等组成。工作时，由装在限深轮轴上的小链轮带动排耳轮轴端的被动链轮，实现排饵。可通过改变排饵盒的工作长度调节排饵量的大小。模拟打洞器由锥柱、锥托、锥头和投饵管组成。锥头采用 65Mn 钢制造，与锥柱垂直焊接在一起，然后用螺钉固定在锥托上，锥托与锥柱上分别有 7 个孔，用于调节打洞深度。限深轮采用通用部件，装

在机架主梁末端。限深轮主要用来调节打洞深度，镇压模拟洞，为排饵器提供动力。

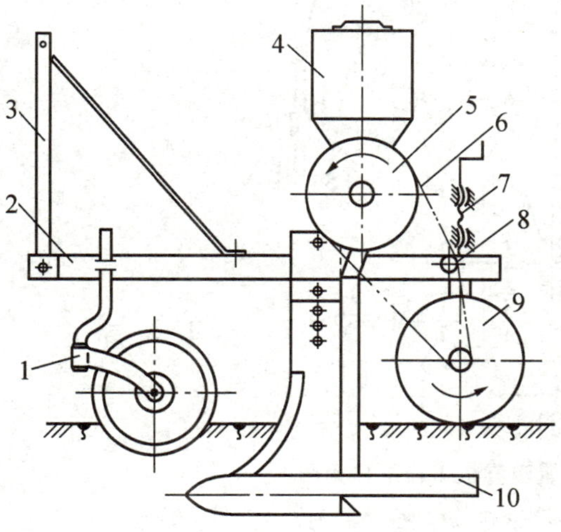

图 14-12　9MS-80 型草原灭鼠投饵机示意图

1. 开沟器　2. 机架　3. 悬挂架　4. 排饵箱
5. 传动链轮　6. 链条　7. 调节杆　8. 张紧轮
9. 限深轮　10. 模拟打洞器

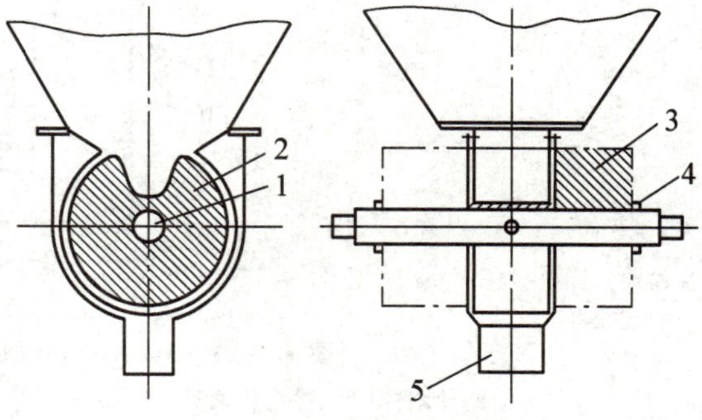

图 14-13　排饵器

1. 排饵轮轴　2. 排饵轮　3. 堵饵轮
4. 固定圈　5. 排饵盒

该机悬挂在拖拉机上，工作时，机器随拖拉机前进，开沟器切入土壤，打洞器入土，达到打洞深度并打洞，限深轮压实洞穴上层土壤，并驱动排饵器排饵，经排饵管间或地将饵料投入到模拟鼠洞内。

(三)3WW-100 型微量喷雾机

3WW-100 型微量喷雾机主要用于草原灭虫作业，主要由传动机构、液压转向机构、风机、输药及控制系统、悬挂架和雾化器等组成。其外形见图 14-14，结构和工作原理见图 14-15。该机采用气压输药、流量阀控制喷药量、风动离心雾化、风送喷雾原理。

工作时，该机悬挂在拖拉机上，拖拉机动力输出轴驱动喷雾机变速箱 8，将转速提高到 3 500 r/min，变速箱输出轴带动风机 9 的叶轮高速旋转，产生的高速气流通过风筒内的分流锥导流，作用于雾化器 4 的叶板上，使雾化盘高速旋转。

图 14-14　3WW-100 型微量喷雾机外形

拖拉机气泵产生的压缩空气经贮气筒贮备，再经输气管 19、调压阀 20、单向阀 12，进入贮药箱 15。液面在 147～196 kPa 压力作用下，药液从药箱流入输药管路 21，经闸阀 11、滤清器 10、流量阀 23、输药开关 24，通过雾化器 4 使药液雾化成雾滴，并由高速气流吹出，使雾滴均匀地覆盖在植物上。

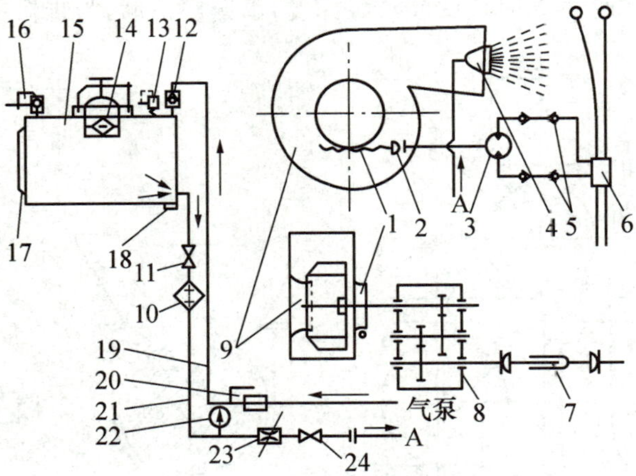

图 14-15　3WW-100 型微量喷雾机工作原理简图

1. 蜗轮蜗杆　2. 弹性联轴器　3. 液压马达　4. 雾化器　5. 油管及接头　6. 双阀分配器　7. 万向节传动轴　8. 变速箱　9. 风机　10. 滤清器　11. 闸阀　12. 单向阀　13. 安全阀　14. 滤网　15. 药箱　16. 放气阀　17. 药液指示管　18. 放残药塞　19. 输气管　20. 调压阀　21. 药管　22. 压力表　23. 流量阀　24. 输药开关

第三节　牧草收获机械

牧草收获应适时，收获过早产量低，收获过晚会由于牧草纤维素增加而损失营养成分。收获时割茬高度应适当，在不影响牧草次年生长的条件下尽量低割。收获时牧草的湿度应适宜，湿度过大，牧草易变质霉烂，过干则会由于牧草花、叶的脱落和营养成分的降低而造成损失。

牧草收获过程一般由割、搂、集、垛、运等几项作业工序组成，每一项工序又由相应的作业机械来完成。如：割草机、搂草机、压捆机、捡拾集垛机等。

一、割草机

割草机按切割原理的不同，可分为往复式和旋转式两种。

往复式割草机应用广泛，适于收获天然牧草和种植牧草。具有割茬低而均匀，铺放整齐，功耗低，价格便宜，使用调整方便等特点。但当收获高产或湿润牧草时，易出现堵刀现象。高速作业时，机器振动加剧，容易造成机件的损坏和磨损。

旋转式割草机适于收割高产、茂密、湿度较大的天然牧草和种植牧草，对倒伏严重的牧草也有较好适应性。结构紧凑，工作可靠，使用调整方便，不需惯性力平衡，也不产生堵刀现象。但功率消耗大，割茬不整齐，碎草多。

（一）往复式割草机

图 14-16 所示为 9GJ-2.1 型机引单刀往复式割草机。该机主要由机架、切割器、传动机构、起落机构、倾斜调整机构、牵引及转向机构等组成。工作时，地轮驱动传动机构，然后带动曲柄连杆机构，使割刀作往复运动，切割牧草，并将割后牧草均匀地铺放在草茬上。

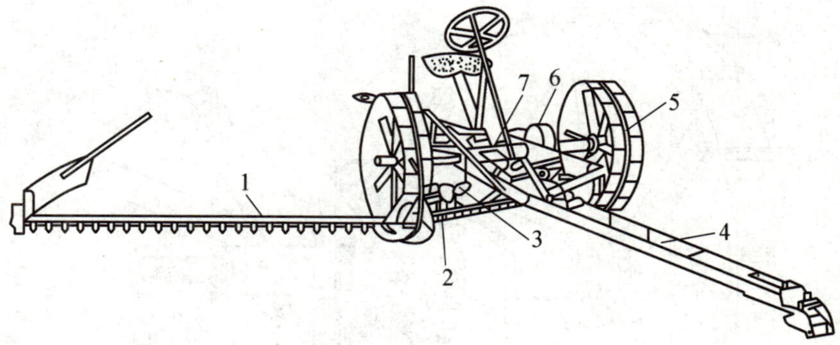

图 14-16 9GJ-2.1 型往复式割草机

1. 切割器 2. 倾斜调整机构 3. 起落机构 4. 牵引装置 5. 行走轮 6. 传动机构 7. 机架

切割器是割草机的主要工作部件，由割刀组件、刀梁组件、挡草板组件等部分组成，如图 14-17 所示。

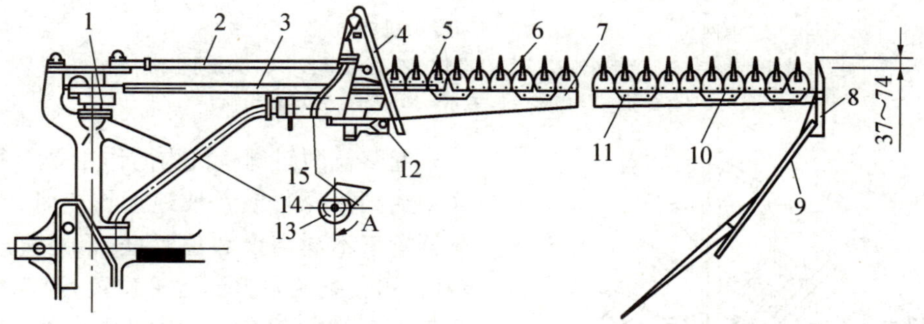

图 14-17 切割器

1. 曲柄盘 2. 前拉杆 3. 连杆 4. 挡草杆 5. 刀头 6. 刀片 7. 刀梁 8. 外滑掌 9. 挡草板 10. 压刃器 11. 摩擦片 12. 内滑掌 13. 偏心套 14. 后拉杆 15. 挂刀架

割刀组件由刀杆、铆在刀杆上的动刀片和刀头组成。刀头与连杆铰接，割刀由连杆带动作往复运动。在护刃器梁上固定有护刃器、压刃器和摩擦片，护刃器上铆有定刀片，切割器两端支承在内、外滑掌上贴地面滑行，以适应地形起伏保证低割。滑掌下面安有可拆卸的调节板，以调整割茬高度。外滑掌上有挡草板，将割下的牧草向左推移，以免下一次割草时割草机右轮碾压已割牧草。内滑掌上面装有挡草杆，用来把割下牧草推向切割器内，防止堵塞导槽和缠绕刀头，影响切割。整个切割器通过它的内滑掌与挂刀架铰接，而挂刀架又借助于前后拉杆所形成的可动机架与机架铰接，这样，切割器可绕挂刀架转动，并随同可动机架绕主机架转动，以满足它的升降及适应地形的要求。

传动机构将行走轮的动力传给割刀，其由行走轮、棘轮装置、传动齿轮、爪式离合器和曲柄连杆等组成(图 14-18)。行走轮表面铸有高 10～15 mm 的纵横凸起，以防止地轮打滑和侧移。在行走轮与传动轴之间设有棘轮式单向离合器。行走轮向前滚动时，棘齿顶住卡爪，轮轴随之旋转；行走轮倒退时，棘齿滑过卡爪，轮轴停止转动；转弯时起差速作用。工作时，动力通过一对圆柱齿轮和一对圆锥齿轮经曲柄和连杆带动割刀运动，割刀动力的结合和分离由爪式离合器控制。

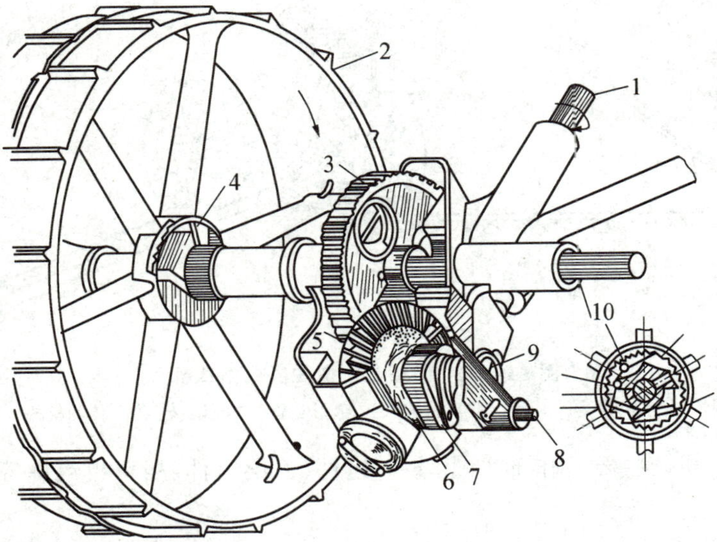

图 14-18　传动机构

1. 传动轴　2. 行走轮　3. 大圆柱齿轮　4. 棘轮装置　5. 大锥形齿轮
6. 离合器　7. 拨叉　8. 拉杆　9. 踏板　10. 棘轮轴

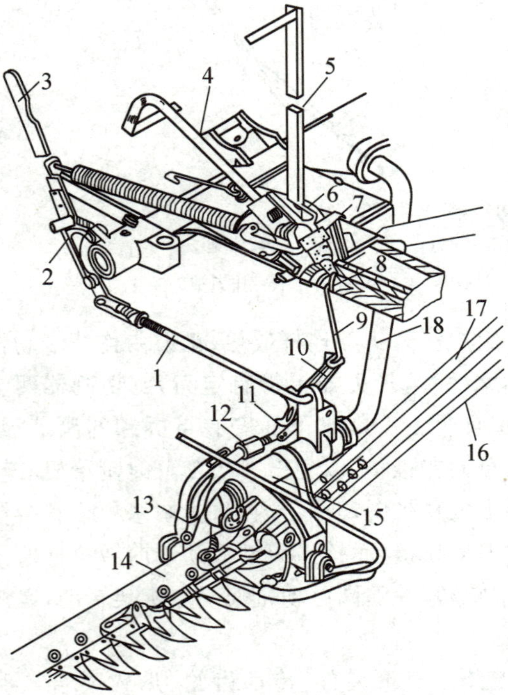

图 14-19　起落及倾斜调整机构

1. 调节杆　2. 扇形齿板　3. 倾斜调节手杆　4. 踏杆　5. 手杆　6. 齿板　7. 钩杆　8. 大摇臂　9. 双头钩杆　10. 小摇臂　11. 拉板　12. 调节拉杆　13. 弯杆　14. 切割器　15. 挂刀架　16. 前拉杆　17. 连杆　18. 后拉杆

起落及倾斜调整机构的作用是当割草机工作中遇到障碍物或在坡地上作业时，它可将切割器置于不同高度和位置；转移地块或长途运输时，可使切割器升到运输位置；调节切割器相对于地面的倾斜角，使切割器水平、下倾或上仰，以利于低割或避免护刃器尖插入土中（图 14-19）。

（二）旋转式割草机

旋转式割草机是以无支承切割原理进行工作的，切割器刀片安装在刀盘上，并随刀盘一起

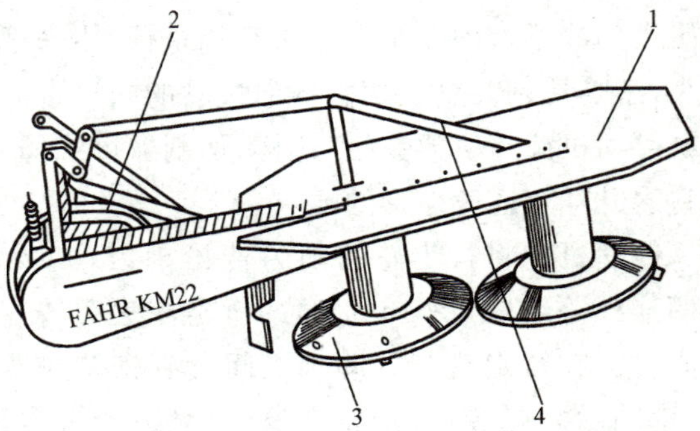

图 14-20　上传动式割草机

1. 机架　2. 传动机构　3. 切割器　4. 提升仿形机构

旋转进行割草。按其传动方式的不同可分为上传动和下传动两种。

图 14-20 所示为上传动式割草机。其主要由机架、传动机构、切割器总成、提升仿形机构等部分组成，通过机架三点悬挂在拖拉机上，由拖拉机动力输出轴驱动。

该类型割草机多采用齿轮和皮带传动。典型上传动旋转式割草机可采用图14-21所示的传动方式，实现相邻切割器的相对旋转。

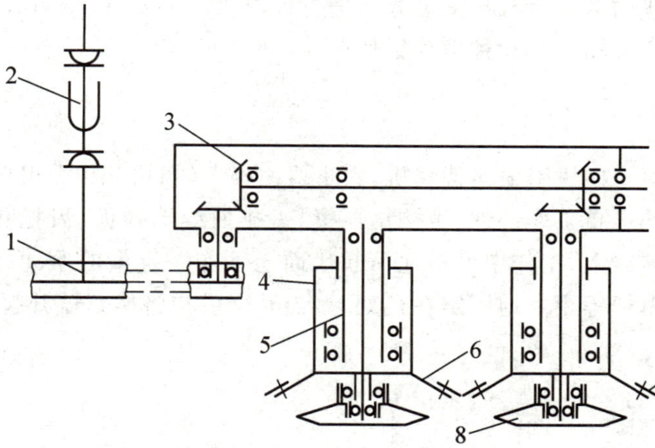

图 14-21　上传动式割草机传动示意图

1. 皮带轮　2. 万向节轴　3. 锥齿轮　4. 滚筒　5. 圆盘毂　6. 刀盘　7. 刀片　8. 滑盘

上传动旋转式割草机的切割器常采用滚筒式，见图 14-22，它主要由滚筒、刀杆、仿形滑板、刀片等组成。滚筒用于收集和条放牧草，它有圆柱和圆锥两种。圆柱滚筒由两半圆筒相对铆合而成，对铆处通常留有 10～15 mm 的凸缘，借以加大滚筒直径，以利于推送牧草。滚筒的高度取决于牧草的高度，二者之比可取 1∶3。滚筒的直径取决于牧草生长密度和滚筒之间的间隙。当牧草密度大，如间隙太小，易造成堵塞，使滚筒的阻力增加。反之，使形成的草条紊乱。一般滚筒直径为 0.3～0.5 m。圆锥滚筒是底部大、上部小，以增加底部线速度，使割后牧草在输送过程中被滚筒升起向后输送，避免牧草前倾被二次切割。

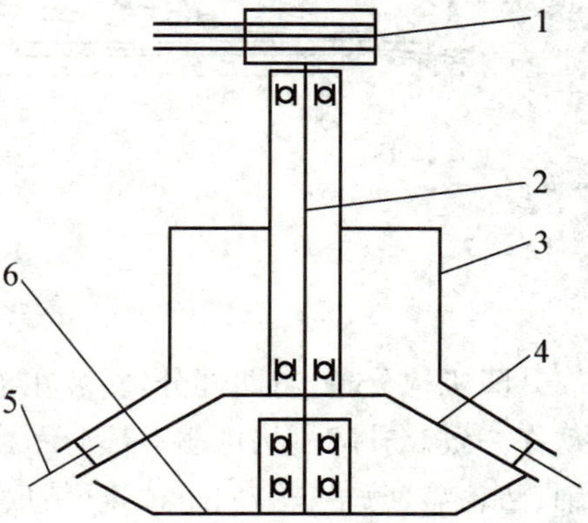

图 14-22　滚筒旋转式切割器

1. 皮带轮　2. 传动轴　3. 滚筒　4. 刀杆　5. 刀片　6. 仿形滑板

刀片多数加工成矩形、梯形和曲线形，端部具有刀刃。为使刀片在高速工作时，遇到障碍不致损坏，旋转式割草机的刀片多采用铰接安装，保证刀片遇到障碍物时向后倾斜。工作时，靠离心力作用使其处于工作位置。为更换刀片方便，大多采用快卸结构。

二、搂草机

搂草机是将割下的牧草搂集成草条，以便于集堆、捡拾压捆或集垛。搂草的时间可由当地自然条件确定，尽量缩短晾晒时阳光的照射时间，以减少牧草的营养物质损失，可以在割草同时,也可以在牧草稍晾干之后。搂草时应搂集干净,牧草损失小;不带陈草和泥土;草条要连续、松散、平直。

搂草机根据草条形成的方向可分为横向搂草机和侧向搂草机两大类。

横向搂草机搂集的草条与机器前进方向相垂直,它形成的草条不太整齐和均匀,陈草多,牧草损失也大,且不易与捡拾作业配套。但结构简单,工作幅可以较大,适于天然草原作业。

侧向搂草机搂集成的草条与机器前进方向平行。草条外形整齐、松散、均匀。牧草移动距离小,污染少,适于高产天然草原和种植草场作业。

(一)横向搂草机

图 14-23 为 9LC-6 型机引横向搂草机,它主要由搂草器、机架以及升降机构等组成。

搂草器是搂草机的主要工作部件,由搂草器梁、一排曲线形弹齿、齿托和除草杆组成。弹齿由齿托铰接在搂草器梁上,工作中可随地面起伏而上下作一定量的摆动。搂草器梁与机架后端的支架销连。除草杆等距离地固定在机架上,当升降机构将搂草器升起时,除草杆可强制将草条清出。

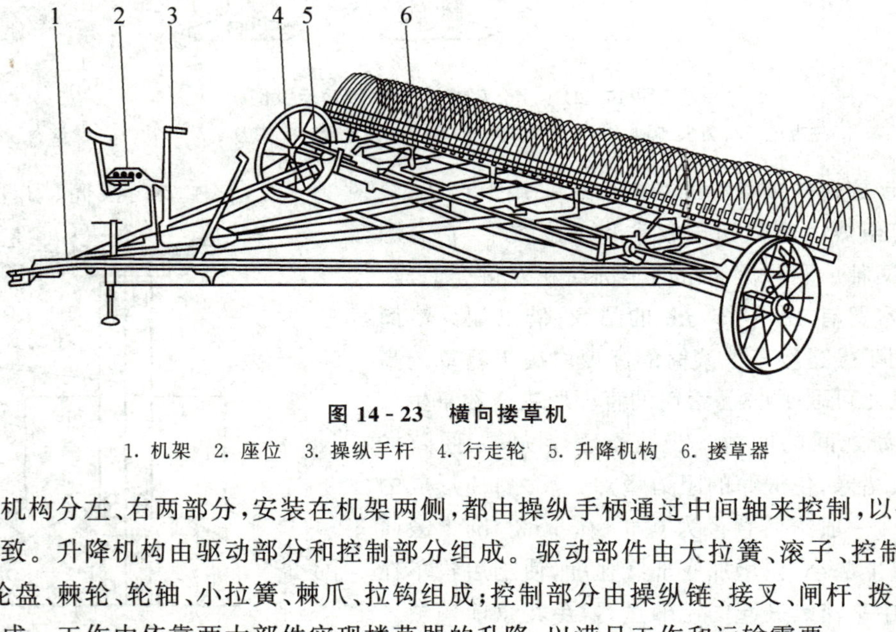

图 14-23　横向搂草机

1. 机架　2. 座位　3. 操纵手杆　4. 行走轮　5. 升降机构　6. 搂草器

升降机构分左、右两部分,安装在机架两侧,都由操纵手柄通过中间轴来控制,以保证两部分动作一致。升降机构由驱动部分和控制部分组成。驱动部件由大拉簧、滚子、控制杠杆、操纵轴、凸轮盘、棘轮、轮轴、小拉簧、棘爪、拉钩组成;控制部分由操纵链、接叉、闸杆、拨爪、拨杆、杠杆等组成。工作中依靠两大部件实现搂草器的升降,以满足工作和运输需要。

工作时,搂草器弹齿尖端触地并形成一工作曲面。当机器前进时,草层沿曲面上升,由于草层不断地上升,弹齿升角逐渐增大(图 14-24),当草层升至某一极限位置后,便开始向下滚落。搂草机的弹齿应能使草层沿着弹齿面连续上升,连续卷落,以形成外部紧度较小的中空草条,这样便于干燥和减少损失。

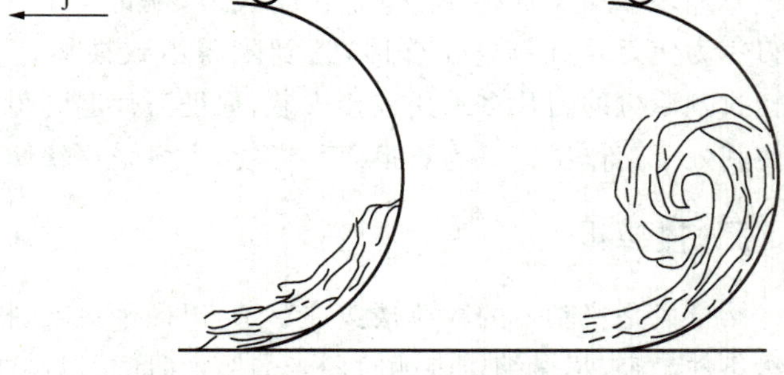

图 14-24　草条形成过程

横向搂草机工作时，每搂成一次草条，搂草器必须升降一次，以卸出草条。由于机器在前进，当前进速度快时，会形成一段未搂区。

(二)侧向搂草机

图 14-25a 所示为搂耙式侧向搂草机，其主要由机架、传动机构、搂耙等部分组成。机架由支承轮支持。工作时，拖拉机一面牵引机器前进，一面驱动搂耙作逆时针方向旋转。当搂耙运动到机器右侧和前面时，搂齿垂直并接近地面，进行搂草。当搂耙运动到机器左侧时，搂耙抬起，同时弹齿后倾成水平状态，将搂集牧草置于草茬上，形成与机器前进方向平行的草条。为使形成的草条整齐，在形成草条的一侧设有挡屏，挡屏通过支杆固定在机架上。图 14-25b 表示了由两套搂耙组成的搂耙式侧向搂草机的工作情况，两组搂耙旋转方向相反，可在两组搂耙中间形成一较大的草条。

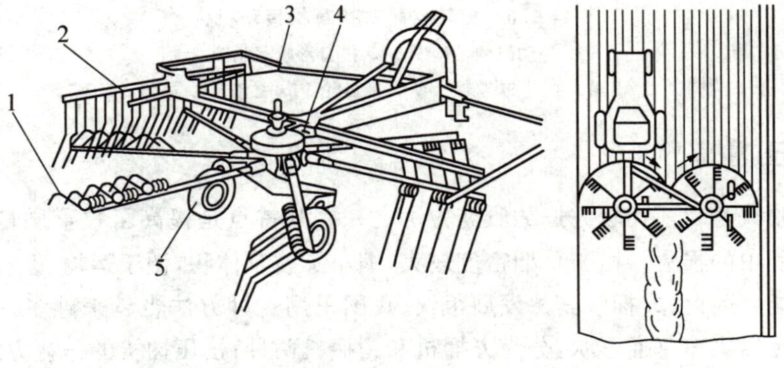

图 14-25 旋转搂耙式搂草机

1. 搂耙 2. 挡屏 3. 机架 4. 传动机构 5. 支承轮

传动机构由齿轮减速器、转盘、凸轮等组成(图 14-26a)。主动小锥齿轮以轴承装置在固定不动的转盘罩的孔中，与大锥齿轮相啮合。大锥齿轮滑套在立轴上，并驱动转盘旋转。立轴固定不转，其表面设有凸轮轨道，用来控制搂耙的工作状态。

搂耙由搂齿、耙杆等组成(图 14-26b)。搂齿成对地固定在耙杆外端。它的上端制成蜗卷，以增加弹性，便于越过障碍。下端制成弧线型，便于牧草沿齿面滚卷上升。这种形式比直线型工作性能好。耙杆滑套安装在转盘臂孔中，随转盘一起旋转。在耙杆内侧固定有曲柄，曲柄上设有滚轮，滚轮在凸轮轨道上运动。

工作时，拖拉机动力通过齿轮减速器带动转盘旋转。转盘又带动耙杆转动。当滚轮运动到凸轮轨道凹部分时，曲柄向下摆动，耙杆在转盘臂孔内也随着转一角度，使搂齿变成垂直位置，并接近地面，为搂草状态。当滚轮运动到凸轮轨道凸部分时，曲柄向上摆动，在耙杆作用下，弹齿离开地面，向后倾斜，为放草状态。

为了不产生漏搂区或增大重搂区，机器前进速度和搂耙转速之间要保持合理的比例关系。前进速度快时，搂耙的旋转速度也应相应提高，但不要将草抛扔出去。

这类机具的优点是结构简单、重量轻、可高速作业(时速 12～18 km/h)。集成的草条松散透风，牧草损失小，污染轻，便于与捡拾机具配套。

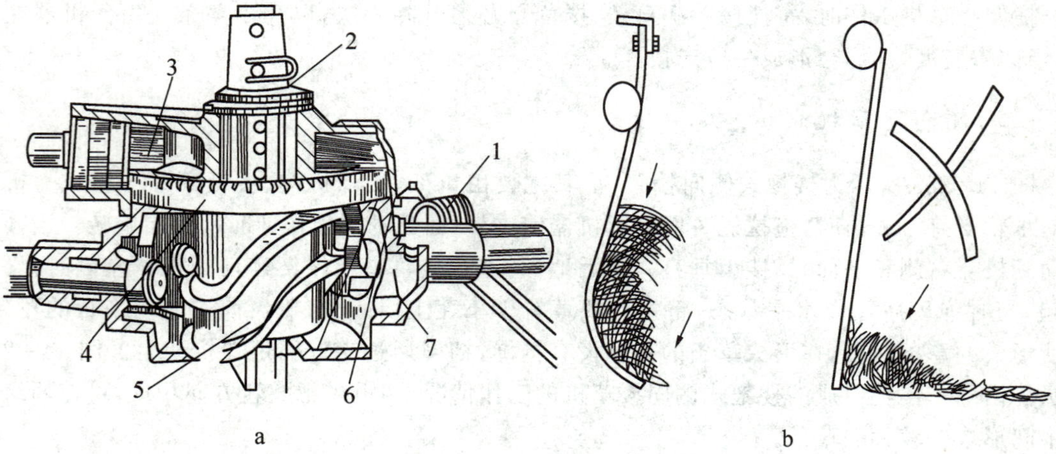

图 14-26　旋转搂耙式搂草机传动机构

a. 传动机构结构图　b. 搂齿形状示意图

1. 搂耙　2. 机架　3. 小锥齿轮　4. 大锥齿轮　5. 立轴　6. 罩体　7. 转盘

三、牧草压捆机

牧草成捆收获是目前比较先进的收获方法之一。其特点是提高了牧草质量，减少牧草在制备和贮运过程中的损失。由于草捆密度较大，缩小了牧草体积，便于运输、贮存和饲喂，使其商品化成为可能。因此，成捆收获法发展很快，我国采用这种方法也越来越多，并开始生产各种压捆机具。压捆机按草捆形状，分为方捆机和圆捆机两种；按压捆机的作业方式可分为固定式压捆机和捡拾压捆机。

（一）方捆捡拾压捆机

图 14-27 所示为 9KJ-1.4 型方捆捡拾压捆机，它主要由捡拾器、输送喂入器、压缩室、密度调节装置、打捆机构、曲柄连杆机构、传动机构和牵引装置等组成。

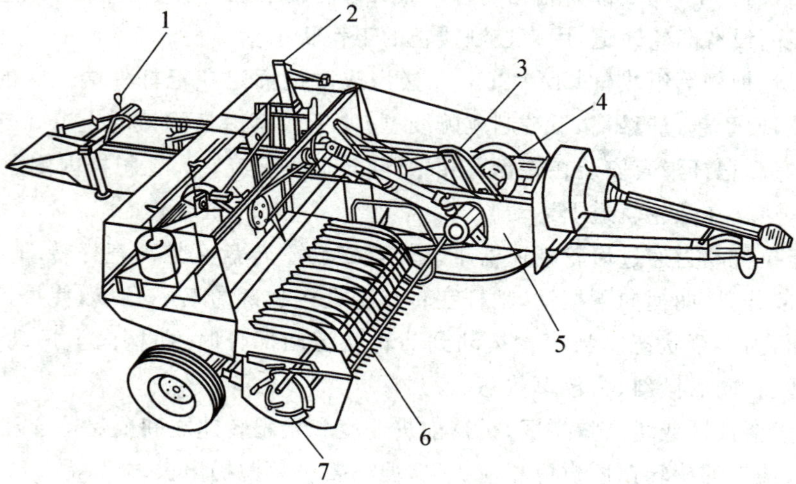

图 14-27　方捆捡拾压捆机构造

1. 密度调节装置　2. 输送喂入器　3. 曲柄连杆机构　4. 传动机构　5. 压缩室　6. 捡拾器　7. 捡拾器控制机构

工作时，动力从拖拉机动力输出轴，经万向节传动轴、主离合器及飞轮传至主传动箱。由主传动箱将动力分配于各运动部件进行工作。

捡拾器用于捡拾割茬上的牧草并将其升运至输送喂入器。该机采用滚筒式捡拾器。主要由捡拾器轴、滚筒、定向滚轮盘（凸轮滑道）、弹齿等组成（图 14－28）。滚筒轴的两端固定着滚筒盘，并随轴旋转，四根齿杆分别插入滚筒盘的四个孔中。弹齿固定在齿杆上。具有特殊形状的定向滚轮盘（凸轮滑道），固定在滚筒轴右端支承板上。带有滚轮的曲柄焊接在齿杆的右端。当滚筒旋转时齿杆带动滚轮沿着定向滚轮盘的内滚道滚动，以控制弹齿按一定的轨迹运动。使弹齿从护板内伸出，捡拾牧草并把它升运到输送喂入器，然后弹齿又从草层中顺利缩回，实现捡拾、升运、输送功能。

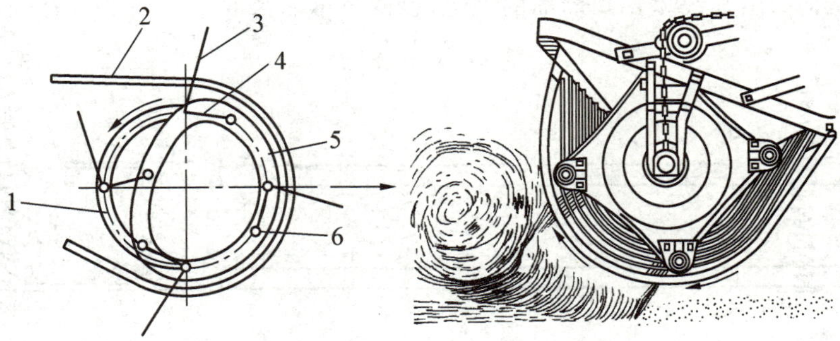

图 14－28　捡拾器示意图

1. 滚筒　2. 护板　3. 弹齿　4. 曲柄　5. 定向滚轮盘　6. 滚轮

输送喂入器用来把捡拾器送来的牧草推送到压捆室内。输送喂入器由曲柄、摇臂、摇杆、拨叉和板簧等组成，形成曲柄摇杆机构，如图 14－29 所示。工作时，曲柄在传动齿轮驱动下旋转，使摇杆和摇臂摆动，带动拨叉按一定轨迹运动，把牧草从输送喂入器内拨入到压捆室。板簧的作用是当输送喂入器拨叉被异物堵塞或卡住时发生扭曲变形，使拨叉自动向上抬起（虚线位置），越过障碍后又自动回到原来位置。

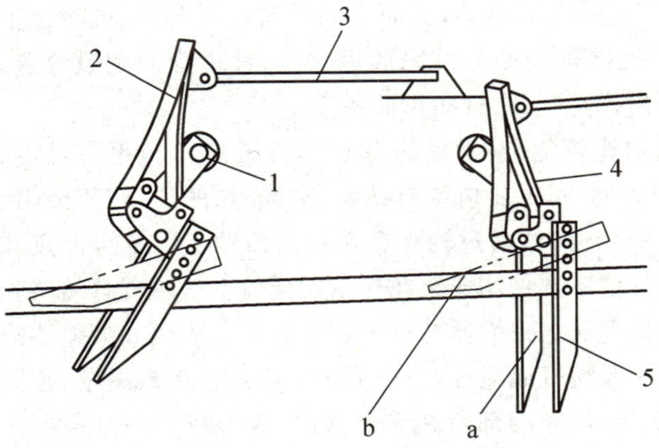

图 14－29　输送喂入器示意图

a. 工作位置　b. 遇障位置

1. 曲柄　2. 摇臂　3. 摇杆　4. 板簧　5. 拨叉

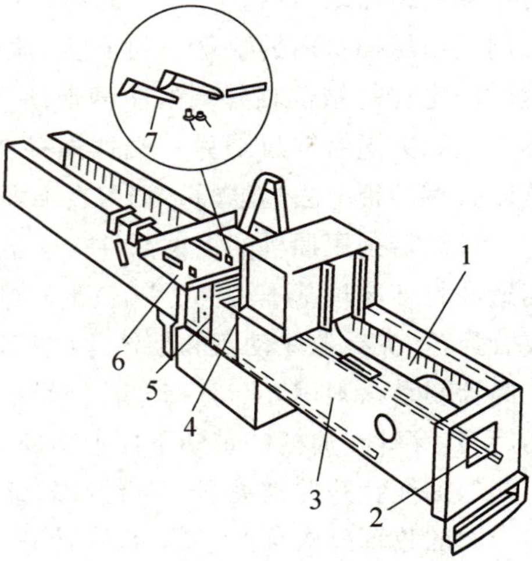

图 14－30　压捆室示意图

1. 左侧壁　2. 滑道　3. 右侧壁　4. 底板　5. 切刀　6. 上盖板　7. 防松卡爪

压捆室由左右侧壁、上盖板及底板焊合而成(图 14 - 30),其中有活塞、曲柄连杆机构等压捆机件。右侧壁又分成前、后两部分,中间是喂入口。在喂入口的后侧壁安装固定切刀,它与活塞上同侧的动刀构成切割副,以切断连续喂入的牧草,确保草捆外部整齐。压捆室内装有滑道,以减少活塞在运动中的阻力。活塞空行时,为保持牧草仍处于压缩状态,在上盖板、底板及外侧壁上设有防松卡爪。当活塞压缩牧草时卡爪被挤出室外,牧草通过;活塞回行时,卡爪在弹簧的作用下重新进入压捆室抵住牧草,阻止牧草膨松。

草捆密度调节装置的作用是通过改变压捆室后端出口截面的大小,调节草捆密度。它由上下连接板、横梁、调节手柄、螺杆及弹簧等组成(图 14 - 31)。上连接板用铰接方式固定在压缩室上盖板后端。横梁焊接在连接板上。旋转调节手柄时,上连接板相对于下连接板的倾斜度发生变化,从而改变压缩室出口断面的大小,以调节草捆密度。

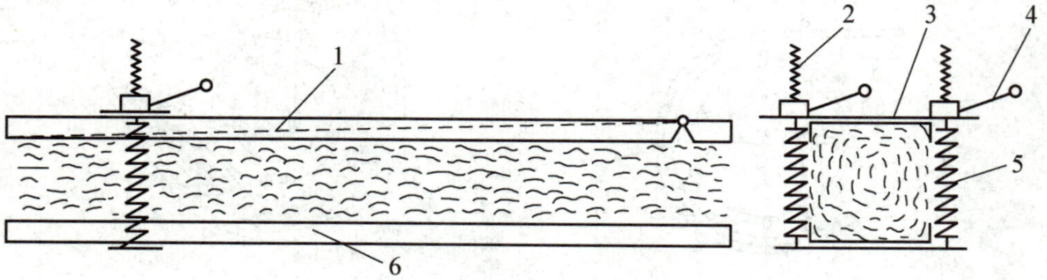

图 14 - 31　草捆密度调节装置示意图

1. 上连接板　2. 螺杆　3. 横梁　4. 调节手柄　5. 螺旋弹簧　6. 下连接板

打捆机构是压捆机主要工作部件之一,主要由打结器、打捆针和打捆机构控制器组成。打捆针的主要作用是当草捆达到预定的长度,活塞使牧草处于压缩状态时通过压捆室腔体和活塞前端间隙把捆绳送到打结器处进行打结。打捆针安装在压捆室下面的 U 形架上,通常做成半圆形,尖部有穿绳孔(图 14 - 32)。

打捆前,应使捆绳从绳箱出来后通过捆绳压紧器和导绳器孔,从打捆针绳孔穿出来后夹在打结器夹绳器缺口内。打捆针的运动是通过曲柄连杆机构实现的,并由打捆机构控制器加以控制。当压捆室内的牧草达到了预定长度时,打捆机构控制器自动结合,打结器轴开始旋转。这时固定在打结器轴外端的曲柄带动连杆和 U 形架运动,从而使捆针向上提升,绕过草捆把捆绳送到夹绳器缺口与另一端捆绳并齐。捆绳被割断打结完成后,打捆针下降回到原位置。这时打捆针带上去的捆绳一端留在夹绳器内,为下一次打捆作准备。

打结器是压捆机的关键部件。它的结构比较复杂,常见的有 C 形打结器和 D 形打结器,构造和打捆原理基本相同。以 D 形打结器为例,其主要包括打结嘴、夹绳器、脱绳杆、割绳刀、复合齿盘、夹绳器驱动盘和架体等(图 14 - 33)。架体通过轴孔套在打结器轴上。复合齿盘和夹绳器驱动盘则用键与打结器轴相固定。其他零部件均安装在打结器架体上。随着打结器轴的旋转,穿针在曲柄的带动下向上运动,把捆绳送到夹绳器与原来在打结嘴上表面和夹绳器缺口内的捆绳合并并被夹紧。打结嘴转动把两股绳打成绳环,当捆绳被切断后便形成绳结,把围在中间的牧草打成草捆。然后,穿针开始下降,捆绳端部留在夹绳器内,为形成下一个草捆作准备。

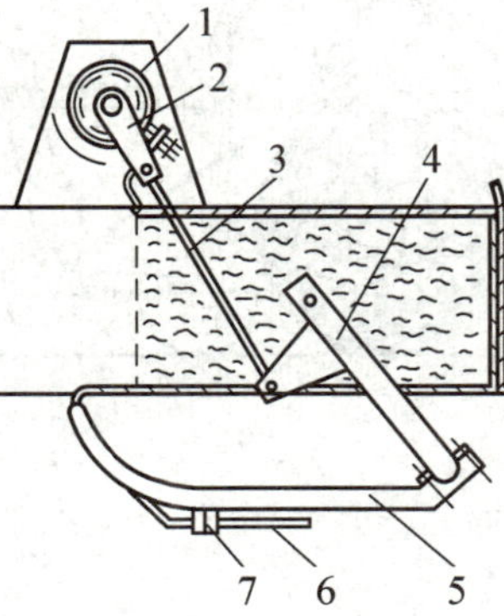

图 14-32 打捆针及传动部分

1. 驱动齿轮 2. 曲柄 3. 连杆 4. U形架 5. 打捆针 6. 捆绳 7. 导绳器

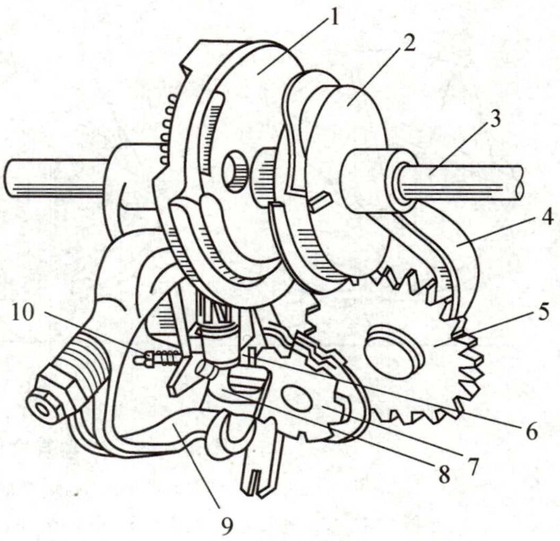

图 14-33 打结器

1. 复合齿盘 2. 夹绳器驱动盘 3. 打结器轴 4. 打结器架体 5. 夹绳器传动齿板 6. 割绳刀 7. 夹绳器 8. 打结嘴 9. 脱绳杆 10. 滚轮导板调整螺母

(二)圆捆捡拾压捆机

圆捆捡拾压捆机(简称圆捆机)是用来制备大型圆柱形草捆的机具,该类机具 20 世纪 70 年代初开始投产使用。由于圆草捆能防止雨水渗透和风蚀,便于露天贮存,保持牧草的营养价值,因此近年来发展较快。它适用于天然草场和人工草场作业,但运输和长期贮存不如方草捆方便。

圆捆机按草捆成形过程分为内卷绕式和外卷绕式两种。图 14-34 所示为内卷绕式圆捆机,其主要由捡拾器、输送喂入器、卷压室、打捆机构、卸草后门、传动系统及液压操纵机构等组成。

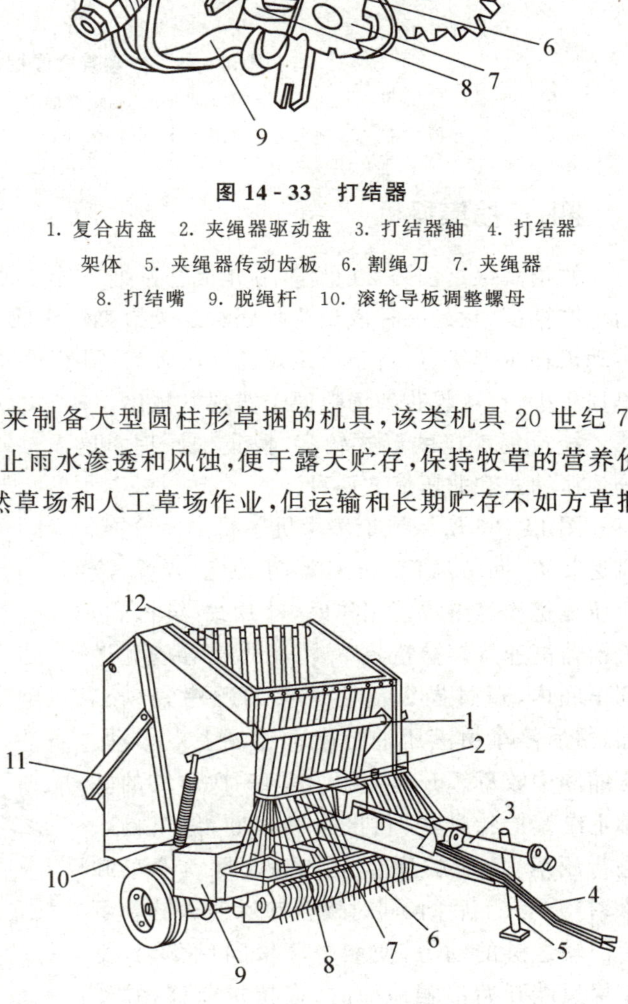

图 14-34 圆捆捡拾压捆机

1. 摇臂 2. 传动系统 3. 传动轴 4. 液压系统油管 5. 支架 6. 捡拾器 7. 打捆机构 8. 割绳机构 9. 绳箱 10. 张紧弹簧 11. 卸草后门 12. 卷压室

工作时,捡拾器将草茬上的牧草捡拾起并送入喂入器上、下光辊之间,卷压进入预压室,在上下两组皮带作用下,使牧草开始转动并被卷压成草芯(图 14-35a),由于牧草连续喂入,草芯随之旋转,当草捆达到一定尺寸,便离开下皮带进入上皮带组,草捆在上皮带中不断卷绕牧草,直至形成草捆(图 14-35b),当草捆达到要求尺寸时,依靠打捆机构的作用将捆绳螺旋缠绕于草捆表面,割断捆绳,打开后门卸草(图 14-35c)。

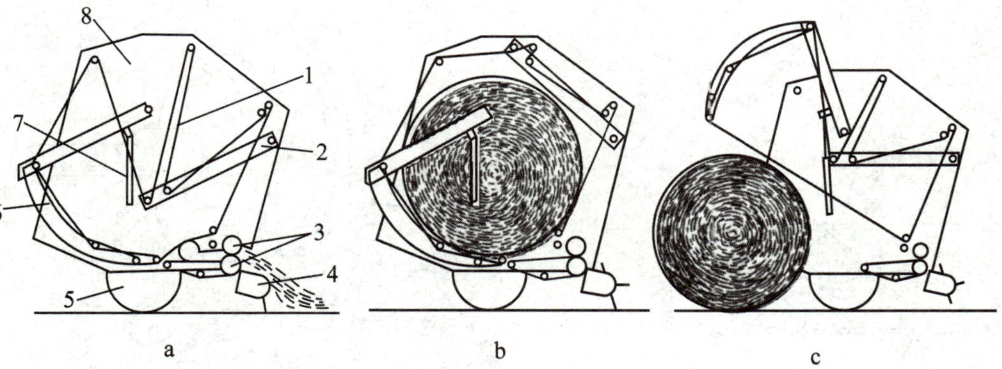

图 14-35 内卷绕式圆捆机工作简图

a. 草芯形成 b. 草捆形成 c. 草捆卸出

1. 上圈皮带 2. 摇臂 3. 光辊 4. 捡拾器 5. 行走轮 6. 卸草后门 7. 油缸 8. 侧壁

四、捡拾集垛机

捡拾集垛是国外20世纪70年代开始推广的一种牧草收获方法，国内20世纪80年代开始生产推广，它是一种散长草收获法。捡拾集垛法收获干草，具有效率高、便于存放、损失小、劳动消耗少等优点，对于运距短的地区较为适用。垛的密度较低，可收集较高湿度的干草，营养损失少，且从收获到饲喂便于实现机械化。

捡拾集垛机的形式较多，按集垛原理，可分为压缩式和非压缩式两种。

图14-36所示捡拾集垛机主要由捡拾器、风送装置、调节风门、压缩盖棚、传动装置、液压压缩机构等组成。工作时，叶片式（链枷式）捡拾器高速旋转捡拾牧草，并沿抛送导管抛送到车厢内，通过操纵活门调整的顺序集满车厢，然后停车由液压油缸带动盖棚上下移动，压缩厢中牧草。升起盖棚，在第一次压缩的基础上继续捡拾抛送，再次集满车厢，停车再次进行压缩，依照顺序直至装满车厢。停车卸垛，打开上、下后门，同时接合卸垛输送链和下后门输送链的动力，使厢中草垛向后移动，待草垛后端开始接触地面时，拖拉机前移，并使其前进速度和草垛后移速度相等，以保持草垛形状不变。

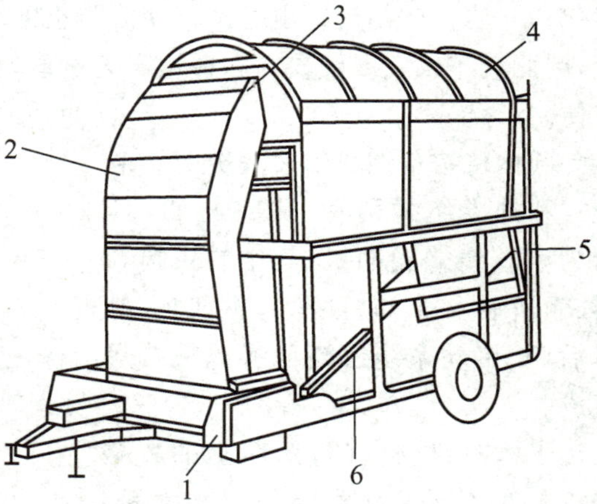

图 14-36 捡拾集垛机结构

1. 捡拾器 2. 风送装置 3. 调节风门 4. 盖棚 5. 后门 6. 液压压缩机构

思 考 题

1. 草坪建植机械有哪些？简述草坪起草机的构造及工作原理。

2. 草坪养护管理机械有哪些？简述 G－Ⅲ型草坪修剪机的构造及工作原理。
3. 为何播种牧草种子需用专用播种机？
4. 草地保护机械的种类有哪些？简述 9MS－80 型草原灭鼠投饵机的构造及工作原理。
5. 简述 9GJ－2.1 型机引单刀往复式割草机结构及工作原理。
6. 简述 9LC－6 型机引横向搂草机构造及工作原理。
7. 简述 9KJ－1.4 型方捆捡拾压捆机的构造及各部分功用。

第十五章　果园机械

◆学习目标

通过本章学习，重点掌握果园建植与管理机械的种类、结构及工作原理；熟悉苗圃机械的类型、构造及工作原理；了解挖坑机、大苗植树机的结构及工作原理。

果园机械包括：建园机械、苗圃机械、果树栽植机械、果园管理机械等。我国果园多建在沙滩地、丘陵或半山地，其生态差异较大，即使是同一作业项目，由于树种不同，使用的机械类型也不相同。果树是多年生植物，一经定植，管理作业环节的好坏，直接影响着果品的产量和品质。

果园机械种类繁多。耕整地、苗圃播种、中耕、施肥、灌溉、植保等机械可借用大田、蔬菜、林业、牧草等机械，本章只介绍果园生产中的专用机械。

第一节　果园建植机械

在果园建植和恢复修整的过程中，首先要对建植地进行清理。在所需要的机械设备中，除大型的挖掘机、铲土机、运输机械外，还需要一些中小型机具完成清理作业，如割灌机、油锯等。

一、割灌机

割灌机是使用最广泛的一种小型清理机械。其利用旋转式工作部件切割灌木，可分为手扶式、悬挂式和背负式三种。

割灌机的技术要求为：割茬低、切口平，割尽，控制倒向，不伤苗、压苗；小型轻便，便于携带上山，林地通过性好；结构简单，耐用可靠，操作、保养、维修方便；振动、噪声小；一机多用。

（一）侧背式割灌机

1. 侧背式割灌机的构造　国产 DG-2 型侧背式割灌机如图 15-1 所示，该机采用硬轴传动，主要由发动机（1E40F 型汽油机）、传动系统、离合器、工作部件、操纵部分及背挂部件等组成。

(1)离合器：该机离合器可实现过载自动打滑，以保护工作部件不受损坏，空载怠速时能自动切断动力。它主要由离心块、主动盘、弹簧、从动盘等组成（图 15-2）。弹簧嵌在离心块的环槽中，并将其紧箍在离合器主动盘上。离合器主动盘与风扇固定在一起，风扇安装在曲轴上，构成离合器主动部分。从动盘是被动件，固定在传动轴上。当发动机的转速达到 2 800～3 200 r/min 时，离心块在离心力作用下克服弹簧的紧箍力而向外张开，靠摩擦作用与从动盘结合为一体并将动力传给传动轴、带动工作部件进行切灌作业。当发动机的转速低于 2 800 r/min 时，由于离心力减小，则离心块在弹簧力的作用下恢复原位，动力切断，工作部件停止旋转。

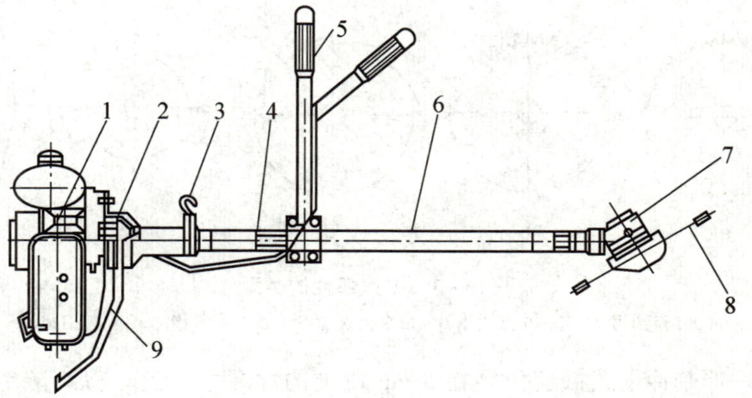

图 15-1 DG-2 型割灌机

1. 发动机 2. 离合器 3. 挂钩 4. 传动部分 5. 操纵部分 6. 套管 7. 减速器 8. 工作部件 9. 支脚

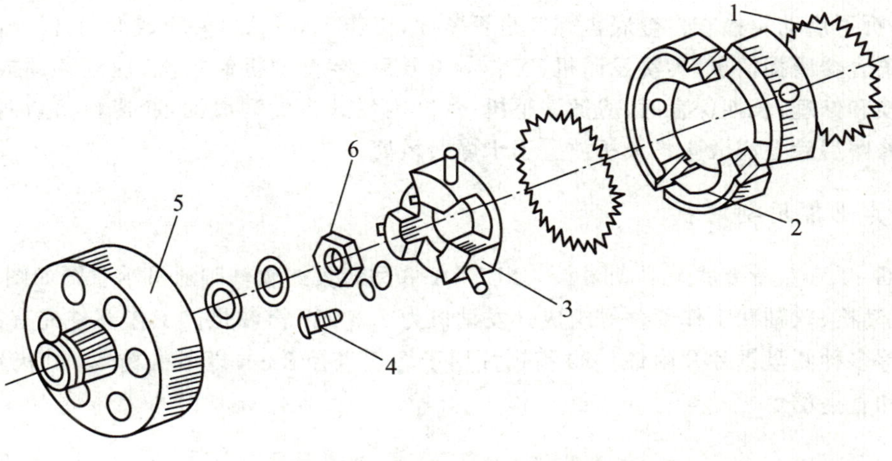

图 15-2 离心式离合器结构示意图

1. 弹簧 2. 离心块 3. 主动盘 4. 连接螺钉 5. 从动盘 6. 连接螺母

(2)传动轴与减速器:传动轴属于硬轴,用来将离合器传来的发动机动力传给减速器。减速器可改变传动方向,与工作部件总称为工作头。减速器的减速比为 1.21(小齿轮 19 个齿、大齿轮 23 个齿),若发动机的转速是 5 000～6 000 r/min 时,工作件的转速则为 4 130～4 950 r/min。

(3)工作部件:割灌机的工作部件类型很多,多为圆锯片和刀片(图 15-3),圆锯片广泛用于切割灌木和小径级立木,刀片多用于割草和切割藤蔓。

2. DG-2 型侧背式割灌机的使用与维修

(1)割灌机的使用:割灌机进行作业时,发动机转速一般在 5 000 r/min 左右为宜,严禁在 6 000 r/min 以上长时间作业,以防损坏发动机零件,降低使用寿命。操作方式可根据林地具体条件选择。在坡地作业可沿等高线进行;切割小灌木和杂草时,可双手左右摆动连续切割,割幅在 1.5～2 m 之内;切割根径在 8 cm 以下的乔灌木时,可采用单向切割,一次伐倒;切割 8 cm以上的乔灌木时,应根据倒向先割下锯口;发生卡锯时,立即关小油门,待离合器分离后

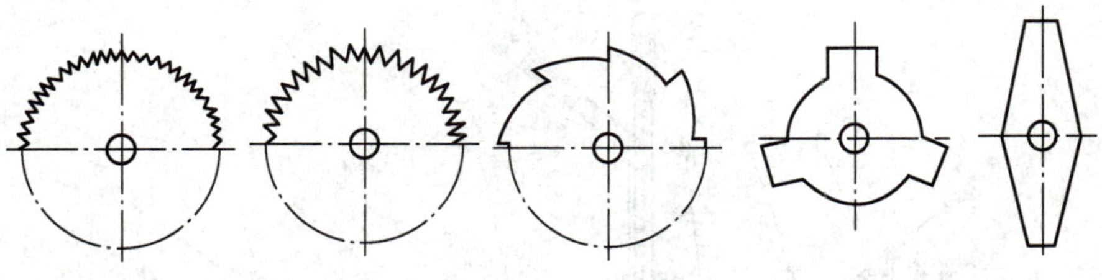

图 15 - 3　工作部件的类型

a. 80 齿圆锯片　b. 40 齿圆锯片　c. 8 齿圆锯片　d. 3 刃刀齿　e. 双刃刀齿

抽出锯片或刀盘；严禁冲击式砍切根径在 3 cm 以上的乔灌木；工作完后，减小油门低速运转 3～5 min，待机器冷却后停机，严禁高速运转时突然停机。

(2)割灌机的维护与保养：工作结束后要清理整机表面的油污，用热水清洗锯片(刀片)上的树脂和草渍。清洗空气滤清器和离合器。检查油管接头和外部紧固件是否松脱；工作 50 h 后，还应清洗油箱、沉淀杯和化油器浮子室，清洗减速箱后应换新润滑油，清除消音管和火花塞中的积炭，拆下启动轮检查白金底盘螺钉是否紧固；工作 100 h 后，要完成 50 h 保养内容。然后要检查离合器磨损情况，拆洗发动机；工作 500 h 后，要全部拆卸清洗，检查各部损坏情况，并进行更换和修理；长期保存时，应擦洗整机，汽缸内注入少量润滑油，变速箱换新润滑油，锯片(刀片)修磨后涂上润滑脂。整机放置于干燥通风处。

(二)其他常用割灌机

1. FBG - 1.3 型背负式软轴割灌机　FBG - 1.3 型背负式软轴割灌机示意图如图 15 - 4 所示，它由发动机、软轴和工作部件等组成。发动机为 1.3 kW 汽油机。工作部件配有 80 齿、40 齿和 3 齿等多种圆盘锯片及附件。80 齿锯片用于切割直径 8 cm 以下的树木，40 齿锯片用于收割小麦和直播稻。

图 15 - 4　后背式割灌机示意图

1. 锯片　2. 套管　3. 挠性传动轴　4. 皮带轮　5. 离合器　6. 发动机

工作时将割灌机背在肩上，发动机的动力通过离合器、三角皮带及软轴传到割灌机工作部件。因软轴传动、操纵灵活性大，不受地形和坡度影响，可以上下左右自由操作，特别适应于地形复杂的山区作业。

2. 悬挂式割灌机　悬挂式割灌机悬挂在轮式或履带式拖拉机上，发动机的动力由动力输出轴经传动机构，带动工作部件旋转，随拖拉机的移动进行割灌作业。悬挂式割灌机一般用于大面积除灌作业。图 15 - 5 为悬挂式双锯盘割灌机，主要由机架、锯片、传动机构、悬挂装置和推板等组成。

机架由左右两个支架组成，支架的一端铰接于减速器座上，并分成左、右两部分，支架的另一端用导向板和弹簧联结在一起。左、右支架与穿过导向板长孔中的螺栓联结，可根据作业要求调节分开的角度，当遇到障碍时可借助弹簧力的作用使支架越过障碍或回位。

传动装置包括万向轴、减速器、皮带轮和三角皮带。减速器装在纵梁上，通过皮带传动带动锯片旋转。锯片立轴装在支架的前部、主轴上有小皮带轮，通过三角皮带与减速器皮带轮连接。两锯片旋转方向相同，锯下的灌木由推板推向右侧。推板铰接在支杆上，改变推板的安装位置可将锯下的灌木推向两侧。滑撬装在纵梁支架上，用于保持一定的锯切高度。

整机由悬挂装置支承和起升。除灌作业时拖拉机后退行驶，锯木直径为 10 cm，工作速度为 5 km/h。

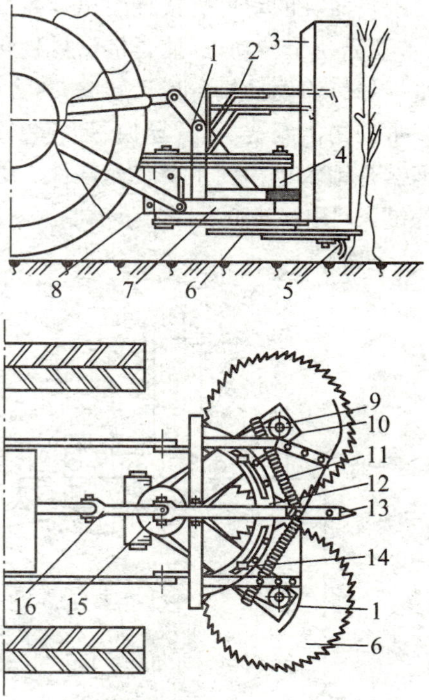

图 15-5 悬挂式割灌机示意图

1. 悬挂架 2. 推板支架 3. 推板 4. 垂直轴 5. 滑撬 6. 锯片 7. 支架 8. 减速器 9. 小皮带轮 10. 支架 11. 弹簧 12. 导向板 13. 纵梁支架 14. 支架固定螺钉 15. 大皮带轮 16. 万向轴

二、油锯

清理果园建植地的粗大残次林木或更新粗大树木时，需要专用油锯进行清理，效果会更好，效率会更高。

1. 油锯的构造 轻型油锯主要由汽油机、传动机构和锯木机构组成(图 15-6)。

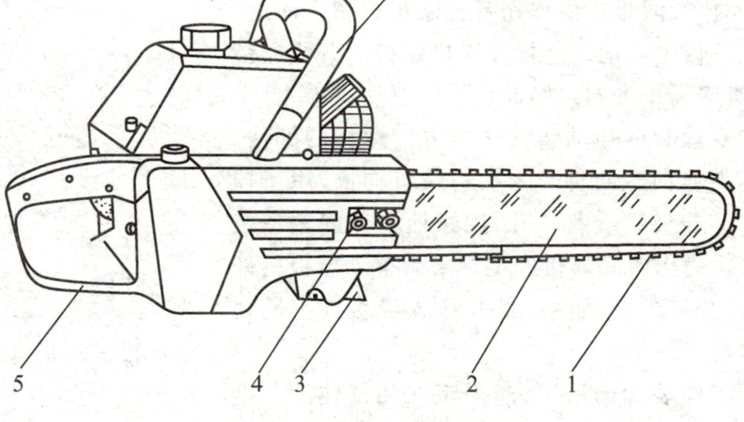

图 15-6 轻型油锯外形

1. 锯链 2. 导板 3. 插木齿 4. 张紧装置 5. 后把手 6. 前把手

轻型油锯的发动机为单缸、二冲程、风冷汽油机。传动机构由离心式离合器和驱动链轮等组成(图 15-7)。

发动机曲轴的动力直接传给离合器被动盘上装有锯木机构的驱动链轮。工作时，离合器结合，带动驱动轮转动，驱使锯链沿导板转动。当锯链卡阻时，离合器自动切断动力，使锯木机构免受损坏。当发动机怠速运转时，离合器自动分离，锯链停转，保证油锯和人身安全。

锯木机构由锯链、锯链导板、张紧装置和插木齿组成。

锯链是锯木机构的主要工作部件。锯齿连接片、导向齿等按一定顺序排列，由链轴铰接成闭合的链条（图 15-8）。

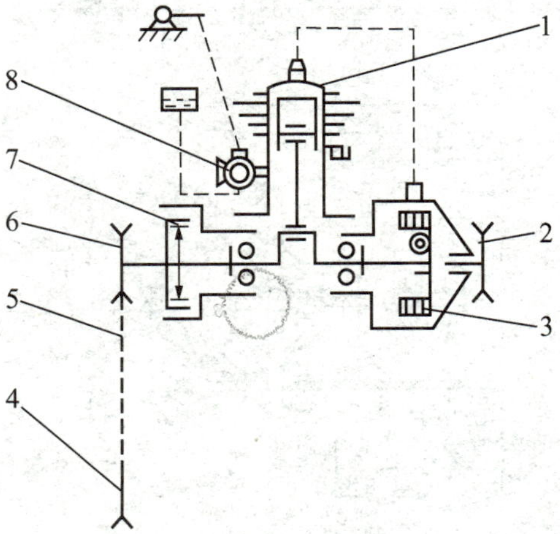

图 15-7　轻型油锯传动机构原理

1. 发动机　2. 启动器　3. 飞轮　4. 导板　5. 锯链　6. 驱动链轮　7. 离合器　8. 化油器

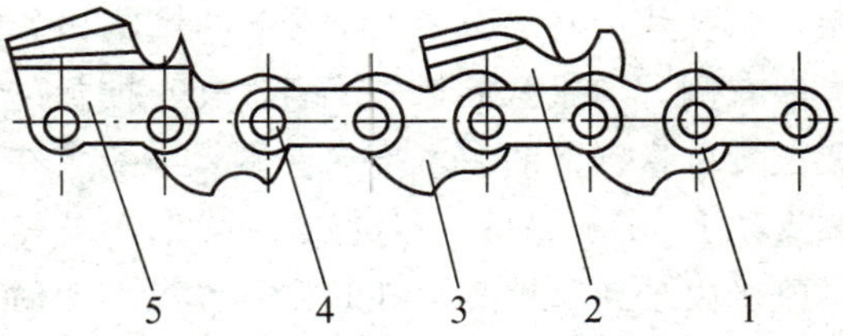

图 15-8　万能锯链

1. 连接片　2. 左刨旋齿　3. 导向轮　4. 链轴　5 右刨旋齿

轻型油锯的锯链为万能锯链，也称刨刀式锯链，锯齿也称刨旋齿，为口形，分左刨旋齿和右刨旋齿两种。刨旋齿的构造如图 15-9 所示。

锯木刨旋转的垂直刃截断木纤维，形成锯口的两侧壁，起切齿作用。水平刃横向切削刨掉锯口中的木片并带出锯口，起清理齿的作用。限量齿的作用是控制齿刃切入深度。导向齿使锯链在导板中运动。连接片连接锯齿。万能锯链可以从横向（垂直于树干方向）、纵向或斜向锯切树干。

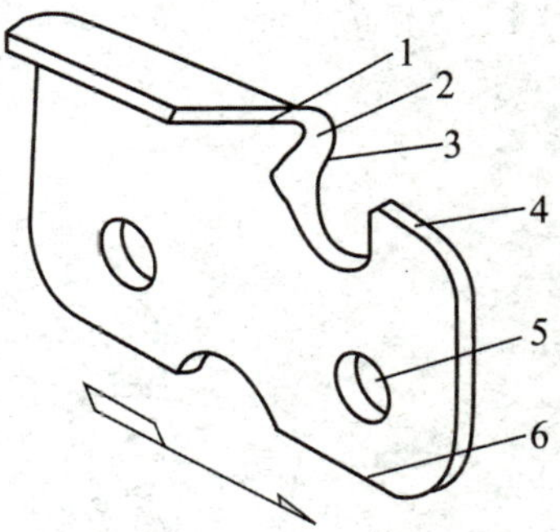

图 15-9　刨旋齿的构造

1. 水平刃　2. 切削角　3. 垂直刃　4. 限量齿　5. 铆钉孔　6. 齿尾

导板是用于支承和引导锯链按一定方向运行的部件，有带导向轮和不带导向轮两种。导板边缘有沟槽，用于控制导向齿的走向。导板后端有长孔，用螺栓将其固定在机体上。锯链的张紧力由改变导板的位置来调整。导板尾部有润滑油孔，来自油箱的润滑油经此孔压入导板或锯链之间进行润滑。

插木齿位于工作装置的后下方，固定在油锯体上。锯木时，插木齿抵住树干，为油锯的一个支撑点，以便油锯手控制油锯作业。

2. 油锯的使用和维护

①作业前应检查锯链的安装方向和调整锯链的张紧度。以手指向上抬锯链，使其离锯板 10 mm 左右为宜。

②锯割前，先将插木齿靠紧树干，然后使锯齿轻轻接触树干，等锯板锯入树干以后，再逐步增大油门和增大送锯力。

③出现卡夹等现象时，可将锯板在锯口中左右活动，若仍然夹锯时，应向锯口中加楔，增加锯头宽度后抽出油锯。

④油锯使用后应妥善保存，应注意防潮、防晒。长期存放时，应放净油料，拆下锯链、导板，清洁后涂油存放。

第二节　苗圃机械

苗圃育苗具有面积小，作业集中，地形较平坦等有利条件，机械化程度比较高。机械化育苗作业包括的工序很多，本节仅就苗圃作床、筑埂、插条、挖苗等作业环节所用机械加以讲述。

一、作床机

作床是一项繁重和季节性很强的作业。对作床的要求是苗床整齐，床面土壤松散、土壤颗粒均匀，肥料和土壤搅拌均匀，床面平整适于机械播种。

作床机分为牵引式和悬挂式两种。根据机器一次作业所完成的内容可分为作床机和联合作业机。

（一）牵引式作床机

作床机主要由步道犁和床面整形器组成。图 15 - 10 为牵引式作床机的构造简图。它由机架、步道犁、平床板、升降机构、深度指示器、平床板转动机构、划印器、前轮、后轮、牵引板等组成。步道犁有左右两个，是作床机的主要工作部分，用于挖出苗床中间的步道，并将土壤翻到床面上。平床板用于平整床面，由钢板和两个支柱组成。两侧的两个平床板与前进方向成 37°角。平床板用螺丝固定在两个支柱上，支柱固定在机架的夹套中，支柱在夹套中的上下位置可以调节。中间右侧平床板上装有转动翼板，利用手杆可以改变翼板的倾斜角度。当中间两个平床板推集的土壤堆积过多时，可以利用手杆转动翼板，将堆积的土壤放成小土堆。作业前先调节支持轮与平床板下边缘间的相对位置，使平床板下边在支持轮支持面上方 25 cm 处。支持轮在工作时走在步道犁开出的步道中，支持轮进入步道后，装有平床板的后机架下降。操作人员利用手杆将左侧划印器自运输位置放到工作位置。步道犁的犁铧将土壤切下，并用犁壁将其翻向两侧，形成倾角为 53°的苗床

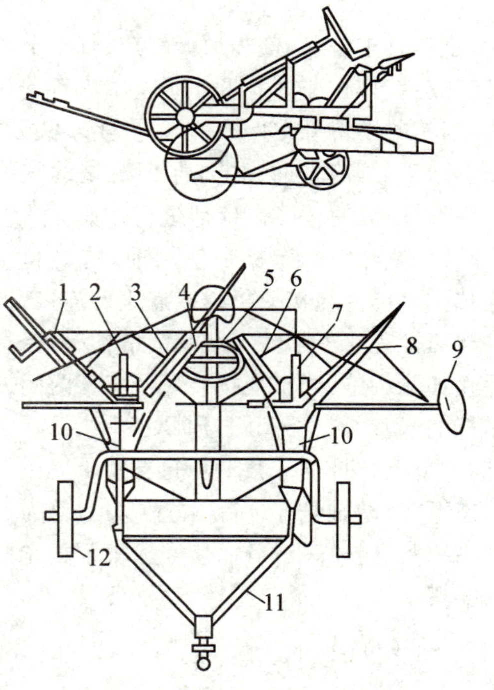

图 15 - 10　牵引式作床机

1,3,6,8. 平土板　2,7. 支持轮　4. 平土板调整手杆　5. 升降轮盘　9. 划印器　10. 步道犁　11. 牵引板　12. 行走轮

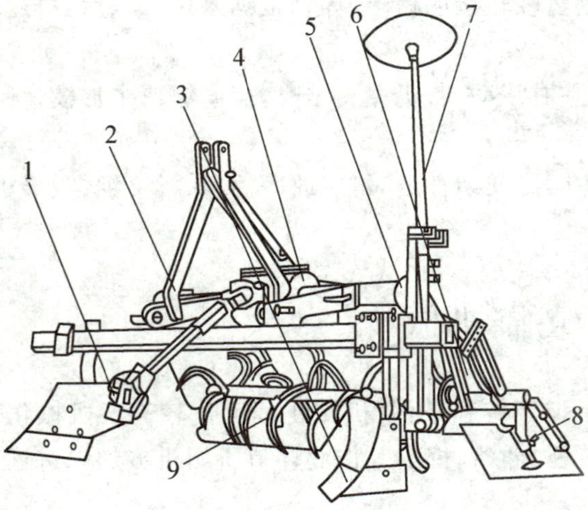

图 15-11　悬挂式作床机

1. 万向轴　2. 悬挂架　3. 步道犁　4. 变速箱　5. 侧边传动箱　6. 机罩　7. 划印器　8. 成形器　9. 旋耕器

边坡。两个步道犁和四个平床板过去后便开出两个步道、中间形成一个完整的苗床，两侧形成两个半苗床。

（二）悬挂式作床机

图 15-11 为悬挂式 ZCX-1.1A 型作床机。它由传动轴、悬挂架、步道犁、变速器、侧边链轮箱、卧式旋耕器及其罩壳，整形器和划印器等组成。由于该机有变速箱，因此它能悬挂在具有不同动力输出轴转速的拖拉机上。

作床机三点悬挂在拖拉机的悬挂机构上，可一次完成起步道沟道、旋耕碎土、苗床整形三道工序。工作时，步道犁首先开出床间步道，并将土壤翻到床面上，然后再由旋耕器将土壤粉碎，最后由整形器成形苗床。

（三）作床机的使用与调整

1. 使用　机组作业前应进行空载试运转，试运转正常后，逐步加大负荷，直至全负荷正常作业，以此防止突然过载刀齿折断。机组在转弯或后退时，将作床机升起，并切断动力；停车时不得悬空停放，以防发生事故。作业结束后，应及时保养，保证机械的技术完好性，以便适时高效地进行作业。

2. 调整　作床机在使用前，首先将拖拉机悬挂杆与作床机挂接点正确连接，并严格检查各零部件安装及润滑情况，然后作如下调整：调整拖拉机悬挂装置两侧吊杆的长度，使作床机刀轴处于水平状态；调节上拉杆的长度，使作床机在工作状态下，传动轴处于水平位置（入土角为零）；锁紧悬挂杆限位链，使作床机不能左右摇摆。

二、平地筑埂机

平地筑埂机适用于沙荒地区大面积育苗地和宜林地耕耙后进行推平或筑埂作业，以利于贮水或灌溉，为林木生长创造良好的生长发育条件。

YPZ-4 型平地筑埂机如图 15-12

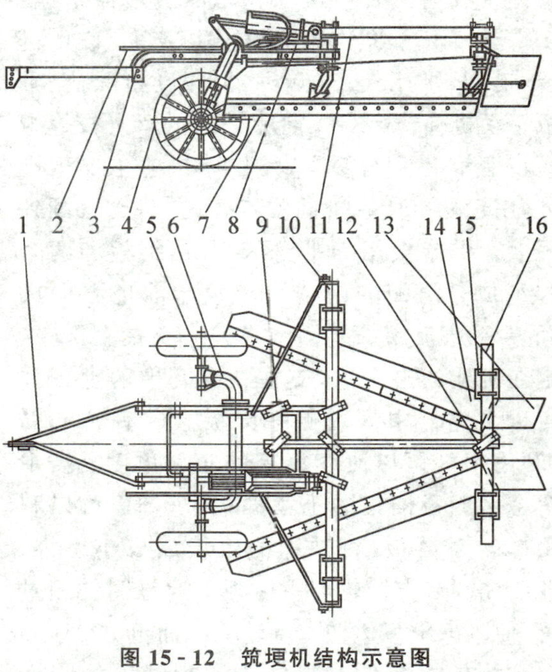

图 15-12　筑埂机结构示意图

1. 牵引架　2. 高压油管　3. 机架　4. 行走轮　5. 半轴及轴套　6. 弯轴　7. 左刮土铲　8. 液压油缸　9. 前横梁　10. 中横梁　11. 后纵梁　12,15. U 形螺栓　13. 压板　14. 右刮土板　16. 后横梁

所示。它由机架、行走机构、起落机构、刮土器等组成。

1. 机架　机架是由纵梁和横梁组成的框架，机架上焊有油缸支座、拉板、挡板等。机架分前后两部分，前机架的牵引板上有垂直排列的牵引孔，用以调节牵引点，后机架主要用于安装刮土铲。

2. 刮土铲总成　刮土铲包括铲体和铲刃，铲体为圆柱形曲面，由钢板卷压焊成。铲刃由10块锰钢组成，分别用沉头螺栓与铲体联结，便于拆卸、刃磨和更换。在刮土铲的后端连有筑埂板，夹角可用螺杆调节，其作用是对土埂挤压、整形。刮土铲总成的特点是左右两铲刃间的水平夹角，以及铲刃与地面的夹角(即碎土角和翻土角)，均可调节。因此，对各种不同类型的土壤都有较好的适应性。

3. 起落机构　液压起落机构由液压油缸、油缸支臂、油缸座及高压油管等组成。起落机构通过两根高压油管与液压分配器相连接。油缸后部与机架铰接、前部的柱塞杆端部与支臂铰接、油缸支臂焊接于行走轮弯轴上。由分配器操纵油缸柱塞伸缩，使支臂逆时针成顺时针方向旋转，以调节耕深和操纵起落(图15-13)。

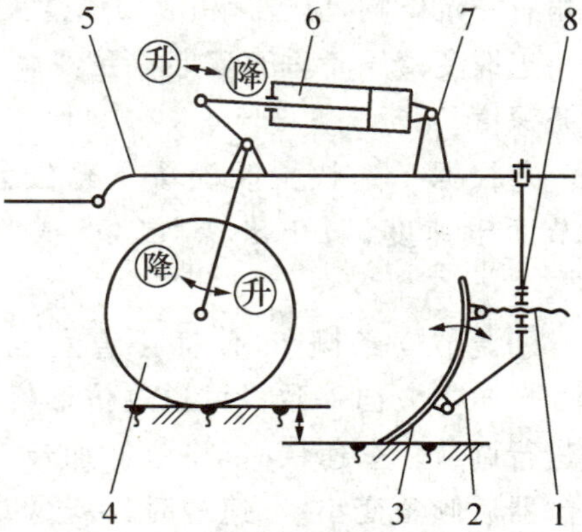

图15-13　耕深调节示意图

1. 调节螺杆　2. 铲柱　3. 刮土铲　4. 行走轮　5. 机架　6. 油缸　7. 油缸支座　8. 调整螺母

三、插条机

用插条方法繁植苗木，操作方便，能保持母本的优良特性，并可提早成苗。根据插条入土方式，插条机可分为埋条式和打入式两种类型。埋条式插条机适于在沙土、沙壤土、壤土及轻黏性土壤中进行开沟垄作或平作插条。

(一)插条机构造及工作原理

埋条式插条机主要由机架、地轮、传动装置、供条装置、开沟镇压装置、仿形机构、输条装置、贮条箱、供条箱及立条斗等部分组成(图15-14)。

工作时，从贮条箱取条放入喂条箱，由箱底橡胶传送带(一级供条带)运送到输条槽带(二级供条带)，供条带上方的泡沫塑料扫磙用来控制插条的输送量并限定槽内只容纳一株插条。插条被送到顶端后由于自重的作用大端向下落入导槽中，沿导槽落入开沟器开的沟内，因开沟器两壁夹角较小，开沟后回土较快，所以插条很快被埋上，保持直立位置，最后由锥形镇压轮压实。

(二)插条机的使用调整

(1)调整行数：CT-2型插条机每垄双行改成每垄单行作业时，要将外侧两组分条箱与垄行对齐，卸下中间两组分条链，放松供条皮带，卸掉立条斗和上导槽及相应的一组开沟刀，其余两组左右调换并与分条箱配合，然后将覆土轮半轴改向里侧，将镇压轮由双行改为单行。

(2)调节株距：株距是由地轮与供条部件的传动比决定的，所以可以用互换链轮的方法进行调节。

(3)调节扫碗间隙:扫碗间隙以不触及最粗插条的表面为宜,一般分条扫碗间隙应略大于补条扫碗间隙。

(4)每垄双行插条时,条穗小端向内;单行时,条穗小端向外,注意防止乱条。

(5)实际作业中,由于土壤、垄形、车速的不同,对插条深浅、回土快慢、立条倾角有一定影响,应进行相应的调整。

①改变镇压轮垂直安装高度来调节插条深度。

②根据车速快慢改变覆土轮位置,调节回土速度,防止出现"倒条"或"高条"。

③调节立条倾角,使插条直立或后倾 0°～30°,方向一致。可通过仿形架丝杆进行调节。车速快时,将丝杆加长,使开沟器后倾角变小;车速慢时,将丝杆缩短,使开沟器后倾角变大。同时要改变镇压轮安装高度,以保证只改变开沟器倾角而不改变深度。

④通过下导槽托板上的调节螺栓调节插条落点。车速快时,将下导槽倾角变小,则插条落点前移;车速慢时,将倾角变大,使插条落点后移。

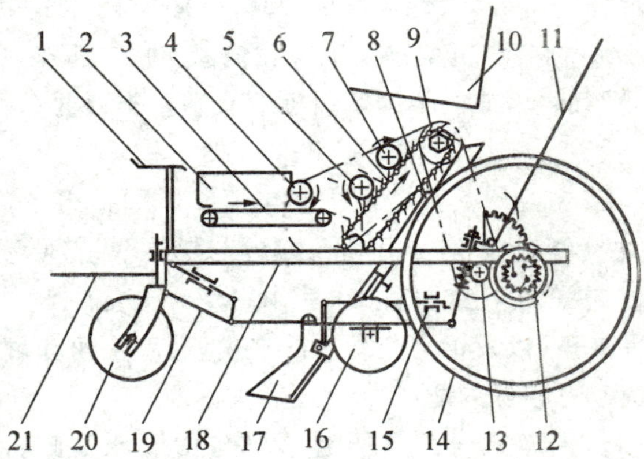

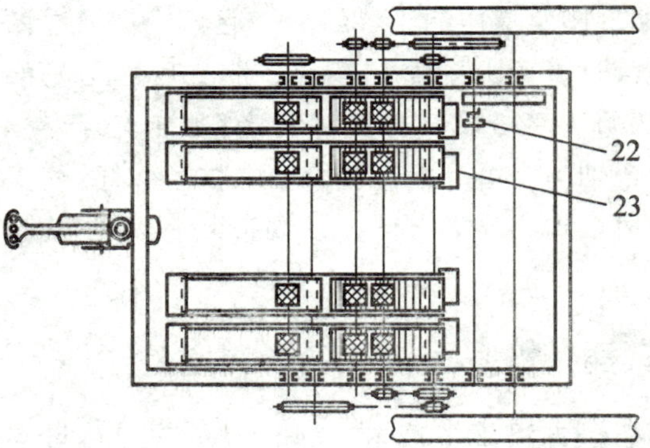

图 15-14　插条机传动机构示意图

1. 喂条员座位　2. 喂条箱　3. 一级供条带　4. 一级供条扫碗　5. 二级供条扫碗　6. 二级供条带　7. 补条扫轮　8. 输条滑道　9. 传动轮　10. 贮条箱　11. 起落手柄　12. 棘轮　13. 离合器轴　14. 地轮　15. 开沟器角度调节机构　16. 镇压轮　17. 开沟器　18. 机架　19. 仿形机构　20. 前导轮　21. 牵引杆　22. 离合器　23. 立条装置

四、挖苗机

苗圃中挖苗作业包括挖苗、拔苗、清除苗根上的土壤、分级及捆包等工序。

造林季节为及时提供大量苗木,适时挖苗出圃,是苗圃作业中最繁忙的工序之一,手工挖苗,尤其挖大苗,因根系粗大,主杆较高,因此劳动强度大,占用大量劳力,劳动效率低,所以广泛使用挖苗机进行挖苗作业。

目前,国内外挖苗作业大部分是单项机械化,只有挖苗工序普遍使用了挖苗机,其他工序一般多为手工作业,为了满足大面积造林对苗木的需要,国外已研制出多种工序联合作业机,工作部件则由固定式向振动式方向发展。

挖苗机应满足的技术要求为:掘土深度应符合苗木根系生长要求,一般为 25～60 cm;切开的土壤只许松碎,不得产生翻转和移动,以免埋没苗木;挖苗刀刃应锋锐,避免撕断根系;机具结构应合理,不得碰伤苗木。

(一)挖苗机的类型和一般构造

挖苗机按与拖拉机的连接方式分牵引式和悬挂式两种类型。按作业种类可分为垄作挖苗机(图 15 - 15)、床作挖苗机(图 15 - 16)和大苗挖苗机(图 15 - 17)。

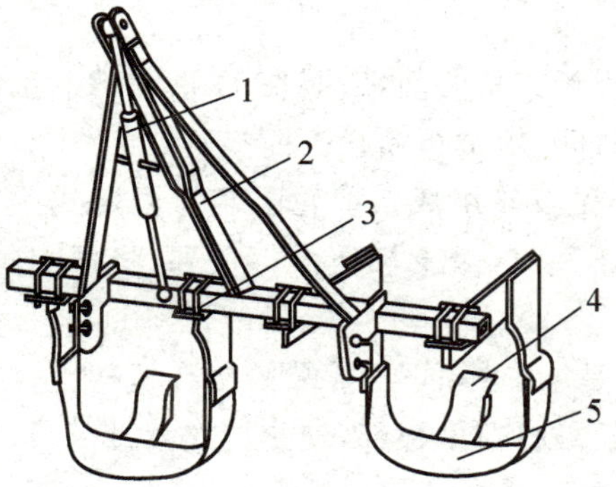

图 15 - 15　垄作挖苗机

1. 丝杠　2. 悬挂架　3. U 形螺栓　4. 碎土板　5. 挖苗刀

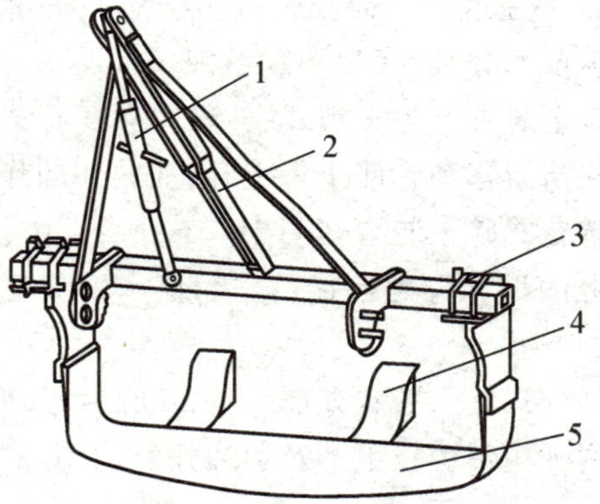

图 15 - 16　床作挖苗机

1. 丝杠　2. 悬挂架　3. U 形螺栓　4. 碎土板　5. 挖苗刀

挖苗机的结构型式各有差异,但主要工作部件都是 U 形挖苗刀,并有碎土装置。

1. 挖苗刀　挖苗刀是挖苗机的主要工作部件,挖苗刀的入土角 α 及水平刃夹角 2γ,是影响挖苗刀工作质量的主要因素(图 15 - 18)。

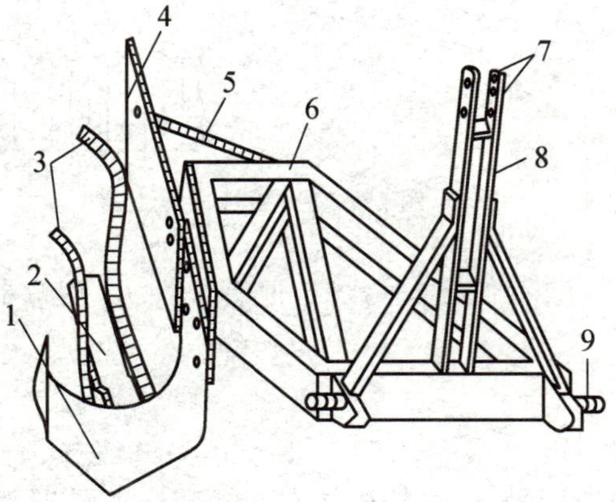

图 15 - 17　大苗挖苗机

1. 挖苗刀　2. 犁底　3. 碎土板　4. 侧板　5. 侧板调节杆　6. 机架　7. 上悬挂点　8. 悬挂架　9. 下悬挂点

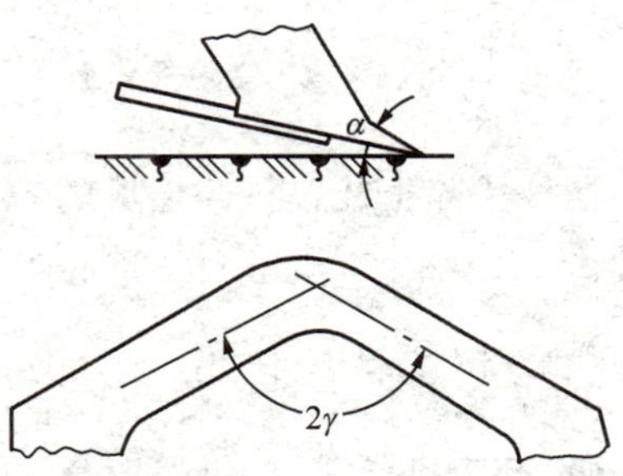

图 15 - 18　挖苗刀参数

入土角口是刃面与水平面的夹角,过大时会增加土壤对刃面的正压力和摩擦力,使阻力增大,因而引起苗木根系的损伤;过小时挖苗刀不易入土,因而影响抬土和松土作用。为便于切土和松碎土壤,可将刃面做成具有不同 α 角的光滑连接的曲面,一般取 $\alpha=15^\circ\sim25^\circ$。

水平刃夹角 2γ,使挖苗刀在工作时产生一定的滑切作用,以减少工作阻力。宽幅挖苗刀,其 2γ 角不宜过小,否则会因刀尖突出而承受较大的弯矩,因而影响刀刃的使用寿命和工作的稳定性。

γ角应满足下列条件：

$$\gamma < 90° - \psi$$

式中：ψ——苗木根系与金属的摩擦角(°)。

U形刀两侧的垂直刀刃应稍向后倾，以利滑切而减少工作阻力。

2. 碎土装置　碎土装置用于松碎抖落苗木根系的土壤，以减轻拔苗工序的劳动强度，同时便于苗木分级、捆包和栽植。

碎土装置有碎土板式、转轮式和摆杆式等。碎土板式呈曲面，安装在U形刀的后部，当苗木经挖苗刀移动到碎土板上时，在曲面的作用下，根部土壤被折断松碎而抖落。

转轮式碎土装置如图15-19所示，由前后两个敲打轮组成。前轮上装有固定式敲土杆，后轮上的敲土杆是铰接的。当苗木由敲打轮上方通过时，敲土杆便敲打根部，将根上的土壤敲落。

摆杆式碎土装置如图15-20所示，其敲土部分是一个梯形架，前端铰接在机架上，中间利用曲柄机构带动作上下及前后往复运动，利用梯形架敲打苗木根部，使土壤抖落。

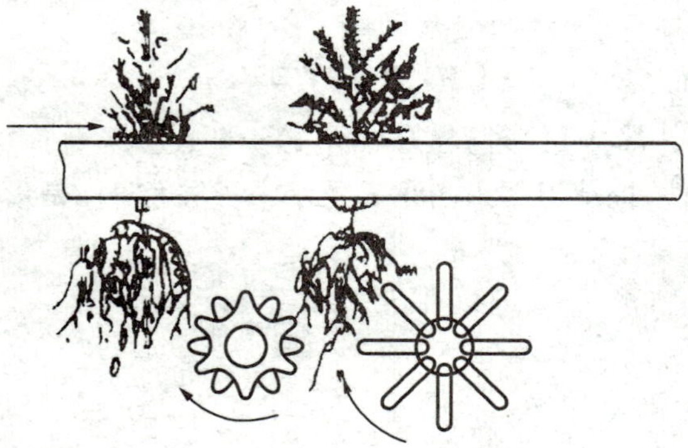

图15-19　转轮式碎土器

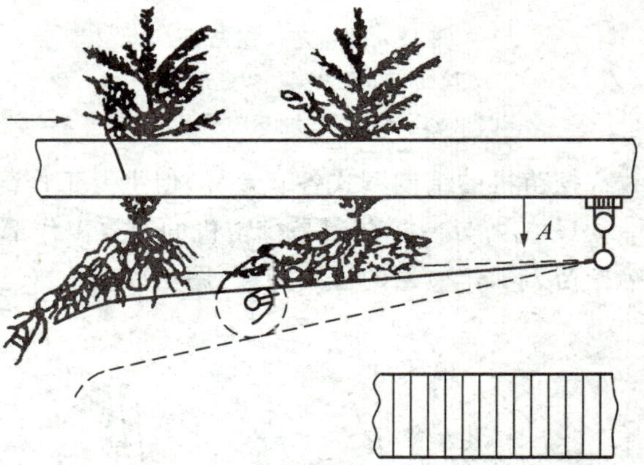

图15-20　摆杆式碎土器

摆杆式碎土装置抖碎土壤的效果比转轮式好，不伤苗，不缠根，但有惯性力，使机器产生振动。

(二)挖苗机的使用

(1)挖苗机作业时，机架应是水平状态。横向调平，用悬挂机构左右提升杆来调节；纵向调平，用悬挂机构上拉杆调节。

(2)挖苗深度和犁耕耕深由左右调节轮同时调节，机组作业时应平稳，无偏牵引现象。

(3)作业时应使拖拉机(右轮履带)与苗行保持一定的距离，减少伤苗。

(4)机组地头转弯时应将挖苗机升起，以免损坏机器。

(5)运输时，应将限位链拉紧，减少机具的左右摆动，同时，将活塞杆上部定位块压住定位阀，以免运输途中液压系统受震动而损坏机件。

第三节　挖 坑 机

挖坑机也称挖穴机，主要适用于挖植树坑，也可用于果树栽植、橡胶树定植及大苗移植前的挖坑作业。

挖坑机作业时应满足以下技术要求：挖坑机挖出的坑径、坑深应满足栽植树木的要求；挖出的坑应有较高的垂直度，坑壁应整齐，但不宜太光滑，否则不利于根系生长；挖坑时应符合出土率的要求，在贫瘠的土壤上挖坑时出土率要求高，地上挖植树坑时，出土率低一些。挖坑时抛出土应在坑的周围，抛土半径不应太大，以便回填土方便。

挖坑机的类型：按配套动力和挂结方式的不同，挖坑机可分为悬挂式、牵引式、手提式和自走式。按挖坑机钻头的数量，可分为单钻头、双钻头和多钻头挖坑机。

一、手提式挖坑机

钻头装置与小型二行程汽油机配置成整体（图 15 - 21），由单人或双人操作。该机主要由小型二行程汽油机、离合器、减速器、钻杆及套、保护罩和钻头装置等组成。其工作原理是由发动机带动离心式离合器，当发动机转速达到啮合转速时，离合器结合，动力经减速器减速而驱动钻头作旋转运动（图 15 - 22）。该型钻头为带螺旋齿整地型钻头。因此，又带有安全保护罩，它可以防止缠草、土壤抛散和保证操作者安全。它用于地形复杂的山区、丘陵区和沟壑区，在坡度为 35°以下的地区进行穴状整地或挖坑，同时，也可以用于果园、桑园、苗圃和城镇小树移植、追肥及埋设桩柱时挖坑，坑径一般在 0.3 m 以内。

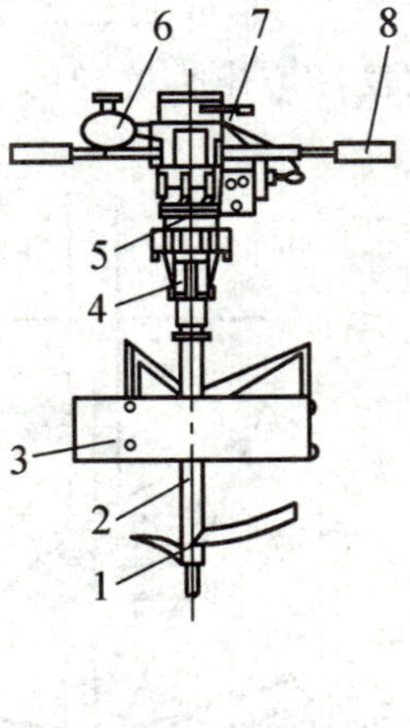

图 15 - 21　手提式挖坑机结构示意图

1. 钻头装置　2. 钻杆及套　3. 安全保护罩　4. 减速器　5. 离合器　6. 油箱　7. 发动机　8. 手柄

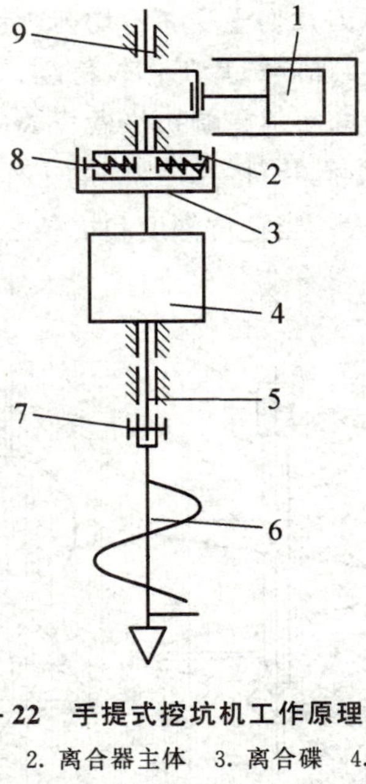

图 15 - 22　手提式挖坑机工作原理示意图

1. 活塞　2. 离合器主体　3. 离合碟　4. 减速器　5. 主轴　6. 钻头　7. 销钉　8. 重锤　9. 曲轴

二、悬挂式挖坑机

钻头装置悬挂在拖拉机的前方、侧向或后方（图 15 - 23），由拖拉机动力输出轴带动挖坑机钻头转动，由拖拉机的液压系统操纵挖坑机的升降。它可以挖较大的坑径和较深的坑，也可带动多钻头同时作业。此种形式的挖坑机多用于地形平缓，拖拉机可以顺利通过的地区进行作业。

一般悬挂式挖坑机由机架、动力输出轴、离合器、联轴节、减速器、上拉杆、左右下拉杆和钻头等主要零部件组成。其工作原理是由拖拉机动力输出轴、联轴节和减速器来传递动力，驱动挖坑机的钻头作旋转运动；拖拉机液压分配器手柄放在浮动位置，钻头装置靠自重向下作进给运动，钻头完成切土、升运土壤并抛至坑的周围。作业时拖拉机停止行驶，待完成一次挖坑作业后，拖拉机按造株距行驶到下一个位置上作业。

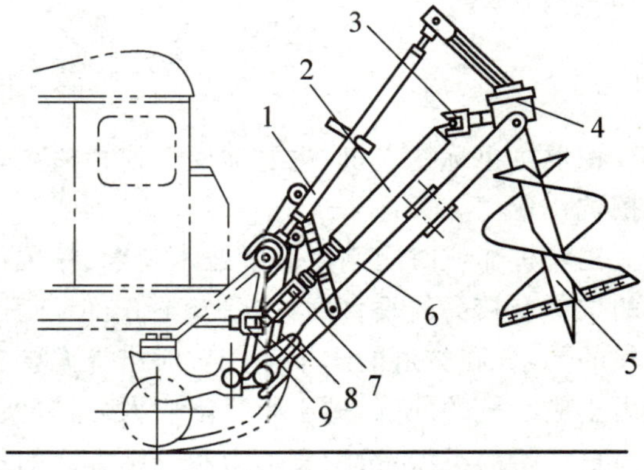

图 15-23　WD-80 型后悬挂挖坑机

1. 上拉杆　2. 传动轴　3. 联轴节　4. 减速箱　5. 钻头　6. 下拉杆　7. 离合器　8. 油缸　9. 动力输出轴

三、挖坑机的主要工作部件

钻头是挖坑机的主要工作部件，由翼片、刀尖、钻尖和钻杆组成。

1. 钻头翼片　钻头翼片有螺旋形、叶片型和螺旋齿型三种。螺旋形分单螺旋和双螺旋两种形式(图 15-24)。螺旋形翼片是用一条垂直于钻头轴线的直线段作母线，沿圆柱体上的导向螺旋线移动而形成的，所以螺旋形翼片不能展开成平面。单头螺旋翼片工作时消耗的能量少，但因单刀片切土受力不均衡，所以稳定性较差。一般可安装两个刀片径向布置提高工作的稳定性。双螺旋翼片工作较稳定，但消耗能量大，一般用于悬挂式挖坑机。为了提高螺旋翼片的切削性能，可将螺旋边缘做成缺口，成为缺口形螺旋翼片。

叶片型翼片(图 15-25)的工作表面是锥形面，可以展开成平面，故制造简单，工作时消耗的能量较大。当挖坑深度和坑径之比等于或小于 0.75 时能较好地排除坑内的土壤。

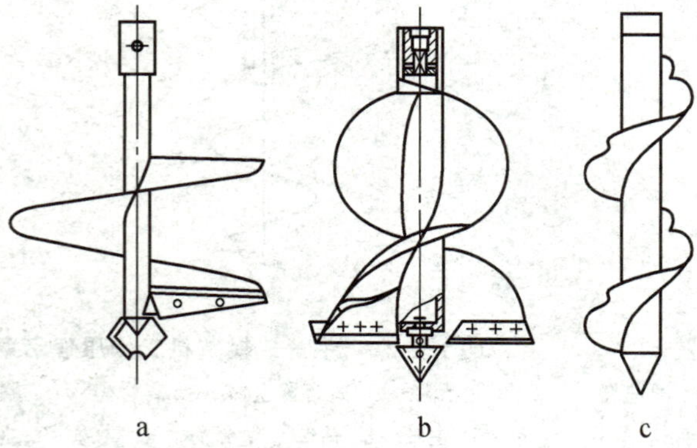

图 15-24　螺旋形翼片

a. 单螺旋　b. 双螺旋　c. 缺口螺旋

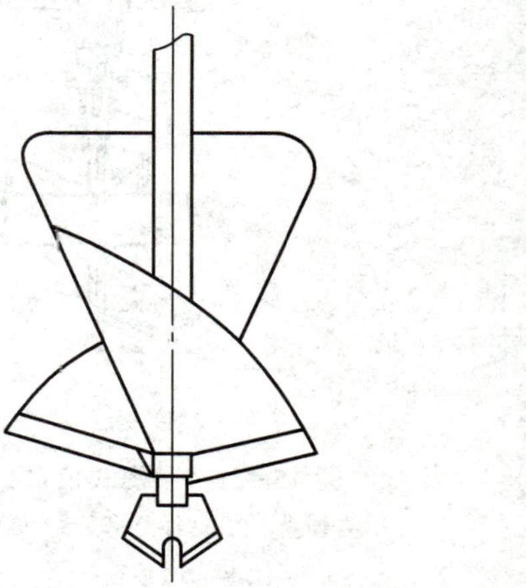

图 15-25　叶片型翼片

螺旋型和叶片型翼片在挖坑作业中从穴中向上升运和排出土壤的性能较好，一般用于挖坑作业，故亦称为挖坑型翼片。

挖坑型翼片的工作原理是：挖坑作业时钻头垂直向下运动，在扭矩和轴向力的作用下切削土壤。首先由钻尖及刀片定位并切削表层土壤，松碎的土壤在离心力的作用下被甩向坑壁，在摩擦力的作用下坑壁阻止土壤旋转，使其沿翼片表面向上滑移。外层土壤靠内摩擦力的作用带动相邻土层沿翼片斜面向上运动。土壤升运到地表面后被抛离到坑的周围。

螺旋齿型翼片如图 15 - 26 所示，刀齿呈径向后弯曲，有滑切作用，切割阻力小，有利于切断草皮、树根和排除石块，可防止缠绕阻塞。下齿刃短，上齿刃长，分段切削土壤，因此，下钻快，阻力小，易疏松土壤。被疏松的土壤留在坑内。

2. 刀片和钻尖　钻头的前端安有刀片和钻尖，刀片是挖坑机切削土壤的主要部分，工作中最易磨损，要求在保证足够强度和冲击韧性的条件下，保持刃口锋利，以减轻切削阻力。

刀片有双刃矩形、梯形和三角形三种。双刃矩形刀片一面磨损后，可调换刃面使用，用于较坚硬的土壤。梯形刀片入土性能较好，阻力小。三角形刀片用于松软土壤（图 15 - 27）。

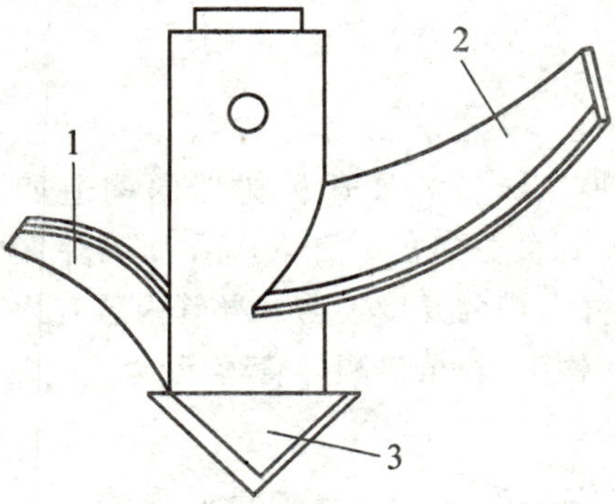

图 15 - 26　螺旋齿型翼片

1. 下螺旋齿　2. 上螺旋齿　3. 钻尖

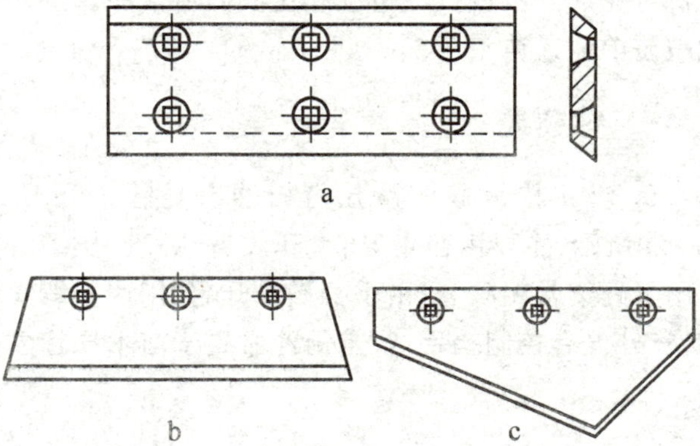

图 15 - 27　刀片

a. 双刃矩形　b. 梯形　c. 三角形

经试验可知，钻头刀片的外缘刀刃转过的路程较长，因此磨损较快。为延长刀片的使用寿命，在易磨损处将刀片加宽成凿形刀片或局部加厚，以利锻造延伸和刃磨。

钻尖也称定位尖，用于挖穴时定位并切去中心部分土壤。钻尖有分叉形、三角形和螺旋锥形三种（图 15 - 28）。

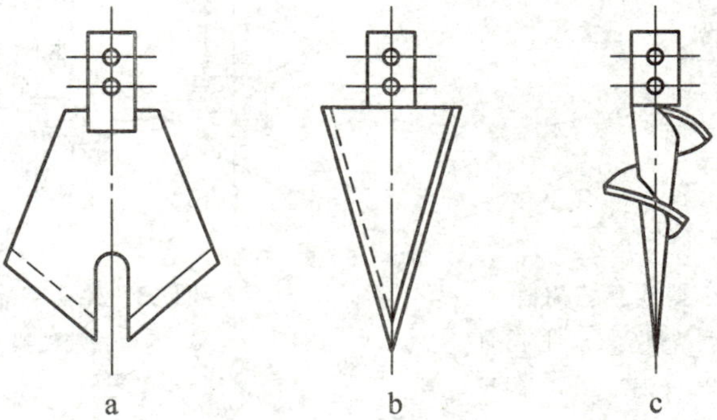

图 15 - 28　钻尖

a. 分叉形　b. 三角形　c. 螺旋锥形

试验证明，分叉式钻尖入土性能好，阻力小，而螺旋锥形入土阻力大，但定位性能好。

第四节　植树机

为保持果园水土，削弱风、沙、寒冷对果园的侵袭，多在建园前营造果园防护林。大量防护林的建造，可使用植树机来完成。

植树机可以将已经形成根系和茎干的苗木植入林地，也可以进行插条作业。

植树机应满足以下技术要求：要有均匀一致的开沟深度；栽植的苗木保证苗根直立，须根舒展；保证苗木的根系要栽植在湿土层的松软土上，苗根底部要有 1～2 cm 的松软土层；覆土时要保证湿土与根系接触，覆土均匀一致。栽植后的苗木要有足够的压实力（拔苗力）；行距相等，株距均匀符合要求。

植树机的类型较多，按植苗作业的机械化程度可分为简单植树机、半自动植树机和全自动植树机三种。简单植树机可进行开沟、覆土和压实作业，植苗作业需由植苗员完成。半自动植树机可完成开沟、植苗、覆土和压实四道工序。全自动植树机除能完成上述四道工序外尚能完成植苗前的递苗工序。

一、植树器

1. 沙丘植树器　沙丘植树器有导管式和开式两种。导管式沙丘植树器的构造如图15-29所示，主要由苗木导管、开穴嘴、脚蹬、扶手、投苗筒等部分组成。开穴嘴在压缩弹簧的作用下处于常闭状态，由手柄操纵开启，用调整螺丝调整开穴嘴的开度。苗木导管内装有投苗筒，管外设有控制钩手，投苗筒经常置于苗木导管内，扳动钩手，投苗筒顺导管落下。

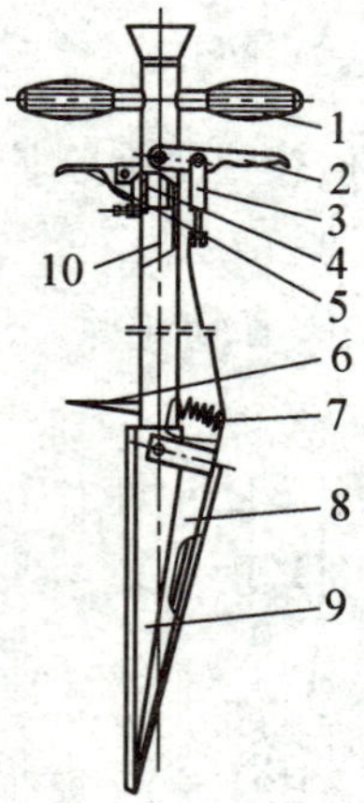

图 15-29　SZ-4G 型沙丘植树器

1. 把手　2. 手柄　3. 调整螺丝　4. 投苗筒　5. 投苗筒手柄　6. 脚蹬　7. 弹簧　8. 副开穴嘴　9. 主开穴嘴　10. 导管

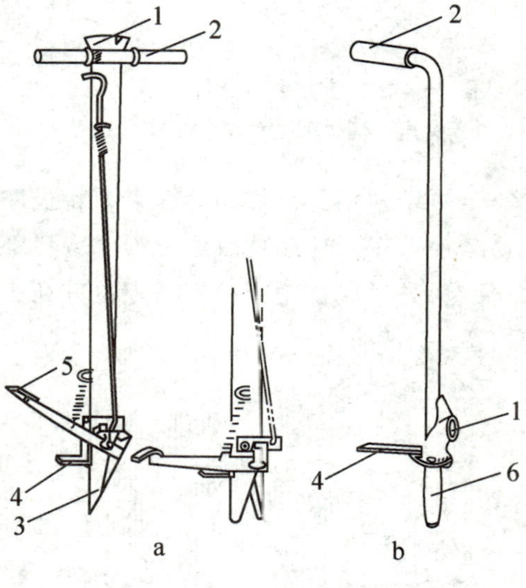

图 15-30　容器苗栽植器

a. 鸭嘴式栽植器　b. 挖穴铲

1. 苗筒　2. 手柄　3. 挖穴嘴　4. 挖穴踏板　5. 开嘴踏板　6. 挖穴铲

使用沙丘植树器时，用脚蹬将开穴嘴踩入沙丘中，从导管上端喇叭口投入苗木，拔起植树器同时，用控制手柄将开穴嘴打开，沙土随即灌入植苗穴中，将苗木根底部埋住。如果苗冠部太大不易投下时，可先将苗木塞入导管内的投苗筒中将冠部收拢，扳动投苗筒钩手，投苗筒随即投下，栽植完成后将投苗筒放回导管内。

植树器可顺利地将苗木一次植入 35～40 cm 深的沙层中，因不挖坑，所以不搅乱干湿沙层，栽植后根部舒展，苗木直立，栽植效果好。结构简单，重量轻，便于制造和携带作业。

2. 容器苗栽植器　在地形复杂，不能使用机械的小块地，可以采用容器苗栽植器进行栽植作业。图 15 - 30 为两种简单的容器苗栽植器，结构简单，重量轻，便于携带、操作方便。

鸭嘴式栽植器的使用方法与沙丘植树器基本相同。

最简单的栽植器是挖穴铲，挖穴铲可在地上挖出一个与容器苗大小相等的圆穴，将苗木放入筒中，苗木自筒落入穴中。

二、半自动植树机

1. 构造与原理　JZ - 30 型半自动植树机如图 15 - 31 所示，主要由锐角箱型开沟器、转盘式植苗机构、刮板覆土器、圆柱形压实轮、牵引装置、棘轮离合器和苗箱等组成。该机适用于经

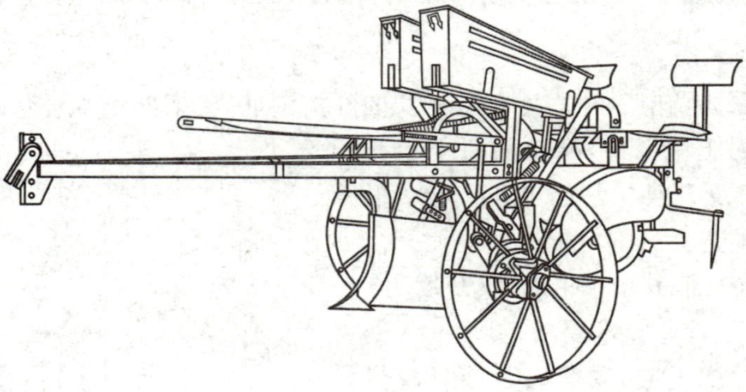

a

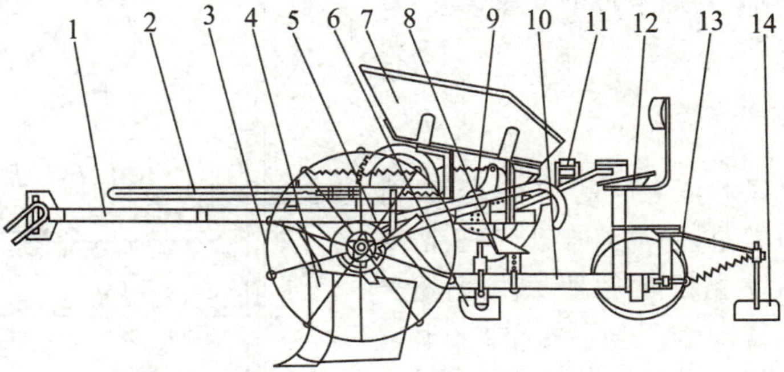

b

图 15 - 31　JZ - 30 型半自动植树机结构示意图

a. 外形图　b. 结构示意图

1. 前机架　2. 深浅调节装置　3. 行走轮　4. 开沟器　5. 起落机构　6. 前覆土器　7. 苗箱　8. 脚踏板　9. 传动机构　10. 后机架　11. 夹苗器　12. 座位　13. 镇压轮　14. 后覆土器

过整地而地形较平坦条件,大面积机械化造林。可栽植1～2年生的杨、榆、槐等实生苗及一年生的杨树插条苗。可与东方红-802拖拉机配套,每台拖拉机可同时牵引3台或5台植树机进行作业。机组前进时,行走轮的动力经传动机构(图15-32)带动植苗机构转动,每台植树机有两名植苗员交替向苗夹放置苗木,植苗机构将苗木投放到植树沟中,然后覆土压实。

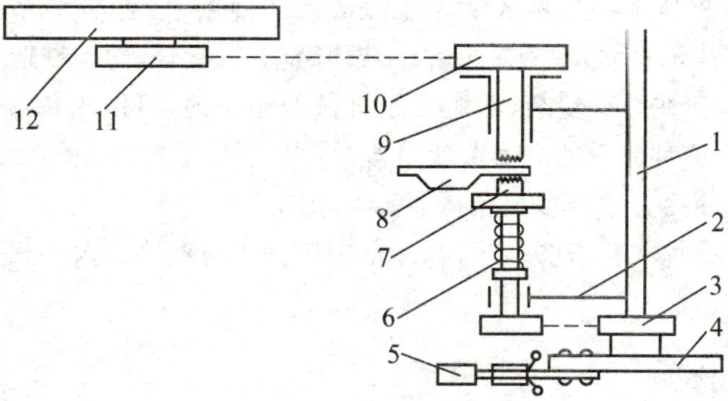

图15-32　JZ-30型半自动植树机传动示意图

1. 支臂轴　2. 支臂　3. 最终传动链轮　4. 植苗圆盘　5. 夹苗器　6. 弹簧　7. 离合器被动件　8. 分离叉　9. 离合器主动件　10. 中间链轮　11. 主动链轮　12. 右行走轮

2. 使用与调整

(1)使用前将深浅调节手杆固定在所需要的开沟深度,机架处于水平状态。

(2)根据不同的土壤条件,调整前覆土板和镇压轮的前后距离及开度,以及时埋覆苗木根系和压实,保证苗木直立。

(3)覆土器调整后,其上下位置与开度,应保证垄宽和垄高满足林业技术要求。

(4)根据苗木长度不同,调节夹苗器与植苗圆盘的相对位置,保证所需的栽植深度。

(5)通过调节苗夹开放滑道的安装位置,可改变苗木的倾斜角度。

三、大苗植树机

西北沙荒地区风沙危害严重,干旱少雨,造林技术上要求栽植大苗,开沟灌水,以保证苗木的成活率。KDZ型大苗植树机(图15-33)适于在沙荒地区大面积营造片林,防沙林和护田林。

1. KDZ型植树机的构造　由机架、限深轮、开沟犁、开沟器、覆土器、压实轮、苗箱等部分组成。机架由前机架和后机架组成。前机架是植树机前部和中部的主体,由主机架、斜拉杆、悬挂架等组成。主机架是安装前开沟犁、开沟器、限深轮和苗箱等主要部件的骨架。两根主纵梁

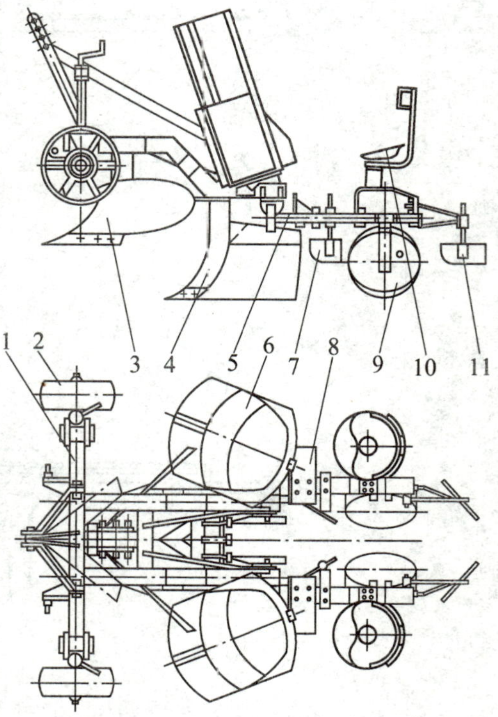

图15-33　KDZ型植树机

1. 前机架　2. 限深轮　3. 前开沟犁　4. 植苗开沟器　5. 后机架　6. 苗箱　7. 前覆土器　8. 脚踏板　9. 镇压轮　10. 座位　11. 后覆土器

呈“Z”形，以适应植苗深度和前开沟犁开沟深度的需要。两根斜拉杆和悬挂支板的上端组成上悬挂点，并有3个孔可供调节使用，下悬挂轴装在前横梁上。限深轮装在主机架两侧，用调节丝杠可改变限深轮的高度。开沟犁体为两个铧式犁壁对焊成的双壁犁体，用于植树前开灌水沟。苗箱为立式椭圆形，与机架安装时向前倾斜23°，并沿纵向左右转23°，以适应植大苗时的植苗作业，以便缩短投苗时间和减小植苗员的劳动强度。后机架上安装有前、后覆土器、镇压轮等。与前机架铰接，因此后机架可以上下浮动，以适应地形变化，使压实力稳定，保证栽植质量。由于栽植的苗木比较高大，为便于苗木通过，则左右两侧各自成为整体，中间没有横梁联结。镇压轮采用圆柱斜轴式，倾斜18°～20°，作用力中心汇交于沟底30 cm处，两轮最小间距160 mm，可用轮轴垫片调节。

2. KDZ型植树机的特点

(1)一次完成植苗和开灌水沟两项作业，卸去后机架可用于开沟作业，卸去前开沟器可用于平原植树作业。

(2)由拖拉机三点悬挂，液压升降。操作省力，转移方便，可适应小块地作业。

(3)悬挂机组采用高度调节，用限深轮调节耕深。在地表起伏和土壤比阻不同的条件下，都能得到良好的耕作质量。

(4)作业部件可根据不同的土壤和苗木进行调节。

(5)栽2～3年生的大苗。苗高1～4 m，栽植深度为30 cm。

(6)适于栽植扦插苗，允许苗木根盘直径20 cm。

第五节 整形修剪机械

为了使果树具有合理的、健壮的树体结构，应适时对果树进行修剪作业。剪去过密的、病弱的或长势不合要求的枝条，并且使果树形体具有一定的几何形状，如V形或矩形等。所使用的修剪机械分为各种手动修剪工具和机动修剪机。

一、手动修剪工具

手动修剪工具类型较多，主要是根据果树枝条的粗细和硬度来选用(图15-34)。在图15-34中，*a*、*f*是截锯，用于切割较粗的干枝。*b*是修枝剪，用于修剪桃枝或苹果枝。*c*是小型修枝剪，用于修剪葡萄、矮灌木和小树枝。*d*、*e*是手动大型修枝剪，用于修剪较粗的枝条。*g*是高枝剪，用于修剪上部枝条。

二、机动修剪机

常用的机动修剪机有液压剪枝机、绿篱机以及小型油锯(打枝机)等。小型油锯已在本章第一节中讲述过，故本节不再赘述。

1. 液压剪枝机　图15-35是液压剪枝机组成示意图。液压剪枝机一般由发动机、液压装置、油管、管杆、操纵手柄、液压修枝剪等组成。液压剪枝机工作时，液压油泵由发动机驱动，在液压油管路中装有溢流阀，用来调整系统压力。液压装置的进油和回油管，接到操纵手柄的换向阀上，管杆连接在操纵手柄的进油孔口中，高压油通过管杆传输到修枝剪的驱动油缸内。作业时，进入油缸中的液压油推动活塞前进，使修枝剪动刀片绕轴转动剪断树枝。此时，操纵手

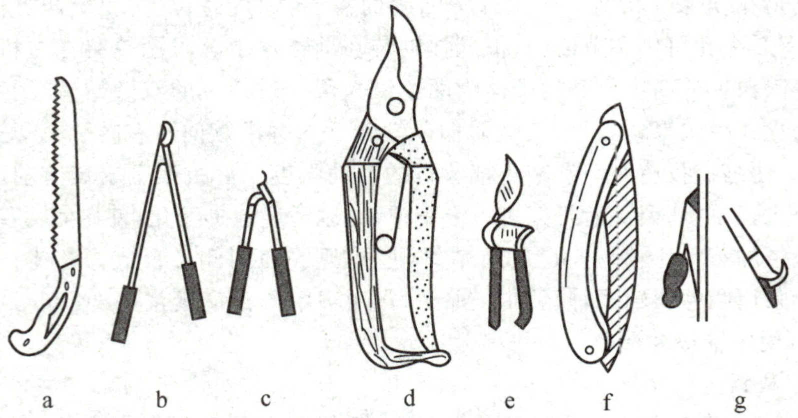

图 15 - 34　手动修剪工具

a,f. 截锯　b. 修枝剪　c. 小型修枝剪　d,e. 大型修枝剪　g. 高枝剪

柄的换向阀使管杆内的液压油与回油管连通，管杆内液压油卸压，修枝剪驱动油缸内的活塞，在回位弹簧的作用下回复到原位，由此完成一次切割。由于液压油传输是在管杆内进行的，因此，装上修枝剪的长管杆可以到达比较高的树枝进行修剪。液压剪枝机构除修枝剪外，还有圆盘锯和链式锯两种。

2. 绿篱机　绿篱修剪机有旋刀式和往复式两种。旋刀式电动绿篱修剪机使用蓄电池电源，在小型直流电动机的转轴上装有两边刃口的转刀，一把放射形机架定刀(定刀片共 10 把)，通过转刀高速旋转剪切树叶和树枝。该机剪切平整，结构牢固，操作轻便，使用安全，广泛用于各种绿篱、树枝等园艺施工。

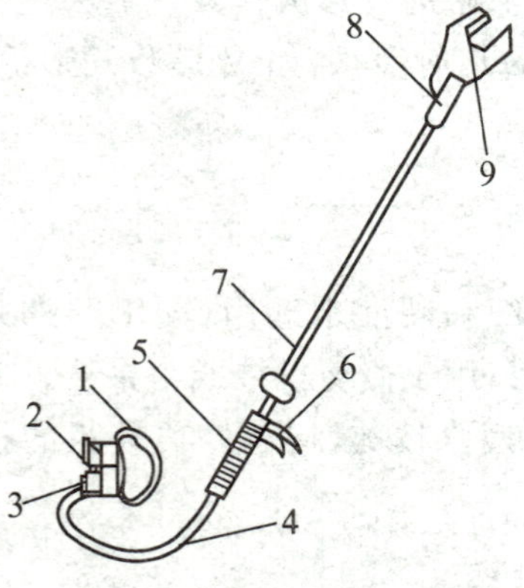

图 15 - 35　液压剪枝机组成示意图

1. 背带　2. 发动机　3. 液压装置　4. 油管　5. 把手　6. 操纵手柄　7. 管杆　8. 油缸　9. 液压修枝剪

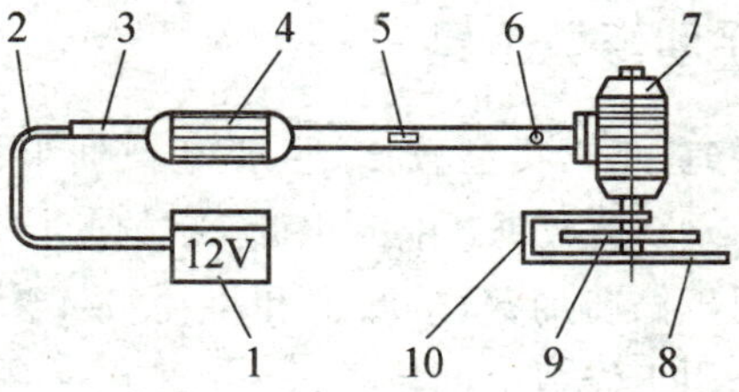

图 15 - 36　ZDY - 1 型旋刀式电动绿篱修剪机结构

1. 蓄电池　2. 电线　3. 电源插头　4. 手柄　5. 开关　6. 调节装置　7. 微型电机　8. 定刀架　9. 旋刀　10. 定刀片

图 15 - 36 为 ZDY - 1 型旋刀式电动绿篱修剪机的结构示意图。其由 12 V 蓄电池作为动力，采用输出功率为 40 W 的微型电动机带动刀片旋转，工作时电动机驱动旋转刀片旋转切割绿篱。回转式电动绿篱修剪机的操纵部分，是装有电源插座的手柄和安装有开关的联结杆。当进行绿篱修剪作业时，先把蓄电池放在工作场地，接通绿篱修剪机电源，操作工人手持绿篱

修剪机，开关打开后，电动机便带动 180 mm 长的回转刀齿相对固定刀齿旋转，这样便可连续进行剪切作业。刀片切割最大直径为 10 mm 的嫩枝，该机不包括蓄电池的整机重量为 2 kg，旋转刀片空转转速时为 4 000 r/min，作业时转速为 3 100 r/min。

往复式绿篱修剪机有电动型和机动型两种。SJ - 700 型剪枝机属于往复式机动绿篱修剪机（图 15 - 37）。该机将发动机的旋转运动，通过曲柄连杆传动机构变成直线往复运动。该机使用可靠，重量轻，有效剪枝槽宽 70 cm，适用于园林、住宅绿篱和茶园、茶树的修剪与剪枝。

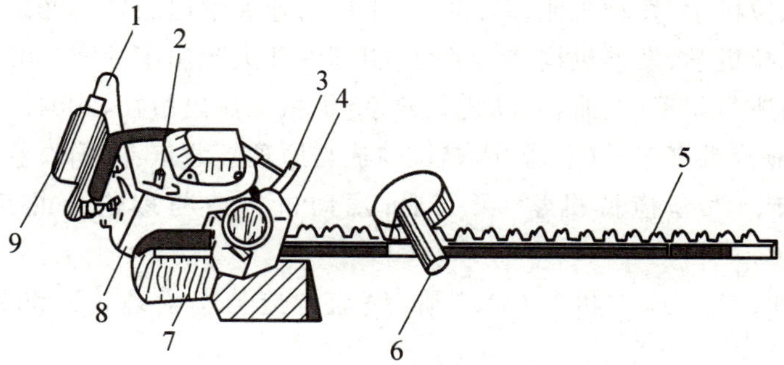

图 15 - 37　往复式机动绿篱修剪机

1. 左手柄　2. 开关　3. 启动绳　4. 油箱　5. 刀片　6. 右手柄　7. 空气滤清器　8. 齿轮箱　9. 油门手柄

思　考　题

1. 简述侧背式割灌机的构造及工作原理。
2. 简述轻型油锯的构造及工作原理。
3. 简述 YPZ - 4 型平地筑埂机的构造及工作原理。
4. 手提式挖坑机由哪些部分组成？简述其工作原理。
5. 简述 KDZ 型植树机的工作原理及特点。
6. 整形修剪机械有哪些？简述液压剪枝机的构造及工作原理。

参考文献

[1] 李宝筏.农业机械学.北京:中国农业出版社,2003.
[2] 蒋恩臣.农业生产机械化(北方本,3 版)北京:中国农业出版社,2003.
[3] 高连兴,王和平,李德洙.农业机械概论.北京:中国农业出版社,2000.
[4] 周一鸣.汽车拖拉机学(发动机原理).北京:中国农业大学出版社,2000.
[5] 周一鸣.汽车拖拉机学(发动机构造).北京:中国农业大学出版社,2000.
[6] 蔡兴旺.汽车构造与原理(上册:发动机).北京:机械工业出版社,2004.
[7] 高连兴,吴明.拖拉机汽车学(上册:内燃机构造与原理).北京:中国农业出版社,2009.
[8] 许绮川,鲁植雄.汽车拖拉机学(第一册:发动机构造与理论).北京:中国农业出版社,2006.
[9] 李文哲,许绮川.汽车拖拉机学(第二册:底盘构造与车辆理论).北京:中国农业出版社,2006.
[10] 鲁植雄,李文哲.拖拉机汽车学(第三册:电器与电子设备).北京:中国农业出版社,2009.
[11] 马成林.播种机械理论.长春:吉林人民出版社,1999.
[12] 马进庚.园艺机械.北京:中国农业出版社,1994.
[13] 高焕文.农业机械化生产学.北京:中国农业出版社,2002.
[14] 沈美容.农业生产机械化.北京:农业出版社,1991.
[15] 李自华.农业机械学.2 版.北京:中国农业出版社,1999.
[16] 高连兴,师帅兵.拖拉机汽车学(下册:车辆底盘与理论).北京:中国农业出版社,2009.
[17] 刘景泉,蒋极峰,等.农机实用手册.北京:人民交通出版社,1998.
[18] 丁为民.园艺机械化.北京:中国农业出版社,2001.
[19] 高焕文.高等农业机械化管理学.北京:中国农业大学出版社,1998.
[20] 朱瑞祥,邱立春.农机经营管理学.北京:中国农业出版社,2009.
[21] 魏文铎,徐铭.工厂化高效农业.沈阳:辽宁科学技术出版社,1999.
[22] 余友泰.农业机械化工程.北京:中国展望出版社,1987.
[23] 顾正平,沈瑞珍 ,刘毅.园林绿化机械与设备.北京:机械工业出版社,2002.
[24] 尹大志.园林机械.北京:中国农业出版社,2007.
[25] 冯晓静.精少量播种机使用与维修.石家庄:河北科学技术出版社,1999.
[26] 沈林生.农产品加工机械.北京:机械工业出版社,1988.